KB088569

바람의 자연사 :
그리고 곧 바람 소리가 들렸다

바람의 자연사

그리고 곧 바람 소리가 들렸다

빌 스트리버

김정은 옮김

까치

AND SOON I HEARD A ROARING WIND : A Natural History of Moving Air

Bill Streever

역자 김정은(金廷垠)

성신여자대학교에서 생물학을 전공했고, 뜻있는 번역가들이 모여 전 세계의 좋은 작품을 소개하고 기획 번역하는 펍헙 번역그룹에서 전문 번역가로 활동하고 있다. 옮긴 책으로는 『바이털 퀘스천』, 『미토콘드리아』, 『세상의 비밀을 밝힌 위대한 실험』, 『신은 수학자인가?』, 『생명의 도약』, 『날씨와 역사』, 『좋은 균 나쁜 균』, 『자연의 배신』, 『카페인 권하는 사회』, 『감각의 여행』 등이 있다.

편집, 교정 _ 권은희(權恩喜)

바람의 자연사 : 그리고 곧 바람 소리가 들렸다

저자 / 빌 스트리버

역자 / 김정은

발행처 / 까치글방

발행인 / 박후영

주소 / 서울시 용산구 서빙고로 67, 파크타워 103동 1003호

전화 / 02·735·8998, 736·7768

팩시밀리 / 02·723·4591

홈페이지 / www.kachibooks.co.kr

전자우편 / kachisa@unitel.co.kr

등록번호 / 1-528

등록일 / 1977. 8. 5

초판 1쇄 발행일 / 2018. 2. 28

값 / 뒤표지에 쓰여 있음

ISBN 978-89-7291-658-1 03450

이 도서의 국립중앙도서관 출판예정도서목록(CIP)은 서지정보유통지원시스템 홈페이지(http://seoji.nl.go.kr)와 국가자료공동목록시스템(http://www.nl.go.kr/kolisnet)에서 이용하실 수 있습니다.
(CIP제어번호: CIP2018004981)

일면식도 없는 망자에게 책을 헌정할 수 있을까? 만일 그렇다면, 나는 과학자이자 평화주의자이며 대단히 지적이고 지조 있는 인물인 루이스 프라이 리처드슨에게 조심스럽게 이 책을 헌정하고 싶다. 그럴 수 없다면, 강풍을 두려워하는 현명함을 갖춘 나의 아내이자 공동 선장인 리잔 아츠, 그리고 사랑의 말들과 자연 세계에 대한 매혹을 함께 나누는 아들 이시 스트리버에게 이 책을 바치겠다.

차례

들어가는 글 : 출항 전 ≈ 13

제1장 항해 ≈ 25

제2장 예보 ≈ 49

제3장 이론가들 ≈ 83

제4장 초기 조건 ≈ 105

제5장 수치 ≈ 135

제6장 모형 ≈ 163

제7장 계산 ≈ 195

제8장 카오스 ≈ 231

제9장 조화 ≈ 265

제10장 이성의 촛불을 밝히고 ≈ 295

감사의 글 ≈ 317

주 ≈ 321

역자 후기 ≈ 363

인명 색인 ≈ 366

그리고 곧 바람 소리가 들렸다.

가까운 곳은 아니었다.

그러나 그 소리와 함께 바람에 돛이 펄럭였다.

돛은 너무 얇고 닳아 있었다.

—새뮤얼 테일러 콜리지, 「늙은 선원의 노래(*The Rime of the Ancient Mariner*)」, 1798년

우리를 둘러싼 공기가 단순히 움직임으로써 바람이 된다는 것은 터무니없는 생각이다.

—아리스토텔레스, 『기상론(*Meteorologica*)』, 기원전 350년경

바람의 자연사

그리고 곧 바람 소리가 들렸다

1877년에 독일에서 출간된 「늙은 선원의 노래」에 실린
귀스타브 도레의 목판 삽화

들어가는 글

출항 전

로시난테 호에 오르자, 북풍이 배에 매인 줄들 사이로 지나며 비명을 지른다. 깃발들은 간신히 매달려 있다. 북풍은 선체를 밀어붙이고, 배는 부두에 매어둔 계류줄을 힘껏 당긴다. 하늘에는 빠르게 먹구름이 몰려들고 있다.

항해를 시작하고 싶어서 거센 북풍이 잦아들기만 기다리고 있던 나는 바람에 마음이 쓰인다. 온종일 그 생각뿐이다. 잠들기 전, 아침에 눈을 떴을 때에도 마찬가지이다. 때로는 꿈에 나오기도 한다.

부드러운 바람은 잘 생각나지 않는다.

나는 1900년에 텍사스에서 수천 명을 죽음으로 몰고 간 폭풍을 생각한다. 그곳에서는 사체들이 돌무더기 속에 파묻혔고 기찻길을 따라 널브러져 있었으며 바다에 떠다녔다. 1780년에 카리브 해에서 2만 명의 목숨을 앗아간 거대한 허리케인도 떠오른다. 1857년에 사우스캐롤라이나에서 한 증기선이 맞닥뜨린 이름 없는 폭풍우도 생각난다. 사방에서 공기가 거센 포효를 하는 동안 증기선의 선원과 승객들은 양동이를 들고 늘어서서 미친 듯이 물을 퍼냈지만, 결국 배는 가라앉았고 425명이 목숨을 잃었다. 1930년에 토네이도에 휩쓸려 날아가서 1.6킬로미터 떨어진 곳에서 발견된 로런스 컨도 생각난다. 그는 큰 부상을 입었지만 목숨만은 건졌다.

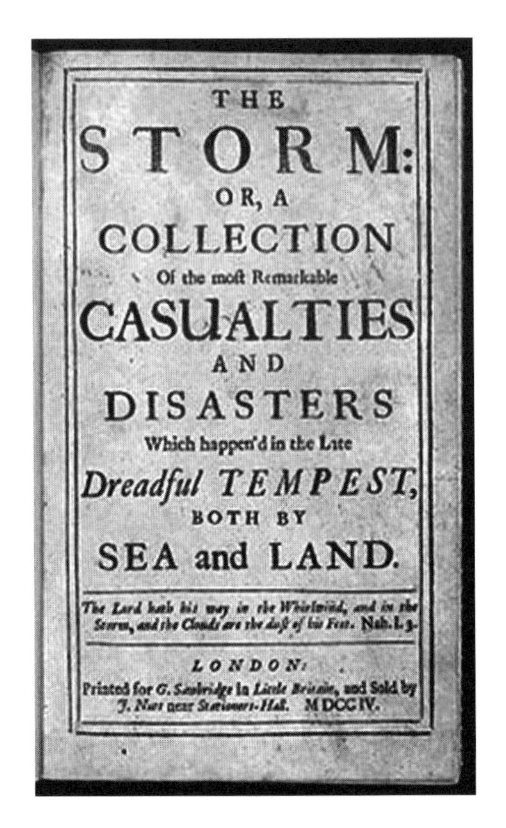

THE

STORM:

OR, A

COLLECTION

Of the most Remarkable

CASUALTIES

AND

DISASTERS

Which happen'd in the Late

Dreadful TEMPEST,

BOTH BY

SEA and LAND.

The Lord hath his way in the Whirlwind, and in the Storm, and the Clouds are the dust of his Feet. Nah. I. 3.

LONDON:

Printed for *G. Sawbridge* in *Little Britain*, and Sold by *J. Nutt* near *Stationers-Hall*. MDCCIV.

초기 저널리즘의 사례로 종종 언급되는 대니얼 디포의 책, 그다지 잘 팔리지는 않았다. (Wikimedia Commons 사진)

대니얼 디포의 폭풍우도 생각난다. 그는 『로빈슨 크루소(*Robinson Crusoe*)』를 발표하기 15년 전에 초기 저널리즘의 사례로 종종 일컬어지는 책을 썼다. 그 책의 제목은 『폭풍 : 지난 끔찍한 폭풍우로 바다와 육상에서 발생한 가장 놀라운 인명 피해와 참상 모음(*The Storm: or, A Collection of the Most Remarkable Casualties and Disasters Which Happen'd in the Late Dreadful Tempest, Both by Sea and Land*)』이다.

그는 일주일 이상 날마다 바람을 지켜보았다. 그러다가 바람의 절정을 관찰했다. 디포는 훗날 목격담을 수집하기 전까지는 미처 알지 못했지만, 그 폭풍은 잉글랜드와 웨일스 전역에 걸쳐서 4,800킬로미터를 휩쓸고 지나갔다.

디포는 이것을 "역사 이래로 가장 오랜 기간 동안 가장 넓은 범위에서 가장 대규모로 일어난 폭풍"이라고 말했다. 이 폭풍은 1703년의 대폭풍(Great Storm of 1703)으로 알려지게 되었고, 3세기가 흐른 지금까지도 잉글랜드 최악의 폭풍으로 여겨지고 있다.

먼저, 당시의 바람은 사람을 내동댕이칠 만큼 그렇게 강하지 않았다. 날아다니는 것들이 없었다면 재미난 바람일 수도 있었다. 바람의 방향을 따라 몸을 기울여서 이상한 자세를 만들 수도 있었을 것이다. 하지만 당시에는 날아다니는 잔해들이 있었다. 바람에 날아온 물건들이 흉기가 되어 남녀노소 할 것 없이 목숨을 잃었다. 디포 자신도 기왓장들이 날아와서 바닥에 내리꽂히는 광경을 목격하고 "단단한 흙 속에 12-20센티미터가 박혔다"고 썼다.

바람이 점점 거세지면서 집이 무너질 듯이 흔들렸고 실제로도 무너졌다. 그러나 신중하고 현명한 사람들에게 집 밖은 집 안보다 훨씬 무서웠다. 그는 다음과 같이 썼다. "대부분의 사람들은 그들의 집이 무너질 것을 예상했다. 그러나 이런 일반적인 우려에도 위태롭게 흔들리는 집을 감히 포기한 사람은 아무도 없었다. 문 안에 어떤 위험이 있을지 모르지만 문 밖은 더 위험했기 때문이다."

실내에서도 떨어지는 물체에 사람들이 목숨을 잃었다. 전해지는 이야기에 따르면, 바스와 웰스의 주교는 방이 흔들리자 침대에서 뛰쳐나왔다. 그는 "문으로 가서야 자신의 머리가 깨진 것을 알았다."

한 명 이상의 사람이 바람에 집이 흔들리는 느낌을 지진이라고 말했다. 그러나 그것은 바람이었다.

움직이는 공기는 공평했다. 민가를 흔들었던 것처럼 교회도 뒤흔들었다. 교회 종이 제 혼자 울렸다. 일곱 개의 첨탑이 바람에 무너졌다. 무너지지 않은 첨탑들 중에도 꼭대기 일부가 날아간 것이 많았고, 타일과 벽돌과 쇠 장식들이 떨어져 나갔다.

굴뚝이 무너졌다. 납으로 된 지붕널이 바람에 찢겨져서 날아갔다. 지름 1미터가 넘는 아름드리나무들이 쓰러졌다. 참나무와 느릅나무와 사과나무 수천 그루가 폭풍에 굴복했다. 나무들은 뿌리째 뽑혔고, 담장과 관목 울타리 너머로 날아갔다. 나무는 가슴 높이에서 부러지기도 했고, 목수들도 영문을 모를 방식으로 뒤틀리기도 했다.

디포는 풍차 400대가 망가졌다고 보고했다. 어떤 풍차는 육중한 고정 장치의 기둥이 무게를 이기지 못하고 갑자기 쓰러졌다. 또다른 풍차는 날개가 제멋대로 돌아가는 동안 나무로 된 내부 구조물들 사이에 일어난 마찰로 불이 붙어서 전소되기도 했다.

거센 돌풍에 바닷물이 내륙으로 밀려들었다. 목격자가 전하는 이야기에 따르면, "바다에서 약 10킬로미터 떨어진 육지에서도 바닷물과 거품이 나타났고 나무와 덤불의 이파리는 바닷물에 담갔다가 뺀 것처럼 짰는데, 이것은 오로지 맹렬한 바람 때문이었을 것이다." 소금물은 가장 가까운 해안에서 40킬로미터 떨어진 목초지에까지 이르렀다. "풀이 너무 짜서 소들은 며칠 동안 먹으려고 들지 않았다."

육지에서는 사망자 수가 의외로 많지 않았다. 디포는 "123명이 사망한 것으로 예상된다"라고 전했다.

바다에서는 이야기가 달랐다. 당시 잉글랜드와 웨일스의 인구는 약 500만 명이었는데, 이 폭풍으로 목숨을 잃은 선원이 8,000명으로 추정되었다.

해안에서는 파도가 갑판을 휩쓸고 배의 창문을 때렸다. 배들은 파도에 실려서 너울거렸다. 파도의 골에 내리꽂힐 때의 충격으로 널과 기둥이 마구 덜그럭거렸고 죔쇠들이 뜯겨져 나갔다. 선원들이 살아남기 위해서 안간힘을 쓰는 동안에 그들이 타고 있던 배는 롤러코스터처럼 오르내렸다. 선원들은 쉽사리 포기하지 않았다. 펌프에 인원을 배치하고, 바람에 대한 저항을 줄이기 위해서 돛줄과 돛대를 잘라냈다. 정신을 바짝 차리지 않으면 생명이 위험했다.

육지와 더 가까운 해안에 있던 선원들은 닻이 마음대로 돌아다니는 것을 보았다. 선원들은 자신들의 배가 위험한 암초와 갯바위에서 떨어지게 하려고 필사의 노력을 기울였다. 그런 곳에서는 목재로 된 선체가 파도에 부딪혀서 산산조각이 나고, 사람은 물에 빠지기도 전에 충돌로 죽을 수 있기 때문이었다.

최악의 바람은 일몰이 한참 지난 후에 불어왔다. 한 생존자는 "칠흑 같은 캄캄한 밤"이었다고 전했다. 갑판 위의 선원들은 상급자의 명령을 들을 수가 없었다. 같은 생존자의 증언에 의하면, "말은 입에서 나오자마자 바람에 날아가버렸다."

그리고 이런 증언도 있었다. "우리는 바람이 물을 퍼올리는 것을 보았다. 마치 모래처럼 바닷물이 허공에 날렸다."

배들은 물이 가득 차서 가라앉았다.

영국 해군에는 완전한 기록이 남아 있었다. 레스토레이션 호의 손실로 387명의 선원이 목숨을 잃었다. 노섬벌랜드 호가 침몰했을 때에는 220명이 죽었다. 스털링 캐슬 호에서는 206명이 익사나 다른 원인으로 죽었다. 메리 호와 함께 사망한 사람은 269명이었다.

어선과 화물선의 기록은 완벽하게 남아 있지 않다. 서식스의 브라이템스턴에 사는 한 남자는 디포에게 편지를 보냈다. 그는 이 편지에서 자신의 마을이 포탄을 맞은 것처럼 보인다고 썼다. 그리고 바다에서 죽은 사람들의 이름을 죽 늘어놓았다. "쌍돛대 범선인 엘리자베스 호의 선주인 데릭 페인 주니어가 그의 동료들과 함께 사라졌고, 해피 엔트런스 호라는 쌍돛대 범선의 선주인 조지 테일러와 그의 동료들도 사라졌습니다. 그들 중에서 월터 스트리트는 다운스와 노스 야머스 사이에서 돛대를 타고 사흘 동안 헤엄을 쳐서 겨우 구조되었습니다. 브라이트헴스턴의 리처드와 로즈 호라는 쌍돛대 범선의 선주인 리처드 웨브와 그의 동료들도 모두 실종되었습니다."

배들은 바다 밑바닥에 부딪히고 얕은 만에 가라앉았다. 때로는 바다 속에 가라앉은 배들의 돛대와 돛줄이 물 밖으로 비죽 튀어나와 있곤 했다. 뱃사람들은 마구 휘몰아치는 바다에서 살아남기 위해서 이런 돌출된 구조물에 필사적으로 매달렸다. 더 깊은 바다에서는 생존자들이 떠다니는 잔해에 매달려서 바람에 날리는 물보라와 물거품 속에서 살기 위해서 사투를 벌였고, 끊임없이 일렁이는 파도 위에서 탈진과 싸웠다.

런던에서 동쪽으로 약 120킬로미터 떨어진 딜의 앞바다는 난파된 배의 선원들이 잠시나마 썰물 때에 나타나는 조간대(潮間帶)를 찾을 수 있는 곳이다. 그들은 조수가 다시 높아져서 휩쓸리기 전에 모래 위에서 안간힘을 다해서 바람을 뚫고 나아갔다.

≈

1703년에는 일기예보가 없었다. 폭풍이 오기 전에 어떤 주의보도 발령되지 않았다. 그리고 아무도 폭풍을 설명할 수 없었다.

디포는 다음과 같이 썼다. "이성의 횃불로 자연을 속살까지 샅샅이 살폈던 고대의 천재들은 이 미지의 통로에서 번번이 막혔다. 바람은 이성의 촛불을 꺼트리고 그들을 캄캄한 어둠 속에 버려두었다."

디포도 그의 동시대인들과 마찬가지로 폭풍을 신의 탓으로 돌렸다.

≈

시간을 훌쩍 뛰어넘어 200년 후로 가보자. 영국 퀘이커 교도 과학자이자 제1차 세계대전 때는 구급차 운전기사였던 루이스 프라이 리처드슨은 날씨에 관해서 깊이 생각했다. 그와 동시대를 살았던 많은 사람들과

루이스 프라이 리처드슨, 과학자이자 평화주의자이자 날씨를 계산한 최초의 인물. (Wikimedia Commons 사진)

마찬가지로, 그는 바람과 날씨에 물리법칙이 작용한다고 믿었다. 그러나 대부분의 동시대인들과 달리, 그는 바람과 날씨의 이면에 작용하는 물리법칙이 일련의 방정식으로 묘사될 수 있을 것이라고 생각했다. 만약 그렇다면, 뉴턴의 운동법칙이나 열역학 원리를 위한 방정식에 오늘의 날씨에서 얻은 단순한 수치를 대입함으로써 내일의 날씨를 예측할 수도 있을 것이다. 막연한 추측이나 직감에 의존하거나 날씨 지도에 대한 주관적인 해석을 하지 않고 일기예보를 할 수 있다는 것이다. 유체역학과 열역학에 관한 내용을 이해하고 수치를 다룰 수 있는 사람은 폭풍과 순풍과 무풍 상태가 오고 가는 것을 계산할 수 있을 것이다. 즉, 수학으로 미래를 내다보는 것이다. 1922년, 리처드슨은 『수학적 과정에 의한 날씨 예측(*Weather Prediction by Numerical Process*)』을 발표했다.

그의 방법은 흔히 하는 말로 아주 정직했다. 첫째, 대기를 수천 개의 세포(cell)로 분할하는 격자를 만들어서 마치 3차원 체스판처럼 지구를 둘러싼다. 둘째, 각각의 세포에 풍속, 기압, 기온 같은 자료를 채운다. 셋째, 수학이라는 마법을 적용해서 각각의 세포가 이웃한 세포에 단기간, 이를테면 여섯 시간 동안 어떤 영향을 미치는지를 이해한다. 넷째, 다음날과 그 다음날과 그 다음 다음날의 일기예보를 하기 위해서 계속 계산을 한다.

리처드슨은 내일의 날씨도 행성의 위치처럼 예측이 가능하다고 믿었다. 그의 관점에서 볼 때 이에 관련된 수학은 특별히 어려울 것이 없었다. 단순 반복일 뿐이었다.

리처드슨은 그의 책에서 "일반적으로 무대가 있는 공간을 중심으로 객석이 둥글게 배치된 구형의 극장"을 상상했다. 그의 상상 속 극장은 벽면이 지구 전체의 지도로 뒤덮여 있었다. 천장에는 북극이 있고, 바닥에는 남극이 자리하고 있다. 극장을 채우고 있는 일기예보 격자를 구성하는 각각의 세포는 개인용 작업 공간(workstation)이다. 작업 공간마다 한 사람씩 종이와 연필과 기계식 계산기나 계산자를 앞에 놓고 웅크리고 앉아 있다. 컴퓨터가 나오기 전에는 전문적으로 수치 계산을 위해서 고용된 사람을 "컴퓨터"라고 불렀다. 이 컴퓨터들은 계산을 한다는 면에서 어쨌든 오늘날의 컴퓨터와 같은 일을 했다. 좀더 구체적으로 말하면, 그들의 일은 작업 공간 안에서 조건을 계산하고 그 결과를 이웃한 동료들이 읽을 수 있도록 게시하는 것이다. 그러면 게시되는 계산 결과를 보기 위해서 기다렸던 각각의 컴퓨터는 저마다 그 결과를 활용해서 새로운 계산을 한다. 이렇게 모든 컴퓨터들이 정확히 같은 일들을 계속 반복함으로써 앞으로 며칠 후의 실제 날씨가 어떻게 될지에 관한 결과를 도출한다는 것이다.

리처드슨의 상상 속 극장의 한가운데에는 바닥에서 높이 솟아 있는

루이스 프라이 리처드슨이 상상한 지구의 표면을 나타내는 거대한 극장. 이 극장에서는 수천 명의 작업자들이 저마다 할당된 지역의 날씨를 수학적으로 처리했다. 통제실에 있는 감독관은 조명을 이용해서 모든 작업자들의 계산 속도를 관리했다. (그림은 Lennart Bengtsson 교수의 호의로 실음)

기둥이 하나가 있었고, 그 기둥의 꼭대기에는 통제실이 있었다. 리처드슨은 다음과 같이 썼다. "통제실에 앉아 있는 사람은 극장 전체를 책임진다. 그는 조수와 전령들로 둘러싸여 있다." 리처드슨의 상상 속에서 어떤 컴퓨터들은 다른 컴퓨터들보다 효율이 더 뛰어났을 것이다. 그런 컴퓨터들은 계산이 더 빨랐을 테니 통제실에 있는 감독관은 작업 속도를 조절해야 했을 것이다. 만약 극장의 한 부분이 다른 곳에 비해서 계산 속도가 너무 빨라지면 그 방향에 빨간 불을 비추고, 계산이 느려지면 파란 불을 비춘다. 리처드슨은 감독관이 "지구 전체의 모든 부분에서 동일한 진전 속도"를 유지했을 것이라고 썼다.

리처드슨은 필요한 계산의 수를 고려할 때, 그의 상상 속 극장이 작동하려면 6만4,000명이 필요할 것이라고 추정했다. 밤낮없이 미친 듯이 일하는 6만4,000명의 컴퓨터가 날씨를 계산한다는 뜻이었다. 그는 이런 비현실적인 활동이 실제로는 결코 일어날 수 없으리라는 것을 알고 있었다. 여러 해 동안 자신의 생각을 발전시켜오면서, 그것이 결코 실현될 수 없다는 것을 알았던 그는 그저 마음껏 상상의 나래를 펼쳤다. 그는 "아주 열심히 추론을 하다 보면 누군가는 환상을 만지작거리게 되지 않을까?" 하는 질문을 던졌다.

빠른 속도로 계산을 해야 한다는 현실적인 문제 외에도, 그가 소규모로 시험해본 수학적 접근법에 대한 첫 시도는 실패로 돌아갔다. 그럼에도 그는 자신의 개념이 타당하다고 확신했다. 그는 수학이 인간에게 미래를 내다볼 수 있게, 즉 내일의 날씨를 오늘 알 수 있게 해줄 것이라고 단단히 믿었다.

수치를 활용한 일기예보의 가능성에 대한 그의 믿음은 1950년에 입증되었다. 그러나 여기에는 붉은 빛과 파란 빛 아래에서 계산에 열중하고 있는 인간 컴퓨터가 그득한 진짜 극장이 아니라 초기 전자식 컴퓨터가 이용되었다. 컴퓨터는 펀치 카드로 무장한 소수의 과학자들의 명령에 따라서 최초로 수치화된 일기예보를 내놓는 데에 성공했다. 정확히 24시간 후의 미래를 내다본 것이다.

≈

다시 시간을 훌쩍 뛰어넘어서 현대로 와보자. 컴퓨터는 발전을 계속해왔다. 수치화된 모형도 발전해왔다. 일기예보는 훨씬 더 먼 미래를 내다본다.

라디오, 텔레비전, 컴퓨터, 스마트폰을 통해서 손쉽게 일기예보를 접할 수 있다. 이런 일기예보는 종종 미래의 날씨를 한 시간 단위로 보여주기도 한다. 자전거 타기, 산책, 소풍, 항해 따위를 계획하고 있는가? 패러글라이딩 강습을 받거나 트럭 짐칸에 소파를 싣고 다른 동네로 운반하거나 흐린 저녁에 공원에서 셰익스피어를 음미할 계획인가? 최상의 결과를 얻고 싶다면 시간별 일기예보를 확인하자.

현대의 일기예보는 복잡한 수학적 모형과 슈퍼컴퓨터에 의존하고 있다. 이제 우리는 바람을 포함한 날씨를 3일 후까지는 어느 정도 확실하게 내다볼 수 있다. 약 일주일 후도 내다볼 수는 있지만 신뢰도는 조금 떨어진다. 운이 좋으면 어떨 때에는 2주일 후까지도 내다볼 수 있지만 신뢰도는 많이 떨어진다.

그러나 1922년에는 슈퍼컴퓨터도, 대기물리학에 대한 이해도 거의 상상할 수 없었다. 바람과 날씨는 행성의 위치처럼 예측 가능한 것이 아니었다. 수학과 해독 가능한 결정론적 세계에 대한 리처드슨의 믿음은 애초의 기대만큼 유망하지 않았다는 것이 드러났다. 일기예보는 경험이 없으면 할 수 없다. 일기예보관은 언제나 직감을 무시할 수 없다. 일기예보관과 그들에게 의존하는 사람들은 수학이 가리키는 미래를 맹목적으로 따를 수 없다. 일기예보관은 미래를 맛볼 수 있게 해준다. 며칠 앞을 내다볼 수 있게 해주고 세상의 거의 대부분을 놀라울 정도로 정확하게 엿볼 수 있게 해주지만, 그 그림이 수학적으로 완벽하지는 않다. 때로는 예보관들도 틀린다.

그래서 항해용 요트인 로시난테 호에 탄 나는 계류줄을 풀고 항해를 시작하기에 앞서 날씨가 진정되기를 기다리는 동안, 바람에 대해서 우리가 아는 것과 모르는 것을 생각한다. 나는 디포의 폭풍과 100가지의 다른 폭풍을 생각한다. 나는 무지의 자락을 한 꺼풀씩 벗겨낸 과학자들을 생각한다. 그들은 대부분 이익을 증대시켜주었을 뿐만 아니라, 우리의 대기와 그 혼란스러운 과잉 행동을 전체적으로 이해할 수 있게 해주었다. 나는 미래가 영원히 불확실하다는 것을 증명한 어느 과학자의 연구를 생각한다. 또 나는 어렵게 이룩한 과학의 성과를 누리는 사람들도 생각한다. 작물을 심고 수확하는 농민, 비행을 계획하는 조종사, 트럭과 선박을 이용하는 사업가, 휴가를 즐기는 사람들, 출퇴근하는 사람들, 응급 관리사, 어민, 항해사들이 그들이다. 나는 윌버 라이트를 생각한다. 바람을 가르며 하늘을 나는 새들을 몇 시간씩 관찰하고 시행착오를 거듭하면서 비행기를 설계했던 그는 자신의 공책에 "고요한 가운데 솟구치는 새는 없다"라고 썼다. 나는 들판의 꽃들처럼 불쑥 솟아 있는 풍력 발전 터빈들을 생각한다. 어느 날 갑자기 에너지원으로 재발견되어 큰 인기를 끈 풍력 발전은 미국에서 1,800만 가구에 전기를 공급하고 7만 명에게 일자리를 제공한다. 그리고 나는 남방참고래를 상상한다. 이 거대한 동물은 마치 바람을 맞는 돛처럼 너비 6미터의 꼬리를 물 밖으로 높이 치켜들고 물살을 가르며 빠르게 나아간다.

제1장

항해

우리 부두에서 20해리(약 37킬로미터) 떨어진 곳에 있는 갤버스턴은 한때 텍사스에서 가장 중요한 도시였다. 사람들은 갤버스턴을 서남부의 월 스트리트라고 불렀다. 그러다가 폭풍이 불어닥쳤다. 그날은 1900년 9월 8일 토요일이었다. 풍속은 시속 약 233킬로미터인 126노트였다. 더 정확한 기록을 구할 수 없는 까닭은 미국 기상청의 풍속계가 바람에 날아가버렸기 때문이다.

1900년의 이 이름 없는 폭풍(1953년 이전까지는 대개 허리케인에 이름을 붙이지 않았다)은 갑자기 엄습해서 대단히 빠르게 움직였다. 토요일 아침에 폭풍주의보 깃발이 나부끼고 있었지만, 폭풍에 익숙한 갤버스턴 주민들은 개의치 않고 평소처럼 제 일을 했다. 토요일 오후가 되자 바람이 거세졌다. 저녁 무렵에는 허리케인 규모에 도달했다. 그리고 한밤중이 되자 바람이 사그라지고 있었다.

일요일 아침에는 맑게 갠 하늘에서 햇살이 쏟아졌고, 바람의 세기는 17노트, 시속 32킬로미터에 불과했으나 갤버스턴은 폐허가 되었다.

「뉴욕 타임스(*New York Times*)」는 이 이야기를 머리기사로 다루었다. "증언이 엇갈리고 있지만, 끔찍한 재앙이 갤버스턴 시에 닥친 것으로 알려져 있다. 갤비스턴에서는 2,000명 이상이 실종된 것으로 전해진다." "이상"이라는 기자의 보도는 옳았다. 풍속계를 날려버린 폭풍은 6,000-1만2,000명의 사망자를 냈고, 3,600채의 집을 파괴했다.

「타임스(*Times*)」는 이렇게 보도했다. "시민들은 시내 중심부에 있는 가장 고지대에 모두 모여 있었고, 충격과 공포로 거의 넋이 나갈 지경이었다."

사고 수습을 위한 열차가 갤버스턴으로 가려고 했으나 선로가 막혀 있었다. 「타임스」에 따르면, 초원을 지나는 선로는 "온갖 잡동사니와 잔해, 피아노, 통나무, 시체로 뒤덮여 있었다." 갤버스턴으로 가려던 세 번째 열차는 선로에서 보이는 시체가 200구였다고 보고했다.

9월 11일, 「타임스」는 폭풍 이후의 상황에 대해서 G. L. 러스라는 사람의 말을 인용했다. "나는 그 공포를 모두 설명하려고 하지 않겠습니다. 그것은 불가능합니다. 내가 갤버스턴을 떠날 때에는 윈체스터 연발총으로 무장한 남자들이 시신을 매장하는 일을 하는 사람들에게 총부리를 겨누고 시신들을 짐마차에 싣게 하고 있었습니다. 마차에 실린 시신들은 바지선으로 옮겨져서 멕시코 만으로 예인된 다음 바다에 던져졌습니다."

약탈은 골칫거리였다. 「타임스」는 "아귀 같은 사람들이 시신에서 보석과 귀중품을 닥치는 대로 탈취했다"고 보도했다.

갤버스턴 사람들은 도시를 재건했다. 2년 안에 4.8킬로미터 길이의 방파제가 건설되었다. 방파제의 높이는 5미터까지 올라갔다. 멕시코 만의 모래가 도시의 잔해 위에 퍼부어지면서, 도시의 해발고도가 높아졌고 찾지 못한 시신들은 그대로 파묻혔다.

1915년에 찾아온 그 다음 폭풍에는 53명이 목숨을 잃었다. 그러나 당시 갤버스턴 만 전역에서 대부분의 투자금은 내륙으로 옮겨졌다. 1920

년대가 되자 갤버스턴에는 유흥가가 조성되었다. 말하자면 텍사스 해안의 버번 스트리트가 된 셈이다. 1900년의 허리케인은 수천 명의 목숨을 앗아갔고 살아남은 사람들의 생활을 송두리째 바꿔놓았다.

그 허리케인이 지나간 지 100년도 더 지난 이 쾌청한 아침에 바다로 향하면서, 나는 『작은 아씨들(*Little Women*)』의 저자로 유명한 루이자 메이 올컷을 생각한다. 그녀는 이렇게 썼다. "나는 폭풍이 두렵지 않아. 내 배를 어떻게 항해해야 하는지를 배우고 있으니까." 나도 내 배를 어떻게 항해해야 하는지를 배우고 있지만, 나는 올컷과 달리 폭풍이 무서워서 죽을 것 같다.

≋

바람을 이해하기 위한 우리의 항해는 시작되었다. 우리는 아침 일찍 부두를 출발했다. 주변은 온통 진창이었다. 북풍은 이곳의 만에서 물을 훔쳐서 바다로 밀어냈지만, 부두 근처의 바닥은 부드러웠고 우리는 진창을 헤치면서 우리만의 물길을 만들며 힘겹게 나아갔다. 낮결에는 갤버스턴을 벗어날 수 있기를 간절히 바랐다. 우리 앞에는 무역풍이 있고, 잔잔한 바다와 스콜과 전선도 놓여 있다. 또 제트 기류, 일기예보관, 사구와 바람에 깎인 바위, 풍차와 풍력 발전 터빈, 기후 변화, 회전하는 공기의 소용돌이도 기다리고 있다.

그리고 부두를 떠난 지 채 두 시간도 안 된 지금, 로시난테 호는 휴스턴 운하의 끝자락을 통과하고 있다. 배에는 나와 공동 선장인 내 아내, 이렇게 둘뿐이다. 우리는 둘 다 초짜 선원이지만 배를 움직이는 기분을 만끽하고 있다. 우리는 5노트, 시속 약 9킬로미터의 속도로 나아가고 있다.

우리 배 로시난테 호는 케치(ketch)이다. 케치는 돛대가 2개인 범선으로, 고물 돛대(aft mast)가 타주(rudder post : 배의 키를 설치한 기둥/옮긴이)의 앞에 위치한다. 1965년에 건조된 로시난테 호는 노후로 인한 문제들을 모두 안고 있지만, 오래된 배의 우아한 선은 찬사를 자아내기에 충분하다. 이런 찬사에는 배 이름에 대한 질문도 함께 더해진다. 로시난테는 돈키호테의 말에서 딴 이름으로, 망상에 빠진 주인은 이 늙은 말을 기사의 준마라고 생각한다.

탁한 조수의 흐름으로 인해서 우리의 속도는 1노트(초속 약 0.5미터)가 느려진다. 기다란 녹 자국이 군데군데 얼룩진 파나마 국적의 유조선 한 척이 우리를 얕은 물 쪽으로 밀어붙인다. 우리는 경로를 바꾼다. 그러려면 앞돛(foresail)을 조절해야 한다. 함께 작업을 하면서 아직까지 로프에 대해서 배우는 중인 나와 공동 선장은 지브 돛줄(jib sheet)을 엉뚱한 방향으로 감는다. 돛줄을 풀었다가 다시 감아야 한다. 우리는 우왕좌왕하면서 서로에게 걸리적거린다. 형편없는 우리의 능력을 확인하니, 문득 상황을 무르고 싶은 마음이 굴뚝같아진다. 방향을 바꿔서 안전하고 편안한 부두로 다시 돌아가고 싶다. 그러나 로시난테 호의 선원이라면 그래서는 안 될 것이다. 우리는 이미 출항했고, 계속 나아갈 것이다.

우리는 약 12노트의 바람을 맞으며 휴스턴을 뒤로 한 채 항해를 한다. 우리 앞에는 갤버스턴 섬이 있고, 더 앞에는 멕시코 만이 있고, 그리고 그 끝에는 우리의 목적지인 과테말라가 있다.

우리는 잠시 편리함과 안락함을 어느 정도 포기하고, 폭풍우에 더 가까이 다가가고 위험에 더 많이 노출되는 삶을 살아보기로 한다. 우리는 며칠 내에 갤버스턴 만의 시커먼 뻘물을 벗어나서 멕시코 만의 깊고 푸른 바닷물에 닿게 되기를 바란다. 우리는 동쪽으로 크게 원을 그리며 나아가다가 남쪽으로 향할 계획이다. 한동안은 탬파 방향으로 어느 정도 직진을 하다가 키 웨스트 쪽으로 방향을 바꾼 다음, 유카탄 반도의 끝자락을 향해서 똑바로 나아가는 것이다. 첫 상륙지로 계획한 곳은 여자들의 섬이라는 뜻의 멕시코의 무헤레스 섬이다. 7, 8일 뒤에는, 더 천천히 이동하더라도 10일 뒤에는 무헤레스 섬에 닿을 수 있을 것이다. 그곳에서부터 우리는 멕시코 만을 뒤로 하고 해안을 따라 남쪽으로 이동하면서 벨리즈를 통과해서 과테말라에 이르게 될 것이다. 과테말라에서는 달콤한 강이라는 뜻인 둘세 강 상류의 보호 수역 쪽으로 거슬러올라가서 다가올 여름의 허리케인을 피할 것이다.

그루즈 항해 경험이 많은 사람들에게 이런 항해는 간단할 것이다. 육지가 보이는 곳을 벗어나는 모험을 감행하지 않는 연안 항해 경험만 많은 사람이라도, 이런 여정을 그다지 어려워하지 않을 것이다. 우리는 크루즈 항해도, 연안 항해도 해본 경험이 없다. 우리는 망가진 장비나 폭풍 같은 것을 제대로 대비하지 않고 요트를 덜컥 구입할 정도로 멍청한 아마추어들이다. 우리 계획의 성패 여부는 앞으로의 날씨, 특히 바람에 달려 있다. 누군가는 이것이 계획이 아니라 목숨을 건 무모한 행동이라고 말할 것이다. 우리가 떠 있는 변덕스러운 바다는 일기예보의 작동방식을 무시하고 온전히 자신의 뜻대로 움직인다.

나의 공동 선장은 우리의 이런 무지를 별로 개의치 않는다. 그녀는 이런 짧은 항해를 했던 사람들이 우리 말고도 많았다는 이유로 그것을 받아들인다. 이런 점에서 볼 때, 아내는 자신감 부족이 부족하다는 면에서 나와 다르다. 나는 이해가 안 되는 것을 무조건 믿고 받아들이기가 어렵다. 그래서 나는 극심한 불안과 스멀스멀 피어나는 공포 사이의 어디쯤에서 괴로움을 견디고 있다. 그러나 무작정 괴로워만 하고 있을 수는 없다. 돛배가 바람을 배우기에 바다보다 더 나은 장소가 어디 있겠는가?

나는 바람에 얽힌 이야기가 복잡하다는 것을 안다. 바람의 이야기는 단순히 날씨 예측에 대한 이야기가 아니다. 바람은 무역을 형성했고, 전쟁의 승패를 결정했고, 풍경을 조각했고, 재화를 모아주거나 탕진시켰고, 최초의 비행기가 날 수 있게 해주었다.

한 가닥으로 이어지는 이야기는 없다. 어떤 과학자도 혼자서 바람의 비밀을 성공적으로 밝혔다고 인정을 받을 수는 없다. 바람에 관한 생각에서 유레카의 순간은 없었다. 바람에 관한 이야기는 과학의 이야기일 뿐만 아니라 인간의 이야기이기도 하다.

폭풍우가 몰아친다, 또는 격렬한 언쟁이 오간다는 뜻으로 쓰이는 "stormy"라는 영어 단어는 바람에 관한 과학의 역사에도 적용될 수 있고, 실제로도 적용되어왔다. 바람의 과학은 1세기 남짓한 비교적 짧은 역사를 가지고 있지만, 오해와 헛다리짚기와 열띤 논쟁으로 점철되어 있다. 때로는 논란이 인신공격을 낳기도 했고, 삶을 바꿔놓기도 했다. 논란으로 인해서 전도유망한 사람이 자살로 내몰린 일이 적어도 한 번은 있었다.

1704년, 대니얼 디포는 이성의 촛불이 바람에 꺼졌다고 썼다. 나는 이곳, 공기의 바다 밑바닥을 떠다니면서 며칠 뒤의 날씨를 걱정한다. 이제 나는 내 마음속 이성의 초에 불을 붙이고 나를 심란하게 하는 어두운 바람에 그 빛을 드리우기로 결심한다. 나는 내 능력이 닿는 데까지 바람에 관해서 배울 것이다. 그리고 움직이는 공기, 그 공기의 유용함과 위험, 공기가 전달하는 것, 일기예보관이 날씨를 예측하는 방법, 슈퍼컴퓨터와 대규모 과학의 시대인 오늘날에도 다음 주 일기예보를 여전히 맞추기 어려운 이유에 대해서도 알아볼 것이다.

≈

대기를 대양에 비유해서 공기의 바다라는 표현을 쓴 것은 내가 처음이 아니다. 1644년, 에반젤리스타 토리첼리는 수은 기압계를 설명하는 편지에 "Noi viviamo sommersi nel fondo d'un pelago, d'aria elementare"

라고 썼다. 이 말은 "우리는 공기라는 대양의 밑바닥에서 살아간다"는 뜻이다. 대양은 액체이고 대기는 기체이지만, 둘 다 고정된 형태가 없는 유체이다. 둘 다 분자들이 자유롭게 서로 스치면서 지나다니고 강한 인력에 끌리지 않는다. 둘 다 상당히 두껍고, 둘 다 올바른 조건에서 파란색을 띤다. 둘 다 파동과 흐름이 있으며, 둘 다 복잡한 흐름을 따라서 흘러간다.

로시난테 호의 선체를 어루만지는 해류는 조류에서 유래하지만, 바람에 의해서도 일어날 수 있다. 그리고 이런 물과 바람의 역할은 역전될 수도 있다. 기체에서 액체로, 액체에서 다시 기체로 바뀌는 물은 바람을 일으킬 수 있고, 이 작용은 움직이는 공기에 관한 이야기의 한 부분이 된다. 물은 공기가 아니고 해류는 바람이 아니지만, 물과 공기는 서로 영향을 주고받으면서 종종 운명적인 결합을 하기도 한다.

물은 물이고 공기는 공기이다. 물과 공기는 여러 가지 차이가 있지만, 그중에서도 특히 두드러지는 것이 있다. 액체인 물은 쉽게 압축되지 않지만, 이와 달리 공기는 압축시킬 수 있다. 공기를 좁은 공간에 압축시키면, 서로 밀어내면서 압력이 높아진다. 압축이 덜 되었을 때에는, 즉 움직일 공간이 넉넉할 때에는, 분자들이 열심히 밀어내지 않아서 압력이 낮아진다.

공기의 바다인 대기에는 압력이 높은 지점과 압력이 낮은 지점이 있다. 압축이 잘 일어나지 않는 진짜 바다에는 이런 지점이 없다. 이것이 일기예보에서 말하는 고기압과 저기압이다. 그리고 이 고기압과 저기압을 통해서 바람이 설명된다.

바람이란 무엇일까? 평형 상태, 안정, 균형을 찾기 위해서 고기압인 지점에서 저기압인 지점으로 공기가 이동하는 것이다. 여기까지는 별로 어려울 것이 없다.

이해하기 어려운 것은 이제부터이다. 바람은 왜 고기압과 저기압 사이에서 일직선으로 움직이는 일이 거의 없을까? 바람은 왜 결코 평형 상태에 도달하지 못하는 것일까? 바람을 일으키는 고기압과 저기압은 왜 나타났다가 사라질까? 바람은 왜 어떤 날은 부드러운 추진력을 제공하고, 어떤 날은 마음의 평화를 위협하고, 어떤 날은 인명과 재산 피해를 일으킬까? 루이스 프라이 리처드슨의 수치 일기예보가 기대처럼 잘 작동하지 않았던 이유도 이해하기 어렵다. 대기의 아래에서 지구가 끊임없이 자전하기 때문에 일어나는 혼란도, 움직이는 공기가 지면과 나무와 건물과 산을 만날 때에 일어나는 마찰로 인한 혼란도 이해하기 어렵다. 얼핏 보면 간단해 보였던 문제가 어떻게 그렇게 복잡해질 수 있는지를 이해해가는 과정은 어려우면서도 즐거운 일이다.

≈

우리가 맨손으로 출항한 것은 아니다. 우리는 추가 보급 없이도 충분히 30일을 버틸 통조림과 건조식품을 챙겼다. 우리의 조그만 냉장고 속에는 계란과 고기와 신선한 오렌지 주스가 들어 있다. 이런 냉장식품은 배터리가 다 소모되기 전에 얼른 먹어야 하는 호사스러운 먹거리이다. 우리는 750리터의 물도 실었다. 우리의 구급상자에는 항생제, 진통제, 붕대, 부목, 연고, 가위, 외과용 메스가 들어 있다. 또 공구함에는 철물점 하나가 통째로 차려져 있다. 우리는 개스킷, 도르래, 전선, 퓨즈, 오일과 연료를 위한 네 종류의 필터, 여분의 펌프, 다양한 종류의 전구, 리벳, 스테인리스스틸 너트와 볼트, 나사도 예비로 갖추고 있다. 그밖에도 로시난테 호의 전 주인은 많은 것들을 남겨놓았다. 우리는 그런 것들이 있다는 사실도 몰랐지만 그것들을 버릴 준비도 되어 있지 않았다.

우리에게는 라디오와 위성 전화도 있다. 고물 돛대 위에는 둥근 덮개로 둘러싸인 레이더 안테나가 자리하고 있다. 조타기 앞의 전자장비들은 우리의 정확한 위치와 속도를 알려주며, 16킬로미터 이내에 있는 모든 배의 속도와 위치도 함께 알려준다.

개인 물품으로는 추울 때와 더울 때, 비올 때와 화창할 때 입을 옷이 있고, 갑판 위에서 항상 입는 공기 주입식 구명조끼에는 각각 위성 송신기가 장착되어 있다.

우리는 조명탄, 신호용 연, 경적, 호루라기, 거울, 비상 송신기도 갖추고 있다. 우리의 구명 뗏목은 조종실에 있는 의자 아래에, 쉽게 꺼낼 수 있도록 깔끔하게 정리되어 있다. 볼트 절단기도 쉽게 꺼낼 수 있는 곳에 말끔하게 정리해두었다. 볼트 절단기는 돛대를 제거할 때에 케이블을 잘라내기 위해서 필요하다. 케이블을 잘라내지 않으면 쓰러진 돛대가 배에 얽힐 것이다. 돛대를 제거해야 할 것 같은 바람이 부는 바다에서는 부러진 돛대를 반드시 잘라야 한다. 잘못하면 부러진 돛대가 선체를 관통해서 바닷물이 가장 들어와서는 안 될 곳까지 들어오는 불상사가 생길 수도 있다.

배의 앞쪽에는 에너지 바와 물병, 손전등과 예비 라디오, 여권과 돈이 들어 있는 방수 가방이 있다. 구명 뗏목에 선뜻 실을 만한 물품들이다.

그리고 우리에게는 책이 있다. 로시난테 호는 수상 도서관이다. 소설, 회고록, 여행기, 해양 생활과 관련된 도해서, 각종 해도 모음집과 엔진 설명서, 구간과 신간, 종이책과 전자책이 구비되어 있다.

볼트 절단기와 구명 뗏목과 비상 송신기에 관한 우리의 지식은 모두, 아니 거의 대부분 이런 책에서 나온 것이다. 그러나 우리는 3일짜리 항해 강습도 수강했다. 우리는 훈련의 일환으로 단기 연안 항해를 했다. 우리보다 경험이 많은 사람들과 이야기를 나누기도 했다. 또한 출항 이야기만 하는 사람, 줄곧 출항 이야기만 하다가 계류줄이 낡아서 바꾸고 또 바꾸는 사람과도 대화를 했다. 대화 중에도 계류줄이 낡을 것을 생각하니, 우리는 바다로 나가고 싶은 마음이 굴뚝같았다.

초짜 선원이 만일의 사태를 모두 대비하려고 한다면 부두를 결코 떠나지 못할 것이다. 그래서 우리는 만반의 준비를 갖추지 않은 상태에서 출발했지만, 그래도 적어도 몇 가지는 챙겼다. 무엇보다도 우리는 행운을 믿었다. 운이 좋아서 모든 일이 잘될 것이다. 내가 말하는 운은 아무도 물에 빠지지 않고, 고장도 나지 않고, 배를 육지로 올릴 일도 없고, 석유 시추 장치나 새우잡이 배에 부딪히지도 않고, 조그만 배의 유리섬유나 나무가 부서져도 선교(船橋)에서는 전혀 모르고 지나갈 만큼 거대한 컨테이너 선박에 들이받히지도 않고, 두 개의 돛대와 모든 돛이 상하지 않고 무사히 도착하는 것을 뜻한다. 그러나 운이 좋다는 것은 대체로 순풍이 분다는 의미이다. 적당한 세기의 바람이 적당한 방향으로 부는 것을 뜻한다. 정면에서 불어오지도 않고, 너무 강하거나 너무 약하지도 않아야 한다. 즉, 골디락스 바람을 말하는 것이다.

≈

지구 전체로 볼 때, 이름이 따로 있을 만큼 자주 부는 바람은 60가지가 훌쩍 넘는다. 시로코(sirocco)는 사하라에서 북아프리카와 남부 유럽 쪽으로 부는 바람이다. 지중해에는 오스트로(ostro), 보라(bora), 미스트랄(mistral), 벤다발(vendaval), 레반테르(levanter), 캄신(khamsin)이 있다. 인도에는 엘레판타(elephanta), 쿠바에는 바야모(bayamo), 칠레에는 푸엘체(puelche)가 있다. 캘리포니아 산지의 바다 쪽 산비탈을 따라 불어 내려가는 대단히 건조하고 뜨거운 바람인 산타나(Santa Ana)는 고도가 낮아질수록 점점 더 뜨거워져서, 때로는 들불을 일으키기도 하고 심지어는 비탈 아래로 불이 번지기도 한다.

소설가인 레이먼드 챈들러는 1938년에 다음과 같이 썼다. "여느 때처럼 뜨겁고 건조한 산타나가 산길을 따라 내려와서 머리카락을 그슬리고 신경을 곤두서게 만들고 살갗을 가렵게 한다. 그런 밤에는 모든 술자리가 싸움으로 끝난다. 온순하고 연약한 아내들은 식칼의 칼날을 만지작거리며 남편의 목을 물끄러미 쳐다본다. 무슨 일이든지 벌어질 수 있는 밤이다."

유명한 바람으로는 무역풍이 있다. 무역풍은 카나리아 제도와 푸에르토리코가 있는 위도에서 어느 정도 확실하게 동쪽에서 서쪽으로 분다. 무역풍은 산타마리아 호, 니냐 호, 핀타 호를 아메리카 대륙으로 몰고 가서 크리스토퍼 콜럼버스와 그의 선원들을 산살바도르로 실어 보냈다. 무역풍은 의도하지는 않았지만, 인류의 이동을 일으켰다. 수백 년 동안 좋을 때나 나쁠 때나 자유인과 노예들을 공평하게 실어 날랐다. 무역풍은 빈 갤리언 선(galleon : 대형 범선의 일종/옮긴이)을 스페인에서 신세계로 안내했고, 그곳에서 약탈한 금은보화 수백억 달러어치를 가득 실은 갤리언 선은 편서풍을 찾아 북쪽으로 항해했다. 북위 30도 위쪽에서는 무역풍과 반대 방향으로 부는 바람인 편서풍이 갤리언 선을 다시 구세계로 보내주었다.

데레초(derecho)도 있다. 일직선으로 부는 바람인 데레초는 80노트(시속 80해리 또는 시속 148킬로미터)가 넘는 속도로 갑자기 휩쓸고 지나가기도 한다. 토네이도도 있다. 깔때기 모양으로 회전하는 토네이도는 자동차를 날아가는 투사체로 만들 수도 있다. 데레초로 파괴된 숲에서는 부러진 나뭇가지의 끝이 대체로 한 방향을 가리키지만, 토네이도로 파괴된 숲에서는 부러진 나뭇가지의 끝이 정신없이 사방을 가리킨다.

허리케인은 회전하는 기상계(weather system)인 강한 열대성 저기압을 특정 지역에서 부르는 이름이다. 태풍(typhoon)도 다르지 않다. 허리케인은 북대서양, 카리브 해, 멕시코 만, 태평양 동부에 생기는 반면, 태풍은 태평양 서부에 발생한다. 허리케인과 태풍은 둘 다 저기압을 중심으로 회전한다. 공기 분자 사이의 공간이 넉넉한 저기압의 중심부에는 바람이 불지 않는다. 저기압 중심부의 바깥쪽, 즉 폭풍의 눈 너머에서는 64노트, 즉 시속 118킬로미터가 넘는 속도로 공기가 회전한다. 이 속도는 지속적인 바람의 속도이다. 일반적인 정의에 따르면 지속적인 바람이란 지상 10미터 높이에서 10분 동안 부는 바람을 말하며, 이 바람의 평균을 낸다는 뜻이다. 10미터는 전형적인 항해용 요트의 돛대에서 중간보다 조금 위에 해당하는 높이이다.

허리케인이나 다른 폭풍의 지속적인 바람은 그 폭풍의 가장 센 바람이 아니다. 가장 센 바람은 갑작스러운 돌풍으로 몰아친다. 허리케인의 지속적인 바람과 갑작스러운 돌풍은 서 있는 것조차 어렵게 만든다. 이런 바람은 집을 통째로 들어올린다. 강력한 허리케인이 일으키는 115노트, 즉 시속 210킬로미터의 바람 속에서는 호흡 같은 간단한 활동도 아주 어려워진다.

"허리케인(hurricane)"이라는 단어는 스페인어에서 유래했고, 이 스페인어 단어는 타이노족이 쓰는 아라와크어에서 유래했다. 콜럼버스 시대에 카리브 해에서 해양 생활을 했던 원주민인 타이노족은 쿠바, 바하마, 소앤틸리스 제도, 그밖에 허리케인의 중심지인 저위도 지방의 섬들에 흩어져 살았다.

콜럼버스도 신대륙에서의 임무를 마치기 전에 후라칸(hurakán)이라는 단어를 알게 되었고 허리케인도 경험했다. 포카혼타스로 유명한 제임스타운의 존 스미스 선장도 허리케인의 원래 이름을 알고 있었고 직접 체험도 했다. 그는 1627년에 유럽 지도자들을 위해서 허리케인을 묘사했다. 유럽의 지도자들에게는 카리브 해와 새로운 식민지 해안 지역을 가끔씩 괴롭히는 이 바람이 완전히 생소했다. 그의 글에 따르면, "이 바람은 대단히 극단적이다. 바닷물이 빗발치듯 날아다니고, 높은 파도가 해안가의 저지대로 흘러넘친다. 그래서 바닷가에서 수 킬로미터 떨어진 내륙에서 자라는 나무 위에 배가 얹혀 있을 지경이다."

≈

현재 로시난테 호는 흔적만 남은 북풍을 타고 남쪽으로 향하고 있다.

바람의 이름은 불어오는 방향을 따서 붙이는 것이 관례이다. 북풍은 남쪽으로 분다. 해풍은 바다에서 불어오는 바람이고, 육풍은 뭍에서 불어오는 바람이다.

우리는 내일도 이 북풍이 불기를 기대한다. 행운이 계속된다면 그 다음날에도 불지 모른다. 곧 갤버스턴 섬의 방파제를 통과할 것이다. 안전한 작은 만을 벗어나서 드넓게 펼쳐진 멕시코 만으로 들어가는 것이다. 그곳에서부터는 얕은 바다를 빽빽하게 뒤덮고 해안에 그늘을 드리우는 석유 시추 장치들을 통과해서 정남쪽으로 갈 것이다. 해가 지기 전에 이런 악조건을 지나야 한다. 그러나 해질 무렵에는 왼쪽으로 방향을 틀어야 한다. 우리는 북풍이 부는 동안 가능한 한 빨리 반드시 동쪽으로 방향을 잡아야 한다. 우리가 계획한 목적지인 유카탄 반도의 끝자락은 여기서 동남쪽에 위치해 있다.

텍사스에서 남쪽으로 항해를 하는 것은 쉽다. 텍사스에서 동쪽으로 항해를 하는 것은 그렇게 쉽지 않다. 북풍은 전선의 형태로 텍사스 쪽으로 다가오며 지속되지 않는다. 북풍은 시계 방향으로 돌아서 동쪽에서 온다. 텍사스에서 동쪽으로 항해를 한다는 것은 주된 바람을 거스르면서 항해를 한다는 뜻이다. 돛배는 바람을 안고서는 쉽게 나아가지 못한다. 우리가 멕시코 만에서 왼쪽으로 방향을 바꿀 때에는 동풍이 로시난테 호의 뱃머리에 닿을 것이다. 그러면 로시난테 호는 사다리를 오르는 짐말처럼 나아갈 것이다.

북풍이 시계 방향으로 돌아서 동쪽에서 불어올 것이라는 이런 대략적인 일기예보는 쉽게 할 수 있지만, 멕시코 만 북부의 바람은 대체로 잘 믿을 수 없다. 그곳의 바람은 변화가 심하기로 악명이 높다. 이 방향에서 바람이 불었다가 멈추고, 또다른 방향에서 불고, 돌풍이 일었다가 잠잠해지고, 용오름이라고 알려진 바다 위 토네이도도 이따금씩 발생한다. 게다가 1년의 절반은 허리케인의 위협을 받는다.

로시난테 호의 선원인 나와 공동 선장은 안정적인 무역풍을 기다린다. 콜럼버스를 신세계로 실어 보낸 무역풍은 대단히 확실하게 불어오는 바람으로 명성이 자자하다.

무역풍의 중심부로 깊숙이 들어가기 위해서 우리는 위도 14도를 통과할 것이다. 우리가 출발하는 지금은 추수감사절 전날, 허리케인 철이 끝나갈 무렵이다. 운이 좋으면 우리는 빠르게 동쪽으로 항해를 한 다음, 며칠 내에 더 안정적인 무역풍을 타고 남쪽으로 향할 것이다. 일단 무역풍을 만나면 힘들이지 않고도 맑은 물 위를 미끄러지듯이 나아가게 될 것이다. 우리는 즐겁게 뛰노는 돌고래들을 보게 될 것이다. 일출과 일몰 광경에 감탄하게 될 것이다. 활짝 펼쳐진 돛이 우리를 실어 나르는 동안, 우리는 조용히 책을 읽으며 지내게 될 것이다.

갤버스턴 만에 부는 12노트의 바람이 내 얼굴과 목을 쓰다듬고 지나간다. 바람 소리가 들린다. 갯벌과 석유화학 공장의 냄새가 바람에 실려온다. 그러나 나는 주로 로시난테 호의 돛에서 바람을 느낀다. 나는 1,800킬로그램의 배를 앞으로 나아가게 하는 힘을 느낀다. 그 힘 덕분에 배는 어느 정도 내가 원하는 방향으로 물살을 가르면서 나아가고, 뒤로는 잔물결을 남긴다.

영국 해군의 프랜시스 보퍼트 소장은 1831년에 바람 구분법을 내놓았는데, 이것이 바로 유명한 보퍼트 풍력 계급이 되었다. 그의 풍력 계급에서 12노트의 바람은 "흔들바람(fresh breeze)"이라고 불렀다. 1831

년 이래로 조금 변화된 오늘날의 보퍼트 풍력 계급에서 그의 흔들바람은 건들바람(moderate breeze)으로 간주된다. 이름이 무엇이든, 그 바람이 내 머리를 헝클어뜨린다.

전혀 놀랍지 않은 평범한 바람이다. 이 바람은 일찍이 페르시아와 네덜란드와 스페인에서 풍차를 돌렸고, 현재 25만 대의 풍력 발전 터빈을 돌리고 있는 바람과 같은 바람이다. 이 바람은 고깔해파리가 물 위를 부유하게 해주며, 거미가 스스로 실계한 기미줄 연을 날리게 해주고, 씨앗을 멀리 떨어진 섬으로 날아가게 해준다. 또 사막에 둥그런 덤불을 나뒹굴게 하는 그 바람이다. 한때 이 바람은 미국 중서부에서 수천 명의 농민을 그들의 땅에서 몰아내기도 했다. 바람은 야르당(yardang)이라는 석조 작품을 만드는 조각가이다. 바람은 이집트 남부와 수단 북부에 5만1,800제곱킬로미터 넓이의 거대한 모래땅인 셀리마 모래 평원을 만들었다. 그리고 바로 그 바람이 지구 전체에 걸쳐 온도의 균형을 유지하는 일도 한다. 바람은 적도의 열기를 극지방으로 운반하고, 극지방의 냉기를 적도로 이동시키는데, 이런 공기의 흐름 덕분에 극단적인 온도 차이가 누그러진다. 바람이 없었다면 지구에는 사실상 생명체가 존재할 수 없었을 것이다.

≈

프랜시스 보퍼트는 1831년에 그의 유명한 풍력 계급에서 바람을 13단계로 분류했다. 이를테면, 0단계는 "고요(calm)," 9단계는 "큰센바람(strong gale)," 12단계는 "싹쓸바람(hurricane)"이다. 그는 풍속을 정확히 표기하지는 않았지만, 각 단계에서 볼 수 있는 바다의 상태나 범선의 반응을 묘사했다. 그가 언급한 범선은 돛대가 셋이고 길이 약 60미터의 군함인 프리깃 함(frigate)이었다. 아마 이 배에는 74문의 대포가 탑재되었고 500명 이상이 북적거렸을 것이다.

보퍼트 계급의 1단계인 "실바람(light air)"은 "타력 속도를 얻기에 충분했다." 이것은 배가 조타기에 반응할 수 있을 만큼은 움직인다는 뜻이었다. 2단계에서 4단계 사이의 바람에서는 "모든 돛을 활짝 편 군함이 잔잔한 수면에서 1-2노트, 3-4노트, 4-5노트로 나아갈 것이다." 6단계의 바람에서는 "관리가 잘 된 군함이 1단으로 줄인 중간 돛(topsail)과 상단 돛(top-gallant sail)으로 전력 추격을 할 수" 있었다. 이는 강한 바람을 맞는 범포(canvas)의 면적을 줄이기 위해서 부분적으로 돛을 내리고 고정시켜서, 즉 한 단을 줄인 돛으로 적을 뒤쫓을 수 있다는 뜻이다. 10단계가 되면 돛을 더 줄인다. 11단계에서는 폭풍 삼각돛(storm stay-sail)만으로 운항했다. 작고 강력한 폭풍 삼각돛은 배를 조종해서 나아가게 할 때에는 별로 쓰이지 않았던 특별한 돛이었다. 보퍼트는 12단계에서 허리케인의 공포를 단 한 문장으로 정확하게 포착했다. "어떤 범포도 버틸 수 없을 것이다."

보퍼트 이전에도 바람의 세기를 분류한 사람들은 있었다. 튀코 브라헤도 그중 한 사람이었다. 셰익스피어의 『햄릿(*Hamlet*)』에 영감을 준 인물이라고 알려진 부유한 덴마크 사람인 튀코 브라헤는 16세기 천문학에 대변혁을 일으킨 인물로도 유명하며, 결투로 일부가 날아간 코를 금속 보철물로 가리고 다닌 것으로도 유명하다. 또 현미경으로 관찰한 살아 있는 조직의 모습의 묘사하기 위해서 "세포(cell)"라는 단어를 최초로 만든 17세기의 과학자인 로버트 훅도 바람의 세기를 구분했다. 훅의 풍력 계급은 1에서 4단계까지였다. 훅이 살았던 시대에는 네덜란드인들의 풍력 계급도 있었는데, "생기 없는 숨결(dying breath)," "빈약한 바람(listless wind)," "맞바람(muzzler)," "흉포한 바람(rogue wind)" 순으로 차츰 강해졌다. 오늘날에는 바람보다는 온도로 기억되는 인물인 안데르스 셀시우스의 풍력 계급도 있었다. 셀시우스는 스웨덴 웁살라에 위치한 그의 유명한 관측소 근처 정원에 있는 큰 참나무 밑동이 그의 풍력 계급 4단계에서 "격렬하게 흔들렸다"고 기록했다.

이 모든 풍력 계급들은 만들어졌을 때에 공통점이 하나 있었다. 흩어져 있는 관찰자들이 바람의 세기를 기록할 수 있는 공용어를 만들려고 노력했다는 점이다. 대부분의 관찰자들은 풍속을 측정할 수 있는 장비를 본 적도 없었고, 그런 장비가 있다는 것조차 모르는 사람도 있었다. 바다에서는 풍속을 노트나 시속으로 정확하게 말할 수 없었던 뱃사람들이 보퍼트 풍력 계급을 활용해서 의미 있는 대화를 할 수 있었다. 보퍼트 풍력 계급은 최초의 풍력 계급도 아니었고 제시된 여러 풍력 계급의 원형도 아니었다. 그러나 풍속을 측정하는 장비인 풍속계(anemometer)가 흔해지고 풍속 측정이 일상화된 오늘날까지도 우리 곁에 남아 있다. 그렇다. 거센 바람에 풍속계가 뽑혀서 날아가고 휘몰아치는 폭풍 속에서 산산조각이 나버리지만 않는다면, 풍속을 측정하는 일은 우리의 일상이다.

≈

존 보스는 먼 바다를 항해하는 모험을 즐기는 선장이자 목수였다. 그는 1913년에 변덕스러운 바람을 불평하면서 이렇게 썼다. "그 다음 이틀 동안 우리는 160킬로미터를 나아갔고, 그 다음 사흘 동안은 그대로 서 있었다." 당시 그는 오스트레일리아 북쪽 해안을 벗어나고 있었는데, 그는 캐나다 서부 해안에 위치한 밴쿠버에서부터 항해를 해왔다. 그가 타고 있던 배는 11미터 길이의 카누였다. 보스의 배는 캐나다 서부 해안에 사는 누차눌트족이 붉은삼나무의 통나무 속을 파내어 만드는 전통 카누를 그가 돛배 형태로 변형한 것이었다. 모터는 없었다. 바람이 멈추면 보스의 배도 멈췄다.

오스트레일리아 북부 해안에 멈춰 있던 사흘 동안, 그의 카누는 너울과 바람 빠진 돛과 뜨거운 햇볕 속에서 허우적거렸다. 그는 차양을 펼쳤다. 찌는 듯한 열기와 싸우기 위해서, 그는 바닷물을 양동이로 퍼서 차양 위에 뿌리면서 "비교적 편안해졌다"고 생각한 시간을 보냈다.

쉰네 살이 된 만년의 보스는 일본 해안에서 8.5미터 길이의 돛배를 타고 태풍을 무사히 넘겼다. 이 배는 그의 통나무 카누보다 작았지만 파도를 더 잘 견뎠다. 그는 그와 그의 동료들이 살아남았다는 사실을 작은 배가 가장 강력한 바람을 안전하게 통과할 수 있다는 증거로 받아들였다.

그는 "바람이 이처럼 강하게 불면 갑판에 서 있을 수가 없었다"고 썼다. 그는 배의 앞쪽으로 뻗어나온 수중 낙하산인 시앵커(sea anchor)에 의지해서 뱃머리를 바람 쪽으로 유지함으로써 배가 비교적 안전하게 물 위에 떠 있게 만들었다. 그러나 풍랑이 몰아치면서 그 충격이 시앵커와 연결된 줄에 미쳤다. 줄이 갑자기 홱 당겨지면서 배가 뒤뚱거렸다. 결국 광풍을 이기지 못하고 줄이 끊어져버렸다. 배는 바람에 옆면을 보이면서 뒤집혔지만, 부서지는 파도 위에서 스스로 제 위치를 찾았다. 보스는 물에 빠졌지만 가까스로 다시 배 위로 올라왔다. 보스의 동료 선원 중 한 사람은 물속에 두 번 빠졌지만, 두 번 모두 다시 배 위로 올라왔다.

보스의 배는 물과 결전을 벌였다. 물이 들어찬 선실에는 음식 통조림, 침구, 책, 부서진 축음기가 떠다녔다. 보스와 두 명의 동료 선원은 양동이를 꺼내어 물을 퍼냈다.

그들은 폭풍의 눈에 다가갔다. 그곳에서는 바람은 멎지만 바다는 높게 일렁인다. 태풍의 눈은 허리케인의 눈과 마찬가지로 어느 모로 보나 기이한 장소이다. 파도는 높지만 공기는 고요하다. 태풍의 눈의 가장자리는 종종 "벽(wall)"으로 묘사된다. 성난 바람이 마치 단단한 구조물 같은 성질을 나타내기 때문이다.

보스는 태풍의 눈에 있던 당시에 대해서, "기압계는 28 25를 기록했다"고 썼다. 그가 읽은 기압계의 수은주 높이가 28인치를 살짝 넘었다는 뜻이다. 따라서 기압은 약 957밀리바(millibar)였다. 기압의 값이 이렇다는 것은 공기 분자가 빽빽하게 밀집되지 않고 서로 적당히 떨어져 있다는 것을 의미한다. 그러면 기압이 더 높은 곳에 있는 공기 분자들, 다시 말해서 좁은 공간에 빽빽하게 들어차 있는 공기 분자들은 곧바로 기압이 더 낮은 곳으로 쏜살같이 달려갈 것이다.

태풍이나 허리케인의 작용에 나타나는 한 가지 특징을 이해하기 위해서, 잔에 담긴 커피나 홍차를 저어서 허리케인을 중심으로 둥글게 부는 바람을 흉내내보자. 찻잔 속 액체의 높이는 바깥쪽이 올라가고 중심부가 낮아질 것이다. 그러나 액체가 잔의 중심부를 향해서 아래로 흘러가더라도, 회전을 하는 동안에는 원심력이 계속 작용해서 가장자리가 높게 유지될 것이다. 찻잔 속의 폭풍은 대양의 폭풍을 흉내낸 것이다. 대양의 폭풍, 즉 진짜 폭풍에서는 원심력이 저기압 중심부의 빨아들임과 균형을 이룬다. 원심력은 놀이공원의 회전 찻잔 같은 놀이기구에서도 느낄 수 있다. 놀이기구를 타고 있는 사람을 놀이기구의 가장자리로 밀어붙이는 힘인 원심력은 진짜 힘이라기보다는 겉보기 힘이다. 어쨌든 폭풍에서 원심력은 바람을 바깥쪽으로 보내려고 하지만, 저기압의 중심부가 그것을 막고 있다. 공기 분자를 바깥쪽으로 보내려는 원심력과 공기 분자를 안쪽으로 잡아당기려는 저기압 사이에서 과학자들이 선형 균형(cyclostrophic balance)이라고 부르는 상태가 되면 바람이 회전한다.

태풍의 눈에 있는 30분 동안, 보스와 그의 동료 선원들은 선형 균형을 이해할 새도 없었고, 그럴 만한 배경 지식도 없었다. 그들은 갑판 위를 부지런히 움직이면서 부러진 돛대의 잔해들을 단단히 고정시켰다. 곧 움직이는 공기의 벽에 부딪힌다는 것을 알고 있었기 때문이다. 바람이 다가오자 그들은 갑판 아래의 선실로 내려가서 모든 출입구를 단단히 막고 기다렸다.

며칠 뒤 일본에 도착한 보스는 뿌리째 뽑힌 나무들과 폐허가 된 마을을 보았다. 그는 이렇게 썼다. "만약 태풍이 다가오고 있다는 확신이 들면, 맞을 준비를 단단히 하라. 태풍은 매우 억센 손님이기 때문이다."

≈

로시난테 호의 돛이 크게 부풀어오른다. 바람이 뒤에서 똑바로 불어오지 않는 한, 돛은 단순히 공기를 담는 낙하산이 아니다. 돛은 날개와 더 비슷하다. 놀라울 정도로 복잡한 돛의 물리학에 관한 자세한 내용에 대해서는 아직까지 논란이 있지만, 돛의 곡선은 바람이 불어가는 쪽으로 공기의 흐름을 가속시킨다. 돛의 앞면에서 공기가 더 빠르게 흐르면, 공기 분자가 얇게 퍼지면서 기압이 낮아진다. 돛의 앞면에서는 1세제곱센티미터당 들어 있는 공기 분자의 수가 돛의 뒷면보다 더 적어진다. 바람은 돛의 앞면에 공백(void)을 만들고, 뒤쪽에 있는 바람은 그 공백을 채우고 싶어한다. 로시난테 호는 이런 바람의 속성에 이끌려 앞으로 움직인다.

여러 장의 돛이 함께 작용하면, 각 돛의 크기를 합친 한 장의 큰 돛보다 더 많은 힘을 낸다. 로시난테 호에는 뱃머리에 지브 돛(jib sail), 내 머리 위에 주 돛(main sail), 내 바로 뒤쪽에 미즌 돛(mizzen sail)이 있다. 한 돛이 만드는 올림흐름(upwash)은 다른 돛의 힘을 증강시킨다.

천으로 된 돛은 완벽한 날개는 아니다. 돛은 뒤틀린 흐름 장(flow field)을 만든다. 휘어짐(camber)과 받음 각(angle of attack)의 문제, 속도 상실(stall)과 뱃머리를 바람이 불어오는 쪽으로 돌리는 것(luffing)에 관한 문제가 있다. 그러나 항해의 미덕 중 하나는 일반적으로 매력적인 돛이 효율적인 돛이라는 점이다. 미학적으로 가장 만족스럽게 조절된 돛의 모양은 항해를 위한 가장 이상적인 물리학에 가깝다. 주름지고 축 처진 돛은 보기에도 흉할 뿐만 아니라 효율도 좋지 않다. 완벽하게 쭉 뻗은 선은 아름답기도 하고 빠르기도 하다.

공동 선장이 조타기를 잡고 있는 동안, 나는 배의 앞쪽으로 걸어가서 로시난테 호의 돛을 올려다보면서 돛의 부드러운 곡선을 살핀다. 나는 고물 쪽으로 가서 지브 돛에 연결된 지브 돛줄(jib sheet)을 팽팽하게 당기고, 주 돛에 연결된 주 돛줄(main sheet)을 늦춘다. 돛의 곡선이 더 아름다워진다. 배의 속도도 빨라진다.

수천 년간 이런저런 형태의 돛이 나왔지만, 돛에 대한 마지막 이야기는 아직 쓰이지 않았다. 돛의 혁신은 해상에서의 무역과 전쟁을 위해서 이루어졌지만, 그로 인해서 스포츠로서의 돛배 경주도 시작되었다. 돛배 경주의 역사는 1600년대의 네덜란드와 잉글랜드까지 거슬러올라갈 수 있다. 가장 유명한 요트 경주 대회인 아메리카 컵 대회는 1851년에 잉글랜드의 와이트 섬에서 시작되었다. 첫 우승은 스쿠너(schooner : 돛대가 두 개 이상이며 세로돛이 달린 범선/옮긴이)인 아메리카 호가 거두었는데, 그 이름이 트로피 명칭이 되어 지금까지 남아 있다. 올드 머그(Auld Mug)라는 애칭으로 불리기도 하는 아메리카 컵의 트로피 자체는 기능적 가치는 없고 화려하게 치장된 은제 물항아리이다. 역사적 가치가 없었다면 구석에 처박혀서 먼지를 뒤집어쓰고 있었을지도 모를 옛날 물건이다. 그러나 최고의 대회에 출전하고자 하는 사람들에게 이 트로피는 생생한 역사를 간직하고 있으며 중요한 의미가 있다. 또한 이 대회는 그런 사람들의 자부심을 북돋아줄 뿐만 아니라, 바람을 포획하는 고대 장비인 돛을 혁신하는 장이기도 하다.

2013년 아메리카 컵 대회에서는 날개 돛(wing sail)이 주목을 받았다. 모든 돛이 날개의 유체역학적 특징을 가지고 있지만, 날개 돛은 다른 돛과 달리 움직이지 않을 때조차도 날개를 닮았다. 날개 돛은 마치 돛대에 수직으로 부착된 비행기 날개처럼 보인다.

날개 돛이 선보이기 전인 2007년 아메리카 컵 대회의 경주 속도는 시속 20킬로미터에 못 미치는 10노트 근방이었다. 10노트면 돛배치고는 빠른 편이다. 아니, 빠른 편이었다. 2013년 경주에서는 날개 돛을 부착한 배의 속도가 17노트에 달했을 것이다. 그러면 선체가 물 위로 들리면서 수중익(hydrofoil)이 드러났다. 일단 수중익이 수면 위로 부상하면 배는 40노트에 가까운 속도를 낼 수 있었다.

날개 돛이 있는 배는 쉽게 살 수 없다. 소프트웨어 회사인 오라클의 공동 창립자이자 2013년 아메리카 컵 대회의 우승자인 래리 엘리슨은 이 배들의 가격을 묻는 질문에 이렇게 답했다. "누군가 아메리카 컵의 우승이 1억 달러의 가치가 있는지 내게 물었습니다. 아메리카 컵의 우승을 놓치는 것이 1억 달러의 가치가 없는 것은 확실합니다."

이곳은 갤버스턴 만이다. 항해 첫날이 거의 정오가 되어가고 있지만 아직 방파제를 다 벗어나지 못한 로시난테 호는 5노트의 속도로 나아가고 있다. 나는 기분에 취해서 조용히 휘파람을 분다. 엘리슨의 배가 더 빠를지는 몰라도, 값은 로시난테 호가 훨씬 저렴하다. 게다가 물도 거의 새지 않는다.

≈

보퍼트 해군 소장은 역사적인 위대한 항해 중 하나에 조연으로 등장하기도 한다. 당시 영국 해군의 수로학자로 활동했던 보퍼트는 1831년에 비글 호의 항해를 위한 지침을 만들었다. 이 지침에는 바람의 기록에 대한 설명도 있었다. "이 기록부에는 바람과 날씨의 상태가 당연히 기입되어야 할 것이다. 그러나 바람의 힘을 나타내기 위해서는 어느 정도 이해할 수 있는 기준을 따라야 한다. 사람마다 의미가 다른 '상쾌하다'

'적당하다' 따위의 모호한 설명을 써서는 안 된다." 이 지침은 항해일지의 1쪽을 보퍼트의 풍력 계급 복사본으로 시작할 것과 당직 사관의 관측 결과를 알릴 것을 요구했다.

비글 호의 선장인 로버트 피츠로이의 요청에 따라, 보퍼트도 인맥을 동원해서 젊은 과학자를 알아보고 있었다. 피츠로이 선장은 보퍼트에게 다음과 같이 썼다. "어느 정도 교양이 있고 과학적 소양이 있는 사람, 내가 제안했던 것처럼 그런 거처를 기꺼이 받아들일 사람을 찾아야 할 것입니다." 보퍼트는 찰스 다윈이라는 이름의 젊은 과학자를 찾아냈다. 당시에는 어느 누구도 예측하지 못했을 테지만, 피츠로이 선장은 결국 해군 중장이 되었고, 바람의 역사에서 중요한 인물이 되었다.

≈

산들바람이 분다. 돌풍인 것 같다. 존 스미스 선장은 돌풍을 "바람의 흠(flaws of wind)"이라고 불렀고, 다니엘 디포는 돌풍을 "바람의 번민(frets of wind)"이라고 묘사했다. 이들은 돌풍에 이름을 붙였지만, 돌풍이 왜 부는지는 전혀 이해하지 못했다. 앞으로 이 책에서는 바람이 왜 부는지를 행성 수준에서, 지표면을 흐르는 공기의 수준에서, 무역풍 수준에서 살펴볼 것이다. 곧 드러나겠지만, 행성 수준에서의 바람이 가장 간단할지도 모른다. 날씨의 전선, 그리고 전선과 전선이 만났을 때에 부는 바람에 대한 이해는 더 나중에 다룰 것이다. 고도가 높은 곳에서 부는 바람, 이를테면 때로 비행기를 연착시키는 제트 기류에 대해서는 그 다음에 알아볼 것이다.

1960년대 후반에 등장한 카오스 이론은 루이스 프라이 리처드슨이 확신했던 수치 일기예보가 기대에 미치지 못했던 이유를 설명하기 시작했다. 운동법칙과 수학을 결합시킨 단순한 관측으로는 앞으로 불게 될 바람을 천문학자들이 행성의 위치를 예측하듯이 정확하게 예측할 수 없다. 기본적으로 결정론적인 어떤 것으로는 아주 짧은 기간밖에는 정확에 가까운 예측을 하지 못한다. 카오스 이론은 그런 이유들도 설명하기 시작했다. 카오스 이론은 오늘의 작은 변화가 며칠 뒤에 어떻게 큰 차이를 이끌어낼 수 있는지를 밝혀냈다.

일기예보의 미래는 어느 정도는 오늘의 작은 변화가 다음 주, 그 다음 주, 그리고 그 다음 주에 일어날 모든 큰 변화의 전부임을 깨닫는 것에 있다. 또 앞으로 일어날 일을 예측하는 우리의 능력을 향상시키기 위해서 지금 더 많은 자료를 얻는 것, 바람이 어떤 바람을 일으킬지에 대한 지식에서 불확실성을 이해하고 받아들이는 것에도 있다. 물리학과 수학과 컴퓨터로 무장한 인간이 그 미래를 반드시 이루어낼 것이라고 생각할 필요는 없다. 이것을 이해하기 위해서, 그 깊은 의미에 진정으로 다가가기 위해서, 우리를 이 지점까지 안내했던 발견을 이해하고 움직이는 공기의 다양한 측면을 올바르게 평가해야 할 것이다.

제2장

예보

두 명뿐이라서 일손이 부족한 선원들에게는 어떤 항해든지 처음 며칠 밤은 피곤할 수밖에 없다. 네 시간째 조타기를 지키고 있는 로시난테 호의 선원은 피곤이 쌓여간다. 교대를 한다고 해도 쉽사리 잠이 들지는 못한다. 여덟 시간 동안 지속되는 정상적인 야간 수면 습관이 깨졌기 때문이기도 하고, 불규칙적으로 삐걱대는 배와 펄럭이는 돛과 이따금씩 선체에 부딪히는 파도 때문이기도 하고, 항해에 대한 걱정 때문이기도 하다. 뭔가 두고 오지는 않았을까? 출발 전에 수리하거나 대체하지 못한 수많은 것들 중에서 가장 문제가 될 만한 것은 무엇일까? 뭐가 잘못되지는 않을까?

부두를 떠난 지 사흘째 되는 날 아침, 떠오르는 태양에서 쏟아지는 햇살이 우리의 피로와 걱정을 말끔히 씻어준다. 떠오르는 태양빛은 새로운 기운을 북돋아준다.

지금으로서는 폭풍은 별로 큰 문제가 아니다. 우리는 북풍의 끝자락을 타고 항해 중이다. 이 지역에서는 1년 중 이 시기에 북풍이 평형을 회복시키는 경향이 있다. 북풍은 에드먼턴과 캘거리와 새스커툰의 공기를 싣고 몬태나와 와이오밍을 휩쓸면서 내려온다. 북풍이 같은 나라 안에 있는 한 기상 관측소에서 다른 기상 관측소를 통과하는 동안 일기예보를 하기는 쉽지만, 일기예보가 갑작스러운 추위나 40노트의 바람이나 섭씨 16도의 기온 강하를 누그러뜨리지는 못한다. 그러나 갤버스턴에서 동쪽으로 항해해서 유카탄 반도까지 가려는 배에게 북풍의 이점은 북쪽에서 온다는 것이다.

이 특별한 북풍은 꽤 강하게 다가왔다. 더 경험이 많은 선원들이라면 북풍의 세기가 최고조에 이르렀을 때에 항해를 했을지도 모른다. 돛을 줄이고 북풍의 장점을 한껏 이용해서 가능한 한 빠르고 멀리 동쪽으로 갔을 것이다. 3일 전에 우리가 부두를 출발하기 전부터 북풍은 이미 약해지고 있었다. 지금은 잠깐 동안 바람이 완전히 멎었다. 5분 후, 20노트의 돌풍으로 다시 돌아온 북풍은 1, 2분 정도 바람을 내뿜다가 북동쪽으로 돌면서 힘을 잃는다.

북풍이 통과하는 지역에서는 압력 차이가 줄어든다. 지도와 지도 그리기에 대해서 채울 수 없는 욕구를 품은 기상학자들은 마치 대기 자체가 지형도에 윤곽을 그릴 수 있는 유형(有形)의 풍경인 것처럼 지도에 압력 변화를 나타내는 선을 그린다. 압력이 같은 지점을 연결한 선을 등압선(isobar)이라고 한다. 지형도에서는 선의 간격이 넓은 곳은 해안의 평야나 낮은 언덕을 나타낸다. 반면 선의 간격이 좁은 곳은 애팔래치아 산맥, 브룩스 산맥, 로키 산맥을 나타낸다. 일기도에서는 선의 간격이 넓은 곳은 기압이 서서히 변하는 지역을 나타내고, 선의 간격이 좁은 곳은 기압이 급격하게 변하는 지역을 나타낸다. 기압이 서서히 변하는 곳에서는 바람이 약하다. 기압이 급격하게 변하는 곳, 즉 등압선 간격이 좁은 곳에서는 산비탈을 맹렬히 내려가듯이 바람이 불 것이다.

이 특별한 날, 어느 기상학자는 멕시코 만 북부의 일기도에서 등압선 간격이 넓다는 점을 눈여겨볼지도 모른다. 등압선이 적은 오늘의 일기도는 어제의 일기도보다 잉크가 덜 들었을 것이다. 이 일기도를 보고 기상학자는 바람이 사그라지고 있다는 것을 알았을 것이다. 기상학자는 등압선의 간격을 보면 바람의 속도를 추측할 수 있다.

로시난테 호를 탄 우리는 장갑과 모자와 악천후용 비옷 사이로 따뜻한 공기의 숨결을 느낀다. 동풍인가?

우리는 동쪽으로 나아가기 위해서 우리가 할 수 있는 모든 것을 했다. 바람이 바뀌면 우리는 경로를 바꾼다. 바람이 이쪽으로 불면 우리는 저쪽으로 가고, 바람이 저쪽으로 불면 우리는 이쪽으로 간다. 우리가 지나간 자리에는 뱀처럼 구불구불한 항적이 남는다.

좌현 쪽 지평선 너머 어디쯤에서 미시시피 강물이 바다로 흘러나오고 있다. 해안에서 멀찍이 떨어져서 항해를 하고 있는 우리는 플로리다 펜서콜라 남쪽의 어느 지점에 닿으려고 안간힘을 쓴다. 아니면 적어도 앨라배마의 모빌 남부까지라도 닿은 후에, 유카탄 반도와 무헤레스 섬 쪽으로 방향을 돌릴 것이다.

≈

최초의 일기도는 에드먼드 핼리가 그렸다는 이야기가 있다. 그러나 그 일기도는 오늘날 신문과 텔레비전 방송에서 볼 수 있는 그런 일기도는 아니었다. 핼리가 그린 것은 완전히 달랐다. 1686년에 핼리는 선원들로부터 수집한 이야기들과 자신의 관측 결과를 기반으로 무역풍 지도를 그렸다. 그는 다음과 같이 썼다. "너무 어려운 부분에서는 독자의 이해를 돕기 위해서, 바람의 다양한 모든 운행과 경로를 한눈에 볼 수 있는 도해를 접목시킬 필요가 있다고 생각한다. 도해가 있으면 말로만 묘사하는 것보다 훨씬 더 이해가 잘 될 것이다." 다시 말해서, 그는 어느 하루의 바람이 아닌 일반적인 바람의 유형을 단순하게 표현하고 싶었다. 핼리의 그림은 오늘날 신문과 텔레비전에서 볼 수 있는 종류의 일기도가 아니라, 주제도(thematic map)라고 불리는 지도의 초기 사례였다. 핼리의 지도는 바람의 경향을 보여주었지만, 실제 상황의 한 순간을 포착하여 나타낸 것은 아니었다.

벤저민 프랭클린도 무역풍에 관심이 있었다. 그러나 그의 업적은 무역풍에 대한 관심이 아닌 폭풍에 대한 관심에서 나왔다. 그는 적어도 1734년부터 폭풍에 관심을 가졌지만, 1743년 10월 21일의 폭풍에서 그 관심이 최고조에 이르렀다. 이 폭풍은 프랭클린의 월식 관찰을 망쳐놓았다.

그날의 바람은 프랭클린이 있는 필라델피아에서 볼 때 북동쪽에서 불어왔다. 프랭클린은 바람이 불어오는 방향인 보스턴에서는 같은 폭풍이 먼저 지나갔을 것이라고 짐작했다. 그래서 보스턴에 사는 친구들이 폭풍이 지나간 후에 월식을 관찰했을 것이라고 생각했다. 그런데 프랭클린이 우연히 본 10월 24일자 「보스턴 이브닝 포스트(*Boston Evening Post*)」에는 다음과 같이 쓰여 있었다. "지난 금요일 밤, 개기일식과 부분일식이 끝난 직후에(9시경에 시작되어서 1시가 지나서 끝났다) 몰려온 폭풍우는 다음날 하루 종일 엄청난 기세로 지속되었다." 프랭클린은 바람이 보스턴에서 필라델피아 쪽으로 불어오고 있다고 느꼈지만, 실제로 폭풍은 필라델피아에서 보스턴 쪽으로 이동했다. 폭풍은 프랭클린의 위치에서 바람이 불어온 쪽으로 움직였던 것이다.

그는 6년 동안 곰곰이 생각한 끝에 코네티컷에 있는 한 친구에게 다음과 같이 썼다. "바람의 경로는 북동쪽에서 남서쪽으로 이동하더라도, 폭풍의 경로는 남서쪽에서 북동쪽으로 이동할 수 있네. 폭풍이 버지니아에서 격렬하게 움직이다가 코네티컷으로 이동하고, 코네티컷에서 세이블 곶으로 이동하는 것이지."

프랭클린은 자신의 생각을 주석의 형태로도 발표했는데, 이 주석이 실린 지도는 미국에서 출판된 최초의 펜실베이니아 지도로 추정되고 있다. 루이스 에번스라는 측량사가 그린 이 지도는 1749년에 프랭클린의 인쇄소에서 인쇄되었다. 에번스의 지도는 여간해서 보기 어려운 아름다운 작품이다. 지도의 오른쪽 하단의 가장자리인 대서양에 해당하는 공간에는 범선 두 척이 떠 있다. 강들은 뱀처럼 구불구불하게 양피지 위를 가로지른다. 일정한 간격의 빗금은 산맥을 나타낸다. 델라웨어 강 어귀에는 델라웨어 만이 케이프 메이에서부터 북서쪽으로 뻗어 있다.

상세한 지형학적 묘사가 부족한 탓에 여백으로 남게 될 곳에는 필기체로 쓰인 광범위한 주석들을 달아서 그 지역을 소개한다. 상단 근처에 있는 어떤 주석에는 "이곳과 세인트루이스 사이의 땅은 온통 산과 늪지대가 가득하다"라고 쓰여 있다. 허드슨 강에는 "허드슨 강 또는 노스 강"이라는 주석이 달려 있다. 허드슨 강의 바로 동쪽에 있는 한 주석에는 "뉴욕과 매사추세츠 주의 경계는 정해지지 않았다"라고 쓰여 있다. 전체를 "끝없는 산맥에 관한 언급"에 할애한 단락도 있다. 왼쪽 하단에는 "경도가 기대만큼 그렇게 정확하지 않을까봐 걱정이다"라고 쓰여 있다.

이 지도는 일기도와는 거리가 멀었다. 그러나 왼쪽 상단 구석, 온타리오 호 기슭에 해당하는 위치에 있는 한 단락은 수백 단어 분량으로 지역의 기후를 설명한다. 이 단락은 "기압계의 극한"과 "휴대용 화씨 온도계"를 기반으로 한 온도 범위로 시작한다. 이 단락 중에는 프랭클린의 깨달음이 담겨 있는 글귀가 있다. "큰 폭풍은 모두 바람이 불어가는 쪽(leeward)에서 시작된다. 따라서 북동풍이 부는 폭풍은 보스턴보다 버지니아에서 하루 먼저 나타날 것이다." 프랭클린은 지상에서 그가 경험하는 바람의 방향이 폭풍의 이동 방향과 같지 않다는 것을 알았다. 1743년에 프랭클린이 느꼈던 바람은 북동쪽에서 거세게 불어왔다. 이 폭풍은 어찌 된 일인지 바람이 불어가는 쪽, 즉 남서쪽에서 기원했다. 육지에 있거나 배를 타고 있는 사람에게는, 폭풍이 바람을 거슬러 움직인 것이다. 누구든지 날씨를 예측하려는 사람은 지상뿐 아니라 하늘 높은 곳에서 무슨 일이 일어나고 있는지도 알아야 했다.

≈

로시난테의 초단파 라디오를 켜자, 소리가 끊기거나 잡음이 절반인 일기예보가 들린다. 미시시피의 패스커굴라에서 플로리다의 펜서콜라까지의 해안에서 20-60해리(37-111킬로미터) 떨어진 해상에 대한 일기예보인 것 같다. 우리는 그 범위를 훨씬 벗어나 있을 것이다. 그런데 어디 멀리 떨어진 낯선 곳에 반복 장치 같은 것이 있어서 "바다는 1미터까지" 또는 "바람은 10-15노트" 같은 말을 전자음으로 집어넣으면서 끊임없이 같은 메시지를 반복하는 것 같다. 듣는 사람만 지친다. 그러나 아무리 오래 귀를 기울여도 목소리보다는 잡음이 더 잘 들린다. 자세한 내용은 듣지 못했지만, 그래도 폭풍주의보는 없는 것 같으니 안심이다.

이따금씩 노란색, 주황색, 회색, 검은색을 띠는 석유와 가스 시추 장치들이 보인다. 우리 배의 용골 아래에 있는 물의 깊이는 300미터가 넘는다. 이 정도 깊이라면 기둥 위에 세워진 시추 장치는 거의 없을 것이다. 시추 장치는 거대한 기능적 괴물이다. 아름다움이라고는 조금도 없고, 배와는 전혀 비슷하지 않지만 사실상 물 위에 떠 있다. 시추 장치는 기상 관측소이기도 하다. 육지로 정보를 전달해서 시시각각 변하는 종관(synoptic) 일기도를 위한 자료를 공급하는 연결망의 일부이며, 이 연결망은 루이스 프라이 리처드슨이 꿈꿨던 일기예보 격자에서 발전한 세포들을 채운다.

≈

수학적이든 아니든, 일기예보의 시작점은 모두 같다. 바로 지금 이 자리에서 시작된다. 누군가는 세상이 어떻게 돌아가고 있는지를 보기 위해서 창문을 열어야 한다.

이론상 그 누군가는 몇 가지 장비를 갖추고 있다. 이론상 그들은 뜻이 맞고 비슷한 장비를 갖춘 다른 곳에 사는 누군가와 교류를 한다. 이들은 두서너 명이 아니라 수천 명에 이른다. 그들이 측정한 기온과 기압과 습도, 그들이 관측한 구름의 양과 바람의 속도가 모두 합쳐지면, 비로소 날씨에 대한 이해가 시작된다. 기상 예측에 필요한 발판이 확립되는 것이다.

텔레비전, 라디오, 컴퓨터, 스마트폰을 통해서 비교적 정확한 일기예보가 시간 단위로 제공되는 오늘날처럼 일기예보에 익숙한 시대에는, 초기 일기예보관들이 겪었던 난관을 헤아리기가 어렵다. 그래도 1854년 6월 30일, 아일랜드 칼로 지역의 의원인 존 볼의 발언에 대한 영국 하원의 반응에서 그 분위기를 가늠해보자. 당시는 최초의 일기도가 신문에 등장하기 20년 전이었다. 그때 의회에서는 주로 날씨 통계를 수집하는 기능을 담당할 기상청의 설립을 두고 토론을 벌이고 있었는데, 볼 의원이 용기를 내어 일기예보의 가능성을 제안했다. 그는 통계 자료가 쌓이면 과거뿐 아니라 미래를 내다보는 통찰도 얻을 수 있을 것이라고 생각했다. 볼 의원은 하원에서 다음과 같이 말했다. "이 나라의 기후는 아주 변화무쌍하겠지만, 몇 년 안에는 대도시의 날씨 조건을 24시간 먼저 알게 될지도 모릅니다."

공식 기록에는 이 발언에 대한 반응이 다음과 같이 적혀 있다. 웃음.

≈

1749년에 벤저민 프랭클린이 말한 "거대한 폭풍"은 오늘날의 온대 지방, 즉 중위도 지방에서 사이클론이라고 불리는 폭풍의 일종이다. 프랭클린은 그의 사후에 발달한 날씨의 명명법을 예상조차 할 수 없었지만, 북서쪽에서 불어오는 이 강력한 바람이 남서쪽에서 온다는 것은 알고 있었다.

그러나 북풍은 북쪽에서 불어오고, 어느 정도는 북쪽에서 남쪽으로 이동한다. 우리의 북풍은 셋째 날 오후 중반이 되자 거의 잦아들고 있다. 공동 선장은 로시난테 호가 가능한 한 맞바람 쪽을 향하게 한다. 돛에 뒷바람이 닿기 전까지는, 돛이 쭈그러들어 전진을 멈추기 전까지는 배가 나아갈 것이다. 바람을 이런 방식으로 받으며 나아가면 로시난테 호의 갑판이 비스듬하게 기울어진다. 공동 선장은 어정쩡한 자세로 조타기 앞에 앉아서 조종실 가장자리에 다리를 단단히 고정시키고 있다. 우리는 바람에 배가 한쪽으로 고풍스럽게 기울어 있는 가장 그림 같은 자세로 항해를 하고 있다. 그러나 아름다움에는 불편함과 비효율성이 따르고 밧줄은 압박을 받게 된다. 책꽂이에서 책이 떨어지고, 로시난테 호의 버너 두 개짜리 주방을 둘러싸고 있는 가로대에서 찻주전자가 미끄러진다. 바람 에너지는 배를 앞으로 나아가게 하는 것이 아니라, 대부분 배를 옆으로 밀어서 비스듬하게 고정시키는 데에 이용된다. 바람이 불어오는 쪽을 향해서 가능한 한 맞바람에 가깝게 항해를 하는 것은 우리에게 최선의 선택은 아닐 것이다. 그러나 우리는 동쪽으로 가야 하므로 다른 선택권이 없다.

게다가 맞바람을 한껏 받으며 배를 몰아도 우리는 정동으로 방향을 잡지 못한다. 공동 선장은 플로리다 서남쪽으로 크게 원호를 그리며 가는 쪽에 희망을 걸기 시작했다. 그러면 억지로 정남쪽으로 방향을 틀기 전에 유카탄 반도 동쪽에 충분히 닿을 수 있다. 만약 유카탄 반도의 끝에 정확히 닿지 못하고 너무 남쪽을 헤매게 된다면 우리는 나중에 후회를 하게 될 것이다. 동쪽에서 불어오는 바람과 해안을 따라 흐르는 유카탄 해류와 씨름을 해야 하기 때문이다. 우리는 이 모든 것을 책으로만 배웠다. 유카탄 해류를 거스르는 항해의 어려움을 경험을 통해서 배우고 싶지는 않다. 그리고 일단 지금, 공동 선장은 동쪽으로 향하기 위해서 최선을 다하고 있다. 그녀의 긴 머리카락은 바람에 흩날리고, 푸른 눈은 지쳐 있지만 편안하게 빛나고 있다.

오후가 되자, 우리는 해안에서 160킬로미터 떨어진 곳에 있다. 초단파 라디오에서는 잡음밖에 들리지 않는다. 태양 빛에 얼굴이 후끈해진다. 나는 악천후용 재킷과 바지를 벗어버린다. 그리고는 공동 선장과 조디기를 교대한다. 이제 그녀는 몇 시간 잠을 청할 수 있다. 그녀는 아래로 내려갔고, 나는 얼굴 위로 머리카락을 흩뜨린 채 깜박 잠이 든 그녀를 열린 계단 문을 통해서 바라본다.

로시난테 호는 물살을 가르며 5노트의 속도로 나아간다.

≈

비행기가 없었던 1800년대에는 사람들이 배를 타고 여행했다. 일기예보가 없었던 시대에는 배가 폭풍으로 침몰하는 일이 놀라울 정도로 잦았다. 강철로 만든 증기선도, 폭풍을 피할 수 있는 안전한 항구가 가까이 있어도 재앙이 닥쳤다.

일기예보의 역사에서 눈에 띄는 두 번의 참사가 있다. 첫 번째 참사는 영국 하원에서 일기예보의 가능성을 비웃었던 해이자, 크림 전쟁이 발발한 지 1년 후인 1854년에 일어났다. 흑해에 위치한 세바스토폴의 절벽에 닻을 내린 영국, 프랑스, 터키의 배는 그곳에서 엄청난 공격에 직면했다. 이 배들을 공격한 것은 적군이 아니라 대자연이었다. 최초의 현대전이라고 불리곤 하던 전쟁의 공포가 이미 뒤덮고 있는 상황에서 거센 파도가 그 위를 또 덮친 것이다.

립반윙클 호는 닻이 끊어져서 절벽을 옆면으로 들이받았다. 훗날 목격담에 의하면, 립반윙클 호는 이 충격으로 산산이 부서졌다. 생존자는 없었다. 프로그레스 호와 와일드 웨이브 호, 그 다음에는 케닐워스와 원더러 호가 립반윙클 호의 뒤를 따랐다. 겨울철 장비와 의료물품을 운반하던 영국의 보급선인 프린스 호는 한때 "운송 서비스의 자부심"으로 묘사되었다. 이 배도 닻에 가해지는 압박을 줄이기 위해서 증기 엔진을 가동시키며 저항했지만, 결국 바위에 부딪혔다. 배에 타고 있던 150명 중에서 6명만 목숨을 건졌다.

절벽 너머에 있는 해안 위쪽에서는 프랑스의 증기 프리깃 함이 바람에 떠밀려 해안으로 올라왔다. 가장 유명한 사건은 3층의 갑판에 100문의 대포가 있는 프랑스의 전함 앙리 4세 호에서 네 개의 닻줄이 끊어진 일이었다. 앙리 4세 호는 해안으로 날아가서 모래사장에 처박힌 채 밤을 보냈다. 이 전함에 타고 있던 베르트랑 신부는 가구들이 배 안에서 내동댕이쳐지고 마지막 두 개의 닻줄이 갑자기 툭 끊어졌다고 설명하면서, 다음과 같이 썼다. "성난 바다의 노호에 우리는 서로의 소리가 들리지 않을 지경이었다." 훗날 이 배의 잔해는 요새를 만드는 데에 활용되었다.

카차 강에 닻을 내린 삼손 호의 항해일지에는 "특별 주류 수당이 승인되었다"고 되어 있다. 역시 카차 강에 닻을 내린 벨레로폰 호의 항해일지에 따르면, "배가 다른 배에 부딪혔고, 이물에서 돌출되는 기움 돛대 앞의 뱃전이 떨어져 나갔다."

아침이 되자 해안에는 잔해들이 어지러이 널려 있었다. 벨레로폰 호의 항해일지에는 다음과 같이 쓰여 있다. "낮: 해안에서 터키 전함 관찰; 육상에 영국 수송선 5척과 프랑스 수송선 5척, 앙리 4세 호와 프랑스 증기선 2척."

프랑스로 돌아온 국방장관은 해왕성을 발견한 천문학자인 위르뱅 르베리에에게 도움을 청했다. 르 베리에는 망원경이 아닌, 천왕성 궤도에서 일어나는 기이한 섭동(攝動)에 대한 연구를 통해서 해왕성을 발견했다. 보이지 않는 행성의 존재를 예측할 수 있는 사람이라면, 확실히 지구의 날씨 변화도 예측할 수 있을 것 같았다.

르 베리에는 1854년 11월 10일부터 11월 16일까지 유럽 전역에서 250건이 넘는 날씨 보고서를 수집한 후, 폭풍의 경로를 예측할 수 있다는 결론을 내렸다. 프랑스 해군은 폭풍 경보를 받을 수도 있었다. 그랬다면 앙리 4세 전함의 손실도 막을 수 있었을 것이다.

르 베리에의 충고로, 나폴레옹 보나파르트의 조카이자 그의 후계자인 루이-나폴레옹 보나파르트는 폭풍 경보체계의 확립을 요청했다. 이 체계는 신기술에 의존하게 되는데, 이 신기술이 바로 전신(電信, electric telegraph)이었다.

오늘날 우리가 생각하는 전신이 선보인 것은 당시에는 불과 10년 전의 일이었다. 1844년에 새뮤얼 모스는 워싱턴 DC에 위치한 대법원에서 볼티모어의 차량기지에 있는 앨버트 베일에게 "신은 무엇을 만들었는가?(What hath God wrought?)"라는 짧은 메시지를 보냈다. 답장은 없었지만, 이 질문에는 이런 답도 가능할 것이다. "신은 일기예보를 용이하게 해줄 기구를 만들었다."

모스의 유명한 최초의 송신이 이루어진 지 4년 후, 그는 형제에게 편지 한 통을 보냈다. 종이에 쓴 평범한 편지였다. 이 편지와 다른 기록에서, 모스는 전신의 발명자라는 역사적, 상업적 지위를 지키려고 애쓰는 모습을 보였다. 그는 다음과 같이 썼다. "내가 알고 있는 가장 부도덕한 해적집단의 움직임을 끊임없이 감시해야 하기 때문에, 나는 방어를 위한 증거들을 수집하는 데에 내 모든 시간을 써왔다. 법적으로 내가 전자기 전신기의 발명가라는 것을 증명하기 위해서!!!" 한 신문 기사는 그가 이 발명품을 다른 사람들에게서 훔쳤고, 원래는 독일에서 발명되었다는 의혹을 제기했다.

모스가 아무 이유 없이 방어적인 태도를 취한 것은 아니었다. 사실 그가 전신을 완전히 처음부터 발명한 것은 아니었다. 전신은 장대에 매달린 깃발이나 망루에 세워진 나무의 형태 같은 원시적인 시각적 신호에서 발전했다. 모스의 노력이 결실을 맺기 훨씬 전인 18세기 후반이 되자, 프랑스와 영국 사이에서는, 심지어 아일랜드까지도 메시지가 오가고 있었다. 아일랜드에서는 아직 해군 소장은커녕 장교도 되기 전인 젊은 프랜시스 보퍼트가 이런 시각적 원거리 통신망 구축을 위해서 고용되었다. 그러나 이런 시각적 통신은 느리고 불확실했다. 메시지는 한 중계소에서 다음 중계소로, 그리고 그 다음 중계소로 전달되었다. 때로는 안개와 눈과 비 때문에 신호를 알아보기 어려웠다. 메시지가 목적지에 닿을 무렵에는 해독이 불가능한 지경에 이르기도 했다.

이미 1753년에 알파벳 한 자당 하나씩 총 26개의 절연 전선이 배당되는 형태의 전신기를 만들자는 제안이 있었다. 이 전신기는 발신기에서 보낸 전류에 반응해서 수신기에 있는 대전(帶電)된 공이 움직이는 형태였다. 나중에는 전신기에서 전류를 이용해서 수소를 방출했고, 수신기에서 기체 방울이 보였다. 1830년이 되자, 어떤 전신기는 롱아일랜드를 가로질러 13킬로미터 떨어진 곳에 메시지를 전달했다. 이 전신기는 수신 장치에 있는 액체의 산도(酸度)를 변화시켜서 리트머스 종이로 된 기다란 종이 위에 메시지가 나타나게 하는 방식이었다. 훗날 스미스소니언 연구소의 초대 소장이 되는 조지프 헨리는 전자석을 이용한 전신기를 개발했다. 전류가 종 속에 매달려 있는 자화된 쇠막대를 움직이는 방식이었다.

모스는 그의 유명한 1844년의 메시지를 딸깍이는 점과 선들로 이루어진 일련의 신호로 수신되게 할 생각은 아니었다. 원래 그는 두루마리 종이 위에 전기적으로 전사된 글의 형태를 보낼 생각이었다. 그러나 이 글은 W와 V자 같은 것들을 반복적으로 휘갈겨쓴 것처럼 보였다. 수신

장치 쪽에 있는 사람들은 수신기가 딸깍이는 소리를 들었다. 그들은 종이는 필요가 없을 수도 있다는 것을 깨달았다. 모스와 베일은 다른 조력자들과 함께 딸깍 소리와 무음처럼 청각적으로 받아들일 수 있는 신호를 개발했고, 이 신호가 훗날 모스 신호로 알려지게 되었다.

예전에 깃발이나 다른 신호 전달 장치를 활용해야 가능했던 일들을 전신은 훨씬 편리하게 바꿔놓았다. 뛰어난 전신 기사는 분당 30개의 단어를 송신하거나 수신할 수 있었다. 정보는 지연 없이 공유될 수 있었고, 이런 정보 덕분에 폭풍의 추적이 가능해졌다. 해변에 상륙한 폭풍으로 앙리 4세 호가 파괴된 지 불과 5년 후인 1859년이 되자, 르 베리에의 통신망은 19개의 관측소에서 기록된 현재 날씨에 대한 일일 공보(公報)를 배포하게 되었다.

그러나 1854년의 폭풍을 예측할 수 있었다는 주장과 앞으로 다가올 폭풍을 일상적으로 예측한다는 것은 별개의 문제였다. 그보다 겨우 8년 앞서, 르 베리에가 대단히 존경했던 파리 천문대의 프랑수아 아라고 교수는 다음과 같이 썼다. "내 동의를 얻어서는 한 줄도 발표될 수 없다. 권위 있는 사람이라면 이것에 대한 내 의견을 상상할 수 있을 것이다. 현재 우리가 가진 지식으로는 올해, 이번 달, 이번 주의 날씨가 어떻게 될지를 정확하게 알릴 수 없다. 감히 덧붙이자면 단 하루도 미리 알 수 없을 것이다." 또 이런 글도 썼다. "과학의 진보가 어떤 형태로 일어나든지, 명성을 중히 여기고 신뢰할 수 있는 관찰자라면, 그 누구도 날씨의 상태를 예언하려는 모험을 감행하지 않을 것이다."

아라고의 경고는 충분히 근거가 있었다. 미래의 날씨가 일기예보를 조롱하듯이 비껴가서 일기예보관들을 무색하게 만드는 일은 지금도 많지만, 그때는 지금보다 더 했다. 르 베리에도 마찬가지였다. 불어야 할 바람이 불지 않고, 비가 올 것이라고 예측되었는데 갑자기 파란 하늘이 드러나기도 했다. 전혀 예기치 못했던 구름이 몰려오기도 했다.

프랑스의 국방장관이 1863년에 르 베리에의 일기예보를 공공연히 비판했을 때, 르 베리에는 "신뢰할 수 있는 관찰자"에 대한 선임자의 말을 생각했을 것이다. 1867년, 르 베리에는 파리 관측소 내에서 발전하고 있던 초기 단계의 일기예보 업무를 중단하기 위해서 자신이 할 수 있는 모든 일을 했다. 이런 노력은 자신의 명성과 자리를 보전하고 신뢰할 수 있는 관찰자의 지위를 유지하기 위한 것으로 보인다. 그는 이 과정에서 한때 키워왔던 기상 예측에 대한 꿈을 접었다.

≈

프린스 호와 앙리 4세 호를 난파시킨 1854년의 폭풍은 프랑스의 관심을 끌었던 것처럼 영국의 관심도 끌었다. 그 여파로 영국 상무부는 기상국을 설립했는데, 훗날 기상국은 영국의 국립기상 관측업무를 담당하는 기상청(Met Office)으로 알려지게 된다. 이 새로운 부서의 책임을 맡을 후보자를 놓고 심사숙고를 하는 동안, 상무부는 로버트 피츠로이에게 자문을 구했다. 피츠로이는 다윈을 지구 곳곳으로 안내했던 비글 호의 선장이었다. 피츠로이는 이렇게 썼다. "상당히 장시간의 업무를 수행할 부서의 수장은 런던이나 런던 근교에서 생활할 적극적인 의사가 있는 사람이 선정되어야 한다." 그가 이 책무를 위해서 주목한 점은 기꺼이 장시간 동안 일을 할 수 있고 전형적인 선장보다 훨씬 우월한 기량을 갖춘 사람이 필요하리라는 것이었다. 그는 이 일에는 바람과 조류와 기온과 자기력을 이해하는, "아라고-휴얼-렌넬-레이드-사빈-페러데이-허셜이 훔볼트와 합쳐진 인물"이 요구된다고 지적했다. 이렇게 그는 당대의 내로라하는 과학자들을 언급함으로써, 이 일에는 적임자가 아무도 없을 것이라는 인상을 남겼다.

당장 그 업무를 위한 최선의 선택은 피츠로이 자신인 것으로 밝혀졌

로버트 피츠로이, 최초의 일기예보를 하던 시절 무렵. (Wikimedia Commons 사진)

다. 그의 이력은 인상적이었다. 그는 젊은 시절에 뉴턴의 연구와 수학을 공부했고, 항해와 함께 펜싱, 춤, 그림 같은 더 신사다운 예술도 배웠다. 항해를 할 때, 그는 수많은 책들을 싣고 항해를 했다. 젊은 해군 장교 시절에는 400권의 책을 소장하고 있었는데, 당대의 과학서뿐만 아니라 라틴어, 그리스어, 프랑스어, 이탈리아어, 스페인어 공부를 도와주는 책들도 있었다. 그는 여느 선장들과 마찬가지로, 좋고 궂은 날씨에 대한 경험이 풍부했다. 이런 경험에는 아르헨티나 팜파스 초원을 초토화시키는 돌풍도 포함된다. 팜페로(pampero)라고 알려진 이 바람은 난데없이 나타나서 그의 첫 번째 배를 거의 뒤집어놓을 뻔했고 선원 두 명의 목숨을 앗아갔다. 그는 바다에 있는 시간 내내 스쳐지나가는 생각뿐 아니라 체계적인 생각까지, 다양한 생각들을 기록으로 남겼다. 더 원대한 이해에 관심이 있는 사람, 스스로를 과학자로 생각하는 사람의 방식으로 자신의 세계를 기록한 것이다. 이 기록에는 당연히 바람의 방향과 세기, 기압계로 측정한 압력과 기온이 포함되었다. 또 그의 글에는 그의 사명감과 포부가 이따금 드러났다. 그는 이렇게 썼다. "어떤 위험도 무릅쓰지 않는 사람, 순풍에만 항해를 하는 사람, 하루면 갈 수 있는 거리인데도 육지가 가까이 있을 때에는 멈추는 사람, 긴급한 임무라도 쉽고 안전할 때까지 수행을 지연시키는 사람은 의심할 나위 없이 매우 신중한 사람이다. 그러나 영국 해군에서 이름이 길이 잊히지 않을 장교들은 이런 사람들과는 사뭇 다를 것이다."

다윈을 유명하게 만들어준 항해를 지휘한 후, 그러나 아직은 상무부에서 기상학을 고려하기 한참 전에, 피츠로이는 다윈과 함께 그들의 항해에 관한 이야기를 담은 『영국 군함 어드벤처 호와 비글 호의 조사 항해 이야기(*Narrative of the Surveying Voyages of His Majesty's Ships Adventure and Beagle*)』라는 총 4권으로 이루어진 책을 출간했다. 훗날 『비글 호 항해기(*The Voyage of the Beagle*)』라는 제목으로 팔리게 되는 다윈 자신의 『일기와 생각들, 1832-1836년(*Journal and Remarks, 1832-1836*)』은 그중 제3권이었다. 당시 그들은 확실히 친구였다. 특기할 만한 것은 그들이 책에 광고를 포함시킬지에 관해서 의논을 했다는 점이다. "평범한 광고로 책을 부풀리는 일을 피하는 것이 바람직하다는 내 생각에 당신도 동의하리라고 확신합니다." 피츠로이는 책이 나오기 직전인 1839년에 이렇게 편지를 썼다. 계속해서 그는 다윈의 다른 책들을 위해서 광고를 포함시키는 것은 찬성이며, 반대는 평범한 광고에만 해당하는 것이라고 말했다. 그는 "요사이 당신을 찾아가려고 했지만 여행할 시간이 없었습니다"라고 덧붙였다.

책이 나온 후, 피츠로이는 뉴질랜드의 총독으로 임명되었다. 그의 임기는 원주민의 권리에 대한 논란을 일으키면서 불행하게 끝을 맺었다. 시간이 흐르면서, 비글 호에 타고 있던 자연학자의 명성이 높아지자, 그가 이루어낸 놀라운 성과는 그 그늘에 가려졌다. 피츠로이는 1850년에 사실상 해고되었다. 1854년에 세 명의 부하 직원을 둔 상무부 기상 통계관으로 임명되면서, 그는 해고 상태를 벗어났다. 그는 그 일에 전념했다.

정확히 말하자면 그의 업무는 기록을 관리하는 것이었다. 그는 미래의 날씨를 예측하는 것이 아니라 날씨 통계를 관리하는 업무를 맡았다. 피츠로이는 프린스 호, 립반윙클 호, 프로그레스 호, 앙리 4세 호를 난파시킨 1854년의 폭풍 덕분에 통계 전문가가 되었다.

피츠로이가 영국의 수석 기상 통계관으로서 업무를 시작한 지 5년 후, 크림 해안에 끔찍한 폭풍이 닥친 지 5년 후인 1859년에 새로운 해양 재앙이 세계를 엄습했다. 로열차터 호는 오스트레일리아를 출발해서 리버풀로 향하고 있었다. 증기 엔진을 갖춘 범선인 로열차터 호는 승객들과 함께 빅토리아 시대의 금광 열풍으로 발생한 부(富)도 함께 실어 나르고 있었다. 바다에서 59일을 보낸 로열차터 호는 잠시 아일랜드에 정박했다. 빠른 배라는 명성을 중시했던 선장은 얼른 리버풀에 도착하고픈 생각이 간절했다. 그는 하루면 쉽게 건널 수 있었던 항로로 출발했지만 금세 바람의 변화를 알아챘다. 순했던 바람은 이제 고개도 들기 힘들 정도로 거세졌다. 그는 돛을 내리고 증기 엔진 의존해서 점점 더 거세지는 폭풍을 돌파하기로 했다. 하늘이 잿빛으로 변할 무렵에 웨일스가 보이기 시작했다.

앵글시를 우회하던 로열차터 호는 갑자기 가장 좋지 않은 변화와 마주하게 되었다. 동쪽에서 불어오던 바람이 이제는 방향을 바꿔서 북쪽

로열차터 호의 난파로 인해서 피츠로이는 과거의 날씨 통계를 기록하는 일에서 벗어나서 미래의 날씨를 예측하는 일에 관심을 가지게 되었다. 이 그림은 대단히 인상적이기는 하지만 생존자들의 증언과는 일치하지 않는다. (출처는 Wikimedia Commons)

을 향해 더 강하게 불었다. 방향이 바뀐 바람은 보퍼트 풍력 계급의 12단계에 이르렀다. 시속 160킬로미터의 속력으로 움직이는 공기는 로열차터 호를 해안으로 마구 밀어붙였다.

탁 트인 바다에서 12단계의 바람이 불면 높이 12미터가 넘는 파도가 친다. 바다는 물거품이 일어서 하얗게 바뀐다. 파도의 마루 끝에서 떨어져나온 물보라가 휘날리면서 선장과 선원들은 앞이 잘 보이지 않는다. 그러나 앞을 잘 볼 수 있다고 해도 이런 강한 바람 속에서는 선원들도 어쩔 도리가 없다. 통제력을 잃은 배를 살리기 위해서 조타기와 씨름을 할 수도 있고, 화물칸 안에서 몸을 웅크리고 있을 수도 있지만, 선원들은 어떤 행동도 그들의 운명에 더 이상 영향을 주지 않으리라는 사실을 알고 있다. 바람이 자비를 베풀어서 살아날 수도 있고 정반대의 모습을 드러내서 죽을 수도 있다. 12단계의 바람은 허리케인 급의 바람이다.

선장이 지켜보는 동안, 바람은 배를 바위 해안 쪽으로 더 가깝게 밀어붙이고 있었다. 선장은 두 개의 닻을 내렸다. 바위 해안 쪽으로 다가가는 움직임이 느려졌다. 그는 현재 배가 조난을 당했고 도움이 필요하다는 것을 알리는 신호탄을 쏘아올렸다. 그러나 이 정도의 강풍 속에서는 기도 말고는 어떤 도움도 받을 길이 없었다.

배는 두 개의 닻줄로 팽팽하게 잡아당겨지고 있었다. 선장은 바람을 맞는 면적을 줄이기 위해서 선원들에게 돛대를 잘라내라고 지시했다.

두 시간 후, 닻줄 하나가 끊어졌다. 그로부터 한 시간 후에는 나머지 닻줄도 끊어졌다. 배와 배에 실린 모든 것들이 해안으로 떠밀렸다. 선체 바닥은 대양의 바닥과 맞닿았다.

그나마 불행 중 다행인 것은 사방에 바위가 널려 있는 해안에서 배가 모래 위로 올라왔다는 점이었다. 한 선원이 배와 연결된 밧줄을 잡고 성난 파도 속으로 뛰어들어서 육지 쪽으로 헤엄쳤다. 그는 기적적으로 육지에 닿았다. 근처 주민들이 도움을 주기 위해서 모여들었다. 사람들이 한 줄로 서서 승객들을 해안으로 데려오기 시작하는 동안, 배의 갑판에서는 수많은 여자와 아이들이 부서지는 파도에 휩쓸려갔다.

밀물이 들어왔다. 행운의 순간이 끝난 배는 모래톱을 벗어나서 바람에 떠밀려 다니다가 바위에 부딪혀 두 동강이 났다.

이 사고로 400명이 넘는 남녀노소 사망자가 발생했다. 사망자들 중에는 세찬 파도에 떠밀려서 바위에 내동댕이쳐진 사람이 많았다. 어떤 사람들은 오스트레일리아에서 찾아낸 금을 가득 채운 허리띠의 무게 때문에 익사를 하기도 했다. 한 생존자의 말에 따르면, 선장은 물속에서 선체 옆으로 가기 위해서 사력을 다하던 중에 배에서 떨어진 뭔가에 머리를 맞았다. 그것이 그 생존자가 본 선장의 마지막 모습이었다.

찰스 디킨스는 이 침몰에 대해서 다음과 같이 썼다. "배를 산산조각냈을 때 바다의 힘은 너무나 무지막지했다. 단단하고 묵직한 배의 철제 부품에 큼직한 금괴 하나가 깊숙하게 박힐 정도였다. 그 속에는 금화 몇 개도 이리저리 박혀 있었다. 금괴와 금화들은 철제 부품이 액체였을 때에 들어간 것처럼 단단히 박혀 있었다."

로열차터 호에 탔던 사람들 중에서 생존자는 겨우 39명이었다. 사망자의 사체는 배가 사라지고 난 후에도 몇 주일 동안이나 계속 해안으로 밀려왔다.

≈

우현 쪽으로 해가 지고 있다. 평범하게 말하자면, 우리가 어느 정도 남서쪽으로 향하고 있다는 뜻이다. 그러나 나는 돛이 계속 바람을 받을 수 있도록 몇 분마다 한 번씩 남쪽으로 방향을 돌려서 지는 해가 곧바로 우현 쪽으로 오게 해야 한다. 그리고 몇 분 후에는 바람이 바뀌면서 나는 되돌아간다.

초저녁에는 잠시 컴퓨터를 켰다. 무료 해상 기상 정보 사이트인 패시지웨더(PassageWeather)에서 캡처한 화면과 저장된 파일을 열었다. 사이트를 설명하는 캡처 화면에는 "우리 일기예보는 대부분 NOAA/NCEP의 0.5도 GFS 기상 모형에서 나온 것입니다"라고 쓰여 있다. 다시 말해서, 이 사이트는 미국 국립 해양대기 관리처(National Oceanic and Atmospheric Administration) 산하기관인 국립 환경 예측 센터(National Centers for Environmental Prediction)에서 만든 지구 일기예보 체계(Global Forecast System) 모형을 사용한다는 것이다. 이런 기상 모형은 루이스 프라이 리처드슨이 꿈꾸던 것과 같은 종류의 도구이다. 그의 제안처럼, 오늘날의 기상 모형은 전 세계를 격자로 분할한다. 이 격자 위에는 저마다 하나의 세포를 형성하는 사각형들이 놓여 있으며, 각각의 세포와 인접한 세포들 사이의 상호작용에 적용되는 수학이 있다.

패시지웨더를 좀더 살펴보자. "북아메리카 지역에 대해서는 NOAA/NCEP에서 나온 12킬로미터 NAM 모형의 자료를 활용해서 더 고해상도의 표면풍 해도(海圖)를 만들었습니다"라고 쓰여 있다. 해독하면 이런 뜻이다. 이 사이트는 북아메리카에 대해서는 더 좋은 모형을 사용하는데, 북아메리카 중간 규모(North American Mesoscale) 일기예보 체계라는 이 모형은 해상도가 더 높고 세포의 크기가 더 작다.

나의 저장 파일에는 우리가 부두를 떠나기 직전인 3일 전에 내려받은 7일 치 일기예보가 들어 있다. 한 파일은 바람의 방향과 세기를 보여준다. 멕시코 만의 지도 위에 표시된 수십 개의 짧은 선들이 바람의 방향을 나타낸다. 정확하게는 풍향 풍속 기호(wind barb)라고 하는 이 선의 끝에는 사선 방향으로 짧은 꼬리가 달려 있는데, 이 짧은 꼬리가 바람의 세기를 나타낸다. 길이가 긴 것은 10노트, 길이가 그 절반인 짧은 것은 5노트, 긴 것 하나와 짧은 것 하나가 있으면 15노트가 된다. 50노트에서는 짧은 꼬리가 옛날 선원들의 기다란 삼각형 깃발 모양으로 바뀐다. 짧은 꼬리가 깃발로 바뀐 곳에서 항해를 할 일은 결코 없기만을 바랄 뿐이다.

지금, 로시난테 호의 현재 위치에서 가까운 곳의 바람 기호를 확인한다. 풍향은 동남쪽과 동쪽을 가리키고, 풍속은 대부분 꼬리가 하나인데 간간이 짧은 꼬리가 하나 더 붙어 있는 것도 보인다. 깃발 모양은 없다. 멕시코 만 어디에도 깃발은 보이지 않는다.

나는 스크롤을 내리면서 앞으로 나흘치 지도를 쭉 살펴본다. 12시간마다 1장씩, 모두 8장이다. 화면에 그려진 일기예보는 내 마음속에서 현실과 겹쳐진다. 아직은 다가오지 않은 현실이다.

내게 중요한 것은 일기예보에 어떤 모형이 사용되는지에 관한 세세한 사항들이 아니다. NAM 모형이든, GFS 모형이든, 혼합 모형이든 상관

없다. 중요한 것은 내 컴퓨터 화면에 권위 있는 선들이 표시된다는 점이다. 화면에 표시되는 권위 있는 바람 기호들은 확실한 미래를 제공한다. 아니, 적어도 그런 미래에 대한 환상을 제공한다.

다가올 바람의 속도를 나타내는 기호들을 보고 있는 사이, 나는 조타기를 깜박 잊고 있었다. 로시난테 호가 바람이 불어오는 쪽으로 돌아간다. 돛에 가해지는 압력이 사라지자 배가 바로 선다. 앞으로 나아가는 힘이 급격히 줄어든다. 로시난테 호의 앞돛이 너풀거린다.

로시난테 호가 추진력을 모두 잃기 전에 나는 조타기를 돌린다. 돛이 다시 부풀어오른다. 배가 한쪽으로 기울어지면서 발아래 있는 갑판이 비스듬해진다. 배는 다시 속도를 낸다.

아래에서 공동 선장이 몸을 뒤척인다. 그녀는 큰 소리로 괜찮으냐고 묻는다.

내가 "별 일 아니야" 하고 대답하자, 열려 있는 승강구 사이로 어둠 속에서 그녀가 다시 기울어진 침상 위에서 몸을 뒤척이는 모습이 보인다.

로시난테 호는 5노트의 속도로 물살을 가르고 있지만 그리 정확한 방향으로 가고 있지는 않다. 바람이 이런 상황에서 정확한 방향으로 항해하는 것은 더 이상 가능하지 않지만, 우리가 어느 정도 목적지를 향해 가고 있다는 사실은 내게 위안을 준다. 그리고 나는 내가 하고 있는 일에 좀더 주의를 기울이기로 결심한다. 물론 이런 결심은 처음 하는 것이 아니며, 마지막도 아닐 것이다.

≈

로열차터 호를 난파한 폭풍으로 인해서 피츠로이 같은 사람들은 폭풍 경보의 중요성을 실감하게 되었다. 폭풍으로 난파된 배는 로열차터 호 이외에도 132척이 더 있었다. 영국 전역에 널리 알려진 선박의 손실과 승객의 사망 소식을 더는 무시할 수 없었다.

피츠로이는 꾸준히 날씨를 기록하고 비와 바람에 관한 통계적 역사를 정립하는 업무를 수행하고 있었지만, 더 많은 일을 하게 되었다. 비글호를 타고 혼 곶 주변을 항해하고 강한 바람에 노출되어 있는 티에라델 푸에고를 조사할 때부터 그는 그런 날씨에 익숙했다. 역사를 통해서 알려진 것처럼, 로열차터 호를 덮친 폭풍은 피츠로이가 단순한 기록 관리를 넘어서 한 걸음 더 나아가는 계기가 되었다. 과거의 바람은 생명에 돌이킬 수 없는 영향을 미쳤지만, 과거는 과거일 뿐이다. 미래에도 바람은 생명에 영향을 미칠 것이다. 미래의 바람에 대한 지식은 배를 구하고, 선원과 승객들을 살릴 수 있다. 그는 기본적으로 뱃사람이었지만, 자신을 과학자라고도 생각했다. 피츠로이는 미래의 바람에 과학을 적용할 때라고 생각했다. 바야흐로 일기예보를 제공할 때가 된 것이다.

피츠로이도 르 베리에와 마찬가지로 전신에 판을 바꿔놓을 만한 잠재력이 있음을 인식했다. 전신이라는 발명품의 장점 덕분에, 피츠로이는 전국에 흩어져 있는 관측소에서 얻은 기상 정보를 손쉽게 얻을 수 있었다. 그래서 그는 이 정보를 이용해서 내일의 날씨를 오늘 예측할 수 있을 것이라고 믿었다. 만약 전신으로 들어온 보고서들에서 어떤 폭풍의 궤적이 런던을 향하고 있다면, 런던 시민들에게 그 폭풍이 당도하기 전에 미리 알릴 수 있을 것이다. 피츠로이는 예보를 뜻하는 "forecast"라는 용어를 만들고, 1861년 8월 1일자 런던 「타임스」에 그의 첫 일기예보를 발표했다.

일간지에 실린 최초의 일기예보, 세계 어디에서도 볼 수 없었던 최초의 신문 일기예보는 조용히 등장한 편이었다. 런던 「타임스」는 수년 동안 전날의 날씨를 발표해왔는데, 역사적으로 중요한 이 최초의 일기예보는 전날의 날씨를 요약한 표 아래에 실렸다. 최초의 일기예보는 불과 23개의 영어 단어로 이루어져 있었다.

THE WEATHER.

METEOROLOGICAL REPORTS.

Wednesday, July 31, 8 to 9 a.m.	B.	E.	M.	D.	F.	C.	I.	S.
Nairn..	29·54	57	56	W.S.W.	6	9	o.	3
Aberdeen	29·60	59	54	S.S.W.	5	1	b.	3
Leith	29·70	61	55	W.	3	5	c.	2
Berwick	29·69	59	55	W.S.W.	4	4	o.	2
Ardrossan . ..	29·73	57	55	W.	5	4	c.	5
Portrush	29·72	57	54	S.W.	2	2	b.	2
Shields	29·80	59	54	W.S.W.	4	5	o.	3
Galway	29·83	65	62	W.	5	4	c.	4
Scarborough ..	29·86	59	56	W.	3	6	c.	2
Liverpool	29·91	61	56	S.W.	2	8	c.	2
Valentia	29·87	62	60	S.W.	2	5	o.	3
Queenstown ..	29·88	61	59	W.	3	5	c.	2
Yarmouth.. ..	30·05	61	59	W.	5	2	c.	3
London	30·02	62	56	S.W.	3	2	b.	—
Dover..	30·04	70	64	S.W.	3	7	o.	2
Portsmouth ..	30·01	61	59	W.	3	6	o.	2
Portland	30·03	63	59	S.W.	3	2	c.	3
Plymouth.. ..	30·00	62	59	W.	5	1	b.	4
Penzance	30·04	61	60	S.W.	2	6	c.	3
Copenhagen ..	29·94	64	—	W.S.W.	2	6	c.	3
Helder	29·99	63	—	W.S.W.	6	5	c.	3
Brest	30·09	60	—	S.W.	2	6	c.	5
Bayonne	30·13	68	—	—	—	9	m.	5
Lisbon	30·13	70	—	N.N.W.	4	3	b.	2

General weather probable during next two days in the—
North—Moderate westerly wind ; fine.
West—Moderate south-westerly ; fine.
South—Fresh westerly ; fine.

Explanation.

B. Barometer, corrected and reduced to 32° at mean sea level ; each 10 feet of vertical rise causing about one-hundredth of an inch diminution, and each 10° above 32° causing nearly three-hundredths increase. E. Exposed thermometer in shade. M. Moistened bulb (for evaporation and dew-point). D. Direction of wind (true—two points *left* of magnetic). F. Force (1 to 12—estimated). C. Cloud (1 to 9). I. Initials :—b., blue sky ; c., clouds (detached); f., fog ; h., hail ; l., lightning ; m., misty (hazy) ; o., overcast (dull) ; r., rain ; s., snow ; t., thunder. S. Sea disturbance (1 to 9).

짤막하게 네 줄로 된 최초의 일기예보가 1861년 8월 1일자 런던 「타임스」의 일일 기상 보도표 아래에 실렸다. 이 최초의 일기예보는 1861년 이래로 여러 번 다시 소개되었는데, 한때 피츠로이가 일했던 영국 기상청의 웹사이트도 그중 한 곳이다.

앞으로 이틀간의 날씨는 대체로 다음과 같을 것이다.

북부 — 약한 서풍; 맑음.

서부 — 약한 남서풍; 맑음.

남부 — 조금 센 서풍; 맑음.

첫 일기예보의 특성상 신중할 수밖에 없었고, 등장과 함께 떠들썩한 화제가 되지는 않았지만, 피츠로이는 자신이 무엇인가 중요한 일을 했다는 것을 알았다. 그날부터 그는 여생을 날마다 일기예보 준비와 관련된 일을 하며 보냈다. 점성술사와 같은 취급을 받기를 원하지 않았던 그는 다음과 같이 썼다. "막연한 예언(prophecy)과 예측(prediction)이 아니다. 예보(forecast)라는 용어는 과학적 조합과 계산의 결과일 때 하나의 의견으로서 엄격하게 적용될 수 있다."

그는 미친 듯이 연구에 몰두했다. 날씨와 대기를 이해하려고 노력했고, 전신을 통해서 전달된 정보를 수집해서 분석했고, 동료들과의 토론이나 서신 교환으로 발달시킨 생각들을 수집하고 분석했다. 그러나 그는 철학적인 과학이 아닌, 이른바 실용적인 과학을 추구한 사람이었다. 그는 관찰 결과의 이면에 있는 원인을 심도 있게 생각하기보다는 일정한 유형과 관계를 찾았다. 그는 점점 더 축적되고 있는 과거의 폭풍 경로에 대한 자료에서 여러 유형들을 찾아냈다. 만약 오늘 이런 특정 조건의 조합이 나타나면 내일은 대개 저런 특정 조건의 조합이 나타나고, 만약 그의 전신망에서 북쪽을 향하고 있는 폭풍이 감지되었다면 그 폭풍은 계속 북쪽을 향하게 된다는 것이다. 그는 직감이 이끄는 대로 해석했다. 그의 접근법은 당시의 기준에서는 복잡했지만, 오늘날 대기과학자들의 기준으로 보면 단순하고 순진했다. 그는 대기가 그렇게 움직이는 원인과 방식의 복잡성을 간과했고, 이런 간과로 인해서 부정확한 결과가 발생하는 일이 잦았다.

대단히 영향력 있는 인물들도 포함된 그의 주변인들은 그의 방식과 원인에 대해서 우려하기 시작했다. 당시 주류 과학계에서는 진정한 발전을 위해서는 엄정한 과학 법칙과 기반 이론이 필요하다고 점차 믿고 있었다.

피츠로이는 최초의 신문 일기예보를 발표하기 전부터 영국 과학진흥협회의 연례회의에 참석하고 있었다. 그는 1,000명이 넘는 참석자들 가운데 한 사람이었다. 당시 과학은 전문분야로 인정을 받기 시작했고, 이전에 비해서 더 자주 전통 종교와 부딪히고 있었다. 그리고 이 회의는 다윈이 『종의 기원(*On the Origin of Species*)』을 발표한 이후 처음으로 진행된 회의였다.

이 날의 참석자들 중에는 과학계의 전설이 된 대화를 나누게 될 두 사람이 있었다. 한 사람은 훗날 "다윈의 불도그"라는 별명을 얻게 되는 토머스 헉슬리이고, 또다른 한 사람은 옥스퍼드의 주교였던 새뮤얼 윌버포스이다. 다윈 자신은 그의 생애에서 이 시기 동안에 어느 정도 속세를 떠나 있었다. 자연선택에 관한 생각과 자기 자신에 대한 변호도 직접적으로 하기보다는 편지를 이용했다. 그러나 그의 친구인 헉슬리는 다른 이들과 함께 자연선택에 의한 진화의 장점을 옹호할 계획을 세웠다. 이들은 능변가로 알려진 윌버포스와 진화에 관해서 공개적으로 논쟁을 벌일 준비를 했다.

이 회의에서 피츠로이는 영국의 폭풍에 관한 논문을 소개했다. 청중들은 분명히 지루함을 이기지 못했을 것이다. 그는 다른 이야기들을 듣기 위해서 머물렀는데, 계속 이어지는 발표의 주제들은 잠, 화산 폭발, 고대 아일랜드 마을의 배치, 해저 케이블에 이르기까지 아주 다양했다. 그러나 역사가 이 회의에서 기억하는 장면은 오늘날에는 거의 잊힌 한 교수가 "유기체의 진전은 법칙에 의해서 결정된다는 다윈과 다른 이들의 관점을 참고로 고찰한 유럽의 지적 발달"이라는 제목의 연구를 발표한 직후에 일어난 헉슬리와 윌버포스 주교 사이의 유명한 언쟁이었다.

언쟁은 금방 과격해졌다. 자연선택을 조롱하기 위해서 윌버포스는 헉슬리의 가계도에서 원숭이가 부계와 모계 중 어느 쪽인지를 물었다. 헉슬리의 정확한 대답에 대한 기록은 남아 있지 않지만, 다음과 같은 의미의 대답을 한 것으로 알려져 있다. "나는 내가 그런 기원으로부터 나왔다는 것은 조금도 부끄럽지 않다. 그러나 유창한 화술과 문화적 재능을 팔아서 편견과 거짓을 위해서 봉사하는 사람의 후손이라면 부끄러웠을 것이다."

피츠로이가 일어나서 발언을 했다는 사실은 별로 유명하지 않다. 그는 한때 비글 호의 선장이자 폭풍에 대해서 무척 지루한 이야기를 늘어놓은 사람으로 인식되었을 것이다. 많은 청중이 피츠로이와 다윈의 오랜 인연을 알고 있었다. 두 사람은 때로 껄끄러운 관계이기도 했지만 함께 책을 출판한 적도 있었다.

피츠로이는 자연선택에 대한 다윈의 연구가 빛을 볼 것이라고는 믿지 않는다는 식의 이야기를 했다. 그는 사실들을 바탕으로 다윈이 내놓은 논리적 추론을 믿지 않았다. 그는 "비글 호의 오랜 벗에게 그의 재미난 관점이 창세기 제1장을 부정한다는 점을 종종 타일렀다"고 말했다.

한 증언에 따르면, 피츠로이는 말하는 동안 성서를 들고 있었다.

생물계와 관련된 부분에서만큼은 피츠로이는 종교계의 편에 있었다. 빅토리아 시대의 과학계에서는 의견이 상충했다.

피츠로이가 일기예보를 발표하기 시작한 지 1년이 지났을 무렵, 빅토리아 시대의 과학자들 사이에서는 일기예보가 아직은 시기상조라는 생각이 주를 이루었다. 피츠로이는 직감과 반복된 경험에 지나치게 의존했다. 그는 날씨 연구의 의미를 진정으로 이해하지 못했고 마땅한 이론적 기반도 없었다. 피츠로이는 자신의 예보가 예언이나 추측이 아니라 과학에 기반을 두었다고 주장했을지 몰라도, 다른 사람들은 동의하지 않았다. 빅토리아 시대의 과학계에서 보기에 피츠로이는 과학자가 아니었다.

≈

어떤 측면에서 보면 피츠로이 스스로 비판을 자초하기도 했다. 과학자들이 포용한 생각은 이론이 뒷받침되며 경험적 관찰을 토대로 하는 생각이었지, 창세기의 구절을 토대로 하는 생각이나 바다에서 생명이 출현했다는 직감을 토대로 하는 생각이 아니었다. 과학자들은 완전히 객관적으로 설명되고 적용될 수 있으며, 가급적이면 수식으로 표현될 수 있는 방식을 원했다. 그러나 피츠로이에 대한 비판은 다른 쪽에서도 나왔다. 가장 신랄한 비판을 했던 사람들 중에서 한 사람은 달의 위치를 토대로 하는 일기예보의 옹호자였고, 한 사람은 단순히 보복을 위해서였고, 한 사람은 사업상 이익 관계 때문이었다.

첫 번째 인물은 해군 장교이자 해군의 공학 교관이었던 스티븐 마틴 색스비였다. 1862년에 색스비는 기상 예측에 관한 책을 발표했다. 표면상으로 이 책은 일기예보의 가능성과 유용성에 대한 피츠로이의 믿음을 지지하는 것처럼 보였다. 피츠로이에게 같은 믿음을 지닌 호의적인 동료이자 벗이 생긴 것 같았지만, 책의 내용은 우정에 대한 희망을 철저히 파괴했다. 색스비는 달이 날씨를 조절한다고 믿었다. 『날씨 예언 : 새롭게 발견된 달에 의한 날씨 체계에 관한 설명(*Foretelling weather : Being a description of a newly-discovered lunar weather-system*)』이라는 그의 책은 점점 더 과학의 영향이 커져가던 사회에서 맹목적으로 받아들여져서는 안 되는 종류의 책이었다. 그러나 여전히 일출 시각이나 조석 따위가 기록된 책력에 익숙하고 미래에 대한 확신을 갈망한 대중들은 그 내용을 받아들였다. 무분별한 대중은 피츠로이의 연구를 포용한 만큼 색스비의 연구도 포용했다.

점성술을 기반으로 하는 기상학은 오랜 역사를 가지고 있었다. 프톨레마이오스도 그 신봉자 중 한 사람이었다. 행성의 운동법칙으로 유명한 독일의 수학자이자 천문학자인 요하네스 케플러도 마찬가지였다. 1686년, 무명의 존 고드는 그 오랜 믿음을 되살려서 『점성술-기상학; 천체,

그리고 그들의 특성과 영향에 대한 격언과 담론(*Astro-Meteorologica; or, Aphorisms and Discourses of the Bodies Coelestial, Their Natures and Influences*)』이라는 책을 펴냈다. 이 책의 부제에서 그가 주장하듯이, 책은 "여가 시간"을 이용해서 30년 넘게 관찰한 내용을 토대로 쓰였다. 현대인들이 보기에는 완전히 말도 안 되는 이야기들만 늘어놓고 있지만, 이 책의 내용은 1800년대 후반에도 여전히 인용되고 있었다.

피츠로이도 어린 시절에는 이런 것들을 믿었지만, 철이 들면서 점성술의 날씨 징후와 이른바 달 점성술(lunarism)을 믿지 않게 되었다. 그의 개심에는 존 허셜 경과의 토론이 어느 정도 영향을 미쳤다. 토성의 위성 6개와 천왕성의 위성 4개를 명명한 존 허셜은 그 자신의 업적으로도 잘 알려져 있지만, 저명한 천문학자인 윌리엄 허셜의 아들로도 유명하다. 또 대기의 경이로움을 이해하기 위해서 분투한 인물들의 작품을 탐독한 것도 피츠로이의 개심에 어느 정도 영향을 주었다. 나이가 들어서 생각이 바뀐 많은 사람들이 그렇듯이, 그도 시간이 흐를수록 자신의 관점에 점점 확고해져갔다. 담배를 끊은 사람들이 간접흡연을 견디지 못하는 것처럼, 점성술 신봉자였다가 개심한 로버트 피츠로이는 점성술 기상학을 용납할 수 없었다.

그런데 우연한 일들이 일어났다. 색스비에게 이따금 운이 따랐던 것이다. "보름달이 뜨면 어디에선가 폭풍이 일어날 것이다"와 같은 아주 일반적인 예측을 가지고, 색스비는 자신의 예보가 항상 맞았다고 주장했다. 피츠로이는 그의 상황과 타고난 성격 때문에 공개적으로 색스비의 생각을 공격했다. 색스비는 자신을 방어하기 위해서 피츠로이를 공공연하게 공격했다. 두 사람의 논쟁은 공익의 문제가 되었다. 멀리 오스트레일리아의 신문에까지 양측의 입장이 실렸다. 어떤 독자는 피츠로이를 지지했고, 어떤 독자는 색스비를 지지했다. 마치 두 사람이 과학계에서 동등한 위치에 있는 것처럼 보였다.

두 번째 비판자는 프랜시스 골턴이었다. 찰스 다윈의 지지자이자 이복 사촌인 골턴 역시 중요한 과학계 인사였다. 골턴은 인맥이 넓은 박식가였고, 우생학(eugenics)의 창시자였으며, 1874년에 출판된 책의 제목을 통해서 "본성과 양육(nature and nurture)"이라는 말을 처음으로 사용했다. 골턴은 거울과 작은 망원경을 이용하는 신호 장비인 "휴대용 반사경(hand heliostat)"이라는 발명품의 사용을 영국 해군에 제안한 적도 있었다.

골턴의 반사경은 영향력 있는 해군 장교에게 바로 퇴짜를 맞았다. 그 장교가 바로 젊은 로버트 피츠로이였다. 엎친 데 덮친 격으로, 골턴은 날씨 통계를 관리하는 공무원에게 공식적인 날씨 통계표에 대한 자료를 요청했는데 그 공무원도 피츠로이였다. 피츠로이는 골턴의 요청에 별로 협조적이지 않았다. 그래서 합리적인지 아닌지, 편견인지 아닌지 모르지만 골턴은 피츠로이의 일기예보를 공격했다.

세 번째 비판자는 골턴의 인맥에 속하는 제임스 글레이셔였다. 저돌적이고 자기광고에 능한 성격에다 뛰어난 기상학자였던 글레이셔는 만년에 기구를 이용한 대기권 탐험으로 알려지게 되었다. 그는 일기예보 자체를 반대했다기보다는 공짜 일기예보를 반대했다. 무려 1863년에 글레이셔와 다른 이들은 일기예보의 상업화를 시도했다. 그러나 납세자들의 기금으로 운용되는 기관과는 경쟁이 되지 않았다. 그래서 글레이셔는 그의 추종자들과 함께 피츠로이의 일기예보를 공격했다.

단순히 재미로, 혹은 자신의 영달을 위해서 폄하 발언을 할 준비가 되어 있던 다른 비판자들도 있었다. 피츠로이의 부서가 납세자의 돈을 낭비한다는 정치적 비판도 있었고, 심지어 일기예보로 가장 많은 혜택을 볼 가능성이 있는 선주들 중에서도 피츠로이를 비판하는 사람들이 있었다. 일부 선주들에게 강풍 예보는 배를 부두에 정박시키고 좋은 날씨의 예보를 기다려야 한다는 의미였다. 항해 중인 배는 돈을 벌었지만, 정박 중인 배는 비용이 들었다. 피츠로이를 비판한 선주들은 정박의 위험 부담보다는 항해의 위험 부담을 선호한 셈이었다.

자신의 지식을 통합하기 위한 연구에 매진하면서, 자신의 지식을 굳건히 하고, 과거의 날씨 통계를 관리하면서 미래의 날씨를 예측하기 위한 추가의 노력도 기울이고 있었던 피츠로이는 자신의 연구를 옹호하기 위해서 스스로를 더 다그쳐야 했다. 그는 자신의 생각과 명성을 지키기 위해서 분투하던 와중인 1863년에 『날씨 책 : 실용 기상학 입문서(*The Weather Book: A Manual of Practical Meteorology*)』라는 책을 발표했다. 피츠로이는 "이 대중적인 책은 소수보다는 다수를 위한 책이며, 일상생활에 유용하기를 바라는 진심 어린 소망을 담았다"고 썼다. 계속해서 그는 기상학의 실태를 개탄하면서, 교착 상태에 빠진 이 분야가 자료 수집 활동에 불과한 "사실상 정체된" 현실을 애석해했다.

피츠로이는 이 책을 존 허셜에게 한 권 보냈다. 책과 함께 동봉한 편지에 피츠로이는 다음과 같이 썼다. "이 책이 이른바 내 휴가인 지난 8월 10일에 브라이턴에서 시작되었고 12월에 대중에게 배포되었다는 것을 알았다면, 아마 당신은 '시간을 더 들였으면 더 좋았을 것'이라고 말할 것입니다."

허셜은 아마 충분히 그렇게 생각했을 것이다. 허셜은 왕립학회에서 자신의 생각을 발표하려는 피츠로이를 만류했다. 허셜은 만약 피츠로이가 발표를 했다면 진지하게 받아들여지지 않았을 것이라고 생각했다. 그의 자료와 예민한 직감과 풍부한 항해 경험에도 불구하고, 그의 일기 예보는 단순한 추측보다 별로 나을 것이 없었다. 그의 책에는 이론적 토대가 없었다. 물리학의 기본 개념에 대한 이해도 깔려 있지 않았다.

피츠로이는 그의 일생 내내 어두운 시기를 견뎌냈다. 일을 그만두었을 때, 미친 듯이 달리다가 멈췄을 때, 그는 실의에 빠졌다. 그는 걱정이 많았다. 국가의 날씨 통계 관리자로서, 영국의 공식적인 기상 관찰자로 일하면서 그는 과학계의 비판뿐만 아니라 개인적인 문제와 예산 문제까지도 걱정을 했다. 그는 완전히 엉망이 된 자신의 재정 상태도 걱정이었고, 그의 종교적 관점과 상충하는 다윈의 자연선택에 관한 관점도 걱정이었다. 그의 주변 사람들, 찰스 다윈을 포함한 친구와 가족들은 침울해하는 그의 모습에 관한 이야기를 했다.

『날씨 책』은 대중적으로 성공을 거두었지만, 피츠로이에 대한 비판은 계속되었다. 1864년 6월 18일자 「타임스」에는 피츠로이에 관한 글이 실렸다. 그가 같은 신문에 최초의 일기예보를 발표한 지 불과 3년 만의 일이었다. "우리가 파악할 수 있는 범위 내에서 불가사의한 그의 발언에 담긴 의향을 살펴보면, 그의 주장은 현재 런던의 공기 순환도를 이용해서 런던에서 수백 킬로미터 떨어진 곳의 공기에 무슨 일이 벌어지고 있는지를 알아낸다는 것이다." 「타임스」는 르 베리에의 전임자인 프랑수아 아라고의 말을 반복했다. "과학의 진보가 어떤 식으로 일어날지 모르지만, 신뢰할 수 있고 자신의 평판에 주의를 기울이는 관찰자라면 날씨의 상태를 예견하는 모험은 결코 하지 않을 것이다."

다음 세기의 일기예보에도 해당되는 사실이지만, 피츠로이의 일기예보는 별로 정확하지 않았다. 평균적으로 "내일 날씨는 오늘 날씨와 비슷할 것이다"라고 말하는 것과 다를 것이 없었다. 피츠로이는 그의 실수에서 무엇인가 이득을 찾거나 일기예보의 결점을 조롱하고 즐기는 사람들의 먹잇감이었다. 「타임스」는 그의 일기예보가 현실과 별로 일치하지 않는다는 점에 초점을 맞추었다. 한편, 다른 이들은 그의 접근법을 지탱하는 튼튼한 과학적 기반이 없다는 점에 초점을 맞추었다.

비판으로 사면초가였던 피츠로이는 뭐라도 해야 했다. 르 베리에와 달리, 피츠로이는 자신의 일기예보 조직을 해체하지 않았다. 대신 자살을 감행했다. 1865년 4월 30일, 「타임스」로부터 받은 조롱과 망신 때문에 침울해하던 피츠로이는 밤잠을 설치다가 자리에서 일어났다. 그는 딸에게 입맞춤을 하고 옆방으로 들어갔다. 몇 분 뒤, 그는 면도칼로 자신의 목을 그었고 자신의 집 욕실에서 과다출혈로 숨을 거두었다.

오늘날 아파트 숲의 그늘 속에서 아름다운 칠 세공 담장으로 둘러싸인 피츠로이의 무덤에 세워져 있는 기념비에는 「전도서」 제1장 6절에서 인용한 다음과 같은 글이 쓰여 있다. "남쪽으로 불어갔다 북쪽으로 돌아오는 바람은 돌고 돌아 제자리로 돌아온다." 피츠로이가 누운 자리 위에 놓인 기념비에 새겨진 글은 바람이 제 마음대로 방향을 바꾼다는 것을 강하게 암시하고 있다. 그리고 그가 세상을 떠난 지 얼마 되지 않아, 일기예보를 영원히 변화시킬 견실한 과학적 토대가 등장했다.

제3장

이론가들

항해 7일째 되는 날 밤, 자정을 조금 넘긴 시각에 나는 홀로 갑판에서 별을 따라 나아간다. 내가 따라가는 별이 무슨 별인지 나는 모른다. 그냥 바른 방향에 있는 별 하나를 찍어서 바람이 허락할 때까지 배가 그 방향을 향하게 하는 것이다.

지금은 남쪽이 바른 방향이다. 우리는 이리저리 방향을 바꿔가면서 최대한 동쪽으로 갔다가 이틀 전부터 남쪽으로 방향을 바꾸었다. 우리가 계획했던 첫 상륙 지점인 무헤레스 섬까지는 380킬로미터가 남았다.

바람은 5-10노트의 속도로, 지금은 동쪽에서 불어온다. 나는 숨을 들이켜서 바다의 향기를 한껏 맡아보지만, 내가 해독할 수 있는 냄새는 아무것도 없다. 나는 파도와 바람 소리에 귀를 기울인다. 보퍼트의 "산들바람"이 내는 소리이다.

오늘은 우리가 부두에서 받은 일기예보로 확인할 수 있는 마지막 날이지만, 우리는 지속적으로 무역풍이 부는 지대의 북쪽 가장자리에 들어섰을지도 모른다. 만약 이 골디락스 바람이 우리와 함께 해준다면, 무헤레스 섬까지는 이틀이면 닿을 수 있을 것이다.

나는 조타기를 잡고 『로빈슨 크루소』 오디오북을 듣는다. 화자(話者)

인 젊은 선원은 조난을 당해 섬 생활을 시작하기 오래 전에 경험했던 첫 바다에 관한 이야기를 한다. 바람이 거세지자 그는 뱃멀미가 났고 겁에 질렸다. 동료 선원과 이야기를 나누던 중, 그는 그 바람을 폭풍이라고 말했다. "폭풍이라니, 이런 얼간이를 봤나." 동료 선원이 말했다. "저걸 폭풍이라고 부른 거냐? 그건 아무것도 아니야." 동료 선원의 말에 따르면, 그 바람은 한바탕 지나가는 산들바람에 불과했다.

나는 초콜릿 바를 먹는다. 하늘을 올려다본다. 쏟아지는 잠을 몰아내려고 애써본다.

≈

상무부 기상 통계관이었던 피츠로이의 직장 생활에서 증명된 것, 영국 최초의 일기예보관이었던 그의 경험에서 전달될 수 있는 메시지는 이렇다. 일기예보가 빅토리아 시대의 영국과 유럽에서 인정을 받기 위해서는 과학적 이론을 기반으로 해야 한다는 것이다. 일화나 경험은 그 기반이 될 수 없다. 한때 찰스 다윈을 태우고 전 세계를 돌아다닌 사람의 경험이라고 하더라도 불가능한 일이다.

피츠로이에게 필요했던 이론의 구성 요소들은 이미 존재하고 있었지만, 그는 생전에 그 사실을 알지 못했다. 그 영광은 다른 사람들에게 돌아갔다. 그것을 이해하려면, 즉 수학이 뒷받침된 과학 이론이 어떻게 발판을 확보하는지를 이해하려면, 과거로 거슬러올라서 대서양을 건너야 한다.

중요한 초기 이론가들 중에는 그리스의 철학자인 아르키메데스가 있었다. 아르키메데스는 물보다 가벼운 물체, 즉 덜 조밀한 물체가 물에 뜬다는 것을 깨달았는데, 이런 통찰에서 출발한 분야가 정지해 있는 유체의 과학인 유체정역학(hydrostatics)이었다. 아르키메데스는 기원전 250년경에 다음과 같이 썼다. "어떤 물체가 유체 속에 완전히 또는 부분적으로 잠겨 있으면, 물체를 떠받치는 힘은 물체에 의해 대체된 유체의 무게와 같다."

공기의 바다인 대기도 당연히 유체이다. 대기 중의 공기 덩어리도 이런 물체에 포함될 수 있는 것으로 밝혀졌다. 온도가 높아서 분자들이 서로 멀리 떨어져 있는 따뜻한 공기는 차가운 공기 위로 떠오른다. 공기의 대부분을 구성하는 산소와 질소 분자보다 가벼운 물 분자를 운반하는 습한 공기는 건조한 공기 위로 떠오른다. 온기와 습기에 의해서 가벼워진 공기는 그 자리를 대신 차지하는 차가운 공기의 무게와 같은 크기의 힘에 의해서 위로 떠오른다.

또다른 중요한 이론가로는 레온하르트 오일러가 있다. 오일러는 1727년에 유체정역학을 유체동역학(hydrodynamics)으로 바꿔놓았다. 유체동역학은 아이작 뉴턴과 에반젤리스타 토리첼리 같은 인물들의 발상을 기반으로 만들어졌다. 다른 말로 표현하면, 오일러는 가벼운 물체가 떠오른다는 이해를 가벼운 물체가 무거운 물체 속에서 얼마나 빨리 떠오르는지에 대한 이해로 바꿔놓은 것이다. 오일러의 연구와 함께, 온도나 수분 함량으로 인해서 덜 조밀한 가벼운 공기 덩어리가 무거운 공기 덩어리를 통과해서 얼마나 빨리 떠오를 수 있는지를 이해하는 것이 적어도 원칙적으로는 가능해졌다.

아르키메데스나 오일러는 자신을 기상학 이론가라고 생각하지 않았겠지만, 두 사람의 발상은 대기에 적용할 때에 대단히 큰 중요성을 가졌다. 따뜻한 공기는 상승했을 뿐만 아니라 예측 가능한 속도로 상승했다. 그 실상을 이해하는 것은 바람의 비밀에 대한 이해로 향하는 결정적인 단계였다.

≈

초기 학설들이 다 옳은 것은 아니었다. 이를테면 에드먼드 핼리의 무역풍 지도와 함께 실린 글에는 그가 발전시킨 학설이 하나 있었다.

후대의 다른 사람들과 마찬가지로, 핼리도 자료망(data network)의 가치를 알아보았다. 그는 1686년에 다음과 같이 썼다. "이것은 혼자 또는 소수의 인원으로 이루어낸 작업이 아니다. 완전하고 완벽한 '바람의 역사'를 구성하기 위해서 수많은 관찰자들의 경험을 하나로 모은 것이다."

핼리는 선장들로부터 수집한 자료들을 이용해서 무역풍을 설명했다. 유럽에서 신대륙 쪽으로 불어가는 바람인 무역풍은 범선 무역에서 대단히 중요한 바람이었다. 그는 무역풍이 언제 어디에서 부는지에 대한 세부적인 내용을 지도에 나타냈다. 그러나 그는 무역풍이 왜 부는지도 알고 싶었다. 핼리는 다음과 같이 썼다. "바람은 공기의 흐름이라고 정의하는 것이 가장 합당하다. 그리고 이런 공기의 흐름이 지속되고 경로가 고정되어 있는 곳에서는 바람은 영구적으로 중단 없는 경로를 따라 나아가야 한다." 핼리조차도 피츠로이의 시대보다 한참 전인 1686년에 쓴 글에서 무역풍의 원인을 "공기와 물을 구성하는 요소에서 알려진 특성들과 유체의 운동에 관한 법칙들" 같은 근본적인 물리학 원리와 연결시키려고 했다.

핼리는 따뜻한 공기, 즉 "열에 의해서 팽창되거나 희박해진 공기"가 "정역학 법칙에 따라서" 상승할 것이라는 사실을 알고 있었다. 그는 태양이 공기를 데우고 움직이게 한다는 것도 알고 있었다. 이 모든 점에서 그는 옳았다. 그러나 지나친 면도 있었다. 그는 동쪽에서 뜨는 태양이 지구를 둘러싼 공기를 따라다닌다고 믿었고, 그 결과 무역풍이 발생한다고 생각했다. 핼리는 이렇게 썼다. "태양이라는 존재는 끊임없이 서쪽으로 이동한다. 서쪽은 공기가 주로 움직이는 방향이다. 뜨거운 정오의 열기는 공기를 희박하게 만들기 때문에, 태양과 함께 서쪽으로 전달되는 이 열기는 결국 하층의 공기 전체가 이 방향으로 이동하는 경향을 일으킨다." 핼리의 지도는 옳았지만 그의 학설은 완전히 틀렸다.

≈

무역풍의 특성에서 핼리가 저지른 실수를 바로잡은 사람은 두 명의 다른 이론가였다. 첫 번째 인물은 조지 해들리였다. 해들리는 법률가였는데 취미로 기상학을 연구했다. 핼리의 무역풍 지도와 무역풍에 관한 그의 생각이 왕립학회의 『철학 회보(*Philosophical Transactions*)』에 실린 지 거의 50년 후인 1735년에 같은 정기 간행물에 해들리의 글이 실렸다. 이 글에서 해들리가 지적한 바에 따르면, 태양으로 인해서 데워진 공기가 지표면에서 떠오른 자리는 사방에서 몰려든 더 차가운 공기로 다시 채워진다. 핼리는 떠오르는 태양의 온기에 의해서, 앞으로 나아갈 것이라고 주장했지만, 해들리는 다음날 새로운 온기에 의해서 상승한 공기가 남긴 빈 공간을 채우기 위해서 동에서 서로 움직이는 공기의 흐름을 분명히 보았다. 그는 다음과 같이 썼다. "이런 희박해짐은 공기가 사방에서 가장 희박한 곳으로 몰려들게 하는 효과를 일으킬 뿐이다. 특히 공기는 가장 추운 곳인 남쪽과 북쪽에서 몰려들게 되며, 흔히 생각하는 것처럼 동쪽에서 서쪽으로 이동하지 않는다."

무역풍을 설명하기 위해서는 뜨고 지는 태양 이외의 다른 무엇인가가 필요했다. 그 다른 무엇인가는 더 추운 지역에서 더 따뜻한 지역으로 이동하는 공기의 움직임과 결합된 지구의 자전이었다.

적도 근처의 따뜻한 공기는 데워지면 더 가벼워진다. 가벼워진 공기는 상승한다. 상승한 공기의 빈자리는 더 차가운 공기가 이동해서 채운다. 그러나 지구는 회전하는 구체이다. 지표면에 있는 공기는 어디에서나 지구의 자전 속도를 어느 정도 유지하고 있다. 해들리의 말처럼, "공기는 어디서나 지구의 일주운동과 동일한 속도를 유지하고 있다고 가정해보자." 적도에서 지구의 둘레는 약 4만 킬로미터이다. 적도에 있는 한 지점은 매일 4만 킬로미터씩 이동하므로, 시간당 1,600킬로미터가 넘는 거리를 움직이는 것이다. 자전축이 있는 북극이나 남극에 있는 지점은 전혀 움직이지 않는다. 지구의 자전을 적용하면, 극지방의 공기는 제자리에서 회전하고, 중위도 지방의 공기는 중간 정도의 빠르기로 움직이고, 적도 지방의 공기는 가장 빠르게 움직인다.

데워지고 있는 적도의 공기는 상승한다. 상승한 공기의 빈자리는 북쪽과 남쪽에서 온 더 차가운 공기가 지표면을 따라 이동해서 채운다. 위도가 더 높은 지방에서 적도로 흘러온 이 차가운 공기는 적도 지표면의 빠른 회전 속도를 따라가지 못한다. 이 차가운 공기는 적도에 접근하는 동안 뒤처지게 된다. 북반구의 지표면에 있는 관찰자에게 이 차가운 공기는 동쪽과 북동쪽에서 불어오는 북동 무역풍이 되는 것이다.

아주 단순하게 설명하면, 지구의 대기는 상승하고 하강하는 공기로 이루어진 6개의 세포로 뚜렷하게 구별된다. 이 세포들 중 3개는 북반구에 있고, 3개는 남반구에 있다. 만약 지구가 대륙이라는 방해물이 없이 완전히 바다로만 덮여 있는 행성이었다면, 이 세포들이 훨씬 더 일정하게 움직여서 관찰이 더 쉬웠을 것이다. 그러나 지금처럼 대륙이 있는 지구라도 이 세포들은 실재하며 날씨를 일으킬 정도로 규칙적으로 움직인다. 이 세포들 중에서 적도에 가장 가까이 있는 것은 해들리 세포(Hadley cell), 중위도 지방에 있는 것은 페렐 세포(Ferrel cell), 북극과 남극에 가까운 고위도 지방에 있는 것은 극 세포(polar cell)라고 부른다. 해들리가 생각했던 것처럼, 각각의 세포마다 지구의 자전에 의해서 발생하는 바람이 속해 있다.

해들리는 핼리보다 과녁에 훨씬 더 가까이 다가갔지만 완전히 맞춘 것은 아니었다. 물리학적으로 설명하면, 해들리는 선운동량(linear momentum)의 보존을 토대로 생각했다. 그러나 여기서 보존되어야 하는 것은 각운동량(angular momentum)이었다.

또다른 이론가인 가스파르-귀스타브 코리올리를 살펴보자. 1792년에 파리에서 태어난 코리올리는 물리학자였고 결국 역학 교수가 되었지만, 자신을 기상학자로 생각하지는 않았다. 쉽게 말해서 그는 회전하는 계(界)에서의 에너지 전달에 관심이 있었다. 그리고 물레방아는 그가 관심을 두었던 주제들 중 하나였다. 이전 시대의 다른 사람들과 마찬가지로, 코리올리도 회전하는 계에서 움직이는 물체에 뚜렷한 편향 현상이 나타나는 것을 관찰했다. 그는 회전체 안에서 바깥쪽으로 움직이는 물체가 어떻게 오른쪽으로 치우치는 것처럼 보이는지, 회전체 안에 서서 회전체를 좌표계로 이용하는 사람에게는 일직선으로 움직이는 것이 어떻게 크게 곡선을 그리는 것처럼 보이는지를 알아냈다. 그는 이전 시대의 다른 사람들과 달리, 이 뚜렷한 편향 현상을 수학적으로 정의했다. 그의 방정식에서는 각운동량이 보존되었다.

핼리와 해들리보다 한참 뒤에 나타난 코리올리는 때가 되면 적당한 인물이 무역풍에 적용할 수 있도록 물레방아의 수학적 설명을 기상학계에 건네주었다. 그러나 코리올리 자신은 그 적당한 인물이 아니었다. 그는 기상학자들을 위한 글을 쓰지 않았다. 코리올리는 1843년에 사망했고, 기상학계는 19세기 후반까지 그의 존재를 알지 못했다.

≈

우현 쪽으로 배 한 척의 불빛이 보인다. 배의 불빛은 녹색, 붉은색, 흰색이다. 등의 개수와 배열은 배에 관한 정보와 진행 방향을 알려준다. 붉은 등은 항상 좌현 쪽에 있고 녹색 등은 항상 우현 쪽에 있다.

나는 조타기 바로 앞에 놓인 해도 플로터(chart plotter)를 켠다. 해도 플로터의 자동 선박 식별장치(Automatic Identification System), 즉 AIS의 화면에 그 배가 나타난다. 나는 소금기를 머금은 안경 너머로 화면을 응시한다. 화면의 밝은 빛 때문에 밤바다가 잘 보이지 않는다. 버튼을 누르자, 플로터 화면에 그 배에 관한 정보가 표시된다. 배의 속도와 방향도 함께 나타난다. 플로리다를 향해서 동쪽으로 12노트의 속도로 항해 중인 유조선이다. 길이는 240미터가 조금 안 되며, AIS가 "위험물"이라고 묘사한 것이 실려 있다.

AIS는 현재 경로를 유지하면, 우리 배가 유조선과 300미터 거리까지 접근하게 될 것이라고 경고한다. 가장 가까운 지점에 접근할 때까지 남은 시간은 채 10분도 되지 않는다.

내륙이나 한낮의 바다에서라면 300미터는 300미터이다. 그러나 해안에서 160킬로미터 이상 떨어진 캄캄한 바다 한가운데를 항해 중인 지치고 아무리 좋게 보아도 유능하다고는 할 수 없는 선장에게 300미터라는 거리는 위기일발의 상황이다. 300미터는 유조선 두 척 길이도 되지 않는다. 12노트의 속력이라면 이 유조선이 300미터를 이동하는 데에는 1분도 걸리지 않는다.

나는 경로를 조절한다. 바람과 떨어져서 유조선의 뒤로 지나갈 계획이다.

갑자기 나는 혼란에 빠진다. 내가 보는 것은 흰색 등과 붉은색 등이다. 돛배에서 흰색 등은 선미이고 붉은색 등은 좌현에서 앞쪽이다. 유조선의 불빛을 보니 내가 경로를 변경하면 로시난테 호가 유조선의 앞에 놓이게 될 것 같다. 나는 원래 경로로 돌아간다.

AIS를 확인한다. 현재 우리는 충돌 경로에 있다. 5분 안에 뭔가를 하지 않으면 로시난테 호는 영영 멕시코에 닿지 못할 것이다.

나는 공동 선장을 깨우고 로시난테 호의 엔진에 시동을 건다. 순간적으로 멍해진 나는 어찌할 바를 모른다. 우리는 위험 요소가 적은 해안에서 멀리 떨어진 푸른 바다 위에 있다. 맑은 밤, 깊고 잔잔한 바다에서 배 두 척이 충돌하는 일은 거의 불가능해 보이지만 실제로 우리는 충돌 경로에 놓여 있다. 유조선의 불빛을 볼 때는 오른쪽으로 방향을 돌려서 피하면 부딪힐 것 같다. AIS를 볼 때는 왼쪽으로 돌려서 앞으로 나아가면 부딪힐 것 같다.

돛배는 엔진을 가동시켜도 바람을 무시할 수 없다. 돛에 닿는 바람은 배의 기동성을 제한하고, 선택권을 제한한다. 돛배는 엔진을 가동시켜도 자유자재로 방향 전환을 할 수 있는 모터보트와는 다르다.

나는 용기를 내어 바람 쪽으로 방향을 바꾸지만, 그러자 로시난테 호가 볼썽사납게 기우뚱거린다. 주 활대와 미즌 활대가 갑판을 가로질러 흔들린다. 깜짝 놀라서 잠에서 깬 공동 선장은 얼른 정신을 차리고 돛줄과 윈치(winch)로 재빠르게 앞돛을 조절한다.

이제 우리는 로시난테 호의 엔진의 도움을 받아서 유조선으로부터 멀리 떨어져서 항해를 한다. 이 경로에서는 우리가 다음에 만나게 될 첫 육지가 플로리다 북부가 될 것이다. 우리는 완전히 애먼 길로 가고 있지만 기죽지 않을 것이다.

돌이켜보면 아찔한 순간이다. 그리고 나는 내 실수를 깨닫는다. 유조선에서는 흰색 등이 앞쪽 마스트 위에 있고, 붉은색 등과 녹색 항해등이 선미에 있다. AIS가 맞았고, 유조선의 등이 맞았다. 로시난테 호의 선장이 틀렸다.

심장이 두근거린다.

유조선이 지나간 후, 나는 다시 로시난테 호의 방향을 돌린다. 원래의 항로로 돌아온 우리는 유조선이 지나간 자리에 일어난 파도를 넘어 항해한다. 적어도 지난 사흘 동안 우리가 느낀 파도 중에서 가장 큰 파도였다.

≈

코리올리가 회전하는 계에서 움직이는 물체의 뚜렷한 편향 현상을 묘사하던 그때, 마침 대서양 건너 미국에서는 격렬한 논쟁이 일어났다. 당시에는 아무도 알지 못했지만, 그 논쟁은 코리올리의 생각과 직접적으로 연관이 있었다. 그것은 일부에서 "폭풍 이론(the theory of storms)"이라고 알려진 학설에 관한 논쟁이었다.

이 논쟁의 중요성을 이해하기 위해서, 잠시 코리올리는 생각하지 않기로 하자. 당시 기상학계가 코리올리를 몰랐던 것처럼 말이다. 대신 유명한 전문 과학자인 제임스 에스피와 한때 안장과 마구 제작자였다가 비교적 늦게 과학에 입문한 윌리엄 레드필드를 주목하자.

제임스 에스피는 1785년에 펜실베이니아 중심부에서 태어났다. 에스피는 르 베리에의 옛 상사가 프랑스에서 알 정도로 유명 인사였다. 그는 에스피를 아이작 뉴턴에 비교하기도 했다. 한때 미국에서 가장 유서 깊은 과학 단체 중 한 곳인 프랭클린 연구소에 근무했던 에스피는 벤저민 프랭클린처럼 날씨에 관해서 생각했다. 그는 연기가 피어오르는 모습을 관찰했다. 그는 따뜻한 공기가 상승한다는 것을 깨달았다. 또 습기가 공기를 위로 뜨게 한다는 것도 깨달았다. 그는 따뜻하고 습한 공기가 상승하는 동안 냉각된다는 것도 알아냈다. 냉각되는 동안 습기는 기체에서 액체로 바뀐다. 즉 수증기가 미세한 물방울이 되고 다른 미세한 물방울과 결합해서 더 큰 물방울이 되는 것이다. 수백만 개의 미세한 물방울이 합쳐져서 빗방울이 되면 마침내 하늘에서 떨어진다. 기체에서 액체로 바뀌는 이런 전환이 일어날 때에 열이 방출된다는 물리 현상은 1761년에 처음으로 설명되었다. 에스피는 기체가 액체로 바뀔 때, 다시 말해서 수증기가 빗방울로 바뀔 때에 발생하는 열이 공기의 상승을 더 부추긴다는 것을 깨달았다. 대류하는 폭풍(convection storm)의 경우에는 빗방울로 바뀐 수증기가 수직 바람을 일으킨다는 것이 그의 추론이었다.

에스피는 폭풍우의 원동력을 정확하게 인식했다. 그는 폭풍이 어떻게 성장하는지를 알았다. 습기를 빨아들여서 수증기가 물방울로 바뀔 때까지 상승을 일으키고, 이때 방출된 열이 움직이는 바람을 추가로 상승시켜서 아래에서 더 많은 습한 공기를 빨아들이게 한다는 것을 알아냈다. 그는 폭풍이 어떻게 점점 더 강력해지는지, 어떻게 아무것도 없는 상태에서 시작해서 경외감과 때로는 두려움까지 불러일으키는 것이 되는지도 알았다.

그는 피츠로이와 다윈이 비글 호 항해를 끝내고 영국으로 돌아온 1836년에 미국 철학협회에서 대류하는 폭풍에 대한 그의 생각을 설명했다. 1841년에는 자신의 생각을 설명한 『폭풍의 철학(*The Philosophy of Storms*)』이라는 책을 내놓았다. 이 책은 8쪽의 발간사와 40쪽의 서론을 제외하고도 552쪽이나 되었다. 무엇보다도 이 책에는 멀리 산을 배경으로 호수 위에서 높이 피어오르는 비구름을 그린 아름다운 그림이 수록되어 있다. 이 그림에는 살짝 휘어진 화살표가 구름 아래에서 안쪽과 위쪽을 가리키고 있다. 구름 위쪽에 있는 다른 화살표는 위쪽과 바깥쪽을 가리킨다. 독자는 한 눈에 공기가 아래에서 위로, 수직으로 이동한다는 것을 알 수 있다. 조금 집중해서 본문을 읽어보면 폭풍 내부에서의 작용에 대한 에스피의 생각을 따라갈 수 있다.

에스피는 공기가 상승한 자리가 비게 된다는 것을 알았고, 그 빈 공간을 채우기 위해서 사방에서 공기가 밀려들 것이라고 믿었다. 여기까지는 그가 옳았다. 그런데 그는 중대한 실수를 저질렀다. 그는 빈 공간으로 밀려드는 공기가 직선 경로를 따라 움직일 것이라고 생각했다. 에스피는 폭풍 내부에서의 작용을 이해했지만, 폭풍의 중심부를 향해서 사방에서 빨려들어오는 지상풍이 마치 마차 바퀴의 중심축에 부착된 바퀴살처럼 일직선으로 불어올 것이라는 그릇된 상상을 했다.

에스피는 여러 가지 측면에서 논란을 일으켰다. 그는 다른 이들의 연구를 폄하했다. 무엇보다도 그는 자신이 폭풍의 작용을 이해하고 있다는 확신에 차 있었고, 신중하게 산불을 놓으면 폭풍을 조절할 수 있다고도 믿었다. 에스피는 벤저민 프랭클린과는 달랐다. 그는 다른 사람이 제작한 지도의 한 귀퉁이에 자신의 발견을 조용히 발표하는 사람이 아니었다. 우연히 에스피를 알게 된 프랭클린의 손자 중 한 명은 에스피에 대해서 다음과 같이 썼다. "그의 관점은 자신감이 넘쳤고 그의 결론은 확고했다. 그는 전제와 결론에 대해서 검토와 재검토를 잘 하지 않았고, 일단 자신의 판단을 통과하면 완전히 해결된 것으로 생각했다." 또 어떤 사람은 에스피의 문제가 "신중함의 결여"라고 썼다. 존 퀸시 애덤스 대통령은 에스피를 "체계적인 편집광"이라고 칭하면서, "그는 자부심을 관장하는 기관이 갑상선종만 하게 부풀어 있다"고 말했다. 간단히 말해서, 에스피는 오만함 때문에 천재성이 퇴색했다는 뜻이다.

에스피의 허세에 굴복하지 않은 사람들 중에서 윌리엄 C. 레드필드라는 인물이 있었다. 그는 한때 안장과 마구 제작자였고, 선원이었던 그의 아버지는 바다에서 실종되었다. 코네티컷에서 태어난 그의 다양한 이력 중에는 시골 상인이나 증기선 기관사로 보낸 시기도 있었다. 그는 먹고 사느라고 바빠서 정식으로 과학을 배운 적은 한번도 없었지만, 2억 년 전 어류 화석의 전문가가 되었다. 게다가 그는 미국 과학진흥협회의 초대 회장이었다. 이제 이 단체는 150년이 넘는 역사를 자랑하는 세계에서 가장 큰 단체가 되었고, 권위 있는 과학 잡지인 『사이언스(*Science*)』를 발행한다.

1821년, 레드필드는 폭풍으로 쓰러진 나무 수천 그루에서 무엇인가 이상한 점을 발견했다. 코네티컷 미들타운 근처에서는 쓰러진 나무들이 북서쪽을 향하고 있었지만, 110킬로미터 떨어진 곳에서는 나무들이 남동쪽을 향해서 쓰러져 있었다. 10년 후, 그는 한 친구의 격려로 그 나무들에 관한 글을 썼다. 레드필드는 자신의 관찰과 다른 사람들의 관찰을 종합해서 폭풍이 회전한다고 지적했다. 지상풍은 폭풍의 중심부를 향해서 일직선으로 불지 않는다는 것이었다.

레드필드는 자신이 관찰한 나무에 대해서 다음과 같은 글을 씀으로써 용감하게 에스피에게 도전장을 내밀었다. "이 현상에 대한 만족스러운 설명은 하나뿐인 것처럼 보인다. 이 폭풍은 거대한 회오리바람의 형태로 나타났다."

에스피는 레드필드와 그의 생각에 반격을 가했다. 그는 레드필드가 나선형 바람을 설명할 어떤 메커니즘도 알지 못한다고 공격했다. 그리고 고기압에서 저기압 쪽으로 부는 바람은 뜨거운 공기가 상승한 자리에 남은 빈 공간을 채우기 위해서 일직선으로 나아간다는 자신의 생각을 고수했다. 해들리나 코리올리를 전혀 모르는 에스피로서는 바람이 둥글게 불 것이라고 믿을 이유가 전혀 없었다.

에스피가 명성과 열정적인 강연으로 지지자를 모으는 동안, 레드필드도 그의 관찰을 뒷받침해줄 지지자들을 모았다. 레드필드와 그의 지지자들은 단지 에스피가 설명을 할 수 없다는 이유만으로 그들이 직접 본 것을 묵살하고 싶지 않아서, 에스피의 확신을 반박할 목격담들을 계속 발표했다. 에스피는 자신의 학설과 맞는 관찰 결과만 선호하고, 그렇지 않은 관찰 결과는 무시하거나 무시하려고 애썼다. 에스피의 학설에 대응하기 위해서 레드필드가 1839년에 발표한 짧은 논문에는 에스피의 행동이 "사다리의 가장 높은 곳에 있는 마지막 계단에서 더 위로 올라가려는 시도를 해야 하는 사람의 행동답지 않다"고 쓰여 있었다.

에스피와 레드필드 사이의 의견 충돌은 대중의 관심을 끌면서 신문의 기삿거리가 되었다. 이들의 관계가 팽팽해진 것은 단순히 학설의 세부적인 내용 때문이 아니라, 과학이 어떻게 발전해야 하는지에 대한 강력한 믿음 때문이었다. 이와 비슷한 믿음은 피츠로이의 삶에도 대단히 큰 충격을 주었을 것이다. 에스피의 세계에서는 가설이 과학의 원동력이었다. 에스피는 현상들이 왜 그런 방식으로 일어나는지를 설명하고 싶어 했다. 에스피는 폭풍이 회전하는 이유를 설명할 수 없다면, 폭풍이 회전한다는 것을 전혀 믿을 수 없었다. 이와 달리 레드필드의 세계관에서는 관찰이 과학의 원동력이었다. 레드필드는 기술된 자료를 신뢰하면서, 왜 그런 일이 일어났는지보다는 무슨 일이 일어났는지를 강조했다. 그는 폭풍이 회전하는 것을 보았고, 폭풍이 왜 회전하는지를 자신이 설명할 수 없다는 점을 딱히 불안해하지 않았다. 양측의 긴장감은 점점 더 고조되었다.

1864년, 아직은 신생단체였던 스미스소니언 협회의 회장인 조지프 헨리는 이 논쟁에 관해서 다음과 같은 글을 썼다. "이런 폭풍에서 바람의 진행과 방향에 관한 두 가설을 옹호하는 주장에는 순수과학과 관련된 문제의 논쟁에서는 흔치 않게 감정이 드러나고 있었다." 헨리는 폭풍에 대한 논쟁을 폭풍 자체에 비교하면서, "마치 대기의 격렬한 움직임이 그것을 연구하고자 하는 사람들의 마음속에서 동조 효과를 유발하는 듯하다"고 했다.

그래도 과학계는 화해 가능성을 감지했다. 멀리 글래스고에서 나온 한 기사는 이렇게 전했다. "에스피와 레드필드의 흥미로운 학설은 지금은 모순되는 듯이 보이지만, 아마 나중에는 서로 대립하지 않는다는 것이 밝혀질 것이다. 그리고 의심할 여지없이, 대기의 운동이라는 복잡한 현상과 관련하여 아직까지 시도된 적 없는 가장 광범위한 일반화로 향하는 과정의 가장 중요한 단계를 형성할 것이다."

다시 말해서, 두 사람 모두 무엇인가를 제시했을지도 모른다는 것이다. 둘 다 옳을 수도 있었고, 둘 다 완전히 틀릴 수도 있었다.

두 학설은 조화를 이루게 되지만, 그 성과를 이룬 사람은 에스피도 레드필드도 아니었다. 또 스미스소니언 협회도, 과학계의 저명한 누군가도 아니었다. 두 학설을 확실하게 조화시킨 천재는 펜실베이니아 시골에서 농장 일을 하며 자란 한 소년이었다. 거의 독학으로 공부한 이 소년 일꾼은 아르키메데스와 오일러의 오랜 개념들을 해들리와 코리올리의 발상과 접목시킴으로써 두 학설을 화합시킬 수 있었다. 그는 이 과정에서 기상학계에 수학을 도입했다. 이와 더불어, 무역풍이 왜 그렇게 부는지에 대한 더 정제된 관점, 즉 더 정확한 관점을 내놓았다.

지금까지 가장 뛰어난 기상학자로 인정받는 이 농장 일꾼 소년은 바로 윌리엄 패럴이었다.

≈

펜실베이니아 중남부의 가난한 농가에서 태어나서 가난하게 자란 윌리엄 패럴은 8남매의 맏이였다. 패럴이 사망한 후, 그의 남동생들은 그들의 고향 집의 흔적에 대해서 이렇게 설명했다. "그곳에는 마을은커녕 형이 태어난 곳을 나타내는 집 한 채도 없다. 오래된 굴뚝의 흔적인 진흙더미만 남아 있는데, 그 굴뚝이 있던 집은 나무판자로 지붕을 덮은 둥근 통나무 오두막이었다."

패럴은 자라는 동안 아버지의 밭과 재재소를 오가며 일을 했고, 짬짬이 학급이 하나뿐인 작은 학교에서 공부를 했다. 패럴은 열다섯 살도 안 되었을 때에 일식을 관찰하고 다음 일식이 일어날 시기를 계산했다. 그는 기하학에 관한 책을 사기 위해서 이틀을 걸어간 적도 있었다. 스무 살에는 중력 법칙에 관한 책을 처음 읽었고, 스물두 살에는 대수학을 가르치는 학교에 입학할 수 있을 만큼 충분한 돈을 모았다.

학교를 졸업하고 미주리 서부에 살던 패럴은 버려져 있는 뉴턴의 『프린키피아(*Principia*)』 한 권을 우연히 얻게 되었다. 훗날 그는 유랑 판매

원을 통해서 피에르 시몽 라플라스의 『천체 역학(*Mécanique Céleste*)』을 주문했다. 총 5권으로 이루어진 이 책은 수학을 이용해서 태양계에 대한 우리의 이해를 바꿔놓은 작품이다. 패럴은 이 책들을 완독하고 독학으로 내용을 익혔다. 활자는 시간과 문화의 깊은 골을 가로질러 뉴턴, 라플라스, 그리고 패럴이라는 세 지성을 서로 맞닿게 해주었다.

패럴이 서른 살이 되었을 때, 스미스소니언 협회는 그에게 폭풍에 대한 보고서를 의뢰했다. 이 보고서에서 그는 다음과 같이 선언했다. "자연 현상에 관한 모든 조사에서 우리의 전제조건은 자연의 작용이 법칙의 적용을 받는다는 것과 자연에 작용하는 이 법칙들이 언제나 일정하게 적용된다는 것이다. 자연법칙은 예외를 모른다. 과학이 설 자리는 이런 토대 이외에는 없다. 폭풍은 법칙의 적용을 받는가? 그리고 그 법칙들은 일정한가?"

이 글에는 추측을 점점 더 못 견뎌하는 영국과 유럽의 정서가 반영되어 있었다. 이런 정서는 피츠로이의 자살 원인 중 하나이기도 했다. 실제 세계에 대한 관찰과 수학에 의해서 강화된 논리의 결합에서 지식이 나온다는 생각인 실증주의는 더 강세를 보이고 있었다. 실증주의자들은 단순히 성질에 관한 학설에 만족하지 않았다. 그들은 완벽한 설명, 정량적 학설, 그것을 지배하는 법칙, "만약 이러면 저렇게 된다"는 식의 서술이 필요하다고 보았다. 다시 말해서 수학의 필요성을 생각했다.

스미스소니언 협회 보고서를 쓴 지 10년도 지나지 않은 1856년에, 패럴은 『내슈빌 내과와 외과 저널(*Nashville Journal of Medicine and Surgery*)』에 "바람과 해류에 관한 글(An Essay on the Winds and the Currents of the Ocean)"을 발표했다. 바람과 해류에 관한 논문을 발표할 잡지로는 조금 의외의 선택이었는데, 그 잡지의 편집자는 패럴의 친구였다. 그 편집자는 유명 해군 장교인 매슈 폰테인 모리가 쓴 새로 나온 해양학 책에 관한 서평을 패럴에게 부탁했다. 훗날 패럴은 짧은 자서전에 다음과 같이 썼다. "나는 그 일을 정중히 거절했다. 그러나 시간이 어느 정도 흐른 뒤, 그 책에서 다루고 있는 특정 주제에 관한 글을 쓰고 모리의 관점을 조금 부수적인 방식으로 언급하는 것으로 합의를 보았다. 나의 '바람과 해류에 관한 글'은 이렇게 나오게 되었다."

이 글은 기상학 논문 시리즈 중 한 편으로 1882년에 다시 인쇄되었다.

지금까지 발표된 세상의 모든 기상학 논문을 중요도 순서로 정렬한다면, 패럴의 논문은 충분히 선두권에 속할 것이다. 13쪽에 불과한 패럴의 이 논문은 추측이 난무하고 알맹이 없이 장황하기만 했던 이전까지의 설명들을 완전히 잠재웠다. 또 그의 동시대인들이 전기와 자기의 효과에 대한 모호하고 완전히 그릇된 암시에 의존하는 동안, 패럴은 대기의 작용을 합리적이고 수학적인 언어로 설명했다. 이제 드디어 대기를 지배하는 엄정한 자연법칙이 탄생했다.

≈

로시난테 호의 왼편으로 새벽이 다가오자, 하늘은 검은색, 회색, 코발트색을 거쳐서 파란색으로 바뀌어가고 별들은 하나씩 사라진다. 로시난테 호와 선원들은 온전히 혼자이다. 사방 어디에도 다른 배들의 흔적은 없다. 바람도 거의 없다.

내 공동 선장은 조종실에서 내 옆에 앉아 있다. 한 시간 전부터 점점 더 높아지고 있는 너울에 관해 말한다. 너울은 동쪽에서 낮게 일렁이고 있다. 로시난테의 선체 밑으로 너울이 지나가자 활대가 크게 흔들린다. 앞돛은 자체 무게를 이기지 못하고 아래로 풀썩거린다. 배가 전혀 나아가지 못하고 있다. 만약 이 바람이 무역풍이라면, 무역풍은 새벽이 오기 직전에 우리를 버린 것이다.

나는 조용히 휘파람을 분다. 공동 선장에게도 함께 휘파람을 불자고 해본다.

예부터 지금까지 어떤 뱃사람들에게 휘파람 불기는 금요일에 항해하기, 신천옹 죽이기, 배에 바나나 싣기, 조나라는 이름의 사람과 같이 항해하기와 맞먹는 금기였다. 또 어떤 뱃사람들에게 휘파람은 하나의 도구로서 자연의 영향을 끌어내기 위한 수단이었다. 나 이전의 뱃사람들은 휘파람이 바람을 불러올 수 있다고 믿었다. 그 뱃사람들은 두 뺨 사이에서 공명하다가 작게 오므린 입술로 소란스럽게 빠져나가는 숨이 일으키는 바람이 돛을 부풀릴 바람을 끌어올 수 있다고 확신했다. 나도 그들처럼 휘파람이 바람을 불러올 것이라고 믿는 쪽이다. 내가 충분히 오래 휘파람을 불면 정말로 바람이 생길 것이라고 굳게 믿는다.

옛날에는 특정 위도에서는 바람이 없어서 배가 완전히 멈추고 마실 물이 고갈되는 지경에 이르기도 했다. 그들이 항해를 하던 시절에는 기압계, 기상 관측 기구(氣球), 기상 관측 부표, 기상위성이 없었다. 그들이 항해를 하던 시절에는 윌리엄 패럴도 없었다. 그들은 특정 위도에서 바람이 불지 않는다는 사실은 알고 있었지만 그 이유는 알지 못했다.

특히 잘 알려져 있는 무풍지대는 적도를 중심으로 북위 30도와 남위 30도에 위치한 말 위도(horse latitude)이다. 그들은 말 위도가 해들리의 묘사에서 공기가 침강하는 위치라는 것을 알지 못했다. 이 공기는 원래 적도에서 온 것이다. 적도의 열기로 데워져서 9-11킬로미터까지 상승한 공기는 남북으로 흩어져서 이동하다가 정확히 위도 30도 부근에서 다시 지표면으로 내려온다.

정해진 양의 물과 식량과 인내심만 가지고 항해를 해야 하는 사람들에게 말 위도는 폭풍만큼이나 두려웠다. 두려웠지만 때로는 말 위도를 반드시 지나가야 했다.

종종 말 위도가 목마른 말들을 죽여야 했기 때문에 붙여진 이름이라고 하는데, 이는 사실이 아니다. 이 이야기에 따르면, 멈춰선 배의 선원들은 살기 위해서 점점 줄어드는 식수를 말과 나누기보다는 말을 바다에 내던졌다는 것이다. 그러나 이 이야기보다는 모형 말에 채찍질을 하는 전통 의식에서 유래한 표현일 가능성이 더 크다. 돛배를 타고 장시간 항해를 하던 시절에는 선원들이 부두를 떠나기 전에 몇 주일이나 몇 달치 봉급을 미리 받는 일이 흔했다. 선원들은 미리 받은 돈을 이미 써버렸을 가망이 큰데, 그렇게 선불로 받은 임금을 위해서 일하는 항해의 전반부를 "죽은 말의 시간(dead horse time)"이라고 불렀다. 영국을 출발해서 서쪽으로 항해하는 배는 선불로 지급한 선원들의 급료가 딱 소진될 즈음에 말 위도에 이르곤 했다. 그래서 선원들은 이를 기념해서 지푸라기로 만든 말을 채찍질하면서 갑판을 돌아다녔다.

말 위도에서, 바람에 의지했던 인간은 그들의 세상에 영향을 줄 수 있다는 느낌이 필요했다. 그들은 무심한 우주에서 한갓 희생자가 아니었다. 말을 채찍질했던 선원들은 기도를 했고 저주를 했다. 그들은 휘파람을 불었다.

늘 합리적인 공동 선장은 휘파람을 불지 않는다. 우리는 물 위를 부유하고, 돛은 축 늘어져 있으며, 나는 홀로 휘파람을 분다.

≈

패럴은 그의 13쪽짜리 논문에서 공기의 운동에 관한 해들리의 초기 발견을 수학으로 바꿔놓았다. 패럴은 대기에서 어떤 부분은 다른 부분보다 더 가볍고 덜 조밀하다는 것을 독자들에게 다시 일깨웠다. 공기가 가벼운 까닭은 더 따뜻하기 때문일 수도 있고 습기를 더 많이 함유하고 있기 때문일 수도 있다. 무거운 공기는 가벼운 공기의 아래로 흘러서 가벼운 공기를 마치 물 위에 떠 있는 공처럼 위로 떠오르게 하고, 이렇게 떠오른 가벼운 공기는 고도가 어느 정도 높아지면 바깥쪽으로 퍼지

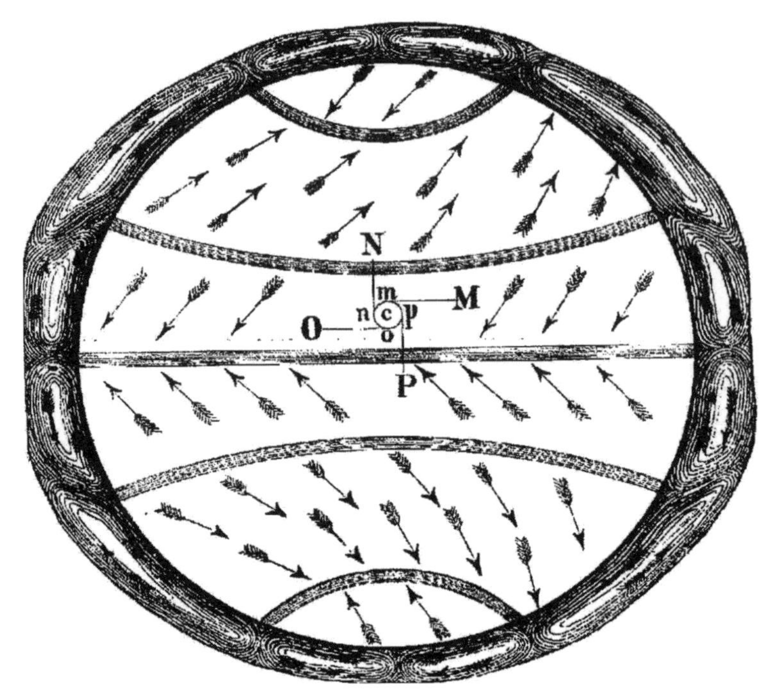

『내슈빌 내과와 외과 저널』에 처음 발표된 패럴의 1856년 논문에 실린 그림인 세계의 바람.

게 될 것이다. 자전하는 지구에서 남쪽이나 북쪽으로 움직이는 공기는 방향이 바뀌는 것처럼 보인다. 패럴은 "이것이 조류에 관한 라플라스의 일반식에 포함된 어떤 힘과 같다"고 썼다. 그리고 지구의 운동, 움직이는 공기의 속도, 위도의 사인과 코사인 값을 활용한 공식을 내놓았다. 그는 이 공식을 "해석적 표현(analytical expression)"이라고 불렀다. 패럴은 코리올리의 생각을 대기, 각운동량 개념, 공기가 원심력(회전체를 바깥쪽으로 미는 것처럼 보이는 겉보기힘)을 받는다는 사실과 접목시켰다. 해들리의 바람이 선운동량의 보존을 위해서 휘어진다면, 패럴의 바람은 각운동량의 보존을 위해서 휘어진다. 패럴은 다음과 같이 썼다. "대기의 어떤 부분이 지표면에 대해서 상대적으로 동쪽으로 움직이면

이 힘이 증가하고, 상대적으로 서쪽으로 움직이면 이 힘이 감소한다."
또 패럴은 이렇게 썼다. "따라서 해들리의 학설이 무역풍에 대한 설명을 담고 있기는 하지만 대기의 운동에 뚜렷하게 나타나는 여러 다른 현상들을 설명하지 못한다는 것을 우리는 알고 있다." 여기서 그는 지구 곳곳에서 나오는 측정치가 풍성해지면서 알려진 기압 차도 언급한다. 또 말 위도인 30도 근처에서 발견되는 고기압대 같은 현상이 그가 "항해 바람(passage wind)"이라고 부르는 무역풍의 원천이라고도 언급했다. 요약하자면, 지구의 자전 때문에 대기는 특정 위도에서 툭 불거지는 울퉁불퉁한 상태가 된다는 것이다. 대기는 평형에 도달하는 것이 아니라 어떤 위도에는 모여들고 다른 어떤 위도에서는 흩어질 것이다. 공기가 고기압에서 저기압으로 움직이는 동안, 지구는 그 아래에서 자전을 할 것이다. 만약 움직이는 공기가 땅을 긁으며 나아가거나 나무와 덤불 사이를 훑으며 지나가거나 수면을 찰랑이게 하지 않는다면, 다시 말해서 마찰이 전혀 없다면, 시간이 흐름에 따라 결국에는 기압 차에 대해서 정확히 수직인 자취를 그리게 될 것이다. 마찰이 없는 상황에서는 고기압에서 멀리 떨어져 있는 저기압으로 이동하는 공기는 목적지인 저기압에 결코 도달하지 못한다. 마찰이 없는 상태에서 부는 이런 이상한 수학적 바람은 지균풍(geostrophic wind)이라고 알려지게 되었다. 무역풍에서부터 폭풍 주위로 휘어지면서 부는 바람에 이르기까지, 지균풍의 증거는 어느 규모의 바람에서든 나타났다. 그러나 모든 바람에 실제로 존재하는 마찰력은 바람이 고기압에서 저기압 방향으로 휘어지면서 서서히 평형을 향하도록 지균풍의 경로를 바꿔놓는다.

기상학자는 모두 패럴의 논문을 이해해야 한다. 기상학자가 아닌 사람은 그 의미만 이해하면 될 것이다. 패럴은 무역풍을 설명하면서 에스피와 레드필드 사이의 논쟁도 해결했다. 바람은 폭풍의 중심을 향해 일직선으로 불지도 않았고, 중심 주위를 회전하지도 않았다. 중심을 향해 나선을 그리며 나아갔다. 가난한 농가에서 태어난 그는 행운과 불굴의 의지로 다른 이들에게 비범한 천재성을 드러냈고, 당시 알려진 모든 사실과 부합하는 지구 대기의 그림을 내놓았다. 더 나아가, 그는 이 그림을 수학적으로 표현했다.

제4장

초기 조건

패럴은 무명의 의학 저널에 처음 발표한 논문 한 편으로 단번에 수치 일기예보(numerical forecasting)의 기틀을 마련했다. 그러나 그는 실제 수치 일기예보를 하기 직전 단계에서 멈춰섰다. 그 영예는 노르웨이 사람인 빌헬름 비에르크네스에게 돌아가야 할 것이다. 그는 패럴 같은 사람들이 생각했던 수학적이고 이론적인 세계와 피츠로이 같은 사람들이 생각했던 실제 세계를 결합시킬 준비가 되어 있는 인물이었다.

이 노르웨이인의 생각에서 중요한 점은 초기 조건(initial condition)의 이해였다. 이것은 피츠로이의 생각에서도 중요한 점이었다. 비에르크네스는 내일의 날씨 조건을 예보하기 위해서는 오늘의 날씨 조건, 즉 초기 조건을 알아야 한다는 것을 알고 있었다. 이런 조건의 측정에 이용되는 도구들 중 일부는 당시에 이미 구할 수 있었지만, 일부 도구들은 아직 만들어지지 않았다. 그러나 비에르크네스가 무슨 일을 했는지를 이해하고, 그의 기여가 가져온 효과를 온전히 이해하려면, 우리가 초기 조건을 어떻게 알게 되는지를 고찰해보고 그에 관한 지식이 얼마나 압도적으로 성장했는지를 살펴보아야 한다.

≈

향해 8일째의 아침나절에도 여전히 정지해 있던 로시난테 호가 너울에 이리저리 일렁거린다. 동쪽에서 오던 기존의 너울과 남쪽에서 발달한 새로운 너울이 동시에 밀려온다. 동쪽 너울은 마루의 높이가 0.6미터이고 4초 간격으로 오는 반면, 남쪽 너울은 마루의 높이가 1.2미터이고 6초 간격으로 우리를 지나간다. 우리는 선수에서 선미로, 좌현에서 우현으로, 그리고 그 사이에 있는 모든 방향으로 쉴 새 없이 움직인다. 이런 움직임은 식욕을 잃어버리기에 딱 좋다.

내 휘파람은 효과가 없었다. 이제 더는 휘파람을 불지 않는다. 우리는 끊임없이 움직이고 있지만 전혀 진전이 없다. 우리는 앞으로 나아가지 못하고 있다.

우리는 위성전화를 통해서 육지에 있는 친구로부터 문자를 받는다. 위성전화 문자 메시지는 전보의 가장 최근 후손이다. 트위터도 마찬가지이다. 길이가 한정되어 있기 때문에 간단한 요약문처럼 읽힌다. 적절한 어휘를 사용하면, 훨씬 더 많은 의미를 담을 수 있다. "이후 3일 바람이 남서로 바뀜." 이것은 알림이다. "플로리다로 방향을 바꿀 생각은?"

우리는 무헤레스 섬에서 240킬로미터 떨어진 곳에서 어기적대고 있다. 섬에서 약간 동쪽으로 치우쳐서 한참 북쪽에 위치한 곳이다. 곧 우리는 북쪽으로 1, 2노트 정도의 속도로 흐르는 유카탄 해류를 만나게 될 것이다. 멕시코 만에서는 늦가을에 남동풍이 부는 일이 흔치 않다. 그리고 이 불편한 바람은 우리가 가고자 하는 방향으로 데려다주지 않을 것이다. 분명 이 바람은 골디락스 바람은 아니다. 그러나 우리 배는 멕시코 만에서 나아가는 것도, 나아가지 않는 것도 아니며 한결같이 변덕스러운 멕시코 만의 바람은 부는 것도, 불지 않는 것도 아니다.

정오가 되기 전, 남서풍이 불기 시작한다. 처음에는 가볍게 산발적으로 불더니 이따금씩 너울의 남쪽 면에 잔물결을 일으키다가, 점점 더 강해져서 5노트가 되고 점심 전에는 10노트가 된다. 돛이 한껏 부푼다.

바람은 마치 무헤레스 섬에서 시작된 것처럼 곧장 그 방향에서 불어온다. 우리는 하루 정도 아바나를 향해 태킹(tacking)을 할 수 있을 것이다. 태킹이란 배와 선원이 안간힘을 써서 바람이 불어오는 방향인 남서쪽으로 나아가다가 한동안 북동쪽으로 방향을 돌려서 다른 방향으로 바람을 받으면서 무헤레스 섬을 향해 지그재그로 나아가는 방식이다. 쿠바의 바로 북쪽에서 유조선과 화물선들의 항로를 따라가면 이틀이나 사흘 안에 육지에 닿을 수 있을 것이다. 아니면 플로리다 쪽으로 방향을 바꿔서 널찍한 해안을 향해서 똑바로 나아갈 수도 있다. 이 방법은 넉넉히 이틀 안에 육지에 닿을 수 있는 가장 편안하고 가장 빠른 길이다.

우리는 조타기를 좌현으로 돌려서 바람으로부터 떨어진다. 우리는 플로리다로 향한다.

≈

전신은 광범위한 지역의 날씨를 실시간에 가깝게 알 수 있는 방법을 기상학자들에게 제공했다. 일기예보에 유용할 것이라는 전신의 잠재력을 알아본 프랑스의 르 베리에와 영국의 피츠로이는 말하자면 얼리 어답터(early adopter)였다. 미국에서는 그 잠재력을 알아본 사람들이 과학을 발전시킬 수 있는 정보로서의 일기예보에 별로 관심이 없었다. 모스가 베일에게 "신은 무엇을 만들었는가?"라는 유명한 메시지를 보낸 지 딱 12년 되는 해이자, 패럴이 『내슈빌 내과와 외과 저널』에 논문을 발표한 해인 1856년이 되자, 스미스소니언 협회는 기상 관측망을 구축하고 게시판에 해당하는 곳에 날마다 일기도를 발표했다. 스미스소니언 협회의 그레이트 홀에 게시되었던 일기도는 색상 카드를 이용해서 다양한 위치의 현재 조건을 나타냈다. 갈색 카드는 구름, 검은색 카드는 비, 파란색 카드는 눈, 흰색 카드는 맑은 하늘을 나타냈다. 핀에 꽂힌 화살표는 풍향을 나타내기 위해서 방향을 돌릴 수 있었다.

신이 만들었는지 인간이 만들었는지는 모르지만, 전신은 기상 자료 통신망을 향해 내딛은 하나의 발걸음이었고, 기상 자료 통신망은 인류가 이룩한 가장 복잡하고 유익한 위업 중 하나가 되었다. 전신은 여러 위치의 실시간 기상 자료를 한곳에서 취합할 수 있게 해주었다. 그러나 전신이나 다른 방식을 이용하는 기상 관측망은 전달할 가치가 있는 정보가 있을 때에만 유용하다. 온도와 습도도 중요하지만, 바람과 관련해서 가장 유용한 두 정보는 두 가지의 중요한 측정기구에서 나온다. 이 두 기구는 대기의 압력을 측정하는 기압계와 바람의 속도를 측정하는 풍속계이다.

≈

갑판 아래, 로시난테 호의 주방과 앞쪽 선실을 분리하는 목재 칸막이벽 위에는 황동 덮개로 감싸인 기압계가 놓여 있다. 바람은 기압이 더 높은 곳에서 기압이 더 낮은 곳으로 이동하는 공기의 움직임이다. 기압계의 눈금이 낮아지면, 공기가 밀려든다. 바람이 부는 것이다. 몇 시간 간격으로 기압계를 확인하면 기압의 변화를 알 수 있을 것이다.

좀더 정확하게 말하자면, 만약 내 기압계가 정상적으로 작동한다면 기압의 측정 값을 알려줄 것이고, 몇 시간 간격으로 기압계를 확인할 때마다 기압이 올라갔는지 내려갔는지를 알 수 있을 것이다. 사실 내 기압계는 눈금이 올라가지도, 내려가지도 않는다. 바늘이 1,010밀리바에 고정되어 꼼짝도 하지 않는다. 내가 살짝 치면 바늘이 떨리기는 하지만, 기압이 변하지는 않는다. 모든 위대한 배들과 마찬가지로 로시난테 호에는 고장 난 장비들이 가득하다.

갑판으로 다시 돌아온 나는 조타기를 잡고 있는 공동 선장과 함께 느긋하게 속도감을 즐긴다. 어쩌면 우리는 가려고 하는 곳으로 가고 있는 것이 아닐지도 모른다. 그래도 우리는 가고 있다. 우리는 플로리다를 향해 5노트의 속도로 나아가고 있다.

≈

1643년에 발명된 기압계는 한때 토리첼리의 관(Torricellian tube)이라고 불렸다. 기압계의 발명은 날씨와는 전혀 관계가 없었다. 기압계는 갱도에 찬 물을 빼내는 데에 쓰이는 펌프와 연관된 발명품이었다.

에반젤리스타 토리첼리는 1608년에 이탈리아에서 태어나서 39년을 살았다. 그 39년 동안, 그는 유명한 수학자가 되었으며 망원경과 현미경을 제작했고 기압계를 발명했다. 30대의 토리첼리는 잠시 갈릴레이의 대필자로 일하면서 죽음을 목전에 둔 이 위대한 인물의 생각을 따라갔다. 갈릴레이의 여러 관심사들 중에서 빨 펌프(suction pump)라는 것이 있었다. 토리첼리는 빨 펌프가 물을 18피렌체야드(Florentine yard), 즉 10미터 이상 끌어올리지 못하는 이유가 무엇인지 궁금했다. 그는 이 문제에 관해서 다른 과학자들과 의견을 교환했다. 과학자들은 음료수 빨대를 가지고 노는 어린아이처럼 물이 가득 담긴 빨대의 위쪽 끝을 손가락으로 막고 빨대를 수직으로 들어올리면 물이 밑으로 떨어지지 않는다는 것을 알아냈다. 이들은 아주 긴 음료수 빨대를 만들었다. 이를테면 1640년경에 가스파로 베르티라는 사람은 3층 건물 높이의 빨대를 수직으로 세웠다. 빨대는 납으로 만들어졌지만 꼭대기에는 유리로 만든 구가 고정되어 있었다. 물이 가득 들어 있는 베르티의 빨대는 로마 거리에 수직으로 서 있었다. 빨대의 아래쪽은 뚫려 있었지만 화려하게 장식된 항아리 속에 담겨 있었다. 유리구를 통해서 보이던 빨대 속 물의 높이는 어느 정도까지만 떨어졌다.

밀폐된 관과 빨 펌프에는 뭔가 공통점이 있었다. 빨 펌프가 10미터 높이까지만 효과가 있었던 것처럼, 납 빨대 속에 들어 있는 물도 10미터

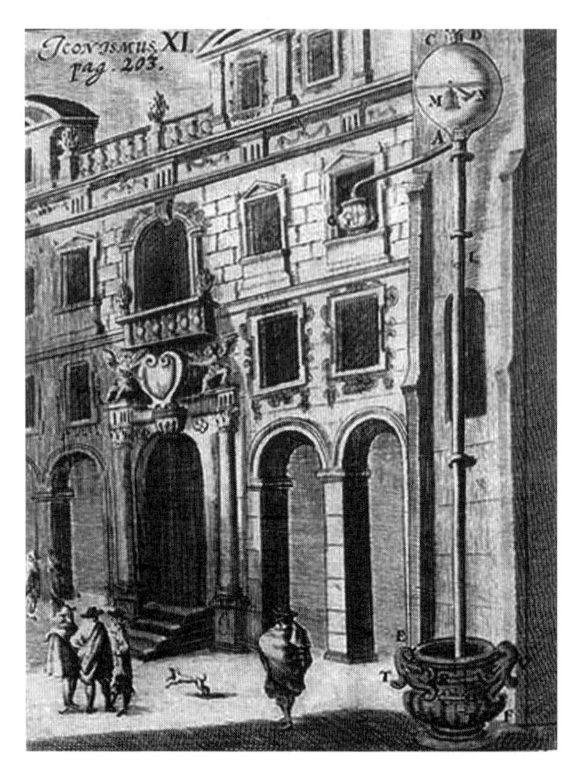

1640년경 로마에 있었던 가르파로 베르티의 납 빨대. 꼭대기에는 유리구가 달려 있고 내부에는 물이 채워진 이 빨대를 통해서 공기의 무게가 증명되었다. (Wikimedia Commons 사진)

까지만 올라가고 더 높이 올라가지는 않았다. 그 높이 위로는 빨대 꼭대기에 공간이 형성되는 것을 베르티의 유리구에서 명확히 볼 수 있었다. 그 비어 있는 공간은 공기가 차 있는 것처럼 보였지만, 사실은 거의 아무것도 없었다. 물 자체에서 위로 빠져나온 분자 몇 개를 제외하면, 그 공간은 진공이었다.

토리첼리는 다른 액체들로도 실험을 해보았다. 그런 액체들 중 하나가 수은이었다. 수은은 독성이 있다는 단점이 있었지만, 같은 부피를 놓고 비교할 때 물보다 13배 이상 더 무거웠다. 토리첼리는 한쪽 끝이 막힌 기다란 관에 수은을 가득 채운 다음, 뚫린 쪽이 아래로 가도록 세워서 수은이 담긴 그릇에 집어넣었다. 관 속에 들어 있는 수은의 높이는 약 76센티미터에서 멈췄다. 관의 위쪽에는 빈 공간이 형성되었는데, 물이 들어 있는 훨씬 긴 관의 위쪽에 형성된 진공과 비슷한 진공이었다. 관의 위쪽에 형성되는 빈 공간은 토리첼리의 진공이라고 알려지게 되었고, 이 관, 즉 기압계는 토리체리의 관이라고 알려지게 되었다.

공기에 무게가 있다는 사실을 알았던 갈릴레이는 죽기 전에 공기가 그 자체로 물질이며, 투명하지만 아무것도 없는 것은 아니라는 것을 최종적으로 확실하게 규명했다. 토리첼리는 죽기 전에 그의 관에 담겨 있는 액체의 표면을 내리누르는 힘이 공기의 무게이고, 대기는 76센티미터 높이의 수은이나 10미터 높이의 물과 무게가 같다는 것을 증명했다. 즉, 공기의 무게가 끝이 막힌 관 속에 들어 있는 물이나 수은을 밀어올리는 것이다.

토리첼리는 또다른 것도 알아차렸다. 그는 토리첼리 관의 수은 높이가 시간이 흐르면 바뀐다는 것을 알아차렸다. 대기의 무게는 일정하지 않다. 1644년에 토리첼리는 역시 이탈리아인인 미켈란젤로 리치에게 "어떨 때에는 더 무겁고 조밀하며, 어떨 때에는 더 가볍고 희박한 공기의 변화를 나타내는 기구"를 묘사한 편지를 썼다.

바람과 수은의 높이 사이의 연관성은 곧바로 명확하게 드러나지는 않았다. 그러나 산발적인 관측이 있었고, 과학자들은 새로운 지식의 영역으로 들어서는 느낌을 언급했다. 과학자인 로버트 훅은 1664년 10월 6일에 대기의 부피와 압력 사이의 관계를 발견한 과학자인 로버트 보일에게 보내는 편지에 다음과 같이 썼다. "또한 나는 대기 관측 지침(baroscopical index)(공기의 작은 변화를 나타내는 이 장치를 기억하실거라 생각합니다)을 꾸준히 관찰했고, 그것이 비와 흐린 날씨를 가장 확

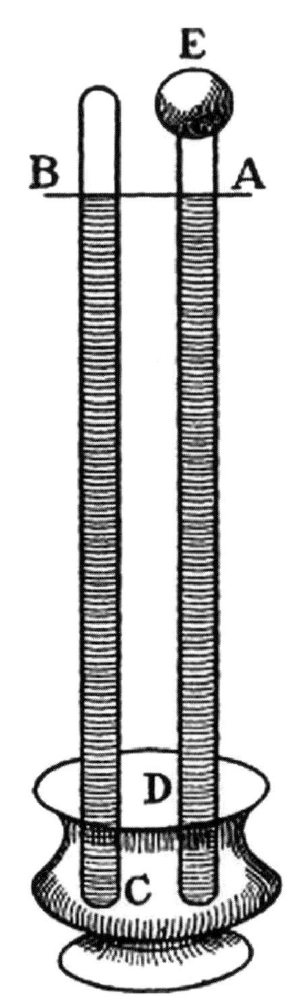

토리첼리가 친구이자 이탈리아의 수학자인 미켈란젤로 리치 추기경에게 보낸 편지에 그려진 토리첼리의 기압계. 토리첼리는 이렇게 썼다. "우리는 공기라는 요소로 이루어진 대양의 바닥에 살고 있습니다. 공기에 무게가 있다는 것은 명백한 실험을 통해서 알려져 있습니다."

실하게 예측한다는 점을 발견했습니다." 수은 기둥의 높이가 낮아지면 비가 오고, 수은 기둥의 높이가 높아지면 날씨가 맑아졌을 것이다. 그러나 2주일 뒤에 그는 다시 편지를 썼는데, 이번에는 그의 관찰과 맞지 않는 것에 대한 설명이 있었다. 수은 기둥의 높이는 "갖가지 바람에 따라서도" 바뀌었다.

수은 기압계에는 다른 문제도 있었다. 바다에서는 효과가 없었다. 쉴 새 없이 움직이는 배에서는 관의 기부가 들어 있는 그릇이 출렁거렸고 관 자체도 위아래로 움직였다. 이런 움직임을 줄이기 위한 개선작업이 진행되었다. 특히 수은관의 중간을 잘록하게 만들어서 흐름을 제한했지만, 그래도 수은 기압계는 항해 중에는 잘 작동하지 않았다.

또다른 과학자인 프랑스의 뤼시앵 비디는 아네로이드 기압계(aneroid barometer)를 1844년에 개발했다. 아네로이드 기압계는 수은을 이용하지 않는다. 대신, 기압이 변하면 밀폐된 통의 형태가 변한다. 밀폐된 통의 형태 변화는 바늘로 전달되고, 바늘은 눈금 사이를 움직인다. 아네로이드 기압계는 널리 쓰이게 되었고 지금도 흔히 볼 수 있다. 전자 기기의 시대인 오늘날에도 황동으로 장식된 용기 속에 들어 있는 아네로이드 기압계를 배의 갑판이나 벽난로의 선반에서 종종 볼 수 있다.

아네로이드 기압계는 수은 기압계와 함께 미국, 유럽, 영국에서 폭발적으로 증가한 전신망에 정보를 공급했다. 딱 한 곳에서 측정된 정보는 혼동을 불러일으킬 수도 있었다. 현재와 미래의 바람 사이에서 일관된 상관관계가 나오지 않을 수도 있었다. 그러나 수십 곳, 더 나아가 수백 곳에서 정보가 나오고 이 정보가 지도 위에 보기 좋게 표시되면서, 매우 흥미로운 이야기가 등장하기 시작했다. 기압과 바람에 관한 자료를 지도 위에 표시하자, 대충 보아도 둘 사이의 관계가 한눈에 들어왔다. 혹이 관찰한 한 곳에서는 일관성이 없었는지 몰라도, 일반적으로는 기압계의 변화를 통해서 앞으로의 바람을 짐작할 수 있다. 공기는 마치 운동경기장에서 쏟아져나오는 군중처럼, 공기 분자가 빽빽하게 밀집되어 있는 곳에서 공기 분자가 희박한 곳으로 움직이는데, 그 경로는 지구의 자전으로 인해서 크게 휘어진다.

≈

나는 갑판 위에서 햇살을 받으며 어느 바다의 밑바닥에 떠 있다. 갈릴레이, 토리첼리, 그리고 그들의 뒤를 잇는 여러 과학자들 덕분에, 나는 공기로 이루어진 이 바다의 전체 무게가 5,000조 톤이 넘는다는 것을 알고 있다. 5,000조는 5 다음에 0이 15개 붙는 숫자이다. 이 엄청난 무게의 4분의 3 이상은 대기권에서 날씨가 만들어지는 구역인 높이 약 13킬로미터 이하에 존재한다. 공기의 무게는 당연히 느껴지지 않는다. 공기가 모든 방향에서 균일한 힘으로 밀기 때문이다. 그러나 바람이 불면 공기의 무게가 느껴진다. 바람이 불면, 공기는 더 이상 모든 방향에서 균일한 힘으로 밀지 않는다. 공기의 무게는 바람이 불어오는 쪽이 가장 커진다.

나는 햇살 속에서 피츠로이의 『기압계와 날씨 길잡이(*Barometer and Weather Guide*)』 제3판을 읽고 있다. 피츠로이는 자신의 고용주인 상무부를 위해서 1859년에 이 책을 썼고, 같은 해에 그의 전신망도 출범했다. 피츠로이는 다음과 같이 썼다. "나는 기압계 이용에 대한 무관심이 많은 선박들의 피해를 불러왔다고 생각한다. 기압계에 대한 관심 부족 때문에, 배들은 (바다에 있더라도) 육지에서 멀리 떨어지지 않거나 (안전할 때에는 항구에 있고) 적절하지 못한 시기에 바다로 나간다. 그리고 이렇게 미흡한 예방책 때문에 선박들은 갑작스러운 악천후로 인해서 피해를 입어왔다. 기압계라는 아주 단순한 장비에 적절한 주의를 기울인다면 이런 피해를 막을 수 있을 것이다."

피츠로이의『기압계와 날씨 길잡이』의 요점은 기압계의 적절한 활용에 대한 옹호였다. 그가 살았던 시대에는 모든 사람들이 기압계의 가치나 한계를 이해한 것은 아니었다. 로열차터 호가 난파되기 직전에 출간된 피츠로이의 기압에 관한 책 제3판에는 이런 구절이 있다. "어떤 사나운 바람도 기압계의 경고 없이는 불지 않을 것이다." 로열차터 호의 선원들이 기압계를 주시했다면, 절대로 아일랜드를 떠나지 않았을지도 모른다. 그러면 아마 모두 무사했을 것이다.

피츠로이는 이렇게 썼다. "종종 좋은 수은 기둥과 비교되곤 하는 아네로이드 기압계는 측정 값이 비슷하며 값이 비싸다. 그러나 아네로이드 기압계는 독립적인 장치가 아니라는 점을 기억해야 한다. 원래 다른 기압계에 의해서 설정된 것이므로 이따금씩 조정이 필요하고, 시간이 흐를수록 서서히 성능이 떨어질 수 있다."

1,010밀리바에서 영원히 멈춰 있는 로시난테 호의 기압계는 아네로이드 기압계이다. 더 정확히 말하자면 심하게 녹이 슨 아네로이드 기압계이다.

피츠로이는 기압계 하나에만 의존하지 않았다. 그는 기압계에서 얻은 정보를 구름의 형태와 질감 같은 하늘의 모습과 결합시키자고 주장했다. 오랜 시간을 바다에서 보낸 그의 배경을 생각할 때, 그는 여러 징후들을 직감적으로 알고 있었을 가능성이 크다. 아마 그는 정확하게 말로는 설명할 수 없는 날씨의 징후들을 감지했을 것이다.

나는 피츠로이의 짧은 책을 다 읽고 풍속을 확인한다. 로시난테 호의 풍속계가 잘 작동하고 있다는 사실에 안도감이 든다. 풍속계를 뜻하는 영어 단어인 anemometer는 바람을 뜻하는 그리스어에서 따온 것이다. 로시난테 호의 돛대 맨 꼭대기, 돛 위로 살짝 솟아 있는 작은 안테나 위로 풍속계를 이루는 세 개의 컵이 돌아간다. 여기 조종실에 있는 디지털 판독장치는 8노트를 가리킨다.

그러나 로시난테 호의 풍속계는 어느 정도까지만 효과가 있다. 바람의 속도는 사실 8노트가 아니다. 우리는 5노트로 항해하고 있다. 바람은 완전히 우리 뒤에 있는 것이 아니라 뒤와 우현 사이에 있다. 우리는 어느 정도 뒤쪽에서 비스듬히 불어오는 바람을 받으면서 가장 빠르게 나아가는 중이다. 더 복잡한 문제들을 무시한다면, 풍속계의 값에 배의 속도를 거의 다 더해야 바람의 속도가 된다. 움직이는 배에서 우리가 측정할 수 있는 유일한 바람인 겉보기 바람은 8노트의 속도로 불고 있지만, 진짜 바람의 속도는 12노트가 조금 안 된다. 우리는 보퍼트 해군 소장이 건들바람이라고 불렀을 바람을 타고 플로리다를 향해 나아간다.

일렁이는 물살 사이로 나타난 한 무리의 날치 떼가 로시난테 호를 피해 쏜살같이 도망간다. 햇빛을 받아 은색으로 반짝이는 가슴지느러미를 날개처럼 활짝 펼친 모습은 새의 날갯짓만큼이나 멋스럽다. 날치 떼는 파도의 가장 높은 곳에서 날아오른다. 날치는 물속에 담구고 있는 꼬리지느러미를 미친 듯이 움직여서 허공에서 속도를 낼 수 있다. 일본 연안에서는 한 날치가 45초 동안 공중에 떠 있었다는 기록이 있다. 속도는 40노트에 가까웠고, 활공 거리는 약 400미터에 달했다. 날치는 물 표면에서 생기는 상승기류와 날개 같은 가슴지느러미의 뒷면을 휘감는 난기류를 활용한다. 이 기류들과 물 사이에 갇혀서 공기 쿠션 같은 일종의 완충효과를 얻는 것뿐이다. 비행사들도 비슷한 공기 쿠션을 경험하며, 이것을 지면 효과(ground effect)라고 부른다. 에어버스 사의 A380-800이나 보잉 사의 747 같은 거대한 제트 여객기에도 이런 지면 효과가 나타난다. 지면 근처에서 비행사들은 마치 비행기가 하늘에 떠 있는 상태를 포기하지 못하겠다는 듯이 하강에 저항하는 것처럼 느낀다.

나는 피츠로이의 책을 집어넣고, 아래로 내려가서 로시난테 호의 망가진 기압계를 다시 톡톡 건드려본다. 건드릴 때마다 바늘이 흔들리기는 하지만 여전히 눈금은 1,010밀리바에 머물러 있다.

≈

풍속 측정의 난관은 바람에 꼬리표를 붙일 수 없다는 단순한 사실에서 유래한다. 움직이는 공기는 가만히 있는 공기처럼 투명하다. 바람의 움직임을 볼 수 있는 사람은 아무도 없다.

보퍼트 해군 소장과 그 이전의 인물들이 풍속 계급을 내놓았을 당시에는 편리하게 지속적으로 풍속을 측정할 만한 방법이 전혀 없었다. 최초의 자료망인 헨리와 르 베리에와 피츠로이의 전신망에 자료를 공급한 관측자들은 빙글빙글 돌아가면서 풍속을 측정하는 오늘날의 컵 풍속계 같은 단순한 장비를 대체로 갖추지 못했다. 관측자는 바다에 있든지 육상에 있든지 자신의 최선을 다했다. 맨스필드의 관측자가 내놓은 풍속이 버밍엄이나 브리스틀의 관측자가 내놓은 풍속과 다를 때, 실제로 풍속이 다른 것인지, 아니면 단순히 관측자가 측정을 잘못한 것인지는 아무도 몰랐다. 에스피나 레드필드 같은 사람들이 폭풍의 중심부를 향해 둥글게 부는 바람의 특성에 관한 주장을 내놓았을 때, 바람이 부는 속도에 대한 묘사에 이르러서는 추측과 허세가 꽤 많았다.

15세기에 만들어진 최초의 풍속계는 줄에 매달린 가벼운 공보다 조금 정교한 수준이었다. 바람이 불면 공이 매달려 있는 줄이 기울어졌고, 줄이 기울어진 각도를 보고 대략의 풍속을 예측하는 방식이었다. 바람이 빠르게 불면 공이 매달려 있는 줄은 지면과 거의 수평을 이루었을 것이다. 바람이 더 거세져서 공이 바람에 날아가면 더 이상 아무것도 측정할 수 없었을 것이다.

이 단순한 장치는 한 번 이상 발명되었다. 더 정교한 형태의 풍속계에서는 축에 달려 있는 팔에 부착된 원반을 이용했는데, 이 원반은 측정기의 바늘처럼 작용했다. 로버트 훅은 종종 공이 매달려 있는 원래 형태의 풍속계를 만든 인물로 알려져 있지만, 사실 그 풍속계는 그가 태어나기 약 2세기 전부터 있었다. 레오나르도 다빈치는 인간의 비행을 꿈꾸면서 언젠가는 바람을 이용해서 하늘을 날 수 있을 것이라고 생각했다. 그는 1480년경에 간단한 풍속계를 설계한 그림을 남기기도 했다. 그는 그 그림 옆에 "바람의 세기에 따른 시간당 이동 거리를 측정하기 위해서"라고 썼다. 그 그림은 이탈리아의 건축가인 레온 바티스타 알베르티가 30년 전에 내놓은 설계를 토대로 했다. 알베르티는 이 단순한 발상을 처음 내놓은 사람일 수도 있고 아닐 수도 있다.

알베르티와 다빈치와 훅의 장치는 정확도 면에서 문제가 있었다. 같은 바람에서 나온 측정 값이 서로 달랐다. 만약 장치가 바람의 방향을 똑바로 가리키고 있으면, 바람의 방향과 엇갈려 있을 때보다 매달려 있는 원반이 더 멀리 움직였다. 시속 16킬로미터로 분다고 믿었던 바람이 실제로는 시속 19킬로미터나 시속 24킬로미터로 부는 것일 수도 있었다. 알베르티의 장치인 흔들리는 원반 풍속계는 정확하지도 않았고 우아하지도 않았다.

내 돛대 꼭대기에 자리한 현대적인 풍속계인 컵 풍속계는 1846년에

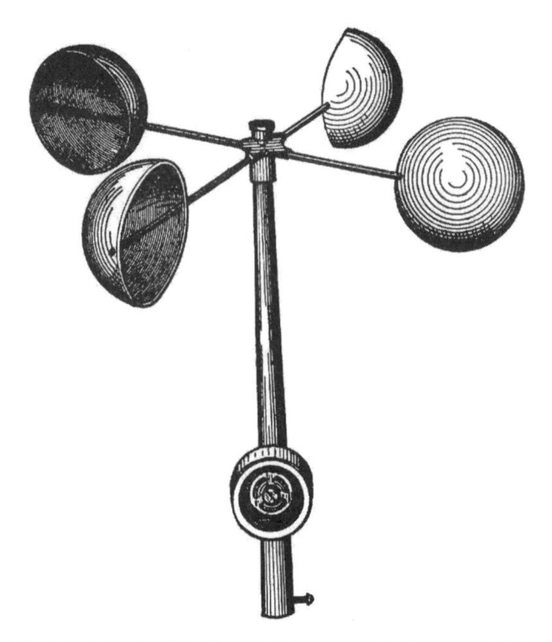

1846년에 발명된 로빈슨의 컵 풍속계는 항상 완벽한 풍속 측정치를 내놓지는 않았지만, 초기 풍속기에 비하면 엄청나게 개선된 것이다. 그림은 프랭크 왈도의 1896년 판 『고등학생과 대학생을 위한 기초 기상학(*Elementary Meteorology for High Schools and Colleges*)』에서 가져온 것이다.

존 토머스 롬니 로빈슨이 발명했다. 더블린 사람인 로빈슨은 한때 5,345개의 별을 분류함으로써 명성을 얻었다. 그의 회전하는 컵은 곧바로 인기를 끌었다. 로빈슨의 주장에 따르면, 회전축에 부착된 팔과 컵의 크기나 형태는 컵에 회전 속도와 관계가 없었다. 그는 컵의 회전 속도가 신뢰할 만한 풍속으로 간단히 전환될 수 있다고 믿었다. 그로부터 43년 후인 1889년에 한 단체는 그의 주장을 확인해본 후에 그가 틀렸다는 것을 밝혔다. 그 단체는 다름 아닌 영국 왕립 기상학회였다. 오래 전에 로빈슨이 사망한 상황에서, 이 반박은 편집자에게 보내는 1쪽짜리 짧은 편지 형식으로 『사이언스』에 발표되었다. "왕립 기상학회의 풍력 위원회가 실시한 야외 실험에서 도달한 다른 결론은 대체로 오해의 소지가 있고 틀린 것처럼 보일 것이다." 이 편지의 요점은 컵 풍속계가 폐기되어서는 안 되며, 다만 보정이 필요하다는 이야기였다. 정확한 측정치를 얻기 위해서 알려진 풍속에 대한 미세 조정이 필요했다.

로빈슨의 풍속계는 오늘날에도 널리 쓰이기는 하지만, 그로 인해서 풍속을 측정하는 다른 접근법이 버려지지는 않았다. 로빈슨 이후 1세기 이상, 알베르티 이후 거의 6세기 동안, 풍속계는 계속 개선되고 있으며 새로운 장치가 등장하고 있다. 1973년에는 "전기유체역학 스펙트럼 풍속계"가 특허를 받았고, 1979년에는 "초음파 풍속계," 1987년에는 "탄소섬유 열선 풍속계," 2006년에는 "마이크로 돌풍 열 풍속계"가 등장했다. 알고 보면, 바람의 속도를 측정하는 일은 돛대 꼭대기에서 돌아가고 있는 컵처럼 단순하지만은 않았다.

≈

오후 늦게 바람이 차츰 약해지다가 완전히 사라지자, 돛대 꼭대기에 있는 풍속계가 잠이 든다. 로시난테 호도 잠이 든다. 바다는 고요하다. 범열대알락돌고래 여섯 마리가 북쪽에서 다가와서 잠에 취해 있는 우리 배의 주위를 맴돌며 자맥질을 한다. 양동이와 짧은 밧줄 한 가닥의 도움을 받아 우리는 갑판 위에서 몸을 적시고 교대로 드넓은 바다에서 수영을 한다. 다시 배 위로 올라온 뒤, 나는 공동 선장의 모습에 감탄한다. 그녀는 따뜻한 공기 속에서 온몸이 흠뻑 젖은 채로 쏟아지는 햇살을 그대로 맞고 있다.

해도에 따르면, 우리 배는 3,000미터 깊이의 물 위에 떠 있다. 거북말 귀갑의 납작한 이파리 몇 개가 나란히 떠다닌다. 검푸른 심해에 비해 짙은 녹색을 띠는 이 길쭉한 이파리들은 쿠바나 멕시코나 플로리다의 얕은 해안에서 떠밀려왔을 것이다.

저녁이 다가오자 바람이 되살아난다. 이번에는 쿠바와 플로리다 남부

사이의 좁은 바다에서 불어오는 남동풍이다. 풍속계가 돌아간다. 로시난테 호는 물살을 가르며 나아간다.

바람이 거세진다. 풍속계는 15노트를 가리키다가 20노트가 되고, 이제는 25노트의 돌풍이 된다. 우리는 주 돛의 크기를 3분의 1로 줄인다.

금세 1.2미터 높이의 거친 파도가 일렁인다. 이따금씩 조종실로 물이 튀어 들어온다. 한 번의 파도로 바닷물이 왕창 밀려든다. 바닷물은 열려 있는 승강구를 통해서 고급 목재가 깔린 로시난테 호의 응접실 바닥까지 들어온다. 공동 선장은 키를 잡고 나는 걸레질을 한다. 우리가 선실로 내려가는 승강구의 문을 닫는 사이에 해가 진다.

풍속계의 눈금은 29노트를 가리킨다. 보퍼트의 센바람(near gale)에서 하한치에 해당한다. 이 값을 액면 그대로 받아들이면, 공기 분자가 고기압에서 저기압으로 움직일 때 지구의 자전에 의해서 경로가 휘어지고 마찰력에 의해서 방해를 받으면서 지나가는 속도가 평균 29노트라는 뜻이다. 그러나 바람은 그 속도로 꾸준히 부는 것이 아니다. 돌풍이 불면 컵 풍속계는 기상학자들이 과속(overspeeding)이라고 부르는 상태가 되기 쉽다. 사납게 요동치는 바람 속에서 풍속계가 지나치게 빨리 돌아가는 것이다. 게다가 이 항로에서 로시난테 호의 속도는 풍속에 1, 2노트가 추가된다. 이런 사정과 잠깐 동안의 돌풍, 그리고 어쩌면 배의 출렁임도 합쳐지면서, 실제로는 된바람(strong breeze)이나 흔들바람(fresh breeze) 정도의 바람이 부는데 풍속계는 센바람이 분다고 주장을 한다.

허풍이 심한 뱃사람처럼, 내 풍속계는 실제 바람보다 더 강한 바람이 분다고 알린다. 움직이고 있는 배 위에서 느끼는 겉보기 바람이 실제 바람과 같은 경우는 거의 없다. 그러나 배에서 경험하는 바람, 로시난테 호의 두 선장이 느끼는 바람은 겉보기 바람이다. 나는 바다가 완전히 어둠으로 뒤덮이기 전에 앞돛을 줄인다.

얼마 지나지 않아, 어떤 배의 불빛이 우현 쪽에서 비친다. 흰색 불빛과 녹색 항행등만 보인다. 플로터 화면을 보니, 콜롬비아의 카르타헤나로 향하는 화물선이다. 이 밤, 우리와 그 화물선은 5킬로미터의 바다를 사이에 두고 우현끼리 스쳐지나간다.

≈

헬리는 그의 무역풍 지도를 그리면서 주로 배들이 전하는 이야기에 의존했다. 그런 일은 그가 처음도 아니었고 마지막도 아니었다. 일기예보관들이 어느 한 시점에 초기 조건을 이해하기 위해서는 자료가 필요하다. 육상에서와 마찬가지로 바다에서도 관측망이 필요하다.

1936년 이전의 일기예보관들은 여러 나라의 해군, 상선을 탄 자원봉사자들이 제공하는 관측 자료에 전적으로 의존했다. 그러다가 1936년에 피츠로이의 유산인 영국의 기상국은 북대서양의 무역 항로를 왕복하는 화물 증기선에 전문 기상학자를 탑승시켰다. 2년 후, 프랑스는 상선 대신 최초의 기상 관측선을 운항했다. 이 배는 북대서양에 위치를 잡고 거기에 머물면서 기상 관측을 했다.

제2차 세계대전 때에는 한 자리에 머무는 기상 관측선의 장점이 더욱 두드러졌다. 해군 군함은 바다에서 배정된 위치를 유지했다. 관측도 수행했지만, 좋은 표적이 되기도 했다.

전쟁이 끝난 후에 미국, 캐나다, 영국, 노르웨이, 스웨덴, 네덜란드, 벨기에는 기상 관측선을 제공하고 자료를 공유하기 위한 해양 기상 관측선 협약을 맺었다. 60미터 길이의 증기 동력 코르벳 함(corvette : 돛을 단 소형 호위함/옮긴이)인 영국의 마거리트 호는 개조 이후 웨더 옵저버 호라는 평범한 이름을 다시 얻고 1947년 8월 1일에 북대서양에 취항함으로써 이 협약 프로그램에 따른 최초의 선박이 되었다. 이 배는 마침 겨울 폭풍을 관측하기 좋은 때에 항해를 했다. 그로부터 1년 안에, 웨더

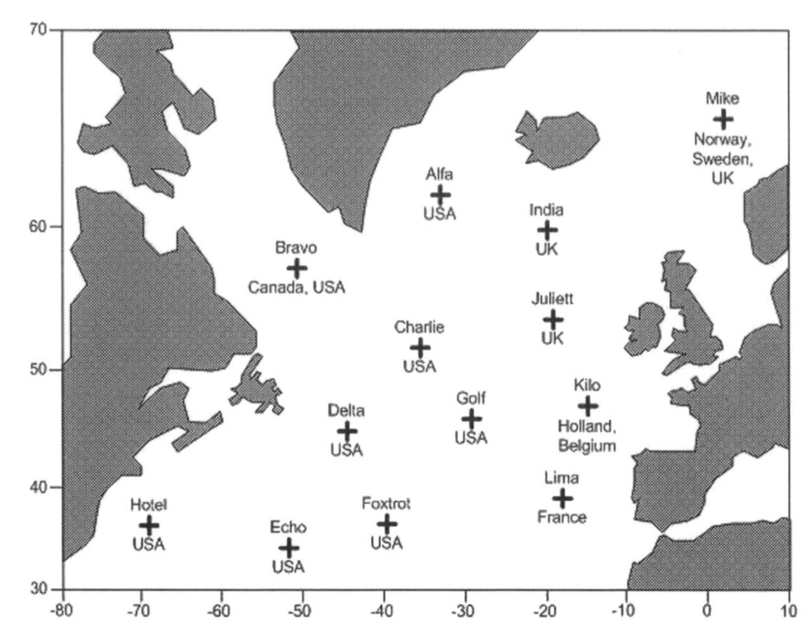

1949년 런던에서 열린 국제 민간항공기구 회의에서 합의된 기상 관측선의 위치. (그림 출처는 Wikimedia Commons)

레코더 호, 웨더 와처 호, 웨더 익스플로러 호가 합류했다.

기상 관측선은 한 번에 21일 동안 0.8킬로미터 이내의 지정된 위치를 빠르게 왕복하면서 임무를 수행했다. 보통 선박과 달리, 임무 수행 중인 기상 관측선은 다른 곳으로 이동을 하지 않았고 악천후를 피하기 위한 어떤 행동도 취하지 않았다.

갈 곳 없는 바다 위에서의 무료함 사이에 간간히 폭풍이 찾아왔다. 한때 기상 관측선을 탔던 사람은 이렇게 회상했다. “나는 오로라도 보았고, 한번도 본 적 없는 거대한 파도를 겪기도 했다. 그 파도는 선교보다도 더 높이 치솟았다. 우리가 엔진을 껐을 때 배가 어떻게 흔들렸는지 지금도 기억이 난다.” 그는 날씨가 좋을 때에는 오랜 시간 동안 선교 위를 바쁘게 돌아다니면서 관측을 했다. 훗날 그는 다음과 같이 기억했

기상 관측선인 웨더 어드바이저 호, 훗날 피츠로이 제독 호로 이름이 바뀌었다. (Derek Ogle의 허가를 얻고, Ocean Weather Ships 사이트와 Paul Brooker의 도움으로 실음)

다. "나는 12시간 동안 4교대로 선교 위를 걸어다녔다. 한 번에 55초 걸렸고 한 시간이면 61번이었다."

기상 관측선은 단순히 날씨만 기록한 것이 아니었다. 탐색과 구조를 도왔으며, 항공기를 안내하는 유도장치를 유지했다. 플랑크톤 표본을 수집하기 위한 그물도 던졌고, 케임브리지 대학교의 요청을 받아서 날개가 긴 바다새인 슴새 스무 마리를 먼 바다에 풀어놓기도 했다. 이 슴새 중 열여덟 마리가 해안에 있는 그들의 둥지로 돌아왔다. 가장 먼저 도착한 슴새는 36시간 동안 450해리(833킬로미터)를 이동했다.

1974년이 되자 미국의 기상 관측선들이 예산 부족으로 사라졌다. 다른 국가들도 그 뒤를 따랐다. 2009년, 과학 잡지인 『네이처 뉴스(*Nature News*)』의 머리기사는 "운항 중단에 직면한 마지막 기상 관측선"이었다. 노르웨이가 지원하는 폴라프론트 호가 더 이상 마이크 기지에서 활동하지 않을 것이라는 기사였다. 아이슬란드 북부와 같은 위도인 마이크 기지는 노르웨이 해안에서 320킬로미터 떨어진 해상에 위치했다.

연구자들은 불만을 토로했다. 한 연구자는 "충격적"이라고 말했고,

다른 연구자는 "대단히 부정적인 결과"를 걱정했다.

노르웨이 기상학 연구소 소장은 이렇게 반응했다. "기상 관측선 활동 지속의 중요성을 강조하는 의견이 압도적으로 많았다. 그러나 추가 비용 분담에 대한 제안은 없었다." 폴라프런트 호는 2010년 1월 1일에 마이크 기지에서 철수했다.

기상 관측선이 사라지기 전에도 어선이나 상선 같은 다른 선박들의 보고가 중요해졌다. 이렇게 이용하는 배들을 일반적으로 기회 선박(vessel of opportunity)이라고 불렀고, 이런 선박들은 오늘날에도 중요하다. 미국의 기상 관측기관인 국립 해양대기 관리국은 선원들에게 "당신이 있는 곳의 날씨를 아는 사람은 바로 **당신뿐**"이라는 말을 전한다. 이 짧은 메시지에 이어, 정부는 기회 선박들에게 여섯 시간 간격으로 자료를 보고해줄 것을 요청한다.

세계기상기구의 관측 지원 선박 프로그램은 국가 단위의 노력에 비하면 훨씬 규모가 크다. 1980년대에는 7,700척의 배가 이 프로그램에 참여했다. 1994년이 되자 참여 선박의 수는 7,000척으로 줄었고, 오늘날에 기상 보고를 하는 선박의 수는 약 4,000척이다. 기상 관측장비의 설치와 자료 전송에서 선박 측의 비용 부담도 없고, 전 세계 바다에는 자료가 희박한 곳이 가득하지만, 자발적인 기상 보고는 다른 일들의 뒷전으로 밀렸다. 선원의 규모가 축소되면서 자발적으로 보고를 할 만한 여가 시간이 줄어든 것이다. 이들 선박에서 들어오는 보고가 모두 지정된 시간에 들어오는 것도 아니고, 지정된 시간에 들어오는 보고가 모두 정확한 것도 아니다. 관측 지원 선박 프로그램은 쇠락의 길을 걷고 있다.

기상 관측선이 예산 지원 부족으로 사라지고 관측 지원 선박 프로그램이 성장하다가 쇠퇴되는 사이, 새로운 프로그램이 등장했다. 1951년이 되자, 미국은 자동 기상 관측 부표(weather buoy)를 배치하기 시작했다. 자동 기상 관측 부표가 선박이 했던 일들을 모두 할 수는 없다. 이를테면 습새를 날려보낼 수도 없고, 서로 다른 수심의 해수 표본을 반복적으로 채취할 수도 없고, 기상 관측용 기구(氣球)를 띄울 수도 없다. 탐색과 구조를 도울 수도 없다. 그래도 자동 기상 관측 부표는 선박에 비해서 비용이 덜 든다.

초기 자동 기상 관측 부표는 NOMAD라고 불렸다. 해군 해양기상학 자동 장비(Navy Oceanographic Meteorological Automatic Devices)를 뜻하는 NOMAD는 알루미늄으로 만들어진 6미터 길이의 장비였다. 영어로 유목민을 뜻하는 약어 이름과 달리 NOMAD는 돌아다니지 않고, 한 곳에 닻을 내리고 있었다. NOMAD는 폭풍을 버틸 수 있도록 설계되었다. 지금까지 전복된 NOMAD가 하나도 없다는 설계자들의 주장에는 그들의 자부심이 묻어난다.

NOMAD는 닻을 내리고 있는 계류 부표에 속한다. 이들은 지름이 각각 3미터, 10미터, 12미터인 원반형 부표와 그보다 더 작은 연안용 부표가 있다. 모두 원형 발판 위에 높이 솟아 있는 기둥에 장비가 설치되어 있는 구조이다. 얕은 바다에서는 쇠사슬로 고정되어 있고, 깊은 바다에서는 쇠사슬, 나일론, 부양성 폴리프로필렌이 결합된 닻줄의 길이가 3킬로미터에 달할 수도 있다.

닻을 내리지 않는 표류 부표도 있다. 유리섬유나 플라스틱으로 만들어지는 표류 부표는 직경 60센티미터 이하이며, 저마다 이동 속도를 늦추기 위한 수중 낙하산인 작은 드로그(drogue)가 달려 있다. 해양조사선, 화물선, 유조선, 군함, 그리고 가끔은 돛배를 통해서 해마다 수백 개의 새로운 표류 부표가 바다에 띄워진다. 어느 때라도 바다 위에는 1,000개가 넘는 표류 부표가 떠다닌다. 전 세계 대양 어디에서나 볼 수 있는 이런 부표들은 더위나, 추위나 지루함이나 높은 파도를 불평하는 법이 없다. 뱃멀미도 하지 않으며, 조난 신호를 보내지도 않는다. 고장이 나면 조용히 사라질 뿐이다.

계류 부표와 표류 부표는 위성으로 자료를 보낸다. 계류 부표와 표류 부표는 선박과 석유 시추 장치, 그 외에 바다에 떠 있는 거의 모든 자발적 자료 공급원에서 보내는 자료들과 함께 해상의 날씨에 대한 전반적인 관점을 제공한다. 핼리, 피츠로이, 르 베리에, 리처드슨 같은 사람들은 상상도 하지 못했던 일이다. 그러나 아직은 충분하지 않다. 만약 바다의 조건에 대한 다른 정보가 없다면, 선박과 부표를 통해서 들어오는 것 외에 다른 자료가 전혀 없다면, 일기예보는 엉망이 될 것이고 일기예보관은 명성에 큰 타격을 입을 것이다. 그리고 아마 자부심도 저하될 것이다.

≈

밤이 깊어가는 동안, 바람도 잦아들어서 10노트 근처에 머문다. 보퍼트의 산들바람이다. 로시난테 호는 거의 혼자 항해를 한다. 나는 조타기 위에 발가락 하나를 얹고 조종실에 비스듬히 누워 있다. 아주 느긋하게 휴식을 취하고 있지만 정신은 맑다. 청명하지만 달이 없는 밤이다. 하늘에는 은하수와 수없이 많은 빛의 점들이 은은한 빛을 낸다. 간간이 별똥별이 지나간다. 갑자기 하늘을 가로지르는 빛줄기에 가슴이 설레지만 그것은 순간이다. 나는 로시난테 호의 선체 아래로 지나가는 물소리와 찰랑거리는 파도 소리에 귀를 기울인다.

나는 캄캄한 배 위에 앉아서 조종실에 있는 희미한 형체들을 바라본다. 윈치, 선체 자체, 선실 승강구가 어렴풋하게 보인다. 그러나 밤의 장막은 배의 난간 너머에 있는 모든 것들을 가리고 있다. 우리 배의 돛과 밧줄들도 암흑 속에 있다. 나는 하늘을 올려다본다. 그러자 잠시 후, 보상을 하듯이 빛줄기 하나가 지나간다. 돛과 갑판이 환히 보일 정도로 밝은 빛줄기는 세상에 내린 어둠을 잠시나마 몰아낸다. 하얗기만 한 것이 아니라 노랗고 붉게 타오르면서 배 우현의 쿠바 쪽으로 쏜살같이 날아가는 모습은 별똥별이 아니라 흡사 불덩어리 같다. 별똥별은 2초 남짓 타오르면서 내 야간 시야를 어지럽히더니 이내 사라진다.

잠시 후, 내 야간 시야가 복구되고 조종실은 어슴푸레한 형체를 되찾는다. 나는 인공위성 하나를 바라본다. 하늘을 가로질러 일직선으로 따리오는 희미한 빛 한 점이 정지해 있는 별들을 배경으로 움직인다. 로시난테 호는 계속 혼자서 가고 있다. 배가 홀로 바다를 가르면서 나아가는 동안, 조타기 위에 발가락을 얹어놓고 있는 내가 할 일은 가끔씩 방향타를 살짝살짝 조절하는 것뿐이다.

≈

기상위성이 있기 전에는 기구와 항공기가 기상학자들에게 조감도 비슷한 것을 제공했다. 이를테면, 1850년에 영국 왕립 기상학회를 창립한 사람들 중 한 명이며 피츠로이를 비판한 제임스 글레이셔는 기구를 타고 하늘 높이 올라가서 왕립 기상학회의 고귀한 임무를 수행했다. 그의 임무는 다름 아닌 기후와 기상 법칙을 이해하는 것이었다. 그의 기구 비행에서 가장 인상적인 것은 함께 데리고 올라간 새장 속 비둘기가 높이 9,100미터 근방에서 의식을 잃은 일이었다. 글레이셔도 의식을 잃었다. 아직 의식이 있었던 글레이셔의 조수는 기구에서 바람을 빼내려고 안간힘을 썼다. 당시 조수의 손은 추위로 뻣뻣하게 굳어 있어서 더 이상 뜻대로 움직이지 않았다. 그래서 그는 이빨로 바람 빼는 줄을 잡아당겼다. 기구는 하강했다. 글레이셔는 무사했으나, 새장 속 비둘기는 그보다 운이 없었다.

글레이셔는 다른 사람들에게도 기구 비행을 소개했다. 한번은 캡티브(Captive)라는 이름의 기구에 28명의 승객을 태우고 하늘로 올라간 적이 있었다. 캡티브는 610미터 길이의 줄로 지상에 고정되어 있었다. 한 설명에 따르면, 당시 풍속은 시속 96킬로미터였다. 보퍼트가 1831년에 만든 풍력 계급에서 이런 바람은 큰센바람(strong gale)보다는 한 단계 위이고 왕바람(storm)보다는 한 단계 아래인 노대바람(whole gale)에 해당한다. 어느 정도 과장이 있었다고 해도, 신중한 기구 조종사가 허용할 수 있는 범위를 벗어나는 풍속이었다.

탑승객 중 한 사람은 이 비행에 대해서 이렇게 썼다. "강한 바람이 밧줄 사이로 지나가면서 날카로운 소리를 냈고, 기구는 옆으로 눕다시피 했으며, 곤돌라는 심하게 흔들렸다." 다른 탑승객의 증언에 따르면, 글레이셔는 바람이 무섭게 휘몰아쳐도, 곤돌라가 28명의 탑승객을 태운 채 마구 흔들려도 전혀 개의치 않았다. 또다른 탑승객의 말에 따르면, 그의 눈은 그의 장비에만 고정되어 있었다. 글레이셔의 행동이 용감한 것인지, 어리석은 것이지, 자살 행위나 다름없는 것인지에 대한 평가는 각자의 판단에 맡기겠다.

글레이셔는 기구 비행을 통해서 지상의 풍속이 높은 상공의 풍속과 다를 수도 있다는 것을 알아냈다. 바람의 방향도 다를 수 있었다. "비행을 할 때마다 거의 항상 서로 다른 방향의 기류들이 기구에 영향을 미쳤다. 때로는 같은 비행을 하는 동안에도 고도에 따라서 완전히 정반대 방향의 기류가 나타나기도 했고, 적어도 한 번은 서로 다른 방향으로 움직이는 서너 개의 기류가 만나기도 했다." 글레이셔는 벤저민 프랭클린이 폭풍의 움직임에서 보았던 것을 기구에서 관찰했다.

글레이셔가 팔순을 훌쩍 넘겼을 때인 1896년이 되자, 무인 기상관측 기구의 기여 덕분에 대류권계면과 성층권이 발견되었다. 지표면에서 8-16킬로미터 높이에 위치한 이 대기층에서는 일반적으로 생각하는 날씨 변화가 일어나지 않는다. 대류권계면에서는 수증기가 사라지고 기온

이 안정된다. 고도가 올라가도 더 이상은 기온이 떨어지지 않는다. 상승 기류와 하강 기류도 사라진다. 대류권계면과 성층권 하층부는 민간 제트 여객기가 운항하기 좋은 고도이다. 이 고도에서는 안전띠 착용 안내등이 꺼지고 승객들은 비행기 내부를 돌아다녀도 된다.

오늘날 기상학자들은 매일 약 1,600개의 기상 관측용 기구를 띄운다. 초기의 기구들은 기구가 다시 지상으로 돌아와야만 유용한 정보를 얻을 수 있었지만, 현대의 기구들은 이와 달리 끊임없이 지상으로 정보를 전송한다.

이보다 더 많은 정보를 전송하는 것은 민간 여객기이다. 알래스카 에어라인, 델타, 유나이티드, 에어 프랑스, 루프트한자, 젯스타, 콴타스 같은 사실상 거의 모든 유명 항공사들이 관측 지원 선박 프로그램과 유사한 체계를 통해서 정보를 공유한다. 이 체계는 항공기 기상 관측 자료 중계(Aircraft Meteorological Data Relay), 줄여서 AMDAR이라고 부른다. 선박을 이용한 자매 프로그램과 마찬가지로, 이 프로그램도 세계 기상기구에서 운용한다.

79쪽 분량의 AMDAR 설명서는 글상자 속에 들어 있는 세 줄짜리 문장으로 시작한다. 제임스 보즈웰이 1791년에 쓴 전기인 『새뮤얼 존슨의 생애(*The Life of Samuel Johnson*)』에서 인용한 이 문장은 다음과 같다. "지식에는 두 종류가 있다. 대상 그 자체를 알고 있거나 그것에 대한 정보를 어디서 찾을 수 있는지를 알고 있는 것이다." 항공기에서 정보를 수집하는 AMDAR에는 날마다 30만 건의 관측 자료가 쏟아진다.

그래도 더 많은 양의 정보를 지구로 보내는 것은 역시 인공위성이다. 최초의 기상위성인 뱅가드 2호는 직경이 50센티미터에 불과한 반짝이는 구형 위성으로, 1959년 2월 17일에 발사되었다. 뱅가드 2호 이전의 많은 인공위성들은 발사대에서 화염에 휩싸이거나 궤도에 오르지도 못하고 추락했다.

뱅가드 2호에 탑재된 장치들 중에서 가장 눈에 띄는 것은 두 대의 광학 주사장치(optical scanner)였다. 각각의 장치는 태양전지에 초점을 맞춘 작은 망원경이나 마찬가지였다. 태양전지에 빛이 닿으면 전류가 흘렀다. 작은 뱅가드 2호가 지구 주위를 회전하는 동안, 광학 주사장치는 구름과 육지와 바다를 보았다. 구름은 육지에 비해서 더 많은 빛을 반사하고 더 많은 전류를 만들었다. 육지는 바다에 비해서 더 많은 빛을 반사하고 더 많은 전류를 생산했다. 뱅가드 2호는 테이프에 그 자료를 기록했고, 테이프에 담긴 내용은 수시로 지구로 전송되었다. 그 다음에는 테이프를 되감아서 다시 사용했다. 다시 말해서 뱅가드 2호는 관리자들에게 구름의 양을 알려준 것이다.

뱅가드 2호는 여전히 궤도에 남아 있지만 더 이상 자료를 전송하지는 않는다. 이제는 임무를 다 하고 유기된 우주 쓰레기에 불과하다. 별 일이 없다면, 가령 뱅가드 2호가 다른 우주 쓰레기와 충돌을 하지 않는다면, 이 인공위성은 앞으로 3세기 동안 계속 그 궤도에서 조용히 빛을 내고 있을 것이다. 하늘의 유령선인 셈이다.

뱅가드 2호가 발사된 지 13개월 후인 1960년 4월 1일 만우절에는 TIROS 1호가 궤도에 올랐다. TIROS 1호는 너비 106센티미터, 높이 56센티미터였고, 지구에서의 무게는 128킬로그램이었다. 신문 기사에서는 TIROS 1호를 "작은 달(moonlet)"이라고 불렀다. 이 인공위성에 실린 것은 태양전지 정도가 아니었다. 텔레비전 적외선 관측위성(Television Infrared Observation Satellite)의 약자인 TIROS라는 이름에서 짐작할 수 있듯이, TIROS 1호에는 텔레비전 카메라도 실려 있었다. TIROS 1호는 77일 동안 작동하면서, 1만9,389장의 흑백 구름 사진을 지구로 전송했다. 공기의 운동인 바람은 이런 구름의 형태와 시간에 따른 움직임

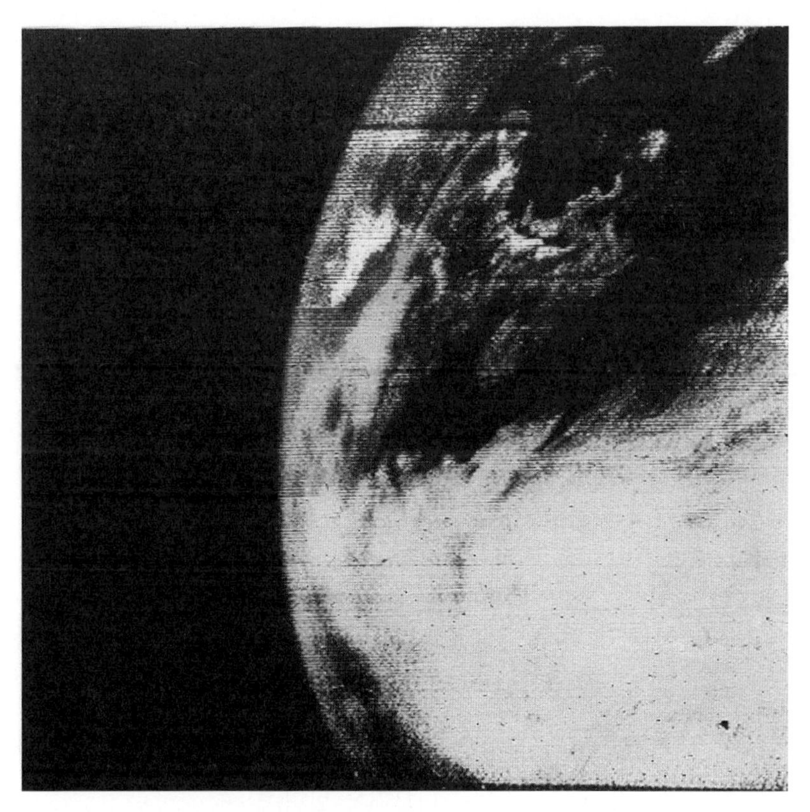

NASA가 공개한 1960년 4월 1일에 TIROS 1호 위성이 찍은 사진.

을 통해서 알 수 있었다. 에스피와 레드필드 같은 사람들이 논쟁을 벌였던 구름의 유형들이 흑백 이미지로 나타났다.

TIROS 1호가 발사되고 얼마 지나지 않아서, 미국 기상국의 대표 기상학자인 해리 웩슬러는 TIROS 1호가 "우주 기상 관측소의 실현 가능성을 확립했고, 여기에는 의심의 여지가 없다"고 말했다.

그후 몇 년에 걸쳐서 9대의 TIROS 인공위성이 더 궤도에 올랐다. 1966년이 되자, 하나의 기상위성에만 의존하던 접근법은 기상위성 체계를 이용해서 일기예보관들에게 지속적으로 정보를 제공하는 방식으로 바뀌어가고 있었다. 이런 체계로는 님버스, ESSA, ITOS, GOES가 있었다. 얼마 지나지 않아, 기상위성은 환경위성으로 발전했다. 지구 관측 체계인 환경위성은 뒤를 돌아보기 위해서, 정확히 무슨 일이 일어나고 있었는지를 아래에 있는 사람들에게 알려주기 위해서 우주 공간으로 쏘아 올려졌다. 현재 남극과 북극에는 극궤도 위성이 선회하고 있다. 정지궤도 위성은 지구의 자전 속도와 같은 속도로 공전하기 때문에 지구에 있는 관측자의 시점에서는 매일 밤하늘의 같은 지점에 있는 것처럼 보인다. 정지 위성도 있다. 특별한 종류의 정지궤도 위성인 정지 위성은 적도에 있는 고정된 한 지점에 계속 떠 있다. 이 위성은 지표면에서 3만 5,785킬로미터 높이에 있는 바람 한 점 없는 우주 공간에서 시속 1만 1,100킬로미터가 조금 안 되는 속도로 순항 중이다. 기상 체계는 하루도 빠짐없이 24시간 동안 관찰되고 있다.

1987년이 되자, 위성 기술은 우주 공간에서 지상풍의 속도를 측정하는 것이 가능할 정도로 발달했다. 오늘날, 일각에서는 선박과 기상 관측 부표에서 수집되는 지상풍 측정 값의 주된 역할이 위성에서 측정된 값을 보정하는 것이라는 주장이 나오기도 한다.

위성에서 풍속을 결정하는 방식은 한때 피츠로이가 풍속을 결정했던 방식과 흡사하다. 다윈을 태우고 전 세계를 항해했던 비글 호의 선장이었을 때, 피츠로이는 보퍼트 풍력 계급을 이용한 풍속 대신 바다의 상태를 기록했다. 움직이는 배에서는 풍속 자체를 정확하게 측정할 수 없기 때문이었다. 오늘날의 인공위성도 해수면의 상태를 기반으로 전 세계 대양의 풍속을 측정하는데, 이 방식은 1973년에 스카이랩(Skylab) 우주 정거장에서 시험되었다. 인공위성에 있는 산란계(scatterometer)에서 펄스(pulse)의 형태로 방출하는 마이크로 파는 잔잔한 바다보다는 거친 바다일 때에 다양하게 반사된다. 인공위성은 반사되는 마이크로 파를 감지해서 풍속을 계산하는 정보로 활용한다. 만약 피츠로이와 보퍼트가 오늘날에도 살아 있었다면 이 소식에 미소를 지었을 것이다.

이 모든 이야기의 시작은 빌헬름 비에르크네스라는 노르웨이 사람에게로 거슬러올라간다. 1904년에 비에르크네스는 오늘의 날씨에 관한 지식과 리처드슨에 의해서 더욱 발전하게 될 대기의 작동 이론을 결합시키는 수단을 제안함으로써, 세계 최초의 현대적 일기예보인 수치 일기예보의 시작을 이끌었다. 비에르크네스의 제안은 모든 정보의 활용방식을 지적했다. 당시까지만 해도 날씨 정보는 전신망을 통해서 들어오고 있었다. 그의 제안은 100년이 흐른 오늘날에도 여전히 유효하다. 오늘날에는 선박과 부표와 항공기와 위성을 통해서 상상을 초월하는 엄청난 양의 자료가 끊임없이 흘러들어온다. 이런 정보는 내일의 날씨를 오늘 알고자 하는 모든 사람들에게 대단히 유용하고도 요긴하다. 그러나 동시에 장기적인 예보라는 목적을 위해서는 완전히 불충분한 것으로 드러났다.

제5장

수치

동이 트기 전, 10노트의 겉보기 바람이 불고 로시난테 호는 5노트의 속도로 플로리다를 향하고 있다. 우리는 수심을 측정한다. 1주일도 넘은 시간 만에 처음으로, 우리의 측심기(depth sounder)가 바닥의 깊이를 알아보는 것이다.

초음파가 발명되기 전, 그리 오래되지 않은 옛날에는 납줄(lead line)을 이용해서 수심을 측정했다. 선원들은 납추가 달린 가느다란 밧줄을 배의 옆면에서 바다로 던졌다. 납추가 바닥에 닿는 것이 느껴지면 바다의 깊이가 측정된 것이다. 밧줄에 표시된 선은 깊이를 나타냈다. 어떤 배가 수심을 측정한다는 것은 해안이 나타나기를 기다린다는 뜻이었다.

수심을 측정한다는 뜻의 영어 표현인 making sounding은 소리(sound)와는 전혀 관계가 없다. 추측컨대 롱아일랜드 사운드나 퓨젓 사운드처럼, "물"이나 "바다"를 뜻하는 고대 영어 단어인 "sund"에서 유래했을 것이다. 오늘날 물의 깊이를 탐지할 때에 소리의 파동을 이용하는 것은 우연일 뿐이다. "깊이 측정(sounding the depths)"에서의 "sound"가 소리라는 "sound"와 같은 소리가 난다는 사실은 "초음파 측심기로 측정한 수심(the sound made by the depth sounder)"처럼 우발적인 일일 뿐이다.

루이스 프라이 리처드슨은 초음파 탐지장치의 개발에 공헌한 초기 인물들 중 한 사람이었다. 그가 수치 일기예보에 관한 생각을 발표한 것은 그로부터 10년 뒤의 일이지만, 타이타닉 호가 빙산에 부딪힌 해인 1912년에도 그는 기상학에 관심이 있었다. 얼마 후, 같은 해인 1912년에 리처드슨은 영국 특허번호 제11125번, "바다에서 전체 혹은 부분적으로 수중에 있는 큰 물체의 접근을 선박에 알리기 위한 장치"에 대한 특허를 신청했다. 반향(反響)을 이용한 수심 측정은 새로운 발상은 아니었다. 그러나 리처드슨은 더 짧은 파장의 장점을 인식하고 기존의 방법을 개선했다. 특히 파장이 1.9센티미터인 파동은 물속에서 충분히 먼 거리를 통과할 수 있으면서도 상당히 해상도가 높은 반향을 보낼 수 있었다.

선원의 납줄은 수중 음파 탐지기(sonar)처럼 해저의 깊이를 알아낸다. 그러나 수중 음파 탐지기와 달리, 납줄은 줄에 매달린 납추의 끝에 바른 약간의 밀랍 덕분에 해저의 물질을 물 밖으로 가지고 나올 수 있다. 선원들은 이 밀랍을 자세히 관찰해서 배가 항해하고 있는 곳의 해저가 모래인지, 진흙인지, 바위인지를 알 수 있었다. 깊이와 해저의 유형, 이 두 가지 정보는 항해 중인 선원에게 도움을 줄 수도 있다. 바다에서 배의 위치에 관해서 어느 정도 경험에 의한 추측은 가능하게 해주기 때문이다.

우리 배의 측심기는 수심만 알려준다. 그러나 같은 계기판에는 위성과 연결된 해도 플로터가 있어서 현재의 위도와 경도를 몇 미터 범위 이내로 알려준다. 나의 위치 추정에는 대단히 고등한 기술이 이용된다. 이 기술은 바다에 떠 있는 한 척의 배를 위한 것으로는 우스꽝스러울 정도로 정밀하다.

갑자기 바람의 방향이 동쪽으로 바뀌었다. 우리는 샬럿 항에 닻을 내리기를 기대했지만, 방향이 북쪽으로 틀어진다. 우리의 목적지는 베니스이다. 이 정도의 바람이면 해질녘이 되기 전에 베니스의 방파제에 닿을 것이다.

수평선 너머로 보이는 희미한 빛과 함께, 우리는 항해 박명(nautical twilight)이라는 시기로 접어든다. 항해 박명은 수평선은 보이지만 하늘에는 아직 별이 빛나고 있는 시간을 말한다. 오래 전에는 이 시간이 되면 항해사들이 육분의(sextant)를 들고 수평선과 특정 별 사이의 각도를 측정했다. 항해 박명의 바로 뒤에는 시민 박명(civil twilight)이 찾아온다. 일출 바로 직전인 이 시기에는 바다 위에 있는 물체들을 볼 수 있다.

우리는 어슴푸레한 수평선을 향해 나아간다. 우리가 가는 방향 쪽으로 저 멀리 앞에 빛이 반짝이는 것이 보인다. 가까이 가서 보니 깊은 물에 떠 있는 부표이다.

30분이 지났다. 항해 박명은 시민 박명에 길을 내어준다. 나는 로시난테 호와 함께 밝아오는 아침 햇살 속에서 파도를 느낀다. 반짝이는 빛의 바로 앞까지 다가가자 부표의 형태가 정확히 분간된다. 원반 위에 탑이 우뚝 서 있는 기상 관측 부표이다. 사람 키의 두 배 정도 높이인 이 부표는 밤이나 낮이나, 날이 궂을 때나 맑을 때나 아무도 없이 홀로 이곳을 지킨다. 파도를 응시하는 사람도 없고, 선교를 서성이는 사람도 없고, 육지를 그리워하는 사람도 없다.

≈

오늘날에는 일기도를 흔히 볼 수 있다. 신문에서 볼 수 있는 가장 일반적인 지도인 일기도는 정치적 경계, 분쟁 지역, 범죄 현장, 선거구를 나타내는 지도보다 훨씬 더 자주 눈에 띈다. 같은 기압을 연결하는 선인 등압선의 의미, 움직이는 전선을 나타내는 선들과 기호들의 연관성 같은 기본 지식을 갖춘 사람들이 볼 때, 오늘날의 일기도는 같은 크기의 지면에 글로만 설명된 것보다 상황을 훨씬 더 정확하게 포착할 수 있게 해준다. 일기도는 정보를 통합한다. 전문가의 안목으로 일기도를 볼 수 있는 숙련된 사용자는 그 순간 어느 한 곳의 날씨뿐만 아니라 전체적인 날씨의 형세를 한 눈에 이해할 수 있다. 한두 개의 뉴런을 사용해서 이루어지는 직관적인 단기 일기예보를 구체화하기 위해서는 기본적으로 깨달아야 하는 것들이 있다. 북반구에서는 공기 덩어리가 오른쪽으로 호를 그리면서 저기압 쪽으로 움직인다는 것, 어떤 계는 명백한 경로를 따라 움직이며 그 경로를 따라 계속된다는 것, 화창하고 산들바람이 부는 현재의 상황이 이를테면 한랭 전선의 위협으로 비와 강한 돌풍으로 바뀐다는 것 따위를 깨달아야 한다.

신문, 텔레비전, 인터넷에서 볼 수 있는 대부분의 일기도는 더 정확히 말하자면 종관(synoptic) 일기도이다. "synoptic"이라는 단어는 "동시에" 또는 말 그대로 "함께 본다"는 뜻의 그리스어에서 유래했다. 이 단어는 "전체적인 모습" 또는 "종합적인 모습"이라는 의미로 해석될 수도 있다. 실제 측정을 토대로 했을 때, 전날의 날씨가 요약된 종관 일기도에는 다양한 위치의 기압과 풍속과 기온과 구름의 양을 나타내는 이상한 선들과 화살표들과 형상들과 수치들이 빼곡하게 들어차 있다.

그러나 일기도는 보기에만 복잡할 뿐이다. 실제 날씨에 비하면 엄청나게 단순하다.

오늘날의 종관 일기도는 수백 킬로미터 범위를 나타낼 수 있으며, 기상 현상을 그림으로 표현한다. 종관 일기도에 나타나는 전선과 온대 저기압과 날씨의 다른 특징들을 우리가 이해하기 시작한 것은 불과 1세기 전의 이야기이다.

일기예보의 확실한 시작점처럼 보이는 것은 순간 포착한 날씨인 현재 조건의 이해이다. 처음에는 이런 이해가 대기의 작용을 이해하기 위한 것으로만 보였다. 자신들이 처한 날씨밖에 모르는 사람들, 자신의 창문

밖에서 일어나는 일만 알던 사람들에게, 각지에 흩어져 있는 관측자들로부터 취합된 정보는 아주 유용했다. 1800년대 후반에 들어서는 이 정보들을 지도 위에 표시하는 혁신이 일어났는데, 분명히 생각지도 못했던 일이었을 것이다. 갑자기 사람들이 날씨뿐만 아니라 전체적인 날씨 체계까지도 한 눈에 볼 수 있게 되었다.

최초의 일기도는 빅토리아 시대의 과학계로부터 나왔으며, 과학계는 일기도의 대중식 매력의 가능성을 알아보았다. 1875년 4월 1일자 「타임스」에 실린 최초의 일간지 일기도에는 아일랜드와 영국, 노르웨이, 덴마크, 독일, 프랑스 일부가 표시되었다. 런던의 날씨는 "흐림"에 기온은 화씨 45도(섭씨 7도)였다. 함부르크의 날씨는 "매우 흐림"이었고 더 추웠다. 파리는 하늘이 맑았다.

대중적 매력에도 불구하고, 신문에서 일기도는 1900년대 초반까지는 산발적으로 실렸다. 많은 신문들이 일기도를 전혀 싣지 않았고, 일부 신문은 관심이 시들해지기 전까지만 일기도를 실었다. 인쇄업자들에게 글은 각각의 활자들을 배열해서 활판을 만들 수 있었지만, 지도를 포함한 그림은 경우가 완전히 달랐다. 19세기에는 신문에 일기도가 인쇄될 즈음이 되면 그 날씨는 이미 지난 뉴스가 되었다.

오늘날에는 스마트폰과 텔레비전과 컴퓨터에 일기도가 넘쳐난다. 애니메이션으로 제작된 일기도도 있다. 이런 상황에서 19세기에 겪었던 지도 인쇄의 어려움은 잘 상상이 되지 않는다. 이를테면, 19세기 말 영국의 신문에 실리는 일기도의 제작 과정을 살펴보자. 오전 10시가 되면 50곳의 관측소에 있는 관측자들이 아침에 관측한 결과를 전신을 통해서 런던으로 보냈다. 전용 회선을 통해서 이 자료를 받는 기상국은 두 장의 지도를 손으로 직접 그렸다. 한 장은 내부에서 이용하는 지도였고, 한 장은 인쇄를 위한 단순화된 지도였다. 인쇄용 지도는 전령을 통해서 특허 활자 주조 회사에 전달되었다. 그곳에서 판화가는 지도 위에 나타난 바람의 방향을 나타내는 화살표와 같은 기압을 나타내는 선들과 같은 기온을 나타내는 선들을 베꼈다. 그 다음 판화가는 숙련된 손길과 안목으로 형판에 송곳으로 조각을 했다. 조각된 형판은 인쇄기로 인쇄할 때 필요한 선이 도드라진 금속 인쇄판으로 쓰일 수 있는 틀이 되었다. 전령은 이 판을 들고 인쇄소로 뛰어갔다.

기상국의 국장은 "하루 한 번 받는" 보고와 인쇄소에 보낼 때의 지연에 불만을 나타냈다. 그는 전날 아침의 일기도가 실리는 조간신문은 전혀 쓸모가 없다는 생각을 내비쳤다.

대서양 건너편, 미국에서는 전역에 흩어져 있는 정부의 기상 사무소에서 개별적으로 일기도를 발행해서 지역의 기업과 관공서와 학교에 보냈다. 1891년에는 100만 장이 넘는 일기도가 보내졌는데, 이 일기도는 처음에는 지역의 기상 사무소에서 그렸고 나중에는 인쇄되었다. 세기가 바뀌자, 이 숫자는 500만 장 이상으로 증가했다.

의회는 비용을 문제 삼았다. 비용 절감을 위해서 워싱턴 DC 기상국에서 보낸 한 장의 지도를 신문에서 볼 수 있게 했다. 신문은 인쇄비용을 지불했다. 1910년 3월 1일, 『미니애폴리스 저널(*Minneapolis Journal*)』에는 최초의 "상업적 일기도"라고 불리는 일기도가 실렸다. 넉 달 후에는 45개 도시에서 발행되는 65종의 조간신문에 매일 일기도가 실렸다. 1912년이 되자, 147종의 신문이 91개 도시에 사는 300만 명 이상의 독자들에게 일기도를 제공했다.

워싱턴에 있는 기상국과 다른 도시에 있는 주요 신문사들 사이의 거리도 문제가 되었다. 전령이 그림에서 판화가의 조각을 거쳐서 인쇄소까지 이동하는 경로를 충분히 빨리 움직이는 것도 무리였다. 그래서 택한 방식이 전신을 통해서 판화가에게 전달할 수 있는 암호 좌표(coded grid)

방식이었다. 말하자면 번호 지정 채색화(paint-by-numbers)와 비슷한 방식으로 뉴욕에 있는 화가에게 정보를 제공함으로써 지도를 그리게 한 것이다. 도시마다 각기 다른 판화가들이 각기 다른 신문을 위해서 판화를 만들었다. 비용도 많이 들었다.

이런 옛 일기도는 얼핏 보면 오늘날의 일기도와 비슷하게 보인다. 기온과 기압과 풍향을 표시하는 화살표가 주(州) 경계선과 함께 나타난다. 그러나 다시 들여다보면 무엇인가 빠진 것이 있다. 제1차 세계대전 이전에는 한랭전선이나 온난전선이 없었다.

전선(前線, front)이 없는 까닭은 지도 제작자가 의도적으로 누락했기 때문이 아니었다. 인쇄기술의 상태를 반영하는 것도 아니었다. 제1차 세계대전이 발발했을 당시의 기상학자들 사이에는 전선이라는 개념이 없었기 때문이다. 전선이라는 측면에서 날씨를 이해하고 연구한 사람들은 빌헬름 비에르크네스와 그의 아들과 제자들이었다. 비에르크네스의 연구는 루이스 프라이 리처드슨이 제1차 세계대전의 전장에서 추구했던 수치 일기예보를 이끌었을 뿐만 아니라, 전선을 지도 위에 등장시키기도 했다. 이 두 접근법은 서로 완전히 다르지만 미래의 바람을 이해하는 데에 대단히 유용했다.

≈

멕시코 만으로 길게 뻗어 나와 있는 플로리다 베니스의 방파제는 뱃사람들에게 얕은 곳을 통과하는 수로를 제공한다. 이 수로에서는 해변의 모래 위에 쌓여 있는 바위들이 양쪽에서 파도를 막아준다. 오후에 네 시 방향에서 부두가 시야에 들어오자, 우리는 로시난테 호의 돛을 내리고 동력 운항에 들어간다. 이 수로에는 우리와 함께 배스 보트(bass boat : 배스 낚시 전용으로 설계된 쾌속정/옮긴이) 여러 척, 동력 요트 한 척, 저인망 어선 한 척도 있다.

방파제를 따라 늘어서 있는 의자에는 나이 지긋한 할아버지, 할머니들이 앉아서 오가는 배들을 바라본다. 그들이 손을 흔든다. 그들은 우리가 지난 열흘 동안 해안에서 멀리 떨어져 있었다는 것을 알 길이 없을 것이다. 우리가 온수 샤워를 얼마나 그리워했는지, 입항과 함께 찾아올 마음의 평화를 얼마나 기다렸는지, 또 목적지는 멕시코였지만 항로를 벗어나는 바람에 대신 은퇴자들의 메카인 이곳에 도착했다는 사실도 모를 것이다. 이곳에서 사는 사람들은 빌헬름 비에르크네스를 직접 보았을 수도 있을 만큼 나이가 많으며, 그의 생각이 가져온 변화 속에서 살아왔다.

그들이 손을 흔들고, 나도 답례로 손을 흔든다.

로시난테 호는 바다 경험이 없는 풋내기 선원들과 함께 갤버스턴에서부터 항해를 했다. 우리는 여전히 초짜이고 풋내기이지만, 신기하게도 열흘 동안 바다 위에서 이런저런 일들을 겪으면서 다른 사람이 되었다. 우리는 뱃사람이다. 여기 이 항구에서, 우리는 침입자이다.

우리는 엔진을 켜고 방파제에서 5분 거리에 있는 작은 계류장에 접근한다. 좁은 계류장에서 로시난테 호를 조종하는 일은 협상이다. 나는 부드럽게 속도를 줄여서 아무 데에도 부딪히지 않고 멈추고 싶지만, 배 자체와 회전하는 프로펠러와 물의 흐름과 바람은 모두 저마다의 방식이 있다. 우리는 천천히 접근한다. 내 공동 선장은 부두에서 일하는 사람들에게 계류줄을 던진다. 나는 계류장에 딱 들어갈 수 있도록 충분히 후진한다. 몇 초 안에 선수와 선미에 연결된 줄이 단단히 고정된다. 나는 엔진을 끈다. 우리는 아무것에도 부딪히지 않았고 아무것도 망가뜨리지 않았다. 실상을 모르는 구경꾼은 우리가 이 일에 능숙하다고 생각할지도 모른다.

≈

빌헬름 비에르크네스는 1862년에 태어났다. 그해는 달의 위치를 토대로 일기예보를 하는 방법을 소개한 색스비의 『날씨 예언 : 새롭게 발견된 달에 의한 날씨 체계에 관한 설명』이 출간된 해였다. 그로부터 3년 후, 로버트 피츠로이가 자살했다. 다시 20년 후, 일기예보는 여전히 경험과 직감의 문제로 남아 있었다.

젊은 비에르크네스는 유체동역학에 관한 그의 아버지의 이론적 예측을 확인하기 위한 실험을 하고 있었다. 이들 부자는 유체 매질인 에테르(ether)에 관해서 생각하고 있었는데, 이들은 에테르가 행성과 항성 사이에서 빛과 자기력의 이동을 일으킨다고 믿었다. 바다에서 수면 위에 나타난 교란을 보고 다른 배가 지나간 흔적을 확인하듯이, 행성에서는 에테르의 교란을 통해서 다른 행성의 영향을 감지한다는 것이다. 19세기의 위대한 지성들 사이에서는 대체로 에테르의 존재가 받아들여졌다. 당시는 우주 공간이 거의 텅 비어 있다는 것이 밝혀지기 전이었고, 아인슈타인의 대단히 특별한 천재성이 드러나기 전이었다. 에테르는 마찰이 없고 신비스러운 대단히 희귀한 기체의 일종이라고 생각되었다. 하지만 사실 에테르는 과학자들의 상상 속에만 존재하는 기체였다. 그런데 이 상상의 유체에 쓰임새가 있었다. 비에르크네스를 유체동역학으로 이끈 것, 궁극적으로 대기와 날씨에 대한 새로운 이해로 이끈 것이 다름 아닌 이 상상의 유체였다.

모든 과학자들과 마찬가지로, 비에르크네스도 동료와 선배들로부터 영향을 받았다. 저명한 독일의 과학자인 헤르만 폰 헬름홀츠도 그중 한 사람이었다. 헬름홀츠는 에테르 흐름에 관한 연구의 권위자였지만, 상상의 유체에 대한 비에르크네스의 생각을 어떤 한계에 가두지는 못했다. 비에르크네스는 날씨에도 관심이 있었다. 그는 대기를 설명하는 이론들을 낙관적인 시각으로 보지 않았다. 그는 바람과 거기에 동반되는 비를 "가장 기만적으로 변하며 법칙의 테두리 안에 가두려는 어떤 시도도 회피하는 자연현상의 하나"라고 생각했다. 비에르크네스는 1884년에 날씨에 대한 그의 관점을 요약하면서 오늘날에도 남아 있는 동요의 한 소절을 인용했다. "Es regnet wenn es regnen will, es regnet seinen Lauf, und wenn's genug geregnet hat, so hört es wieder auf." 노랫말의 뜻은 다음과 같다. "비는 언제든지 내킬 때마다 오다가 알아서 저절로 그친다. 아주 오래 비가 올 때에도 비는 또 그칠 것이다."

과학자들은 날씨가 제멋대로 굴지 않기를 바랐다. 또 한편으로는 공기의 운동을 관장하는 법칙을 이해하게 되기를 바랐다. 물리법칙이 없이는 날씨가 납득이 될 수 없었다.

세기가 바뀔 무렵에 비에르크네스는 유체 속의 소용돌이에 관해서 골몰하고 있었다. 그는 공기, 즉 대기 중에 있는 회오리바람과 사이클론이 아니라 어디에나 있지만 볼 수는 없는 가장 완벽한 유체인 에테르 속에 있는 회오리바람을 생각했다. 텅 빈 우주 공간에서 빛과 자기력을 전달할 수 있다고 믿어졌던 이 보이지 않는 물질은 그의 아버지에게 명성을 가져다주었고 그 자신의 삶도 형성했다.

한동안 이 완벽한 유체에서는 소용돌이가 생길 수 없고, 혹시 소용돌이가 존재하더라도 영원히 회전할 것이라고 인식되었다. 이 분야 전체는 수학적 사고라는 구름 속에서 살고 있는 과학자들과 이론가들의 놀이터였다. 머릿속으로 진짜 구름을 떠올린 과학자들인 기상학자들에게 이런 추상적인 분야는 별로 흥미가 없었다. 이들에게는 진짜 유체의 작용으로 생기는 소용돌이가 있었고, 이 소용돌이는 영원히 회전하지 않았다. 대기에서는 소용돌이가 나타났다가 사라졌다. 어떤 것은 직경이 몇 미터에 불과했고, 어떤 것은 한 지역을 전부 뒤덮을 정도로 컸다. 어떤 것은 빠르게 회전했고, 어떤 것은 느리게 회전했다. 어떤 것은 약했고, 어떤 것은 거친 선원들이 무릎을 꿇고 필사적인 기도를 하게 만들었다. 회오리바람, 토네이도, 사이클론 같은 대기의 온갖 소용돌이들은 생성되고 소멸되었다. 이런 소용돌이들은 혼란스러울 정도로 빈번하게, 어떤 규칙성도 없이 나타났다가 사라졌다.

그러나 비에르크네스는 훗날 그의 일반화 순환 정리(generalized circulation theorem)로 알려지게 되는 것을 고심하는 동안에는 대기에 관한 생각을 하지 않고 있었다. 그는 에테르 속에서 일어나는 전자기(電磁氣) 현상의 이면에 있는 수학을 밝혀낼 수 있기를 바랐다. 그는 연구를 통해서 순전히 수학적인 측면에서 소용돌이가 형성되는 것을 보게 되었다. 그가 보았던 그 소용돌이들은 그곳에 있어서는 안 되었다. 그 소용돌이들은 헬름홀츠와 켈빈 경 같은 유명한 선배 과학자들의 초기 연구를 부정하는 결과였다. 그러나 그곳에는 소용돌이가 수학적으로 존재하고 있었다. 마치 대기 중에 소용돌이가 존재하는 것처럼 말이다.

비에르크네스는 1897년과 1898년에 스톡홀름 물리학회의 한 모임에서 그의 소용돌이에 관해서 이야기했다. 두 번째 회의에서는 에테르뿐만 아니라 대기에 관해서도 언급했다. 그는 자신의 연구가 실제 세계에서도 의미가 있을지 모른다는 것을 인식했다.

비에르크네스의 발언은 다른 발언을 불러왔다. 기상학자들은 이상적인 유체에서 일어날지도 모르는 일에는 딱히 관심이 없었지만, 실제 대기의 예측 불가능한 변화를 이해하는 데에 적용될 수 있을 것 같은 수학과 물리학에는 관심을 보였다. 이 생각들은 의견과 허세를 훨씬 뛰어넘었고, 패럴의 생각을 보완했으며, 하찮은 위치에 있던 기상학을 기술과 학으로 발전시킬 가능성이 있었다.

기상학자들은 그를 응원했다. 그는 논문들을 썼고, 더 많은 말들을 내놓았다. 1902년과 1903년에 잇달아 폭풍이 발생하자, 그는 자신의 생각을 더욱 발전시켜서 결국에는 그의 수학적 방법으로 날씨를 예측할 수 있다는 믿음을 표현했다.

1904년에 비에르크네스는 「수학과 물리학의 관점에서 바라본 일기예보의 문제」라는 제목의 7쪽짜리 논문을 발표했다. 이 논문은 현대적 일기예보의 탄생을 알렸다기보다는 그 탄생에 대한 기대를 알렸다. 말하자면 비에르크네스는 장차 탄생할 현대적 일기예보의 잉태를 알린 것이다.

그의 논문은 수식과 기호들로 범벅이 되어 있지 않았다. 원칙적으로, 그의 제안은 직설적이었다. 그 논문은 다음과 같이 시작되었다. "만약 어떤 과학자의 믿음처럼 대기가 물리법칙에 따라서 이전 상태에서 다음 상태로 진행한다는 것이 사실이라면, 기상학적 예측 문제의 합리적인 해결을 위한 필요조건과 충분조건은 다음과 같다는 점에 동의할 것이다. 1. 주어진 시간에서 대기의 상태를 충분히 정확하게 알아야 한다. 2. 대기가 한 상태에서 다른 상태로 변화하는 동안에 따르는 법칙을 충분히 정확하게 알아야 한다." 다시 말해서, 초기 조건을 이해해야 하고, 그 다음에 무엇이 올지를 설명하는 작동 이론이 있어야 한다는 뜻이다.

계속해서 그는 대기의 움직임을 포착할 수 있는 일곱 가지 계산이 있다고 말했다. 이 일곱 가지 계산은 유체역학의 운동방정식 셋, 연속방정식 하나, 상태방정식 하나, 마지막으로 "열역학의 기본 법칙"에서 유래한 두 가지 방정식이었다. 원칙적으로는 이 방정식들을 통해서 공기와 공기가 운반하는 수증기의 움직임을 따라가면서, 온도가 변할 때와 바람이 불 때, 즉 고기압에서 저기압으로 이동할 때에 공기의 변화를 추적할 수 있었다.

그의 글에는 지나친 자신감은 없었다. 그는 "우리의 불완전한 지식으로 인해서 중요한 요소들이 간과될 수 있다는 사실을 인정해야 할 것"이라고 썼다. 이를테면 그는 알려지지 않은 우주의 효과와 "전기적 특성과 광학적 특성"의 부수적 효과에 대한 가능성을 의심했다. 그에게는 수학이 일기예보라는 난제를 즉각적으로 해결해줄 것이라는 환상은 없었다. 그는 방식을 개선하기 위해서는 실제 날씨와 일기예보의 비교가 필요하다는 것을 알았다. 그리고 그 방식에는 현재의 조건, 즉 초기 조건에 대한 자료가 당시에 구할 수 있었던 것보다 더 많이 필요하다는 것도 알았다. 그의 논문에는 "단편적 지식"이나 "직감적이고 시각적인 판단" 같은 표현도 포함되었다. 그는 이 방정식으로는 완벽한 해를 구하는 것이 불가능하며 근사치에 가까운 해를 구하는 것도 극도로 어려울 것이라는 점도 알고 있었다.

그는 기상학에 관해서는 질적 판단과 경험을 완전히 버릴 준비가 되어 있지 않았다. 그는 아직까지는 수학에만 의존하고 싶지 않았다. 그의 제안은 "도해와 수치를 이용한 방법"의 활용이었다. 다시 말해서, 그는 저마다 장단점이 있는 두 가지 다른 도구인 일기도와 수학의 결합을 제안했다. 일기도는 현재 이곳에서 시작해서 조금씩 미래로 진행하는데, 이 진행은 어느 정도는 판단에 의존하고 어느 정도는 계산에 의존하는 것이다. 그는 이 방법이 "쉽게 시행 가능할" 것이라고 믿었다. 이 방법은 오늘날 당연하게 여기는 많은 것들을 이끌어냈으며, 전선의 중요성도 그중 하나였다.

만년의 비에르크네스는 이론물리학에서 날씨로 연구 분야를 바꾼 일을 이렇게 설명했다. 그는 "내게는 낯선 과학이었던 기상학 속으로 주제넘은 침입자처럼 들어갔다"고 썼다. 그러나 비에르크네스는 객관적 과학이라는 선물을 들고 움직이는 공기의 세계로 찾아온 뜻밖의 반가운 손님이었다.

≈

부두에서는 줄들이 부대끼는 소리와 철썩이는 파도 소리가 들린다. 열흘 만에 처음으로 자동차 소리도 들린다. 그리고 주의를 기울이면, 배에 매어진 줄들 사이로 공기가 움직이는 소리가 들린다. 귀가 밝고 예민한 사람은 쉽게 들을 수 있다.

갈매기 한 마리가 로시난테 호 옆의 부두에 내려앉는다. 나는 잠시 갈매기를 쳐다본다. 그러자 갈매기는 고개를 갸우뚱하며 어리둥절한 듯한 모습으로 나를 쳐다본다. 내가 적선을 할 만큼 좋은 사람인지 궁금해하는 것 같기도 하다. 갈매기는 노란 두 발을 모둠발로 콩콩 뛰면서 내게 다가온다. 날개를 펼치고 있는데, 날기 위해서가 아니라 균형을 잡기 위해서이다. 잠시 후, 흥미를 잃은 갈매기는 부두 가장자리로 뛰어가서 날개를 크게 활짝 펼치더니 옅은 바람을 맞으며 허공 속으로 뛰어든다. 갈매기는 몇 센티미터쯤 하강해서 거의 물을 스치고 다시 하늘로 날아오른다.

1970년대 베스트셀러인 『갈매기의 꿈(*Jonathan Livingston Seagull*)』의 세 번째 단락에서, 이 책의 주인공인 갈매기 조나단은 날개를 구부리고 바다 위를 높이 난다. 리처드 바크는 다음과 같이 썼다. "날개를 구부리는 것은 느린 속도로 날겠다는 뜻이다. 이제 조나단은 얼굴에 부딪히는 바람이 속삭임이 되고 발아래 펼쳐지는 바다가 정지해 있을 정도로 천천히 날고 있다."

무엇보다도 바크는 바람 속에 있는 새를 예리하게 관찰했다. 오빌과 윌버 라이트도 그랬다. 그들이 처음 비행을 했던 시기는 빌헬름 비에르크네스가 일기예보에 관한 생각을 처음 떠올렸던 시기와 일치한다. 1900년, 라이트 형제는 자신들의 비행 장치를 시험할 장소를 찾고 있었다. 시속 24킬로미터의 바람이 지속적으로 부는 곳을 원했던 그들은 정부의 날씨 기록을 탐색했다. 그들은 여러 곳에 문의 편지를 보냈다. 그러던 중, 윌리엄 J. 테이트라는 사람에게서 답장이 왔다. 편지에서 설명

키티호크에서 무인 비행을 했던 라이트 형제의 1900년 글라이더. 그로부터 3년 후, 라이트 형제는 최초의 동력 비행기를 만들었다. (사진 출처는 Library of Congress와 Wikimedia Commons)

한 장소는 "가로 세로가 각각 1.6킬로미터, 8킬로미터인 모래땅에 중심부의 높이가 24미터인 언덕이 있는데, 평탄한 바람의 흐름을 방해할 나무나 덤불이 없었다." 테이트의 편지에 따르면, 그곳의 바람은 "대개 시속 16-32킬로미터의 속도로" 지속적으로 불었다. 라이트 형제는 테이트와 미국 정부의 도움을 받아 고향인 오하이오에서 1,126킬로미터 떨어진 노스캐롤라이나의 키티호크를 찾았다.

키티호크에 도착한 윌버와 오빌은 새를 관찰했다. 그들이 특별히 관찰한 것은 새의 날개, 새가 날개를 기울이는 각도였다. 오빌은 그의 공책에 이렇게 적었다. "상반각(dihedral angle : 좌우 날개가 위로 올라가서 V자 모양을 이루는 날개/옮긴이)을 이용하는 말똥가리는 날개를 평평하게 하는 독수리와 매에 비해서 바람이 강할 때 균형을 유지하기가 훨씬 더 어렵다."

당시에는 고립되어 있던 키티호크 지역 사회의 이웃들은 새를 관찰하는 라이트 형제를 관찰했다. 한 이웃은 이렇게 썼다. "우리는 그들을 불쌍한 얼간이들이라고 생각할 수밖에 없었다. 그들은 몇 시간 동안 해변에 서서 갈매기들이 날고 솟구치고 급강하하는 모습만 쳐다보고 있었다." 이웃들의 이야기에 따르면, 라이트 형제는 양팔을 날개처럼 벌리고 움직였다.

키티호크에서에서 보낸 첫 해에 형제는 글라이더를 만지작거렸다. 처음에 무인 비행을 했던 글라이더는 연과 다소 비슷했다. 1900년 10월에 윌버는 최초의 유인 글라이더로 비행을 했다.

생활 터전인 자전거 가게가 있는 데이턴으로 돌아온 형제는 풍동(wind tunnel)을 만들었다. 그들이 만든 풍동은 양쪽이 트이고 한쪽 끝에 선풍기가 달린 1.8미터 길이의 상자에 불과했다. 그들은 이 장치에서 낡은 활톱 날로 만든 다양한 모양의 작은 날개들을 시험했다. 몇 주일 동안 이들은 풍속이 시속 43킬로미터에 달하는 작은 풍동 속에서 모두 38가지의 설계를 시험했다.

1903년, 이들은 다시 키티호크로 돌아갔다. 이번에는 엔진과 함께였다. 비에르크네스가 움직이는 공기의 과학에 관해서 이야기를 하던 그 해, 라이트 형제는 그 공기 속을 날고 있었다.

라이트 형제 최초의 동력 비행은 12초 동안 지속되었고, 오빌 라이트는 보잉 747기 동체 길이의 절반인 36미터를 날았다. 다행스럽게도 초기 비행은 모두 짧게 끝났다. 비행시간은 1분도 채 되지 않았고, 지면에 가깝게 날았다. 그러나 이런 비행을 시작으로, 동력 비행은 급속하게 진화했다. 1909년에는 비행기가 영국해협을 건넜다. 1911년에는 캘브레

라이트 형제의 풍동. 원본 사진은 1901년 무렵에 찍혔으나, NASA와 다른 사람들에 의해서 복제되었다.

이스 페리 로저스가 미국 전역을 이리저리 돌아다녔다. 그는 악천후를 피해 80시간 이상 하늘을 날아서 뉴욕의 롱아일랜드에서부터 캘리포니아의 패서디나까지 49일간의 여행을 했다. 키티호크에서 최초의 동력 비행에 성공한 지 딱 30년 후인 1933년에는 복엽기(biplane)가 지구상에서 가장 높은 산인 에베레스트 산의 정상 위를 날았다.

20세기로 향하던 그 시절에 일기예보에 대한 요구가 무엇이었든지 간에, 항공의 갑작스러운 등장으로 일기예보의 몸값이 올라갔다. 라이트 형제가 최초의 동력 비행을 시도한 지 불과 15년 후이자 최초의 대서양 횡단 비행이 이루어지기 1년 전인 1918년, 뉴욕에서 시카고까지 이미 운항 중이었던 우편 비행과 더불어 군용 비행을 지원하기 위해서 미국 기상국은 최초의 항공 일기예보를 발표했다.

1926년, 미국 의회는 항공 상업법을 통과시켰다. 무엇보다도 이 법은 "미국 내에서 항공 운항의 안전과 효율성을 고취하기 위한" 날씨의 예보와 경보를 제공하도록 기상국에 명령했다. 제한적이었던 초기 항공 일기예보는 거의 전적으로 지상에서 수집한 자료에만 의존했다. 1931년, 기상국은 시카고, 클리블랜드, 댈러스, 오마하에서 운항하는 비행기를 활용해서 높은 고도에서 정기적인 관측을 시작했다. 이런 노력은 대부분 미래 조건보다는 현재 조건의 묘사에 도움이 되었지만, 적어도 비행사들은 그곳에 어떤 바람이 불었는지를 알 수 있었을 것이다.

그 갈매기인지 아니면 그 갈매기를 쏙 빼닮은 다른 갈매기인지는 모르겠지만, 갈매기 한 마리가 이번에는 로시난테 호의 조종실 옆에 앉는다. 그리고 또 고개를 갸우뚱하고 나를 쳐다본다. 갈매기에게 표정이 있다면 그 표정은 호기심이다. 내가 다가가자 갈매기는 날개를 펼치고 바람을 타더니 허공 속으로 날아오른다.

나중에 나는 캘브레이스 페리 로저스의 죽음에 관해서 읽었다. 그는 동부 해안에서 서부 해안까지 최초로 미국을 횡단하는 비행을 했다. 그가 역사적인 비행을 한 지 1년이 채 되기도 전인 1912년에 캘리포니아 상공을 날고 있던 그의 비행기는 갈매기 떼와 충돌했다. 그로 인해서 비행기는 추락했고 로저스는 죽었다.

≈

비에르크네스는 자신의 생각을 알리는 일을 주저하지 않았다. 일기예보에 관한 그의 중요한 7쪽짜리 논문이 발표된 해이자, 라이트 형제가 최초의 동력 비행을 한 지 1년 후인 1904년에 비에르크네스는 노르웨이의 「아프텐포스텐(*Aftenposten*)」이라는 신문에 "날씨 예측과 그 개선 전망"

이라는 글을 기고했다. 이 글은 그의 논문보다 길이가 두 배 더 길었다. 이 글에서 그는 대중을 위해서 자신의 생각을 쉽게 풀었다. 말하자면 그는 자신의 생각을 홍보한 것이다. 그는 뭔가 새로운 것을 팔려는 사람처럼 자기소개로 시작했다. 그러고는 자신이 공유해야 하는 생각의 중요성을 독자들에게 납득시키기 위해서, 먼저 익숙한 것을 설명하고, 그 다음에는 익숙하지 않은 것으로 옮겨가고, 아무것도 일기예보의 길을 가로막지 못할 것이라고 독자들을 확신시키면서 글을 맺는다.

그는 자신이 일기예보 연구에서는 새내기라는 것을 독자들에게 알렸다. 그는 다른 과학자들을 언급하면서 다음과 같이 썼다. "그들이 나를 기상학으로 이끌었다고 말할 수 있을 것이다. 내 지식과 의지는 거의 없었다."

그는 자신의 연구가 중요하다는 점을 담아내기 위해서, 첫줄에는 인간은 앞으로 무슨 일이 생길지를 이해하고 싶어하는 욕구에 의해서 움직인다고 제안했다. 그는 "더 면밀한 검토를 한 뒤에는 미래에 대한 생각이 지식을 위한 우리의 분투 뒤로 모습을 감추고 있다"고 썼다. 학생들이 학교를 다니는 것은 자신의 결정이 자신의 미래와 사회의 미래에 어떤 영향을 미칠지를 더 잘 이해하기 위해서였다. 그의 말에 따르면, 의사가 하는 일은 미래의 건강 상태를 예측하는 것이었다. 사업가의 성공은 투자가 결국 어떤 수익을 가져올지를 이해하는 것에 달려 있었다. 심지어 역사학자들도 "과거에서 현재, 미래로 이어지는 끊임없는 발전"을 이해하기 위한 연구를 한다는 목표를 공유했다.

해양국가인 노르웨이의 독자들은 미래의 날씨, 즉 내일과 모레와 글피의 날씨를 맞출 수 있는 능력이 뱃사람에게 중요하다는 점을 잘 알고 있었을 것이다. 그러나 날씨는 농경에도 중요했을 것이다. 비에르크네스는 작고한 로버트 피츠로이를 언급하면서 그를 일기예보의 "첫 개척자"라고 칭했다.

그는 독자들이 이미 알고 있던 사실도 인정했다. 20세기 초반의 일기예보는 완벽하지 않았다. 기상 관측소는 충분히 일기도를 그릴 수 있을 만큼 많았고, 현대적인 전신 덕분에 관측소 간의 통신이 가능해졌다. 발전이 이루어지기는 했지만 그 속도는 느렸다. 노르웨이 일부를 포함한 어떤 지역의 일기예보관들은 미래 예측에 대해서 실질적인 희망을 품지 않았다. 그는 다음과 같이 썼다. "실제로 얻은 결과와 얻어져야 했던 결과 사이의 괴리감에 무기력해진 기상학자들은 한둘이 아니었을 것이다. 기상학자들은 쉼 없이 변화하는 성격을 가진 날씨 연구의 압박에 지쳐 있었다."

이런 무기력을 치유하기 위해서 그가 제안한 것은 "새로운 무기"였다. 그는 더 많은 기상 관측소의 필요성을 주장했다. 또 공중에서의 관측도 필요하다고 주장했다. 최근 발명된 계측용 기구뿐만 아니라 계측용 연도 활용해야 한다는 주장이었는데, 그중 일부는 이미 3.2킬로미터 이상의 고도를 날고 있었다. 무엇보다도 중요한 것은 수학과 물리 법칙의 적용이 필요하다는 주장이었다.

그로부터 1년 후, 비에르크네스는 그의 생각을 뉴욕과 워싱턴에서 설명했다. 훗날 그는 다음과 같이 썼다. "설명회는 미국인들의 관심을 끌었다. 아마도 대담함과 방대한 규모 때문인 것 같다." 아직 신생기관이던 카네기 연구소는 그의 발상의 중요성을 인식하고, 해마다 막대한 재정을 지원하는 형태로 그의 기상학 연구를 지원했다. 비에르크네스는 다음과 같이 썼다. "1906년부터 연간 보조금 덕분에 개인적으로 한 명 이상의 과학 조교를 둘 수 있었다. 그로 인해서 내 운명은 결정되었다."

그의 연구는 그를 독일로 이끌었다. 그의 생각은 독일에서 결실을 맺었다. 그는 친구에게 보내는 편지에 이렇게 썼다. "과학 연구에 관해 생각하면, 라이프치히에서 보낸 마지막 해가 특별히 도움이 되었네. 처음에 우리는 역학적 원리를 토대로 기상학적 예측을 위한 길을 향해 나아갔지. 이 연구가 현실적으로 얼마나 큰 중요성을 가질지에 대한 이야기를 하기는 아직 이르지만 말이네." 다시 말해서 그가 발전시킨 것은 관측과 이론의 결합이었다. 이 결합은 그가 "예측(prognosis)"이라고 말한 일기예보를 만들어냈다.

비에르크네스가 연구에 매진하는 동안, 유럽 각지의 충돌은 제1차 세계대전으로 발전하면서 독일에서의 생활과 연구가 불안정해졌다. 그는 전쟁 준비에 제자들을 잃은 뒤 노르웨이로 돌아왔다. 베르겐에 자리를 잡고 시작한 그의 연구는 베르겐 학파(Bergen School)로 발전했다. 그는 아래층에 살았고, 위층에서는 그와 그의 아들과 제자들과 동료들이 지도들을 놓고 날씨에 관해서 숙고했다.

노르웨이로 돌아온 첫 해가 끝나갈 무렵, 그는 친구에게 "우리는 역학 원리를 활용해서 예측 문제를 아주 잘 해결해가는 중일세"라고 쓴 편지 한 통을 보냈다. 이제 "역학 원리"는 다른 유체를 취급하는 기본 학설들처럼 대기를 다루는 기본 학설과 같은 의미로 이해되었다.

비에르크네스는 계속해서 다음과 같이 썼다. "어떤 지점까지는 아주 결과가 좋다네. 이상할 정도로 나의 오래된 순환 정리로 충분히 다 설명이 되는 것 같아. 어느 정도까지는 말일세. 그런데 다른 경로도 열려 있는 것처럼 보여. 어쨌든 경쟁은 바람직하네. 현실적인 뭔가에 이르는 길은 아직 멀리 있지만, 어찌 되었든지 대기 현상이 자연법칙에 따라 발달한다는 것이 밝혀진다면 그것으로 흡족하네."

그는 대기의 장난질을 제한하는 자연법칙을 훔볼츠 같은 선배 과학자들보다 잘 알았다. 어쨌든 대기도 자연법칙을 따랐다. 그러나 당시에는 비에르크네스 자신도 간과했을지 모르지만, 그의 편지에서 중요한 것은

"다른 경로"와 "현실적인 뭔가"였다.

그가 편지를 썼을 당시, 노르웨이인들은 전쟁으로 극심한 기아를 겪고 있었다. 그가 고향으로 돌아오기 1년 전인 1916년의 노르웨이 곡물 생산량은 전체 필요량의 절반에도 미치지 못했다. 전시에는 해상 운송이 어려워서 수입 식품의 값이 하늘 높은 줄 모르고 치솟았다. 1917년에도 수확량은 기대에 훨씬 못 미쳤다.

1918년 2월 13일, 비에르크네스는 농민들에게 전화로 일기예보를 제공하는 스웨덴의 일기예보 서비스에 관한 신문 기사를 우연히 접했다. 이 기사에 대한 반응으로, 노르웨이의 한 공무원은 노르웨이에서는 이런 제도가 운용될 수 없을 것이라고 주장했다. 비에르크네스는 동의하지 않았다. 운용이 가능할 뿐만 아니라, 그렇게 하는 것이 애국이라고 생각했다. 그는 단기적인 일기예보가 농민들에게 도움이 될 것이라는 점을 알았고, 농민을 돕는 것이 나라를 돕는 일이라는 점도 알았다. 그는 노르웨이 수상과 대화를 나누었다. 노르웨이 의회는 농민들을 위한 일기예보를 지원하기 위해서 비에르크네스에게 10만 크로네의 보조금을 제공했다.

비에르크네스는 친구에게 이렇게 썼다. "인생은 운명적이네. 이제 갑자기 나는 진짜 기상학자가 되어버렸어. 우리는 농사를 위한 일기예보를 제공하기 위해서 우리가 할 수 있는 모든 일을 다할 것이네."

≈

우리는 부두를 돌아다니면서 배를 탄 다른 사람들과 이야기를 한다. 대부분 주말을 맞아 나온 사람들이다. 동력 요트에 탄 두 사람은 "루퍼(Looper)"이다. 루퍼란 이들이 시카고를 출발해서 일리노이 강, 테네시-톰비그비 운하, 톰비그비 강을 거쳐서 앨라배마의 모빌 만으로 나온 다음, 플로리다 해안을 따라 베니스로 왔다는 뜻이다. 이들은 여기서부터 오키초비 호를 지나는 길로 플로리다를 횡단하고, 다시 북쪽으로 방향을 돌려서 마침내 운하를 따라서 오대호로 들어가서 다시 시카고로 이어지는 순환 고리(loop)를 완성하게 된다. 이들은 미국 대순환 항해협회라는 그들만의 단체도 있다.

루퍼는 돛을 올리는 경우가 아주 드물다. 이들은 낮은 다리 아래를 지나고 얕은 모래톱을 통과한다. 이런 경로에서는 돛대와 커다란 용골이 환영받지 못한다. 그럼에도 그들도 바람에 주의를 기울인다. 루퍼의 배도 탁 트인 바다를 반드시 건너야 하므로, 만약 배를 안정시키는 돛의 혜택을 받지 못한다면 바람이 일으키는 몇 미터 높이의 파도에도 배가 심하게 흔들릴 것이다. 강과 호수에 익숙한 선원들은 뱃멀미를 일으킬 수도 있다. 연료 탱크 바닥에 가라앉아 있던 찌꺼기가 떠다니면서 연료 필터를 막고 시동을 꺼트리면 선원들이 겪는 일반적인 어려움이 더욱 가중되기도 한다. 바람을 지켜보는 일은 돛배를 타는 선원들만큼이나 루퍼에게도 중요하다.

우리는 신선한 샐러드를 먹기 위해서 부두의 식당으로 향한다. 여종업원이 주문을 받는 사이에 고화질 텔레비전에서는 일기예보가 나오고 있다. 화면 속 여자는 녹색 옷에 하이힐을 신고 머리카락 한올 흩날리지 않는 모습으로 지도를 가리키고 있다. 미국 지도에 위성사진이 겹쳐진다. 위성사진이 움직인다. 화면 속 여자는 전선을 나타내는 선들을 가리킨다. 그녀는 웃음 띤 얼굴로 빠르게 이야기한다.

전선이라는 이름은 20세기에 들어와서도 한참 후에야 정식 명칭이 되었지만, 사람들은 전선이 정식 명칭이 되기 전부터 움직이는 공기 집단에 대해서 알고 있었다. 어쨌든 폭풍의 움직임을 직접 관찰할 수 있었기 때문이다. 젊은 로버트 피츠로이가 비글 호의 선장으로 임명된 해인 1828년에 이미 차가운 기류와 따뜻한 기류의 움직임에 대한 설명이 있었고, 1841년에는 두 공기 집단이 만나는 그림이 발표되었다. 이 그림의 한 공기 집단에는 "북서 기류," 한 공기 집단에는 "남서 기류"라고 적혀 있었다.

오늘날에는 보통 사람들도 일상적으로 전선에 관해서 이야기를 나눈다. 전선은 대부분의 일기도에서 중요한 특징이다. 화면 속 기상 캐스터는 전선에 관해서 권위 있게 이야기한다. 그녀는 시청자들에게 다가오는 한랭전선이 비와 바람을 몰고 온다고 경고한다. 그러나 그녀의 말은 한랭전선이 따뜻한 공기와 만나게 된다는 의미이다. 따뜻한 공기는 차가운 공기에 비해서 가볍기 때문에 차가운 공기 위로 떠오른다. 따뜻한 공기는 상승하는 동안에 냉각될 것이고, 냉각되면 수증기가 응축될 것이다. 한랭전선은 온난전선의 바깥쪽에서 비를 유발하겠지만, 비를 몰고 오는 것은 아니다.

라켈 웰치는 한때 텔레비전 시청자들을 위해서 일기예보를 했다. 길다 래드너도 「새터데이 나이트 라이브(Saturday Night Live)」에 합류해서 로젠 로제나대나 역을 하기 전에 일기예보를 했다. 훗날 「굿모닝 아메리카(Good Morning America)」와 「ABC 월드 뉴스(ABC's World News)」를 진행했던 다이앤 소여도 마찬가지였다. 「휠 오브 포춘(Wheel of Fortune)」의 진행자가 된 팻 세이잭과 월트디즈니 사의 최고 경영자가 된 밥 아이거도 그랬다. 데이비드 레터맨은 그의 일기예보에 가상의 도시들을 포함시켰고, 통조림 햄만 한 크기의 우박에 대한 예보를 한 적이 있었고, 허리케인 급이라고 인정받은 폭풍에게 축하인사를 건네기도 했다.

텔레비전의 날씨 방송은 1940년대 초반에 시작되었다. 1941년 10월 14일에 시작된 뉴욕 시 최초의 날씨 방송에는 망원경을 들고 있는 울리 램(Wooly Lamb)이 출연했다. 만화영화 캐릭터인 울리 램은 운율에 맞줘서 말했다. 오늘날과 마찬가지로 시청자의 눈길을 사로잡기 위한 트릭도 있었다. 그러나 일부 기상 캐스터들은 처음부터 텔레비전을 시청자들에게 대기의 작용에 대한 교육을 제공할 수 있는 기회로 생각했다. 시청자들은 한랭전선과 온난전선과 고기압-저기압 체계에 관해서 아무것도 몰랐다. 오늘날에는 흔히 쓰이는 기상학자들의 전문용어가 초기 시청자들에게는 전혀 알아들을 수 없는 말이었다. 카메라 앞에서 일기도를 그리는 기상 캐스터들은 거실의 흑백 텔레비전 속으로 과학을 들여왔다.

미국 기상학회는 인증서를 제공함으로써 진지한 기상 캐스터들을 지지했다. 1955년 『TV 가이드(*TV Guide*)』에 실린 한 물리학 교수의 글에는 다음과 같이 쓰여 있다. "우리는 날씨가 품위 있게 논의되어야 한다고 생각한다. 품위는 지루함과는 다르다. 우리는 TV의 많은 '웨더맨들(weathermen)'이 진지하고 과학적이어야 하는 직업을 희화한다고 생각한다."

그로부터 27년 후에는 날씨 채널(Weather Channel)이 출범했다. 날씨에 관한 다큐멘터리가 정기적으로 방영되었다. 다시 13년이 흐르고, 학술 프로그램에서 탄생한 웨더 언더그라운드(Weather Underground)가 전 세계의 실시간 날씨 자료와 해석을 인터넷을 통해서 제공했다. 다른 온라인 날씨 포털도 급증했다. 한때는 전령과 판화 인쇄가 필요했던 일기예보를 이제는 가정용 컴퓨터와 휴대전화로 접속할 수 있게 되었다.

우리는 식당 식탁에 앉아서 녹색 옷을 입은 여자를 쳐다본다. 기상학자들은 수학 기상학(mathematical meteorology) 또는 방송 기상학(broadcast meteorology) 또는 그 사이의 어떤 것을 배울 수 있다. 녹색 옷의 그녀가 어떤 종류의 기상학을 공부했는지, 아니면 단순히 그 일에 종사하면서 배우게 된 것인지는 나는 모른다. 내가 아는 것은 그녀가 시청자들에게 한랭전선이 다가올지도 모른다는 것을 이해시키고 싶어한다는 점이다. 그 한랭전선은 베니스에 닿기 전에 소멸될 수도 있고 소멸되지 않을 수도 있다. 그런 불확실성에도 불구하고 그녀는 밝아 보이고 품위도 갖추고 있다.

그녀는 일기예보의 출처에 대해서는 아무런 언급도 하지 않는다. 부표와 위성으로부터 들어오는 자료와 수치 모형에 관해서도 이야기하지 않는다. 아마 그녀는 미국 기상청에서 제공하는 정보를 각색하는 정도의 일을 하고 있을 것이다. 또 그녀는 에스피, 레드필드, 비에르크네스, 리처드슨에 대해서도 언급하지 않는다. 그리고 대중도 일기예보 시간에 그런 자세한 이야기를 듣고 싶지는 않을 것이다. 나도 마찬가지이다.

≈

비에르크네스는 점점 더 두 세계를 아우르게 되었다. 그 두 세계는 이론적 세계와 현실 세계, 수치적 세계와 경험적 세계, 학술적 세계와 실용적 세계였다. 그러나 그의 관심을 가장 많이 끈 것은 실용적 세계였다. 비에르크네스, 그리고 그의 학생과 조력자들이 예측 기상학을 변모시킬 수 있었던 것은 이와 같은 두 세계 사이의 아우름 때문이었다. 그들은 지도와 수학을 결합하는 도해 방식(graphical method)을 적용하고, 그들의 결과에 경험을 적절히 조화시켜서 다른 방식으로는 풀 수 없었던 문제들을 해결했다.

1918년, 빌헬름 비에르크네스의 아들인 야코브 비에르크네스는 대규모 공기 집단에 관한 생각을 발전시키기 시작했다. 그는 공기 집단이 어떻게 움직이고 상호작용을 하는지, 차가운 공기 집단이 따뜻한 공기 집단과 어떤 식으로 만나는지를 연구했다. 베르겐 학파는 세계대전의 참상과 참호 속에 발이 묶여 있는 것으로 알려진 병사들의 소식 등 최전선에 대한 뉴스에 파묻혀 지냈다. 마침내 야코브 비에르크네스와 그의 동료들은 움직이는 공기 집단의 첨단을 "전선(front)"이라고 부르기 시작했다. 오늘날에는 누구나 알다시피, 한랭전선이 온난전선과 만나는 곳에서 날씨는 폭력적으로 바뀌곤 한다.

제6장

모형

빌헬름 비에르크네스는 1951년까지 살았다. 1944년, 80대의 비에르크네스는 나무를 때서 난방을 하는 연구소에서 지속된 자신의 임무를 다음과 같이 설명했다. "우리는 화부로 일할 소년을 쓸데없이 새로 찾고 있었다. 그 일을 할 한가한 사람은 바로 나였다. 일기도로 신속한 연구를 해야 하는 상황에서, 늙고 회전이 느려진 내 머리로 젊은 기상학자들이나 조교들과 경쟁을 하는 것은 적합하지 않다고 생각한다. 그러나 나는 정신적으로나 물질적으로나 끊임없이 불을 지피려고 노력 중이다."

그가 처음 피우고 지켜온 불꽃은 날씨를 관찰만 하는 사람들과 그것에 대한 학설만 만드는 사람들 사이의 깊은 골에 다리를 놓았다. 초기조건에 대한 체계적 관측과 대기의 물리적 운동에 대한 이해는 로버트 피츠로이 같은 사람의 직관적인 방법보다 훨씬 뛰어난 일기예보를 가능하게 했다.

비에르크네스는 스티븐 마틴 색스비를 진지하게 받아들였던 세상에서 태어났다. 색스비는 그의 책에서 달의 위치를 통해서 다가오는 폭풍을 어떻게 예측할 수 있는지를 설명했다. 여든아홉의 나이로 사망하기 전, 비에르크네스는 그의 학생들과 동료들이 지구의 대기에 대한 이해를 새로운 수준으로 끌어올리는 것을 지켜보았을 것이다. 또 그는 베르겐 학파의 일기예보 방법이 서서히 강력해지는 과정도 목격했을 것이다. 이 과정에 박차를 가한 원인은 부분적으로는 전시의 요구 때문이었고, 부분적으로는 제1차 세계대전이 끝난 후에 항공술의 급속한 진화 때문이었고, 부분적으로는 비록 단기간의 일이었지만 기상학적으로 비극적인 사건이었던 더스트 볼(Dust Bowl) 때문이기도 했다. 그는 자신의 도해 방식이 일기예보에 일상적으로 적용되는 모습도 보았을 것이다. 기상학의 세계에 마지못해 발을 들여놓은 침입자였던 비에르크네스는 자신이 제안했지만 한번도 시도한 적이 없는 접근법을 활용해서 루이스 프라이 리처드슨이 완성한 완전한 수학적 일기예보도 보았을 것이다. 그리고 생의 마지막 즈음에는 전자 수치 적분기와 계산기(Electronic Numerical Integrator and Computer), 즉 세계 최초의 컴퓨터 중 하나인 ENIAC으로 프로그램된 수학적 방법도 보았을 것이다.

≈

비에르크네스처럼, 루이스 프라이 리처드슨도 기상학의 세계에 침입한 자로 묘사될 수 있을지도 모른다. 그는 1881년에 잉글랜드의 한 퀘이커 교도 집안에서 7남매의 막내로 태어났다. 그의 이력에서 날씨는 시작도 끝도 아니었다.

리처드슨은 국립 토탄 광업소(National Peat Industries)라는 토탄 회사에 근무할 당시 주목할 만한 첫 연구를 내놓았다. 당시에는 일반적으로 늪지에서 캐낸 토탄을 연료로 사용했다. 나무와 석탄의 중간에 해당하는 연료인 토탄을 건조시키면 가정의 벽난로와 공업용 가마에 사용할 수 있었다. 1905년의 사업 설명서에 따르면, 이 기업은 특히 토탄의 건조 분야에서 과학과 공학의 중요성을 강조했다.

20대 중반의 리처드슨은 잘 알려져 있는 방정식을 이용해서 토탄 늪을 통과하는 물의 운동을 이해하려고 했지만, 나중에는 직선과 깔끔한 원과 반듯한 직사각형으로만 표현되지 않는 실제 세계의 불규칙적인 기하학적 구조를 설명하기 위해서 방정식을 수정했다. 그는 미분방정식을 이용했지만 해결할 수 없었던 문제가 많았다. 그 까닭은 리처드슨이 그 방정식들을 풀지 못해서가 아니라, 그 방정식들이 원래부터 풀리지 않는 것이었기 때문이다. 그는 근사치인 해를 내놓는 방식을 적용했다. 유한 차분법(finite difference method)이라고 알려진 이 방법은 완벽하지는 않지만 근사한 해를 구하기 위해서 수학적 모서리를 잘라내는 것과 연관이 있었다. 이때의 경험은 그가 일기예보로 관심을 돌렸을 때에 매우 유용하게 쓰였다.

오늘날의 여러 젊은 과학자들과 마찬가지로, 리처드슨도 임시직들을 전전했다. 그는 국립 토탄 광업소 외에도, 선빔 전구 회사와 여러 정부 연구소들에서 근무했다. 1913년, 리처드슨은 스코틀랜드에 위치한 에스크데일뮤어 관측소에 도착했다. 지진을 기록하고 자기장을 측정했던 이 관측소에서는 기상학 자료도 수집했다. 리처드슨은 날씨 이론에 대한 이해를 발전시킬 기회라고 생각했다.

이 관측소에 있는 동안 그는 『수학적 과정에 의한 날씨 예측』의 집필을 위한 연구를 시작했다. 이 책은 일기도의 색인 체계를 설명하면서 시작한다. 그의 생각은 단순했다. 대기의 과거 활동을 이용해서 대기의 미래 활동을 예측한다는 것이었다. 일기도 색인의 도움을 받으면, 오늘 일기도를 예전에 모아둔 일기도와 비교할 수 있을 것이다. 그중에서 오늘 일기도와 일치하는 일기도를 찾으면, 그 날짜에서 하루나 이틀 뒤로 일기도를 넘겨보면서 과거에 일어난 일에서 미래에 일어날 일을 예측할 수 있다는 것이다. 리처드슨은 "이보다 더 즉각적으로 활용할 수 있는 방식은 상상하기 어려울 것"이라고 썼다.

그러나 150개 남짓한 단어로 이루어진 이 책의 첫 단락을 지나서 두 번째 단락으로 들어가면, 그는 이 방식을 간단히 물리친다. 실용적이기는 하지만 수십 년 분량의 상세한 날씨 기록을 이용할 수 있어야 한다는 면에서, 그는 이 방식이 효과가 없을 것이라는 점을 알고 있었다. 행성들의 위치를 예측하려는 사람은 이런 방식을 사용하지 않을 것이다. 따라서 날씨를 예측하려는 사람도 이런 방식을 사용해서는 안 된다. 대신 그는 "막연하게 현상들이 부분적으로 반복된다는 느낌에 기반을 두지 않고, 미분방정식을 토대로 하는" 방식을 보여주겠다고 약속한다.

비에르크네스에 대한 언급은 다섯 번째 단락, 2쪽의 맨 윗줄 근처에서 처음 등장한다. 리처드슨은 "V. 비에르크네스와 그의 학파의 광범위한 연구는 가치가 있음에도 불구하고 미분방정식을 활용한다는 생각이 배어 있다"고 썼다. 그러나 정작 비에르크네스는 당연히 수학은 다루기 힘들다고 믿고 도해 방식을 이용했다. 리처드슨도 이런 어려움을 인정하면서 다음과 같이 썼다. "비에르크네스 교수는 주로 도해를 이용하지만, 나는 수치로 만든 표를 이용하는 방식으로 진행하는 것이 더 낫다고 생각한다."

리처드슨은 비에르크네스를 비판하지 않았다. 그는 비에르크네스가 수치로 만든 표로 진행해야 한다고 주장하지 않았다. 리처드슨이 추구한 것은, 비에르크네스가 원론적으로는 타당하지만 현실에서는 극도로 어렵거나 불가능하다고 생각한 것이었다. 그러나 비에르크네스와 달리, 리처드슨은 어려운 수학적 문제를 빠르게 해결함으로써 불가능을 가능으로 바꿔줄 방법들에 친숙했다.

리처드슨은 일찍이 1911년부터 그의 접근법과 책에 관해서 생각했고, 1913년부터는 "진지한 관심"을 두기 시작했다. 당시 그는 오래 전에 죽은 로버트 피츠로이의 후임자인 기상관측소의 소장으로부터 격려를 받았다. 리처드슨은 다음과 같이 썼다. "기본적인 생각은 대기의 압력과 속도 따위가 숫자로 표현되어야 한다는 것, 특정 위도와 경도와 높이에 대해서 표로 작성되어야 한다는 것이다. 그래야만 언제라도 곧바로 대기의 상태를 넓은 범위에 걸쳐서, 이를테면 20킬로미터 높이까지 일반적으로 설명할 수 있다." 다시 말해서, 그는 3차원 격자를 만들고 0점 시간에 관측한 자료로 그 격자를 채운 다음, 공기가 격자의 한 세포에서 다음 세포로 이동할 때의 미래 조건을 수학을 이용해서 계산하자고 제안했다. 사실상 그는 대기를 3차원 체스판으로 바꾸자는 제안을 한 것이다. 그 체스판의 말인 공기 집단의 움직임은 복잡했지만 규칙의 지배를 받았다.

지구 전체의 규모에서 보면, 이 격자를 구성하는 사각형의 크기는 적도 부근에서는 남북으로 320킬로미터, 동서로 210킬로미터가 될 것이다. 격자의 크기는 전 세계에 드문드문 흩어져 있는 기상 관측소에서 구할 수 있는 자료에 맞춰 선택되었지만, 어느 정도는 편의성의 문제도 작용했다. 격자의 규모가 더 작아지면 세포가 더 많아질 것이고, 세포가 많아지면 계산을 더 많이 해야 한다는 뜻이었다.

그는 수직으로는 대기를 5개의 층으로 분할했다. 그는 "10층으로 분할하면 5층일 때보다 정확도가 네 배 더 증가할 것"이라고 썼지만, 이번에도 편의성이 문제였다.

실제 세계에서 날씨는 순간순간 다르고, 지점마다 다르다. 또 구름은 끊임없이 움직이고, 바람의 속도와 방향은 계속 바뀐다. 따라서 리처드슨이 상상한 수학은 결코 현실을 나타낼 수 없었을 것이다. 그는 실제 세계를 단순화해야 했다. 수학이라는 언어로 표현할 때, 실제 세계는 풀 수 없는 미분방정식을 적용해야만 미래를 내다볼 수 있지만, 단순화된 그의 세계는 풀 수 있는 유한차분법을 적용함으로써 미래를 내다볼 수 있었다. 그는 쉼 없이 계속 변화하는 진짜 세상의 모습을 보는 대신, 수학적으로 다룰 수 있는 덩어리로 시간과 공간을 쪼개놓았다. 마치 변화가 단속적으로 일어나는 것처럼, 한 번의 변화는 그 다음 번의 변화와 확실히 분리되었다. 그가 적용한 방식은 젊은 시절에 토탄 광업소에서 일할 때에 적용했던 바로 그 방식이었다. 그곳에서 그는 배수(排水)와 관련된 문제를 해결하기 위해서 토탄 늪지의 불규칙적인 지질 구조를 단순화해야 했다. 토탄 광산에서와 마찬가지로, 날씨에서도 수학적 해결책은 완벽하지는 않았지만 그 정도면 충분히 훌륭했을 것이다.

단순화된 리처드슨의 세계, 즉 그의 3차원 체스판에서 날씨는 한 세포에서 여섯 시간 동안 일정하게 지속되다가 여섯 시간 후에 갑자기 바뀌었고, 각각의 세포는 이웃한 세포에 영향을 미쳤다.

물론 실제 세계가 별개의 세포로 이루어져 있지 않다는 것은 리처드슨도 알고 있었다. 바람이 끊임없이 변하고 온도도 점진적이지만 끊임없이 변한다는 것 역시 몸으로 느끼고 있었다. 그는 이런 현실을 극단적으로 반영하면, 의미 있는 개념으로서 풍속을 생각하는 것 자체가 감당하기 어려운 문제가 되리라는 것을 알았다. 그는 수학적 방법을 다룬 한 논문에서 유체의 속도를 측정하는 문제를 고찰했다. 유체는 어떤 측면에서 보면 한 덩어리로 움직일 수도 있지만, 다른 측면에서 보면 소용돌이와 돌풍과 고요로 가득 채워져 있었다. 그는 "바람은 속도가 있는가?"라는 질문을 던지면서, "일견 바보 같아 보이는 이 질문은 지식의 향상에 이바지한다"고 말했다. 그의 요지는 이렇다. 움직이는 공기인 바람은 움직이는 입자들, 즉 분자들로 구성되어 있는데, 각각의 분자들은 속도뿐만 아니라 방향도 끊임없이 변하면서 저마다 각자의 길을 가고 있다. 전체적인 방향과 속도를 모두 확실하게 식별할 수 있는 공기라고 하더라도 그렇다는 것이었다. 리처드슨은 이렇게 셀 수 없이 많은 공기 분자의 움직임을 로빈슨의 풍속계가 합리적으로 평균 값을 내주고 원래는 대단히 복잡한 과정을 매끄럽게 다듬어준다는 것을 알고 있었지만, 바람이 무엇 때문에 그런지도 알고 있었다.

리처드슨은 『수학적 과정에 의한 날씨 예측』에 이렇게 썼다. "우리는 날씨의 모든 것을 알고 있다고 생각하지도 않고, 복잡하게 얽혀 있는 모든 공기 입자의 경로를 낱낱이 추적할 수 있다고도 생각하지 않는다. 우리 마음의 평화를 위해서 신중한 선택이 필요하다." 리처드슨은 마치 역사가 같았다. 역사가는 모든 시민들의 일상을 다 살아볼 수는 없지만 중요한 사건들, 세상을 구성하는 핵심적인 요소들은 반드시 찾아보아야 한다. 리처드슨은 그의 방정식을 통해서 날씨의 모든 측면을 속속들이 들여다볼 수는 없었다. 세부적인 특징들을 무한정 파고들 수도 없었다. 그는 지면에서는 고요한 밤이 높이 있는 우듬지에서는 바람 부는 밤일 수도 있다는 것을 알고 있었다. 그는 세포의 크기가 더 작고 증감의 폭이 더 작을수록 실제와 더 가까운 결과가 나온다는 것도 알았지만, 날씨의 이런 측면들 중에서 가장 중요한 것들을 어떤 식으로든 선별해야 했다. 공기의 움직임을 한 시간 간격으로 추적하면 더 좋은 결과가 나올 테지만, 이미 어려운 수학 문제가 더 난감해질 것이다. 공기의 움직임을 하루에 두 번만 추적하면 수고가 절반으로 줄어들겠지만, 결과는 더 나빠질 것이다. 그는 "실수 또한 단계의 수와 함께 증가한다"고 썼다.

그는 오늘 날씨에서 중요한 특성들을 선정해야 했다. 그 특성들은 내일 날씨에 가장 큰 영향을 끼치고, 그가 수학을 이용해서 미래를 알 수 있게 해주는 것이어야 했다. 그는 종이와 연필로 하는 계산에 실수가 있을 수 있다는 것, 큰 세포와 긴 시간 간격으로 이루어진 설계 자체가 오류를 유발할 수 있다는 것을 알았다. 그리고 수학도 초기 조건도 전적으로 옳을 수 없다는 점도 알고 있었다.

그의 연구에는 불확실성이 가득했다. 그는 작성된 표의 수치들 중 어떤 값들은 "'사실에 근거한' 이야기"를 연상시킨다고 썼다. 여기서 이야기란 아마도 『로빈슨 크루소』와 『모비딕』 같은 소설을 말할 것이다. 그의 주석 중 하나에는 이렇게 쓰여 있다. "그럴 가능성이 크지만, 나는 확실한 정보가 없다."

각각의 장(章)에는 "기본 방정식들"과 "수직 속도 찾기"와 같은 제목이 붙어 있다. 각 장의 내용은 결코 읽기가 수월하지 않다. 그는 다음과 같이 썼다. "이제 기압의 초기 관측을 나타내기 위해서, 우리는 지도에서 P_G가 필요한 지점에 임의의 숫자들을 자유롭게 적을 수 있다. 만약 추정된 기압 차가 부자연스럽게 크면 당혹스러울 정도로 격렬하게 변화하는 결과가 나올 것이다."

이런 주옥같은 글도 있다. "체스판 모양의 장점은 처음에 변수들이 표로 작성된 지점에 시간에 따른 비율(time-rate)이 주어진다는 점에 있는 것으로 보인다."

또 이런 것도 있다. "점성(viscosity)의 변화에 대한 더 완전한 지식으로 가는 길은 소용돌이의 확산에 대한 연구에 있을 것으로 추정된다."

필요한 계산들은 지루하고 반복적이었다. 리처드슨은 뛰어난 수학자이자 조수인 자신의 아내에게 도움을 받았다.

리처드슨이 책의 첫 장을 쓰느라 씨름하는 사이, 오스트리아의 프란츠 페르디난트 대공과 그의 아내인 호헨베르크 공작부인 조피가 암살자의 총에 맞았다. 유럽에서는 제1차 세계대전이 발발했다. 퀘이커 교도이자 열렬한 평화주의자였던 리처드슨은 전투에 참여하지는 않았지만, 구급 임무에 자원했다. 그는 미완성인 원고를 전선으로 들고 갔고, 그곳에서 구체적인 사례 하나를 연구했다.

≈

리처드슨은 다음과 같이 썼다. "이제 앞 장의 제안을 설명하고 검증해보자. 그러기 위해서 자연에서 나오고, 기록된 가장 완벽한 관측 장비로 측정된 확실한 사례에 적용해볼 것이다." 그는 자신의 방식을 검증해보고 싶었다. 그의 계획은 자신의 방식을 과거의 관측 기록에 적용해서 일기예보 결과를 얻은 다음, 실제 역사적인 자료와 비교해보는 것이었다.

그는 1910년 5월 20일에 유럽 중부에서 수집한 관측 기록에서 시작했다. 이 기록은 지상에서의 연구와 기구의 도움으로 공중에서 이루어진 연구로 얻은 통합적인 결과였다. 비에르크네스도 독자적으로 관측자들을 구성해서 자료를 취합했다. 리처드슨의 글에 따르면, "이 지역과 시기를 선택한 까닭은 글을 쓸 당시에 내가 알고 있던 가장 완벽한 관측 형태였기 때문"이었다.

그러나 그 자료는 완벽과는 거리가 멀었다. 그는 "어떤 부분은 불확실성이 크다"고 썼다. 다른 부분은 자료가 완전히 누락되어서, 그가 추측을 할 수밖에 없었다.

그는 각각의 세포와 시간 간격에서, 날씨에 완전히 독립적인 영향을 미치는 네 가지 변수인 시간, 높이, 위도, 경도에서부터 시작했다. 여기에다가 날씨와 그 날씨가 바뀌는 동안의 변화를 나타내는 일곱 가지 변수를 추가했다. 이 변수 중 셋은 서로 다른 방향에서의 풍속이었고, 나머지 넷은 공기의 밀도, 공기 중에 포함된 물의 양, 기온, 기압이었다.

그는 "만약 여덟 번째 종속 변수를 택한다면, 공기 중 흙에 있는 먼저의 양을 지정했을지도 모르겠다"고 썼다. 다시 말해서, 그는 잠재적으로 중요한 요인들이 무시될 수 있다는 점을 알고 있었다.

전쟁은 전면전으로 치닫고 있었다. 구급차 기사로서의 소임을 다하고 있던 리처드슨은 전선과 아주 가까운 곳에 배치되어 있을 때에도 계산을 멈추지 않았다. 그는 구급차를 운행하는 사이에 연산자와 연필과 표를 들고 연구를 하면서, 그의 수학적 일기예보를 꿈꿨다. 만년에 리처드슨은 구급차를 운전하던 시절에 관해서 짤막하게 썼다. "나는 형편없는 운전사였다. 교통의 흐름이 아니라 내 꿈을 보고 있었기 때문이다."

전선 부근에서 그와 함께 일했던 사람들은 그가 종종 어리둥절한 표정을 짓던 일에 관해서 이야기했다. 그들의 기억에 따르면, 리처드슨은 대화 중에 갑자기 새로운 생각이 떠오르면 홀로 딴 생각에 빠져 있었다. 프랑스에서 리처드슨이 소속되어 있던 적십자 구급차 부대인 영국 13 의무대의 동료들 대부분은 그보다 나이가 어렸다. 그들은 그를 "교수님(Professor)"이라고 불렀고, 때로는 "교주님(Prophet, 원뜻은 예언가/옮긴이)"이라고 부르기도 했다.

1919년에 쓰인 "전쟁 중의 자동차(L'automobile dans la guerre)"라는 글에 묘사된 구급차 기사는 교전이 끝날 때마다 전장으로 소환되는 "진정한 엘리트"였다. 이 글은 다음과 같이 이어진다. "사실 구급차 기사들은 이론상으로는 들것 운반부대의 전진기지까지만 가는 것으로 되어 있지만, 부상자를 옮기기 위해서라면 적의 지뢰밭을 건너서 전방의 응급치료소까지 달려갔다. 이들은 총알이 빗발치고 독가스가 밀려드는 지역을 노출된 상태에서 통과해야만 했다. 게다가 어둠과 차가 덜컹거릴 때마다 터져나오는 부상자들의 울부짖음은 고문이나 마찬가지였고, 방독면을 쓰고 운전을 하기란 끔찍할 정도로 어려웠다!"

그 일은 화려하지도 않았고, 수치 일기예보 연구에 도움이 되지도 않았다. 리처드슨의 동료 중 한 사람은 이렇게 회상했다. "우리는 날마다 임무를 수행하기 위해서 참호로 갔다. 도중에 폐허가 된 마을이 있으면 가던 길을 멈추고 불을 계속 지필 수 있도록 나무를 주웠다. 그곳에서 우리는 요청이 들어오면 부상자를 운반하기 위해서 전선으로 갔다. 잠은 방공호 안쪽에서 잤다. 곧바로 준비할 수 있도록 옷을 다 입고 있었다. 밤에는 방공호 속의 공기가 매우 탁했다. 그래서 잠에서 깨면 머리가 아프곤 했다. 또 쥐도 있었다. 누워 있는 동안 쥐가 우리 몸 위를 지나가는 일이 다반사였다."

1917년 4월에 제3차 샴페인 전투가 벌어지는 동안, 리처드슨은 원고를 보호하기 위해서 원고를 후방으로 보냈지만 원고는 사라졌다. 몇 달 후, 원고는 리처드슨이 "석탄더미"라고 묘사한 것 아래에서 발견되었다. 그는 더 이상 설명을 하지 않고, 잃어버렸던 원고의 발견에 대해서는 독자의 상상에 맡겼다. 날씨를 바라보는 방식을 변화시킬지도 모를 원고가 석탄더미 아래에 파묻혀 사장될 뻔했다는 것에 그는 거의 신경을 쓰지 않았던 것 같다.

중요한 전투가 벌어지는 동안의 구급차 기사는 대단히 바쁘고 대단히 피곤해서 수학을 연구하기는 어려웠을 것이다. 리처드슨의 계산은 교전의 사이와 잠시 전선을 벗어나 있던 시기에 이루어졌다.

그는 "추운 임시숙소 안의 건초더미가 내 사무실이었다"고 썼다. 그곳 임시숙소에서 리처드슨은 수학 문제를 풀었다. 실제로 그는 계산을 두 번씩 하면서 검산을 하고 수정했다. 자신의 계산이 만족스러우면, 계산 결과인 수치 일기예보 값을 실제 측정 값과 비교했다. 그의 결과는 실제 측정 값과 일치하지 않았다.

"형태 XIII에서 지표면 기압의 상승 속도는 6시간 동안 145밀리바로 나왔는데, 관측 결과는 기압이 거의 일정한 것으로 나온다." 일반적으로 해수면에서 기압의 정상 범위는 약 70밀리바이다. 낮을 때는 약 980밀리바이고 높을 때는 1,050밀리바 정도이다. 리처드슨의 수치 일기예보는 그냥 틀린 것이 아니라, 어처구니없을 정도로 크게 틀렸다. 해수면에서의 기압 변화 범위 내에서 아무렇게나 찍는 것이 더 정확할 정도였다.

리처드슨은 그의 수학적 예보와 지면에서의 실제 측정치 사이의 불일치를 "확연한 오류"라고 불렀고, 나중에는 "일기예보에서의 충격적 오류"라고 말했다. 이런 결과가 나왔지만 그는 실망도, 좌절도 하지 않았다. 부상자와 사망자에 둘러싸인 양심적 병역 거부자였던 그는 균형 있는 시각으로 이 불일치를 받아들였다. 이 확연한 오류는 개인적인 실패가 아니라 중요한 관심사였다. 이 오류는 그가 책을 출판하는 데에 아무런 방해가 되지 않았다. 그리고 변하는 날씨보다 더 빨리 계산이 이루어질 수 있는 시대, 그래서 수치 일기예보가 미래의 날씨를 예측할 수 있는 시대를 꿈꾸는 데에도 방해가 되지 않았다. 그런 시대가 되면 비에르크네스의 도해 방식이 수의 우아함을 생각했던 리처드슨 같은 사람의 방식으로 바뀔 수도 있을 것이었다.

≈

일찍 잠에서 깬 공동 선장과 나는 정부 해양 기상대의 기계음 목소리에 귀를 기울인다. 일기예보가 맞는다면 바람은 동쪽과 북동쪽에서 5-15노트의 속도로 불 것이다. 정부는 바람이 로시난테 호와 두 선원을 멕시코로 곧장 데려다줄 것이라고 약속한다. 우리는 정오에 출발하기로 합의하고 해변을 산책할 시간을 가진다.

우리는 모래 속에 파묻힌 조개껍데기를 찾는다. 모래와 조개껍데기는 파도에 떠밀려서 해안으로 밀려오고, 파도는 바람에 의해서 일어난다. 멕시코 만의 해변치고는 좁아 보이는 이 해변에는 바다와 아주 가까운 곳에 바람막이 사구식물이 자라고 있다. 사구식물 위로는 바람이 불지만, 그 그늘 아래에 지면과 가까이 있는 공기는 고요하다. 바람 에너지가 나뭇잎과 줄기에 가로막혀서 마찰로 소실되기 때문이다. 아침의 바닷바람도 그렇겠지만, 이런 규모에서 일어나는 공기의 운동은 리처드슨의 모형에서는 전혀 보이지 않았을 것이다. 리처드슨이 썼듯이, "우리는 날씨에 관한 모든 것을 알고자 하는 것도 아니고, 복잡하게 얽혀 있는 모든 기단(氣團)들의 자세한 경로를 추적하기를 바라는 것도 아니다."

사구식물이 끝나는 곳에서 멀지 않은 곳에는 콘도미니엄들이 늘어서 있다. 멕시코 만을 향하고 있는 콘도미니엄의 창문들은 부드러운 바닷바람을 맞이한다.

보퍼트 풍력 계급에서 남실바람(light breeze)에 해당하는 5노트가 조금 넘는 바람은 모래를 옮길 수 있다. 개개의 모래알은 진동하기 시작하고, 그 다음에는 구르다가 통통 튄다. 모래알은 통통 튀는 동안에 바람을 더 많이 받는다. 모래알이 튀어오른다. 이것을 전문용어로는 모래알이 "도약운동을 한다(saltate)"라고 말한다.

만약 모래알이 구르고 튀다가 충분히 멀리 도약한다면, 사구식물에까지도 닿을 수 있을 것이다. 그러면 사구식물 아래의 정체된 공기 속에 머무르게 될지도 모른다. 모래알이 그곳에 충분히 오래 머물면, 사구식물의 뿌리에 갇힐 수도 있다.

어떤 식물은 바람에 실려 해안으로 올라온 바닷물의 물방울 속에 들어 있는 양분에 의존해서 살아간다. 어떤 식물은 소금기를 견디지 못하고 더 내륙 쪽으로 물러간다. 우리는 산책을 하는 동안에 나팔꽃, 바다귀리, 개기장, 서양갯냉이를 본다. 저마다 염분과 모래와 습기의 변화에 대응하여 살아남기 위한 장소를 찾고 있다.

개개의 사구식물은 모래 둔덕 위에 홀로 우뚝 서 있는 외톨이 식물이다. 어떤 것은 뿌리줄기를 내는데, 뿌리줄기는 땅을 기어가다가 어느 정도 간격을 두고 줄기와 잎이 돋아나면서 더 많은 모래를 가둔다. 어떤 것은 빽빽한 덤불을 이루고, 덤불을 이룬 식물들은 서로 도움을 받기도 하지만, 공간을 두고 경쟁을 벌이기도 한다.

전체적으로 볼 때, 바람은 식물과 공모하여 땅을 만든다. 한 발짝 더 위로 올라가면, 모래사장과 사구식물 사이의 경계가 나타난다.

우리는 정오에는 출발할 예정이다. 그래서 발길을 돌려서 로시난테호로 돌아간다.

≈

리처드슨이 계산을 하면서 책을 쓰는 동안, 비에르크네스와 그의 베르겐 학파 동료들은 그들의 방식과 생각을 발전시키고 있었다. 그러나 대부분 개념적인 면에 국한되었다. 비에르크네스를 수치 일기예보의 아버지라고 할 수도 있겠지만, 만약 그렇게 한다면 그를 그의 자손들과 어느 정도 떼어놓는 것이 된다. 베르겐 학파의 사람들은 움직이는 공기를 이해하고 있었지만, 수치 일기예보 쪽으로 옮아가지는 않았다. 그들은 기단 분석(air mass analysis)이라고 알려진 방법에 초점을 맞추었다. 그들은 대기를 공기의 뭉치(packet)로 보았다. 이 공기 뭉치, 즉 기단들이 전선에서 상호작용을 일으켰다.

대기의 불연속면인 온난전선과 한랭전선은 리처드슨의 날씨 모형에 문제 하나를 제기했다. 리처드슨은 이렇게 썼다. “지금까지는 선 스콜(line-squall)과 다른 뚜렷한 불연속면을 별난 예외로 간주하는 것이 통례였고, 그 외에는 공기가 매끄럽게 점진적으로 분포한다고 보았다.” 그는 전선에서 일어나는 급작스러운 변화로 인해서 그의 수학적 접근법이 방해를 받을 수도 있다는 점을 우려했다. 리처드슨에 따르면, 비에르크네스와 그의 동료들은 “대기의 불연속면이 사이클론에 에너지를 공급하는 중요한 기관(organ)”이라고 믿었다. 그리고 만약 대기의 불연속면이 사이클론에서 중요하다면, 일기예보에서도 중요할 것이었다.

리처드슨은 그의 방식으로는 전선을 다루기가 쉽지 않다는 것을 알았지만, 전선에 관한 지식만으로는 일기예보를 할 수 없을 것이라고 믿었다. 그는 이렇게 썼다. “동물이 ‘중요한 기관’만으로 충분히 살아갈 수 없는 것처럼, 불연속면의 위치와 움직임에 관한 지식만으로 일기예보가 충분히 가능하다고 증명될 것이라고는 기대하지 않는다." 리처드슨은 자신의 수치 방식이 전선의 경계에서도 작동할 것이라고 믿었지만, 전선을 가로질러서는 일기예보관의 즉흥적인 판단이 필요했을 것이다. 리처드슨이 보기에도 수학만으로는 충분하지 않았다. 일기예보관은 직관과 경험에 의존할 수밖에 없었을 것이다. 일기예보관은 전선과 관련된 곳에서는 주관적인 결정을 받아들여야 했다.

비에르크네스를 비롯한 베르겐 학파의 동료들과 학생들도 원칙적으로는 대기의 수학적 특성을 믿었다. 그들은 공기의 움직임이 물리법칙을 따를 것이라는 사실을 알았다. 또 그들의 도해 방식은 기술적으로 잘 적용하면 실제로 나타날 수 없는 기압을 예측하지는 않지만, 리처드슨이 적용하는 수학에서는 그럴 수도 있다는 점도 알고 있었다. 마지막으로 그들의 도해 방식은 현실 날씨를 엇비슷하게 따라갈 수 있지만, 리처드슨의 수학적 방식은 그럴 수 없다는 것도 알았다. 리처드슨의 연구는 흥미로웠지만 실용적이지는 않았다.

비에르크네스가 개척한 베르겐 학파의 발상인 도해 방식은 제1차 세계대전이 끝날 무렵에는 충분히 개발된 상태였고, 돌이켜보면 대단히 단순했다. 그러나 베르겐 학파의 발상은 곧바로 받아들여지지 않았다. 전선은 1933년이 되어서야 영국의 일간 일기예보에 등장했다. 베르겐 학파에 지원된 기금의 대부분은 카네기 연구소를 통해서 미국에서 왔지만, 베르겐 학파의 발상은 영국에서처럼 미국 기상청에서도 푸대접을 받았다. 미국은 노르웨이식 일기예보를 할 준비가 되어 있지 않았다. 미국 기상청은 1934년 이전에는 기단 분석을 전혀 하지 않았고, 1936년 이후에야 전선이 미국 기상청의 여러 지도들에 등장했다. 만약 주류 일기예보관들이 베르겐 학파의 도해 방식을 적용할 준비가 되지 않았다면, 분명히 리처드슨의 수학적 방식을 받아들일 준비도 되지 않았을 것이다.

≈

부두로 돌아온 나는 일기예보에서 말한 5-15노트의 동풍과 북동풍을 아직은 느끼지 못한다. 바다 쪽으로 얼굴을 돌리자, 5노트의 바람이 얼굴에 닿는다. 바람은 우리가 항해를 하려는 방향인 서쪽에서 불어오고 있다. 그러나 이 부드러운 바닷바람은 아침 햇살 아래에서 빠르게 데워진 육상의 공기가 상승한 자리를 채우기 위해서 더 차가운 멕시코 만의 바닷물 위에 있던 공기가 불어온 것일 뿐이다. 육상에서 햇빛에 데워져서 상승하는 공기는 아르키메데스의 법칙을 따르고, 그 공기가 움직이는 속도는 오일러의 법칙을 따른다. 리처드슨이 활용한 수학적 세포에서는 아침 산들바람에 불과한 이런 규모의 바람은 완전히 없는 것이나 마찬가지였을지도 모른다.

문득 배의 주방 선반에 두었던 책에서 본 것이 생각난다. 나는 항해를 준비해야 하지만, 우리의 선상 도서관에서 그 책을 꺼내든다. 그 책에는 어느 배의 항해일지를 복사한 내용이 있었다. 잠시 후, 나는 알아보기 어려운 필체로 쓰인 선장의 글이 나오는 부분을 찾아낸다. 중간쯤에는 작지만 예쁜 수채화로 선장의 배가 그려져 있다. 사각돛이 달린 돛대 세 개짜리 배가 돛을 모두 활짝 펼치고 파도를 가르는 모습을 보니, 그림 속의 바람은 25-30노트쯤이었을 것 같다. 보퍼트 풍력 계급으로는 된바람과 센바람 사이의 어디쯤일 것이다. 이 배는 1790년에 항해했다. 당시는 보퍼트 풍력 계급이 자리잡기 전이었고, 피츠로이가 등장하기 전이었고, 기상학과 일기예보에 일대 변혁이 일어나는 시대가 오기 전이었다. 그래도 그 배는 항해를 했다. 항해일지에서 따르면, 이 배는 블랑코 곶에서 480킬로미터 떨어진 곳, 오늘날 모로코의 지배권인 사하라 서쪽의 모리타니 앞바다에 있었다.

나는 돋보기와 고도의 집중력으로 나를 이 책으로 다시 끌어들인 구절을 찾아낸다. 선장은 다음과 같이 썼다. "모래는 너무 푸슬푸슬하고 작아서 북서쪽에서 불어오는 흔들바람에도 바다로 날아간다. 우리가 그것을 처음 경험했을 때, 우리는 곶에서 거의 480킬로미터 떨어진 곳에 있었다. 그러니 그 바람 속 입자들의 크기와 날려간 양이 거의 가늠이 될 것이다."

이런 종류의 바람은 리처드슨의 모형에서도 확인이 될 것이다. 세부적인 내용은 중요하지 않을지 모르지만, 모래를 바다 쪽으로 480킬로미터나 싣고 간 바람이라면 주목할 만한 바람이다.

나는 책을 한쪽으로 치워두고 로시난테 호의 오일을 점검한다. 출발 시간이 거의 다 되었다.

≈

1930년대 초반, 미국 기상청은 바람의 수학과 함께 움직이는 기단과 전선의 개념을 의도적으로 무시했다. 그러나 움직이는 기단과 전선, 그리고 바람의 수학은 미국을 모른 채하지 않았다.

가뭄은 미국 대륙 한복판에 자리를 잡았다. 바람이 불었고, 전선들이 휩쓸고 지나갔다. 흙 알갱이들이 진동하다가 튀어오르고, 결국에는 날아갔다. 흙 알갱이들이 맹렬히 도약운동을 한 것이다.

1934년, 540만 킬로그램이 넘는 흙이 그레이트플레인스에서 시카고로 날아들었다. 그레이트플레인스의 흙은 뉴욕 시, 워싱턴 DC, 보스턴을 향하기도 했다. 엄청난 재앙이 텍사스에서 두 다코타 주를 관통하여 북쪽으로 휩쓸고 지나가면서, 약 7,000명이 사망하고 200만 명 이상이 집을 잃은 것으로 추산되었다. 어떤 경우에는 바람이 직접적으로 생명을 앗아가기도 했다. 땅을 잡아 찢을 듯한 토네이도가 집과 헛간과 소와 사람을 집어삼키기도 했지만, 주된 사인은 흙이었다. 숨을 쉴 때마다 들이마신 흙먼지가 폐에 염증을 일으켰다. 남녀노소를 가리지 않고 흙먼지로 인한 폐렴에 감염되었다. 건강한 사람들도 가슴이 아프고 숨이 가빠지고 쉴 새 없이 기침을 했다. 어떤 사람들은 다른 사람들보다 조금 더 일찍 죽었다. 아기 침대를 벗어나보지도 못하고 죽은 아기도 있는 반면, 폐렴으로 인한 흉터와 함께 가난과 불안감과 쓰디쓴 상실의 기억을 가지고 노인이 된 사람도 있었다.

적십자는 방진 마스크를 전달했다. 흙먼지를 일부 차단해주는 이 마스크는 몇 시간 만에 검게 변했다. 눈에 보이지 않는 폐도 검게 변했다.

목구멍을 통해서 위와 장으로 들어간 흙먼지는 감염된 사람들에게 불편감을 일으키고 온몸을 아프게 했다.

흙먼지는 사람과 다른 동물을 구별하지 않았다. 소와 닭과 양도 폐와 장에 흙먼지가 꽉 차서 죽었다.

식물도 모래바람에 파묻혀서 죽었다.

풍경 자체도 죽었다. 맑고 예쁘던 시내에는 진흙이 더껑이처럼 내려앉았고, 담장은 흙더미를 가둬두었고, 집과 말끔하게 쟁기질이 된 밭은 움직이는 모래언덕 아래에 파묻혔다.

반듯하게 쟁기질 된 밭이 문제의 중심이었다. 수천 년 동안 대초원에는 그라마, 버펄로 그래스, 우산잔디 같은 풀들이 자라면서 흙을 고정시켰다. 쟁기질을 하기 전까지는 비가 내리든지 내리지 않든지 초원의 풀들은 끈질기게 살아남았다. 뿌리는 흙과 한 몸이었고, 잎은 땅을 담요처럼 뒤덮고 있었다. 뿌리와 잎은 흙이 진동하고 도약하고 날아가지 못하도록 막고 있었다.

그러나 쟁기질을 한 다음부터는 오래된 식물들이 사라졌다. 가뭄을 견디고, 바람을 이겨낼 수 있도록 자연이 설계한 초원 군락이 사라진 것이다. 야생의 강인함을 갖춘 식물은 농민들에게 길들여진 식물인 작물에 자리를 내주었다. 이런 작물은 애완동물처럼 특별히 돌봐주어야 했다. 정기적으로 물을 주어야 했고, 기온에도 민감했다.

한 토양 과학자는 농민들의 생산방식을 "자멸적 생산"이라고 말했다.

비가 올 때, 너무 덥지 않을 때에는 작물이 잘 자랐다. 잘 자란 작물은 작물이 들어오기 전에 초원에서 살았던 식물들처럼 흙이 날아가는 것을 막았다. 그러나 비가 오지 않았을 때에는 수확이 저조했으며, 가뭄이 들면 농사를 망쳤다. 흙 알갱이가 높이 떠올랐다.

그늘도 없고 사방이 지평선인 내륙에 사는 사람들은 몇 킬로미터 밖의 날씨도 볼 수 있었다. 한쪽은 하늘이 맑고 파랬다. 다른 쪽에서는 위협에 집어삼켜지고 어둠에 압도되어 하늘이 사라졌다. 어둠은 다가올수록 요동치는 검은 덩어리가 되었고, 휘몰아치듯이 날아다니는 흙 알갱이가 보였다. 검은 덩어리가 덮치면 태양이 가려졌다. 고운 가루에서부터 자갈만 한 크기의 입자까지 온갖 흙먼지가 소용돌이치는 검은 덩어리는 지붕과 창문을 난타했고, 눈에 보이지 않는 틈새와 구멍을 통해서 집안으로 들어왔다. 공기는 실내에서조차 안전하지 않았다. 숨을 쉬어야 하는 바로 그 공기와 어떻게든 격리될 수 있도록 아기들을 보호하고 보살펴야 했다. 집안에 있던 가족들은 공포에 질려서 지켜보고 듣고 기다리면서 미세한 흙 알갱이를 들이마셨다.

1935년 4월 14일에 불었던 폭풍은 최악의 흙먼지 바람 중 하나로 꼽힌다. 오클라호마의 「리더 트리뷴(*Leader Tribune*)」의 기자가 쓴 글에 따르면, "라번을 갑자기 덮친 거대한 검은 표토의 구름은 차츰 평평하게 땅 위에 내려앉더니, 하퍼 카운티 사람들 대부분이 한번도 경험한 적 없는 완전한 어둠을 퍼뜨렸다."

1935년이 되자, 캔자스와 오클라호마와 텍사스에 사는 대부분의 사람들은 흙먼지 바람에 이력이 났다. 이제 사람들은 그런 폭풍들을 "흙먼지 살포기(duster)"처럼 취급했다. 사람들은 집안으로 들어온 흙을 쓸어

더스트 볼의 폭풍 속에서 등을 움츠리고 있는 사람, 미국 농림부 사진.

내는 일을 예사로 여기면서 자랐다. 도로에서 예기치 못하게 만난 모래 언덕을 퍼낼 도구를 모델 T 자동차에 싣고 다니는 일도 일상이 되었다. 그러나 이렇게 대초원의 상태에 단련된 시민들에게조차도, 블랙 선데이(Black Sunday)라고 알려진 4월 14일의 이 특별한 폭풍은 특히 더 최악이었다. 그 폭풍 이후로 사람들은 "더스트 볼(Dust Bowl)"이라는 용어를 쓰기 시작했다.

캔자스 「리버럴 뉴스(*Liberal News*)」: "오후 4시에 빛이 흔적도 없이 사라졌을 때, 일부 사람들은 세상의 종말이 다가왔다고 생각했다."

텍사스 「애머릴로 데일리 뉴스(*Amarillo Daily News*)」: "검게 피어오른 구름이 7시 20분에 애머릴로를 강타했고, 시계(視界)가 0인 상황이 12분간 이어졌다."

텍사스 「러벅 이브닝 저널(*Lubbock Evening Journal*)」: "수백 명의 일요일 자동차 운전자들은 짙은 검은 구름이 시속 96킬로미터의 속도로 그들을 향해 돌진하자 꼼짝도 할 수 없었다. 자갈과 모래가 쏟아지는 구름을 뚫고 나가려던 많은 차들은 흙먼지 알갱이가 일으키는 정전기로 인해서 엔진의 점화장치가 망가졌다."

바람은 수십 년 동안의 노력과 희망과 꿈을 빼앗아 날려버렸다. 바람 소리는 장정들의 흐느낌을 집어삼켰다. 바람은 흙만 휩쓸어간 것이 아니라 생명과 영혼과 건강도 앗아갔다. 피폐해진 가족은 교회 입구에 아기를 버렸다. 남녀 모두 흙먼지 바람이 일으킨 고통 속에서 미쳐가고 있었다.

캔자스의 도지 시티에 위치한 기상국은 이렇게 말했다. "바람은 시속 96킬로미터의 속도로 이동하고 있었다. 그 바람을 만나면 시계는 20분간 0으로 줄어들었고, 그후에는 3미터 정도의 시계가 45분 정도 지속되었다. 그 다음에는 산발적인 간격으로 15미터 정도까지 증가한 시계는 해질녘이 되어서야 정상으로 돌아왔다."

기상청은 무능하지 않았지만, 관료들은 신뢰할 만한 일기예보의 기반이 되는 과학보다는 날씨 통계에 더 중점을 두었다. 기상청 직원들은 방금 지나간 바람의 속도를 측정할 수는 있었지만, 다음에는 무슨 일이 일어날지, 이틀이나 사흘 뒤에 또 어떤 공포가 도사리고 있을지를 예측할 수는 없었다.

사람들은 바람에 곤봉으로 대항했다. 그들은 곤봉으로 캘리포니아산토끼를 때려잡았다. 휘몰아치는 흙먼지 속에서 살아남기 위해서 드문드문 흩어져 있는 식물을 뜯어먹고 저장고 속으로 들어가서 낟알을 조금 훔쳐 먹었다는 이유로 산토끼들에게 책임을 돌렸다. 6,000마리가 넘는 산토끼들이 하룻저녁에 죽임을 당하기도 했다.

비슷한 시기에, 미국 산림청과 시민 보호기구와 공공산업 진흥국은 가난한 농민들에게 일자리를 제공했다. 농민들은 곤봉 대신 삽을 들고 구멍을 파고 나무를 심었다.

나무심기는 1934년에 오클라호마에서 니그라소나무 한 그루를 심으면서 시작되었다. 1942년이 되자, 나무들은 3만 곳의 지대에 걸쳐 2억 그루로 늘어났다. 나무가 심어진 지대의 길이는 총 3만 킬로미터에 달했다. 미루나무, 참느릅나무, 아까시나무, 개오동, 붉은물푸레나무, 주엽나무, 뽕나무, 붉은삼나무, 호두나무가 심어졌다. 나무는 바람을 막아주었다. 나무는 바람이 토양과 작물과 인간의 활기를 앗아가는 것을 중단시킴으로써 바람을 정복하기 위한 전략의 일환이었다.

토끼 말살과 나무 심기와 더불어, 기상학계에서도 변화가 감지되었다. 흙먼지가 날아다니는 동안, 유럽에서 전쟁으로 단련된 여러 비행사들이 날아왔다. 1943년 6월 27일, 조종사인 조 더크워스 대령과 항법사인 랠프 오헤어 중위는 텍사스 갤버스턴 남부의 허리케인 속으로 날아가는 내기를 했다. 비행기는 꼬리날개 쪽에 바퀴가 달린 단발기인 AT-6 텍산(Texan)이었다. 조종실에 있는 유리덮개는 허리케인 속을 날지 않을 때에는 열 수 있었다. 착륙을 한 다음 다른 동료를 데리고 다시 허리케인 속으로 날아간 것을 보면 더크워스는 대단한 재미를 느꼈던 것 같다.

상업 항공도 더스트 볼 시기에 확립되었다. 1933년이 되자, 유나이티드 항공은 한 번 여행하는 데에 20시간이 걸리던 미국 동부 해안과 서부 해안 사이를 오가기 시작했다. 1938년에는 날로 증가하고 있던 상업 항공기에 일정한 압력을 유지할 수 있는 여압실(pressurized cabin)이 적용되었다. 1945년이 되자 항공사들은 앞 다투어 값싼 항공료를 광고하기 시작했다.

항공기들은 높은 고도에서 얻은 자료를 제공할 수 있었고, 상업 항공이 성장하면서 더 양질의 일기예보에 대한 요구도 높아졌다.

노르웨이에서 시작된 과학은 그레이트 플레인스뿐만 아니라 미국 전역으로 서서히 퍼져나갔다. 베르겐 학파의 전선이 일기도에 등장하기 시작한 것이다. 베르겐 학파의 방식은 도해와 주관적 판단에 의존했을

지 몰라도 효과는 있었다. 그들은 사람들이 앞으로 다가올 날씨를 짐작할 수 있게 해주었고, 터무니없는 결과를 도출하지도 않았다.

그러나 기상학자들은 수학을 완전히 버리지 않았다. 베르겐 학파의 도해 방식이 가진 유용함과 상대적 단순함에도 불구하고, 일부 기상학자들은 수에 대한 신의를 지켰다. 웨일스의 데이비드 브런트라는 기상학자는 1939년에 쓴 그의 기상학 교재에 뻔뻔할 정도로 당당하게 수식을 흩뿌려놓았다. 그는 다음과 같이 썼다. "나는 기상학이 가능하면 어디에서나 측정 과학을 지향해야 한다고 생각한다. 또 수식의 형태로 표현될 수 없는 물리학 이론은 완전히 만족스럽다고 할 수 없다고도 생각한다."

≈

1930년대의 바람은 텍사스에서 캐나다까지 길게 이어지는 드넓은 땅을 바꿔놓았다. 그러나 바람이 땅의 모양을 바꾸는 것이 딱히 특별한 일은 아니다. 베르겐 학파의 비에르크네스와 그의 추종자들이 대단히 풍부하게 설명한 소용돌이치는 바람은 허리케인과 토네이도 같은 난폭한 바람뿐만 아니라 일상적으로 부는 보통의 바람까지도 아우른다. 이와 함께 수많은 위성사진 속 구름에서 볼 수 있는 소용돌이 유형으로 움직이는 공기가 모두 공평하게 작용하여 전체 경관을 형성하는 것으로 밝혀졌다. 텍사스에서 캐나다까지 길게 이어지는 땅에, 바람이 일으킨 변화에서 유일한 특이점은 사람들이 그 지역의 토착 식물을 제거했다는 것이다. 그 다음에 가뭄이 와서 땅이 건조해졌고 바람이 흙을 옮겼다.

급수가 충분한 지역, 즉 사람들이 살고 있는 대부분의 지역은 물의 작용이 바람의 작용을 상쇄시킨다. 물 사정이 좋은 지역에서는 흐르는 물에 의한 침식 작용이 더 뚜렷하게 나타난다. 더 북쪽으로 가면 서서히 움직이는 빙하에 의한 침식이 일어나기도 한다. 그러나 건조한 땅에는 풍릉석(ventifact)과 풍식 지형인 야르당(yardang)이 있다. 우묵한 팬(pan) 지형과 잔류 퇴적물(lag deposit)도 있고, 움직이는 사구도 있다.

풍릉석은 바람에 날린 모래와 자갈에 긁힌 암석이다. 풍릉석의 잘린 면과 홈을 보면 주된 바람의 방향을 알 수 있다. 오래된 풍릉석에는 그 지역에 부는 주된 바람의 변화가 기록되어 있다. 화성의 풍릉석은 화성 표면에 부는 지상풍의 방향을 보여준다.

어떤 풍릉석은 버섯 모양인데, 암석의 아랫부분에는 바람에 날리는 모래와 자갈이 부딪히지만, 윗부분은 모래와 자갈이 닿기에는 너무 높아서 상대적으로 공격을 받지 않고 그대로 남아 있다. 이런 버섯 모양 돌에서 버섯 기둥에 해당하는 부분은 폭풍이 불 때마다 점점 더 가늘어진다.

야르당은 바람에 깎인 바위 언덕이다. 대충 깎아서 만든 첨탑처럼 너비보다 높이가 더 큰 것들도 종종 있으며, 때로는 바위 자체가 바람 쪽으로 구부러진 것도 있다. 어떤 바위에는 바람에 의해서 바늘구멍 같은 구멍이 뚫려 있기도 하다. 바람은 흙을 후벼파고 무른 암석을 공격해서 더 단단한 암석을 둘러싸고 있는 흙을 파낸다. 그래서 단단한 암석이 점점 위로 자라는 것처럼 보이게 만드는데, 사실은 더 부드러운 땅이 파이면서 낮아지는 것이다.

유럽 동남부에서 유래한 "야르당"이라는 단어를 서구 세계로 들여온 스웨덴의 탐험가 스벤 안데르스 헤딘은 빌헬름 비에르크네스와 동시대인이며, 어쩌면 친분이 있었을 수도 있다. 중앙 아시아의 건조지대를 두루 여행한 헤딘은 이렇게 썼다. "L.M(원문 그대로) 지역을 떠난 후에 우리가 찾아간 땅은 한눈에도 극단적인 바람의 침식 흔적이 명확하게 드러났다. 야르당의 고랑은 2.5-3.6미터 깊이로 움푹 패어 있었다."

야르당은 아름다워 보일지는 모르지만, 늘 편안한 곳은 아니다. 헤딘은 다음과 같이 썼다. "우리는 텐트를 치기에 알맞은 평평한 곳을 찾아서 얼른 야영을 해야 했다. 그러나 야르당의 형성으로 붕괴된 땅에는 그럴 만한 장소가 대단히 드물었다."

대규모 암석 지형은 모래바람을 맞으면 풍릉석이나 야르당이 될 수 있다. 만약 더스트 볼 생존자들의 허파가 돌로 만들어졌다면 풍릉석이 되었을 것이다.

팬 지형은 평평하고 넓게 트여 있거나 때로는 우묵한 모양인데, 바람이 물질들을 멀리 날려보낼 때에 형성된다. 잔류 퇴적물에서는 거친 자갈이 고운 모래보다 더 위에 쌓여 있다.

바람에 의해서 형성되는 지형의 특징에 관한 이야기로 책 한 권을 채울 수도 있다. 자세히 살펴보면 가장 단순한 것이 가장 복잡해진다. 풍릉석은 바람을 맞아서 닳는 면이 하나뿐인 단릉석(einkanter)일 수도 있고, 두 면이 닳는 이릉석(zweikanter)일 수도 있고, 세 면이 닳는 삼릉석(dreikanter)일 수도 있다. 암석의 모양을 바꾸고 그 아래에 있는 땅을 침식시키는 바람은 암석을 쓰러뜨려서 바람에 새로운 암석면을 노출시킬 수도 있다.

바람에 날린 모래가 쌓인 언덕인 사구는 표면층, 전면층, 기저층으로 구분할 수 있으며, 사구의 활주 사면(slip face)은 모래 알갱이의 크기와 형태에 의해서 결정되는 안식각(angle of repose)에 따라 급경사를 이루며 내려간다. 단단한 땅 위에 한정된 양의 모래가 있는 곳에 지속적으로 바람이 불면 초승달 모양의 사구인 바르한(barchan)이 형성된다. 거기서 더 많은 바람이 불면 형성되는 횡사구(transverse dune)는 바닷가로 다가오는 파도의 모양과 비슷하게 생겼다. 여기에 모래의 일부를 가둬두는 산발적인 식생이 추가되면, 포물선 사구(parabolic dune)가 형성된다. 다른 방향에서 또다른 바람이 불어오면 성사구(star dune)가 만들어진다.

만약 루이스 프라이 리처드슨이 아직 살아 있다면, 사구와 풍릉석과 야르당의 모형화와 수학적 분석을 지원했을지도 모른다. 그랬다면 그는 혼자가 아니었을 것이다. 이를테면 데이비드 콕스 같은 사람과 함께 연구를 했을 것이다. 콕스는 이 주제로 2005년에 박사학위 논문을 썼다. "따라서 우리가 항유동층(constant flux layer)의 깊이 d를 안다고 가정하면 이 층에서의 흐름을 고려할 수 있다. 그러면 방해가 없는 경우에 (3.1)과 같은 대수 분포가 주어지고, 그 결과 이 층의 최상부에서의 속도인 Ud는……." 콕스의 논문은 이런 내용이 177쪽 내내 이어진다.

≈

로시난테 호의 엔진에 시동을 걸기 전, 우리는 아직 인터넷에 접속할 수 있을 때에 패시지웨더 사이트를 한 번 더 확인한다. 우리는 자료의 출처에 대해서는 논의하지 않는다. 일기예보는 관측 지원 선박, 자동 기상 관측 부표, 위성에서 나오는 자료들에 의존하며, 이 자료들은 실제 날씨가 변화하는 동안에도 계속 스스로를 갱신해간다. 우리는 비에르크네스의 이야기를 하지도 않고, 루이스 프라이 리처드슨을 언급하지도 않는다. 바로 지금, 우리가 알고자 하는 것은 역사도, 이론도 아니다. 우리가 바라는 것은 신뢰할 만한 일기예보뿐이다. 다시 계류줄을 풀고 멕시코를 향해 나아가도 된다는 일기예보관의 최종 확인, 일기예보관의 허가뿐이다.

우리의 컴퓨터 화면에는 멕시코 만 전체의 수치 일기예보 결과가 표시된다. 사용자가 한눈에 볼 수 있도록 갖가지 색깔로 구분되어 있다. 멕시코 만은 흰색, 밝은 파란색, 짙은 파란색이다. 녹색이나 노란색이나 빨간색은 없다. 보퍼트가 말한 센바람이나 큰센바람, 또는 된바람조차도 없는 것이다. 수십여 개의 작은 선들이 화면을 장식하고 있는데, 조금 강한 바람을 나타내는 깃털 모양 꼬리가 있기는 하지만 폭풍을 경고

하는 표시는 없다.

우리는 시간대를 따라 화면을 이동시킨다. 이틀치 일기예보는 세 시간 간격으로 나오고, 그 뒤 사흘치는 여섯 시간 간격으로 나온다. 그 이후부터는 일주일치가 열두 시간 간격으로 올라와 있다. 우리는 우리의 미래를 세 시간, 여섯 시간, 열두 시간 간격으로 본다. 날씨는 모두 괜찮아 보인다. 우리는 5-15노트로 가볍게 부는 동풍을 벗 삼아 항해를 하게 될 것이다.

사흘 동안 우리는 스페인어를 하게 될 것이다.

우리는 선수 쪽의 계류줄을 먼저 풀고, 그 다음에는 선미 쪽의 계류줄을 풀고 출항한다. 줄에서 풀려난 로시난테 호가 몇 센티미터 앞으로 나아간다. 나는 산들바람이 로시난테 호의 뱃머리를 왼쪽으로 끌어당기게 함으로써 옆 계류장에 묶여 있는 소형 보트를 피한다. 몇 센티미터를 사이에 두고 아슬아슬하게 말뚝을 피한다. 덕분에 로시난테 호의 난간에 걸쳐둔 보조 배의 엔진이 망가지는 것을 막을 수 있었다.

경계의 높이가 수면과 몇 센티미터 차이가 나지 않을 정도로 수위가 갑자기 높아지고, 주말을 맞아 배를 타는 사람들로 붐비는 좁고 깊은 수로도 골칫거리이다. 어떤 배들은 빈약한 시력을 자신감으로 채우려는 마구 씨(만화영화 주인공/옮긴이) 같은 선장이 지휘를 하는 것처럼 보인다. 우리는 뱃머리를 바다 쪽으로 돌리기 전에 수로의 더 넓은 지점에 도달하기 위해서 빠르게 내륙 쪽으로 이동한다.

로시난테 호는 출발한 지 10분 안에 멕시코 만으로 나아가는 바위 방파제와 뱃머리를 나란히 한다. 우리는 방파제를 따라 늘어선 의자에 앉아 있는 노인들에게 손을 흔든다. 그들도 손을 흔든다. 방파제를 완전히 통과하기 전, 우리는 앞돛을 활짝 펴고 한껏 바람을 받는다. 크게 부푼 돛은 우리를 멕시코로 데려다줄 것이다. 나는 로시난테 호의 디젤 엔진을 끈다. 그러자 뱃전에 찰랑이는 물소리, 바람소리, 지나가는 갈매기의 날카로운 울음소리가 들린다.

≈

제1차 세계대전의 최전선 근방에서 연필과 종이와 연산자로 무장한 루이스 프라이 리처드슨은 터무니없는 일기예보를 내놓았다. 그가 예측한 기압 변화는 실제 세계에서는 절대 일어나지 않는다. 그는 무엇이 잘못되었는지를 이해하기 위한 과정에서, 자신의 수학적 모형에 쓰인 관측 자료에 문제가 있음을 발견했다. 그가 확신한 바에 따르면, 불가능한 일기예보를 낳은 확연한 오차는 "초기 바람의 묘사에서 생긴 오차 때문일 수 있었다." 그가 특별히 의구심을 드러낸 부분은 높은 곳의 바람에 대한 관측 결과, 더 정확하게는 관측 결과의 부족이었다. 지면에서 멀리 떨어진 높은 곳의 세포에서는 주로 기구에 의존해서 측정을 했다. 그는 다음과 같이 썼다. "이런 오차는 주로 기구 관측소의 분포가 불규칙적이고 그 수가 매우 적은 것과 관련된 것으로 보인다."

자신이 왜 틀렸는지에 관한 그의 추측은 틀렸다. 오차의 원인은 애초에 바람에 있지 않았다.

2006년 기상학자인 피터 린치는 리처드슨의 일기예보를 검산해보았다. 리처드슨은 『수학적 과정에 의한 날씨 예측』에 자신이 적용하고 발전시킨 과정을 단계별로 아주 자세하게 기록했다. 린치는 오늘날의 컴퓨터와 대기에 관한 지식의 도움을 받지 않고 그 과정을 한 단계씩 따라갔다. 린치의 지적에 따르면, 리처드슨의 방식은 현대식 컴퓨터에 더할 나위 없이 적합하며, 오차가 있기는 했지만 리처드슨의 일기예보는 "자체적인 일관성이 있었다." 린치는 리처드슨의 오차가 실제 대기에서는 서로 상쇄되는 사소한 요동을 적절하게 설명하지 못한 데에서 비롯되었다고 보았다.

린치는 이렇게 썼다. "문제의 핵심은 대기에 널리 나타나는 섬세한 동적 균형이 리처드슨이 사용한 초기 자료에는 반영되지 않았다는 점이다." 여기서 균형이란 전문적인 기상학 용어로는 기압 차와 코리올리 항들 사이의 균형을 말하는데, 이런 동적 균형을 무시하면 일기예보가 엉뚱한 구멍으로 빠져버린다.

린치는 "이 불균형으로 인해서 그의 일기예보가 가짜 잡음에 오염되었다"고 덧붙였다. 린치는 이 불균형이 "큰 진폭으로 진동하는 경향이 있는 거대한 중력파를 야기했을 것"으로 보았다.

바다에서 일어나는 파도는 중력파(gravity wave)라고 알려진 파동의 한 종류이다. 대양의 파도에서, 바람은 수면을 교란시킨다. 파도는 점점 커진다. 결국 중력이 파도를 아래쪽으로 잡아당기지만, 그 전에 위로 향하는 힘이 작용해서 파도는 잔잔할 때의 위치보다 조금 더 올라간다. 그리고 파도가 다시 아래로 칠 때에는 잔잔할 때의 위치를 조금 지나칠 때까지 잡아당기는 힘이 작용하고, 그 다음에는 다시 끌어올리는 힘이 작용할 수 있다.

대양과 마찬가지로, 대기에도 중력파가 가득하다. 대기의 중력파는 공기가 다른 밀도의 공기를 만날 때에 형성된다. 때로 이런 중력파는 나란한 선들이 잔물결처럼 늘어서 있는 구름의 형태로 나타난다. 드물게는 부서지는 파도와 같은 모양의 구름으로 나타나기도 한다.

리처드슨의 일기예보가 실패한 이유를 이해하기 위해서, 거세지는 파도의 모양을 담은 아주 짧은 동영상을 생각해보자. 당신은 한번도 파도를 본 적이 없고, 파도가 어떤 모양으로 오르내리고 어떻게 마루와 골을 이루는지에 대한 직관도 없다고 가정해보자. 당신은 점점 높아지고 있는 파도만 생각할 것이다. 당신의 마음속에 보이는 파도는 경험 이상으로, 믿음 이상으로 커진다. 상상의 파도가 터무니없이 커지는 것이다.

만약 그것이 대기의 파도라면, 그 파도의 이면에 있는 기압도 마찬가지로 터무니없이 커질 것이다.

리처드슨의 오차는 무의미한 요동을 제거하지 못한 그의 실수에서 비롯되었다. 실제 세계에서 이런 요동은 서로 상쇄된다. 그의 오차는 자료를 매끄럽게 다듬지 못한 실수, 실제 세계에서는 균형과 맞균형을 이루는 단순한 잡음을 무시하지 못한 실수에서 비롯되었다. 현실적인 측면에서 보면, 이런 단기적인 사건은 다른 단기적인 사건에 의해서 제거될 뿐이다. 물리학의 세계에서는 개개의 사건들이 중요하지만, 일기예보라는 측면에서 둘을 함께 놓고 보면 중요하지도 않고 흥미롭지도 않다. 그의 실수로 그의 수학적 세계는 걷잡을 수 없이 복잡해졌다.

방법적인 측면에서 보면, 리처드슨의 일기예보는 놀라움 그 자체였다. 그러나 일기예보로서는 쓰레기였다.

조금만 변화를 주면 이 문제는 바로잡을 수 있었을 것이다. 리처드슨의 일기예보는 아주 많이 틀렸지만, 그의 방식은 놀라울 정도로 과녁에 근접했다. 간간이 대포소리가 들리는 전장에서 연구의 상당 부분을 수행했다는 점을 감안하면, 그가 간과한 점은 너그럽게 이해할 만하다.

수십 년이 흐르는 동안, 수치 일기예보는 더욱 강력해졌다. 리처드슨의 일기예보가 설령 효과가 있었다고 해도, 컴퓨터가 나오기 전까지는 학문적인 논의를 벗어나지 못했을 것이다. 좁은 지역에 대한 일기예보 하나를 겨우 다룰 수 있는 수준의 수학으로는 규모를 확장시킬 수 없었다. 리처드슨은 일기예보 공장을 꿈꿨다. 그는 3차원 체스판 모형처럼 꾸민 극장에 칸마다 사람들이 가득 앉아서 각자의 계산에 몰두하는 광경을 꿈꿨지만, 그것이 한낱 꿈에 불과하고, 당시 기술로는 자신의 방법이 결코 실용화될 수 없으리라는 사실을 알고 있었다.

비에르크네스가 확립한 베르겐 학파의 실용적 방식은 필요에 의해서 태어났고 수학보다는 도해 방식에 의존했으며, 1980년대 중반까지 3일치 일기예보에 주로 활용되었다.

≈

방파제를 조금 지나자 바람이 사라진다. 앞돛은 축 처져서 쓸모없이 매달려 있다. 주 돛도 따라서 축 처진다. 바람은 마음이라도 먹은 듯이 오후 늦게까지 우리를 버리고 떠난다. 태양이 수평선과 가까워질 무렵, 기다리던 바람이 동쪽에서 10노트에 가까운 속도로 다시 불어온다. 로시난테 호는 잔잔한 바다 위에서 사선으로 뒷바람을 받으면서 편안하게 나아가고 있다. 주 돛과 미즌 돛과 앞돛이 우현 밖으로 밀려나갈 정도로 크게 부풀어서 5노트의 속도를 낸다. 우리는 석양에 물들어 주황빛을 띠는 파도를 가르며 춤을 추듯이 나아간다. 플로리다의 오스턴은 수평선 아래로 가라앉으며 사라져간다. 드라이 토르투가스 군도도 수평선 아래에 있지만 쉽게 닿을 수 있는 좌현 선수 쪽에 있다.

이곳은 예전에 한 커플이 72노트에 달하는 돌풍을 만나서 배를 거의 잃을 뻔했던 지역이다. 그들도 우리처럼 갤버스턴 항을 출발한 신참내기였다. 나흘의 연안 항해 직후에 토르투가스에 닻을 내린 그들은 약한 저기압의 영향으로 남동쪽으로부터 순풍이 불 것이라는 예보를 들었다. 그러나 그후 일기예보가 바뀌었다. 이제는 40노트의 바람이 지속적으로 불 것으로 예상되었다. 12시간 동안 기압은 17밀리바가 떨어졌다. 리처드슨의 잘못된 예측에는 비할 바가 아니었지만 실제 세계에서의 계산 실수는 드라이 토르투가스 군도 앞에 정박한 요트를 처참하게 박살내기에 충분했다. 그 커플의 배는 미즌 돛대가 갑자기 갑판에서 부러졌다. 미즌 돛대는 케치에서 선미 쪽에 서 있는 작은 돛대이다. 바람이 잦아들 때까지 그들의 배는 옆으로 넘어져 있었고, 심하게 좌초되어 크게 파손되었지만 그들은 살아남았다. 그들은 배를 다시 띄워서 어렵사리 뭍에 닿았다. 배를 수리한 그들은 다시 출발했다. "우리는 21세기의 중요한 기상 사건을 전부 피하기 위해서 최선을 다하고 있다." 훗날 그들은 태평양을 건너서 뉴질랜드로 항해를 하는 동안 이렇게 썼다.

그러나 이것은 모두 옛날이야기, 1993년에 일어났던 사건이다. 오늘날의 일기예보는 훨씬 더 신뢰할 만하다. 그 커플은 20세기 후반의 일기예보를 듣고 항해를 했지만, 우리는 21세기 일기예보의 도움을 받아서 항해를 한다.

제7장

계산

우리는 무역풍을 타고 나아간다. 군함새도 길이 5미터에 달하는 거대한 날개를 활짝 펼치고 옅은 공기 속에 자리를 잡고서 무역풍을 타고 있다. 군함새는 비행을 위해서 설계된 것처럼 보인다. 공기가 들어 있는 뼈의 무게는 깃털보다도 가볍다. 한 번에 며칠 동안 하늘에 떠 있을 수도 있고, 날면서 잠을 자기도 한다. 쉬거나 알을 품을 때에는 뭍에 있는 둥지로 돌아오지만, 그들의 서식지는 기본적으로 하늘이다. 오늘 우리가 본 군함새들은 아마 쿠바에서 왔을 것이다. 그러나 훨씬 먼 곳에서 왔을 수도 있다.

지난 이틀 동안 우리는 뱃사람들이 흔히 만나기 어려운 조합인 골디락스 바람과 잔잔한 바다를 누렸다. 밤에는 우리 배가 지나간 자리에 인광(燐光) 플랑크톤들이 반짝였다. 녹색으로 빛나는 점들은 로시난테호의 움직임이 일으키는 난류를 따라왔다.

파도 아래에 있는 물은 살아 있다. 플랑크톤은 물기둥을 따라서 수직으로 분포한다. 이 물기둥의 최상층에는 수표생물(neuston)이 살고 있다. 수표생물은 부유생물인 플랑크톤과는 다르다. 어떤 수표생물은 물표면 바로 아래에서 헤엄을 치고 다른 수표생물은 물표면의 아래쪽 면에 해당하는 바다 속에 작은 박쥐처럼 매달려 있다. 또다른 수표생물은 물의 장력을 횃대 삼아서 물 표면에 서 있다. 로시난테 호는 이런 수표생물의 서식지를 마치 칼로 베듯이 가르면서 지나간다. 순식간에 보이지 않는 생명체들을 훼방놓은 것이다. 로시난테 호는 최상층과 그 바로 아래에 있는 물을 휘저어서 수표상생물(epineuston)과 수표하생물(hyponeuston)을 무자비하게 뒤섞어놓는다. 일시적으로나마 멕시코 만을 좁다랗게 가로질러서 생물들 사이에 위아래 없는 세상이 만들어진다.

나는 아직 한번도 본 적은 없지만, 바다소금쟁이인 할로바테스속(*Halobates*)도 수표상생물에 해당한다. 바다에 사는 몇 안 되는 곤충 중 하나인 할로바테스는 몸집은 작지만 다리는 아주 길다. 대부분은 해안 근처에 살지만, 해안에서 아주 먼 바다에서 발견되는 5종은 바람에 날리고 파도에 떠밀리고 바람이 일으키는 해류에 실려 돌아다닌다.

어쩌면 내가 이들을 보지 못한 것은 충분히 가까이에서 보지 않았기 때문일지도 모른다. 한 조사 보고서에 따르면, 2.5제곱킬로미터의 바다에는 10만 마리가 넘는 바다소금쟁이가 있다. 나 자신도 수표상생물로 사느라 바쁘다 보니, 그들의 존재를 알아차리지 못했다.

흩어져 있는 고깔해파리들이 보인다. 지난 이틀 동안, 고깔해파리들도 로시난테 호와 그 선원들처럼 완벽한 바람과 잔잔한 바다를 즐기고 있다.

고깔해파리는 해파리처럼 생겼지만 해파리는 아니다. 심지어 하나의 고깔해파리가 하나의 개체도 아니다. 고깔해파리는 해파리의 친척인 관해파리의 군체(群體)인데, 관해파리는 해파리강도 아닐뿐더러 자포동물아문에도 속하지 않는다. 고깔해파리는 계통분류학적으로 볼 때, 즉 외형이나 유전적인 역사로 볼 때, 해파리보다는 불산호에 더 가깝다. 그러나 고깔해파리와 해파리와 불산호는 모두 자포동물문(Cnidaria)에 속한다. Cnidaria라는 이름은 그리스어로 "쐐기풀"을 뜻하는 단어에서 유래했고, 이 문에 속하는 종류는 모두 쏘는 세포인 자포(刺胞)를 가지고 있어서 그런 이름이 붙었다.

고깔해파리 군체는 하나의 개체처럼 행동한다. 고깔해파리 군체의 한 부분에서는 기다란 촉수가 발달하는데, 길이 30미터가 넘는 촉수도 있다. 촉수 위로는 물에 떠 있는 부분이 발달한다. 반투명하고 납작한 풍선 같은 모양의 푸르스름한 이 공기 주머니는 정확히는 부유기(pneumatophore)라고 부른다. 만약 이 부유기에서 기체 표본을 채취한다면, 일산화탄소 함량이 대단히 높을 것이다. 다윈도 고깔해파리의 부유기 속에 차 있는 일산화탄소에 대한 진화적 이점을 찾느라 골머리를 앓았을 것이다. 왜 정상적인 세포 호흡의 산물인 이산화탄소가 아닌 일산화탄소가 들어 있을까? 그러나 부유기의 모양이 납작한 이유는 그도 곧바로 알아차렸을 것이다. 다윈은 고깔해파리의 부유기가 돛이라는 것을 알고, 돛이 클수록 적응에 유리하다는 점을 인식했을 것이다. 어쩌면 그는 어떤 해파리는 오른쪽으로 치우친 돛을, 다른 해파리는 왼쪽으로 치우친 돛을 가지고 있어서 바람의 방향에 따라 서로 다른 방향으로 떠밀려 가는 경이로운 다양성의 표현까지도 알았을지 모른다.

고깔해파리는 일생을 물 위를 떠다니면서 보낸다. 돛 같은 부유기를 띄우고 촉수를 길게 늘어뜨린 채, 군체 전체가 바람을 따라 항해한다.

지난 이틀, 로시난테 호와 그 선원들과 셀 수 없이 많은 고깔해파리는 어느 정도 뒤에서 부는 바람을 맞으며 항해했다.

만약 우리가 동쪽으로 방향을 돌려서 다시 플로리다로 향하려고 했다면 아마 고전을 면치 못했을 것이다. 그러나 로시난테 호는 고깔해파리에 비하면 쉽게 맞바람을 탈 수 있는 배이다. 고깔해파리의 영어 이름인 man-of-war는 사각돛을 단 옛 군함의 이름에서 유래했지만, 고깔해파리는 맞바람을 아예 탈 수 없다.

해마다 해변에는 바람에 떠밀려온 고깔해파리가 난파된 돛배처럼 오도 가도 못하고 쌓여 있다. 해안에서는 귀여운 파란 돛처럼 생긴 이 생명체가 해변을 찾은 사람들을 공격한다. 그들의 기다란 촉수는 파도 속에서 뻗어나오거나 마른 해초더미와 뒤섞여 파도에 휩쓸려 해안으로 올라온다. 그리고 육지에서는 보이지 않는 먼 바다에서 돛을 세우고 위풍당당하게 떠다니는 고깔해파리의 모습을 한번도 본 적 없는 사람들의 맨발을 쏘아 고통을 준다.

지난밤 자정 즈음에는 바람이 거세졌다. 동틀 무렵인 지금은 1.8-2.4미터 높이의 파도가 로시난테를 뒤따라와서 한바탕 부서진다. 자동 조타장치는 바람과 같은 방향에서 오는 이런 너울과 씨름하면서, 파도를 타고 내려가는 배의 진로를 과잉교정하려고 든다. 과잉교정을 하면서 자동 조타장치가 타축(rudder post)에 연결된 금속 핀에 무리를 준다. 핀 하나는 헐거워지고 다른 핀은 절반으로 부러진다.

자동 조타장치가 작동하면 선원들은 잠시 한숨을 돌린다. 자동 조타장치가 작동을 하지 않으면 선원들은 조타기를 잡는다. 우리는 두 가지 방식으로 멕시코를 향해 나아간다. 아침을 먹기 전, 우리가 측정한 수심은 120미터이다. 정오에는 멕시코에 닿아야 한다.

≈

선원들 사이에서 군함새는 날씨가 나빠질 징조로 간주된다. 더 분석적인 선원이라면 군함새가 전선면을 따라서 날아다닌다고 말할지도 모른다. 이와 대조적으로, 로버트 피츠로이는 "바닷새가 아침 일찍 먼 바다에서 날면 바람이 적당히 부는 좋은 날씨가 예상된다"고 썼다. 그에게는 바닷새가 뭍에서 나는 것이 폭풍의 징조였다. 그러나 그는 군함새가 아닌 다른 바닷새들을 염두에 두었을 것이다.

피츠로이는 많은 동물들이 다가올 날씨를 감지할 수 있다고 믿었다. 그는 다음과 같이 썼다. "새 외에도 많은 동물들이 비나 바람의 접근에 영향을 받는다. 날씨를 예측하고자 하는 관찰자라면 이런 조짐을 무시해서는 안 될 것이다."

동물이 다가올 날씨를 감지하는 것 같다고 생각한 것은 피츠로이가 처음은 아니었다. 피츠로이보다 19세기 전, 호라티우스는 이런 글을 남겼다. "나는 해가 뜰 때부터 기도하여 큰까마귀를 깨울 것이다. 다가오는 비를 예견한 그 새가 고인 물웅덩이를 다시 찾기 전에." 대(大)플리니우스는 피츠로이보다 18세기 앞서, "새가 특별히 큰 소리로 울면서 물가 근처에서 시끄럽게 몸을 씻는다면 비가 올 징조이다"라고 말했다.

개구리가 울면 폭풍이 올 조짐이다. 소는 비가 오기 전에 땅에 드러누워서 마른 땅을 지킴으로써 진창에서 잠을 자는 일을 피했다. 벌과 나비도 관찰해야 한다. 만약 양들이 서로 모여 있으면 한랭전선을 예상할 수 있다. 무당벌레가 떼를 지어 다니면 무더위가 올 조짐이다. 북아메리카마멋은 겨울이 긴 해에만 자신의 그림자를 알아챘다.

피츠로이의 『날씨 책』이 출간된 해인 1863년, 네덜란드에서도 기상학적 조짐들이 담긴 책이 발표되었다. 이 책의 저자도 피츠로이처럼 동물의 예측에 관해서 썼다. 그가 설명한 내용은 위트레흐트에 있던 어느 프랑스 스파이가 거미의 움직임을 토대로 매서운 겨울을 예측했다는 이야기였다. 프랑스는 네덜란드를 침공하려고 했지만, 강과 무른 늪지로 인해서 좌절을 겪었다. 그런 조건에서는 말도 보병도 모두 느리기 때문이었다. 기회를 엿보던 프랑스인들은 자국의 스파이로부터 거미를 이용한 일기예보를 듣고, 1795년에 꽁꽁 언 강을 건너고 서리가 내린 땅을 가로질러서 빠르게 움직였다.

이 네덜란드 저자는 동물의 일기예보를 믿었지만, 과학만큼 신뢰하지는 않았다. 그는 이렇게 썼다. "우리가 부정할 수 없는 것은, 많은 동물이 미래의 날씨 변화를 알 수 있는 독특한 감수성을 지니고 있다는 점이다. 그러나 이런 기이한 동물들의 습성은 무척 한정되어 있고, 우리의 기상학 장비들은 더 빠르고 더 확실하게 날씨의 변화를 알려준다."

≈

바람은 파도의 마루에서 물보라를 일으킨다. 가끔은 로시난테 호의 조종실에도 물보라가 흩날린다. 거미줄에 맺힌 물보라가 아침 햇살을 받아 빛난다. 약 20센티미터 크기의 거미줄은 미즌 돛대의 밧줄과 구명 밧줄 사이, 선미의 돛대를 지탱하는 밧줄과 우리가 배 밖으로 떨어지는 것을 방지하는 밧줄 사이에 펼쳐져 있다.

찰스 다윈은 피츠로이 선장의 배를 타고 여행을 하는 동안 바다에서 거미를 보았다. 그는 이렇게 썼다. "그날 저녁, 모든 밧줄이 아주 고운 거미줄로 뒤덮였다. 나는 이 비행사 거미를 몇 마리 잡았다. 이 거미들은 적어도 90킬로미터는 날아왔을 것이다."

다윈은 그밖에도 바람을 타는 거미에 관한 글을 쓴 적이 있다. 이런 거미들은 종종 풍선 타는 거미라고 불리지만, 거미들은 가느다란 거미줄을 풍선보다는 연에 더 가깝게 이용한다. 다윈은 다음과 같이 썼다. "비글 호가 라플라타 강 어귀에 들어설 때에 선체의 밧줄들이 가느다란 거미줄로 뒤덮이는 일이 몇 번 있었다. 어느 날(1832년 11월 1일) 나는 이 주제에 특별히 관심을 기울였다. 날씨는 아주 맑았고, 공기 중에는 잉글랜드의 어느 가을날처럼 솜털 같은 거미줄이 가득했다. 배는 육지에서 90킬로미터 떨어진 곳에 있었고, 가벼운 바람을 받으며 순항 중이었다. 거미줄에는 길이가 약 2밀리미터이고 탁한 붉은색을 띠는 조그만 거미들이 다닥다닥 달라붙어 있었다. 배 위에 있는 거미는 족히 수천 마리는 되어 보였다. 이 작은 거미가 밧줄에 처음 안착할 때에는 항상 거미줄이 한 가닥이었다."

나는 로시난테 호의 밧줄에 거미줄을 친 이 거미가 플로리다에서 몰래 올라탄 것인지 아니면 쿠바에서 날아와서 중간에 탑승을 한 것인지 전혀 모르겠다. 지금 내가 알고 있는 것은 거미줄이 있다는 것뿐이다. 거미는 어디론가 사라지고 없다. 더 좋은 사냥터를 찾아서 날아갔을지도 모르고, 날씨가 나빠질 것을 감지하고 어디론가 숨었을지도 모른다. 그러니 내가 알고 있는 것은 가느다란 거미줄에 의지해서 날아가는 거미는 한 종류 이상이라는 것이다. 작은 거미들 사이에서는 이런 습성이 흔히 나타나는 것 같다. 이런 거미들은 4,800미터 상공에서 잡힌 적도 있고, 1,600킬로미터를 이동한 적도 있으며, 바람을 타고 몇 주일 동안 날아갈 수도 있다.

로시난테 호는 다른 항해자와 바람을 나눠 쓰고 있는 것이다.

≈

생물학자들은 모든 생물을 끊임없이 분류하고 생물들이 살아가는 모든 환경을 쉴 새 없이 구분하다가, 때때로 생물군계(biome)에 관해서 이야기한다. 그레이트 플레인스는 풀로 이루어진 생물군계를 형성한다. 북극권의 툰드라는 동토(凍土)로 이루어지고 나무가 없는 생물군계이다. 열대우림은 다양성이 엄청나게 높은 생물군계이다. 1960년대 초반, 생물학자이자 히말라야 탐험가인 로런스 W. 스원은 그리스 신화에 등장하는 바람의 신인 아이올로스의 이름을 딴 풍성(風成, aeolian) 생물군계에 관해서 설명했다.

스원은 에베레스트 산 해발 5,480미터가 넘는 지점의 그늘진 곳에서 거미를 관찰했다. 그 거미들의 먹이는 파리와 톡토기라는 곤충의 친척이었다. 그는 "파리와 톡토기목의 벌레가 돌과 얼음으로 이루어진 척박한 환경에서 어떻게 살아남았는지" 궁금했다. 정상적인 환경에서라면 톡토기와 파리 유충은 썩은 식물질을 먹고 살겠지만, 성층권과 가까운 그곳에는 썩을 만한 식물이 하나도 없었다.

그는 "바람이 곤충 개체군을 자리잡게 할 양분을 멀리서 가져왔다"고 썼다.

그는 움직이는 공기가 식물과 동물 사이의 정상적이고 긴밀한 관계를 어느 정도 거리를 두고도 유지시키는 역할을 하고 있다는 것을 깨달았다. 바람은 알프스의 눈 위에 양분을 내려놓을 수 있다. 그 양분은 눈 속에 사는 조류(藻類)에 의해서 처리되고, 조류는 눈 속에 사는 벌레에게 먹힌다. 그리고 땅 위에서 부는 바람은 틈새와 절벽 끝에 사는 톡토기와 파리 유충의 먹이가 되는 물질을 떨어뜨릴 수도 있다. 바람에 의해서 운반될 수 있는 물질로는 흙먼지, 꽃가루, 작은 곤충, 씨앗, 포자, 동식물의 파편 따위가 있다. 심지어 바닷물의 잔존물도 있다. 스원은 다음과 같이 썼다. "해수면에서 일어난 작은 물거품 속에는 대양의 유기물이 농축되어 있으며, 물거품이 공기 중으로 올라가는 동안 거품이 터지면 이런 농축물이 바람에 운반되어 풍성 생물군계와 눈에 양분을 더한다."

수표생물 같은 것들도 바람을 타고 높은 산등성이를 오른다.

풍성 생물군계는 거미와 곤충과 톡토기만 지탱하지는 않는다. 스켈로포루스 미크롤레피도투스(*Sceloporus microlepidotus*)라는 도마뱀은 수목한계선 위인 해발 4,500미터가 넘는 멕시코의 산지에서 살아간다. 이 도마뱀은 외로운 존재가 아니다. 도마뱀은 열대 지방인 베라크루즈에서 바람에 날아온 곤충을 먹고 살아간다. 또 그 땅에는 하필이면 뱀과 도롱뇽도 함께 살고 있다.

다른 고산지대 어딘가에서도 흰발생쥐와 땃쥐들이 상승기류에 휩쓸려서 올라온 곤충들을 먹으며 살아간다. 하와이의 화산에 사는 귀뚜라미는 바람에 날아온 것들을 먹는다. 카나리아 제도에서는 다른 종류의 거미와 곤충이 굳은 지 얼마 되지 않은 노출된 용암 위를 움직이는 공기의 섭리에 의지해서 살아간다. 일반적으로 화산은 폭발과 용암류로 인해서 불모의 땅이 되고, 그런 화산에 생물이 다시 살게 되는 것은 대개 바람 덕분이다. 세인트헬렌스 화산에는 폭발 이후의 두 해 여름 동안 43종의 거미가 낙하했다.

흔히 식물이 먼저 침투하고 그 뒤를 동물이 따른다고들 말한다. 만약 이 말이 로런스 스원의 귀에 들어갔다면 곧바로 반박이 돌아왔을 것이다. 아마 스원은 조간대(潮間帶)에 식물이 돋아나기 한참 전부터 바람이 대양의 물질을 뭍으로 운반한다는 점을 지적할 것이다. 바다로부터 온 동물 침입자들에게는 먼저 자리를 잡은 식물이 필요하지 않았다.

스원은 이렇게 썼다. “내가 추측하기에, 육상에 침입한 최초의 생물은 우연히 바다에서 온 풍성 종속 영양 생물이었다.” 쉽게 말해서, 최초의 동물이 바람이 떨어뜨린 유기 퇴적물을 먹기 위해서 물 밖으로 나왔다는 이야기이다.

다른 사람들은 생물학적 불모지라고 생각한 곳을 스원은 생명이 간과되고 저평가된 곳이라고 본 것이다. “또한 풍성(風成)이라는 단어는 툰드라 너머의 땅을 나타내기 위해서 지도 제작자들이 만든 척박, 빙하, 눈, 얼음 같은 불모지를 연상시키는 단어들을 대신한다.”

양분의 공급자와 수요자 사이의 공중 연결에 위험 부담이 없는 것은 아니다. 공기의 표본을 채취하면 날아다니는 거미와 바람에 날린 나뭇잎과 작은 곤충과 양분만 있지는 않을 것이다. 인간이 만든 폐기물과 공중에서 생긴 쓰레기, 독성 기체와 해로운 입자들의 결합체도 바람을 타고 날아갈 것이다. 여기에 포함되는 물질로는 이산화황, 이산화질소, 납, 수은 따위가 있다. 일부 세균과 비슷한 크기인 직경 3미크론 이하의 미세한 입자들도 있다. 어떤 입자는 이런저런 이유로 원치 않는 유기체를 죽일 목적으로 화학자들이 만든 치명적인 물질인 농약을 구성한다.

스윈의 말처럼, "공기 중에 존재하는 것에 의존해서 실낱같은 삶을 이어가는 연약한 풍성 생태계 속 생명체는 대기의 악영향에 위협받는 가장 위험한 개체군일지도 모른다."

≈

로시난테 호가 파도의 마루에 이르자, 수평선 위로 무헤레스 섬의 호텔 꼭대기들이 불쑥 올라온다. 처음으로 보이는 멕시코의 모습이다. 로시난테 호가 파도의 능선을 따라 내려가자 호텔은 모습을 감춘다. 우리는 6노트의 속도로 물살을 가르지만, 유카탄 해류의 방해 때문에 실제로 나아가는 속도는 4노트에 불과하다.

처음에는 측정된 수심이 오락가락한다. 혼란스러운 바다 때문에 우리의 수중 음파 탐지기가 바닥을 찾았다가 다시 놓치기를 반복한다. 그러나 곧 안정된 수심 측정 값이 나타난다. 우리 배가 나아가는 동안, 바다 밑바닥의 경사는 수심 90미터를 향해 올라가고 있다. 우리는 대륙붕 위를 항해하고 있다. 한 시간 내로, 로시난테 호와 바다 밑바닥 사이의 거리는 겨우 30미터가 될 것이다. 그때가 되면 우리는 유카탄 해류와는 이별을 고하게 된다. 우리는 거의 2노트의 속도로 전진하고 있다.

파도는 여전히 뒤편에서 8초 간격으로 밀려오는데, 어떤 파도는 다른 것에 비해 더 크다. 배는 파도를 타고 내려가기 시작할 때에 왼쪽으로 방향을 틀려고 한다. 배가 어느 정도 경로를 유지하고, 돛이 활짝 펼쳐진 상태를 유지하게 하려면 타륜에 주의를 집중해야 한다. 배가 파도의 뒷면을 타고 올라가는 동안 나는 배의 움직임에 맞춰서 무릎을 굽힌다. 몸을 안정시키기 위해서 한 손으로는 돛대와 연결된 밧줄을 잡고 한 손은 타륜 위에 올려둔다. 시선은 돛대 끝에 달린 풍향계에서 파도, 나침반, 수평선 위로 점점 더 높이 드러나는 호텔들의 윤곽을 따라 움직인다. 파도의 마루에서는 조타기를 시계 방향으로 돌려서 배가 파도를 탈 때에 왼쪽으로 돌아가려는 경향에 대비한다.

파도의 마루와 마루 사이의 간격이 8초이다 보니, 무릎 굽히기와 밧줄 잡기와 타륜 돌리기가 한 시간에 450번 반복된다. 그 한 시간 사이에 호텔들의 전경이 시야에 들어오고, 해변의 하얀 모래사장과 그 뒤의 푸른 초목들도 한눈에 다 들어온다.

섬의 바로 북쪽에서 우리는 수심이 3미터로 기록된 산호초 하나를 지난다. 그 산호초를 지나는 동안에 더 큰 파도가 부딪힌다. 파도는 저절로 물마루가 무너지더니 갑자기 하얗게 부서진다.

통나무를 깎아 만든 카누에 돛을 올리고 세계 곳곳을 항해했던 존 보스 선장은 뉴질랜드에서 파도가 험한 바다를 항해한 일에 관해서 자신의 경험이 19세기 말 뉴질랜드의 농민들에게 무엇인가 새로운 것을 보여주었다고 주장하는 심한 자랑글을 썼다. 나는 자랑거리가 없다. 부서지는 파도는 나를 겁에 질려서 떨게 만든다.

산호초와 무헤레스 섬의 끝자락을 지나서 왼쪽으로 방향을 돌리자, 갑자기 바람이 닿지 않는 곳이 나온다. 우리는 주 돛을 낮춘다. 지브 돛을 말아서 손수건보다 조금 큰 정도가 되게 한다. 우리는 약하게 엔진을 켜고 항해를 한다. 우리 배는 1.8미터 아래에 모래땅이 펼쳐지고 좌현과 우현으로 산호 모래톱이 지나가는 바다를 항해한다. 수로는 잔교 위에 있는 관광객들의 얼굴이 다 보일 만큼 해안과 가까운 곳으로 우리를 안내한다. 관광객들은 우리가 배를 다루는 모습을 지켜본다.

우리는 여객선 선착장과 해군 선착장을 지난다. 남은 지브 돛을 말아 감고 동력을 유지하면서 북서쪽을 제외한 모든 방향이 막혀 있는 만으로 들어간 우리는 3미터 깊이의 맑고 푸른 물속에 있는 멕시코의 모래 위에 닻을 내린다. 이 정박지에는 우리 외에도 12척의 다른 배들이 있다. 그 배들은 길이가 8.5-15미터 범위이고, 티끌 하나 없이 매끈한 것부터 겨우 물에만 떠 있는 것까지 상태가 다양하다.

서쪽 해안으로, 모래땅에 자라는 맹그로브가 있는 좁다란 곳이 이 만의 경계를 이룬다. 맹그로브 너머로는 칸쿤의 호텔들이 지평선을 가득 메우고 있다. 그러나 내 눈길을 끌어당기는 것은 호텔이 아니라 바로 난파선들이다. 난파선들은 맹그로브 아래의 얕은 바닷물에 잠긴 채 해안을 따라 늘어서 있다. 밀려드는 바닷물은 두 개의 강철 선체를 지나서 맹그로브까지 닿는다. 정박지의 가장자리 바로 옆에는 한때 누군가의 꿈이었을 돛배 한 척이 쓰러져 있다. 해안으로 밀려온 이 돛배는 돛줄도 사라지고 선체는 해조류로 뒤덮여 녹색을 띠고 있으며, 맑고 푸른 바닷물이 캄캄한 선체 내부를 자유롭게 드나든다.

≈

무헤레스 섬이 개발되어 관광객들이 유카탄 반도를 찾기 전인 1960년대에는 오늘날 번성하고 있는 도시인 칸쿤에 살던 사람이 대규모 코코넛 농장 관리인 3명뿐이었다고 전해진다. 길을 따라 내려가서 푸에르토 후아레스에는 117명이 더 살고 있었다. 그러나 1980년대가 되자 합동 개발이 시작되었고, 해안 가장자리의 산호초에는 관광지가 형성되었다. 새로 들어온 주민들이 살았던 엘센트로는 관광지와 함께 주거지로 조성되었고, 적어도 원칙적으로는 자체적인 종합 계획에 따라서 개발되었다. 1988년이 되자 인구는 10만 명을 돌파했다. 이들 대부분은 39개의 호텔과 1만 개의 객실을 기반으로 하는 관광산업에 직간접적으로 의존해서 살아갔다.

그해, 허리케인 길버트가 이곳을 덮쳤다. 만약 보퍼트 소장이 허리케인 길버트의 등급을 매겼다면 "어떤 범포도 견딜 수 없는" 바람인 12등급에 올렸을 것이다. 그러나 이런 묘사는 모든 허리케인에 적용될 것이다. 보퍼트가 생각하기에 허리케인은 다 똑같은 허리케인이었다. 이와 달리, 바람의 세기를 기반으로 허리케인을 분류하기 위해서 공학자와 기상학자가 만든 사피어-심슨 등급(Saffir-Simpson scale)은 허리케인을 다시 세분한다. 이 분류에 따르면, 1등급 허리케인은 "매우 위험하고 약간의 피해(some damage)를 일으킬 수 있다." 3등급 허리케인은 "엄청난 피해(devastating damage)를 일으킬 수 있다." 4등급과 5등급 허리케인은 "파국적 피해(catastrophic damage)를 일으킬 수 있다." 1988년에 이 해안을 덮친 허리케인 길버트는 5등급 허리케인이었다.

당국은 9월 13일 아침 10시에 첫 번째 허리케인 경보를 발령했다. 관광지에서 대피가 시작되었다. 저녁이 되자 5,000명의 관광객이 모두 빠져나갔다. 두 번째 경보는 오후 3시에 발령되었다. 그때에는 관광객이 대피하는 모습을 본 일부 주민들도 대피를 했다.

저녁에는 똑바로 걷기가 어려워졌다. 일직선으로 운전을 하기도 어려웠다. 밤 11시가 되자, 세 번째 경보가 발령되었다. 사람들은 계속 도시를 빠져나갔다. 대략 5만 명이 빠져나간 것으로 추산되었다.

남아 있는 쪽을 선택한 사람도 있었다. 훗날 인터뷰에서 밝힌 바에 따르면, 이들 중 다수가 약탈을 막기 위해서 남아 있었다. 최악의 이웃들 속에서 살아가는 이들에게는 법 집행에 대한 불신이 허리케인의 공포보다 더 강했다. 잃을 것이 가장 적은 사람들은 모든 위험을 감수할 만큼 재산 손실을 두려워했다.

대피율이 높은 지역민들은 대피율이 낮은 지역민들보다 상황이 나았다. 콘크리트와 자연석과 벽돌로 지은 고급 주택들은 야자수와 판지와 골함석으로 지은 집들보다 상황이 나았다.

가장 강한 바람은 자정 이후와 동트기 전에 불었다. 멕시코 국립 기상청의 보고에 따르면, 최고 시속 350킬로미터의 돌풍이 휘몰아쳤고 시속

288킬로미터의 바람이 지속적으로 불었다.

남자들은 새우잡이 배를 지키려다 죽었다. 무너진 담벼락에 깔려서 사망한 일가족도 있었다. 한 아기는 익사했다.

날이 밝은 후, 익명의 육군 장교는 칸쿤 시청에서 기자들에게 구호 활동에 대해서 다음과 같이 설명했다. "아직은 할 수 없습니다. 바람에 날려갈 테니까요."

≋

무헤레스 섬은 동풍을 남실바람(light breeze)으로 약화시켜서 계류장을 보호한다. 우리는 우리의 요트에 딸린 보조 배를 띄우고 해초가 두껍게 깔려 있는 해안으로 노를 저어간다. 우리는 섬의 주도로를 따라 걷다가 도로가에 있는 한 식당으로 향한다. 여행객들은 골프 카트를 몰고 다닌다. 한 지역민은 아이스박스가 달린 삼륜차에서 달달한 얼음과자를 판다. 파란색과 흰색의 교복을 입은 학생들은 그늘에 옹기종기 앉아서 얼음과자를 기다린다. 이구아나들은 비어 있는 주차장의 콘크리트 자갈 위에 드러누워 있다.

마야인들은 무헤레스 섬의 주변 지역을 에캅(Ekab)이라고 부른다. 그들은 바람이 강한 섬의 남단에 사원을 지었다. 사원을 짓는 데에 사용된 돌은 해안의 높은 절벽을 관통하는 동굴 벽이 바닷바람에 연마되어 만들어진 풍릉석이다. 밤에는 사원의 불빛이 배들을 해안으로 인도해주었을지도 모른다. 이런 사원의 불빛은 마야의 무역상과 여행자들과 어부들을 안내했을 것이다. 관광객들은 어부들이 작업을 하던 아직 훼손되지 않은 섬들을 사랑했고, 결국에는 인파가 대거 몰려들게 되었다.

1517년, 프란시스코 에르난데스 데 코르도바는 쿠바에서 배를 타고 이곳으로 왔다. 1566년 무렵, 디에고 데 란다 수사는 아직 생생하게 남아 있는 코르도바에 대한 기억을 그의 『유카탄 문물의 관계(*Relación de las Cosas de Yucatán)*』에 기록했다. "1517년의 사순절 기간 동안 프란시스코 에르난데스 데 코르도바는 광산 노예를 조달하기 위해서 세 척의 배로 쿠바를 떠나 항해를 했다. 당시 쿠바는 인구가 줄어들고 있었다. 어떤 사람들은 그가 새로운 땅을 찾기 위해서 항해를 했다고 말한다. 코르도바는 알라모스를 안내인으로 데리고 무헤레스 섬에 상륙했다. 코르도바가 이 섬을 여인의 섬이라는 뜻인 무헤레스 섬이라고 부른 까닭은 그곳에서 발견한 여신상들 때문이었다. 아익스첼, 익스체벨리악스, 익스후니에, 익스후니에타라는 여신들은 아래에는 허리띠 같은 장신구를 두르고 원주민 방식으로 가슴을 가리고 있었다."

코르도바는 사원에서 금 세공품을 찾아내어 가져갔다. 란다에 따르면, "원주민들은 스페인 사람들을 보고 신기해하면서 수염과 몸을 만졌다." 그러나 이 수사는 성직자의 몸으로 사람을 죽이고 책을 불태웠다. 만년에 회고록을 쓴 그는 양심의 가책을 느껴서 펜을 들었는지도 모른다.

무헤레스 섬은 폭이 1.6킬로미터도 채 되지 않지만, 섬의 이쪽은 공기가 거의 움직이지 않는다. 동쪽에서 어떤 바람이 불어오든지 모래와 나무와 집으로 이루어진 좁은 띠가 바람을 완전히 차단해주기 때문이다. 이 섬은 리처드슨의 세포 하나보다도 작지만, 바람을 변형시킬 수 있을 정도로 충분히 크다.

란다는 다음과 같이 썼다. "이 섬은 대단히 덥고 태양이 뜨겁게 타오르지만, 북동쪽과 동쪽에서 상쾌한 바람이 불어온다. 자주 불어오는 이 바람은 저녁나절에 바다에서 불어오는 바람과 함께 분다."

그는 겨울바람에 대해서도 언급했는데, 그 바람은 우리가 텍사스에서 타고 남쪽으로 가려던 것과 같은 종류의 바람이다. "겨울은 성 프란체스코 축일(10월 4일/옮긴이)과 함께 시작되어서 3월 말까지 지속된다. 북풍이 위세를 떨치면서, 맨살이 드러나게 옷을 입은 사람들에게 지독한 감기와 비염을 일으킨다."

이후 우리는 작은 해군 기지와 여객선 선착장을 지나서 섬의 북서쪽 끝으로 걸어간다. 그리고 오른쪽으로 돌아서 바다로 향한다. 우리가 걸어가는 길에는 기념품 가게, 테킬레리아(tequileria : 테킬라 양조장이나 테킬라를 파는 술집/옮긴이), 저가 호텔, 스쿠터를 빌려주는 가게들이 늘어서 있다. 가게들 사이에 끼어 있는 집들에 거주하는 사람들은 행인을 개의치 않고 문과 창문을 활짝 열어놓은 채 행복하게 살아간다. 고요한 공기 속에는 음식 냄새와 모터사이클 배기 가스 냄새와 쓰레기 냄새가 배어 있다.

건물들 사이의 좁은 골목으로 바람이 분다. 바다와 가까워질수록 골목에 부는 바람은 점점 더 강해진다. 냄새들은 바람에 날려 흩어진다.

파손된 건물이 눈에 들어온다. 길버트의 흔적이 아니라 더 최근에 발생한 다른 허리케인인 윌마의 흔적이다. 호텔 하나가 완전히 폐허가 되어 껍데기만 남았다.

해변에는 딱 20노트의 바람이 분다. 바람에 날려온 해변의 모래는 해변과 거리를 분리하는 콘크리트 담장 앞에 쌓인다. 바다는 하얀 파도로 뒤덮여 있다.

우리는 로시난테 호를 뒤로 하고 해변을 따라 걷다가, 우리의 보조배와 가까워질 때에만 내륙 쪽으로 방향을 돌린다. 바람은 거의 곧바로 잦아든다. 하수도 냄새인지, 썰물 때 석호에서 나는 냄새인지, 아니면 둘 다인지 모를 냄새가 난다.

란다는 유카탄 반도를 묘사하면서 수초가 드러나고 "개흙이 너무 많은" 썰물 때에 관해서 기술했다. 그도 이런 악취를 똑같이 맡았을지도 모른다.

≈

오늘날의 세계에서는 단순하거나 복잡한 컴퓨터 모형이 대기 오염의 흐름을 미리 알린다. 대기 오염물질은 바람을 타고 흩어진다. 확산 모형은 어떤 오염물질이 지형을 따라서 움직이는 동안의 자취를 나타내는 플룸(plume)을 예측한다.

아주 독한 화학물질인 염소 기체를 예로 들어보자. 염소 기체는 종종 액체 상태로 압축되어 저장되며 식수 처리에 이용된다. 염소는 뛰어난 소독약이다. 적은 비용으로 세균과 바이러스를 죽일 수 있고, 철과 망간과 황화수소를 제거할 수 있다. 식수 속에 뇌를 파먹는 아메바가 있을 위험이 있는가? 정량의 염소를 첨가하기만 하면 그럴 위험은 사라질 것이다.

염소의 단점은 물속에서 발암물질을 만들 위험이 있다는 것이다. 움직이는 공기의 관점에서 생각하면, 순수한 염소가 증발해서 저장 탱크를 빠져나가는 것이 더 위험하다. 염소는 압력이 감소하면 액체에서 기체로 변한다. 공기보다 무거운 염소 기체는 표백제 냄새를 풍기는 사악한 황록색 안개가 되어 낮게 떠다닌다. 땀, 눈물, 폐의 내벽을 감싸고 있는 수분 같은 물과 접촉하면 염소 기체는 염산이 된다. 눈에 들어간 염산은 시력을 개선하지 않는다. 폐에 들어간 염산은 기력을 증진시키지 않는다.

치사량에 가까운 염산에 노출되면 시야가 흐려진다. 피부는 화끈거리고 빨개지며 물집이 생긴다. 화끈거리는 느낌은 코와 목구멍까지 확대된다. 그러면 가슴이 조이고 숨쉬기가 어려워진다. 가능하다면 염소의 안개를 벗어나야 한다. 높은 곳으로 올라가거나, 맞바람을 안고 뛰어야 한다.

저장된 염소의 위험을 이해하기 위한 수학적 모형이 활용하는 방식은 비에르크네스와 리처드슨과 함께 시작된 방식과 비슷하다. 컴퓨터는 저장 탱크를 중심으로 한 변의 길이가 1킬로미터인 정사각형 세포로 이루어진 격자를 약 20킬로미터 범위까지 그린다. 지형이 복잡한 곳이라면 세포의 크기가 더 작아져야 할 것이다. 컴퓨터는 평균적인 기상 자료를 이용해서 세포들을 따라 움직이는 공기의 변화를 일정 시간마다, 이를테면 30분 간격으로 살핀다. 이런 방식으로 컴퓨터는 위험에 처한 지역을 확인한다.

가령 어떤 사람이 지게차로 염소 탱크를 들이박았다고 해보자. 염소 탱크는 아주 튼튼하다. 탱크가 찢어지려면 뾰족한 부분으로 아주 세게 들이박아야 한다. 그런데도 탱크에 구멍이 났고 이 구멍에서 1분에 900킬로그램, 다시 말해서 1분에 약 600리터의 염소가 방출된다고 해보자. 흘러나오는 동안, 염소는 증발해서 기체로 변한다.

이와 같은 사건에서 지게차 운전사가 죽는다는 것을 이해하기 위해서 굳이 모형을 만들 필요는 없다. 그러나 염소 기체가 어디로 움직일지를 이해하기 위해서는 모형화가 필요하다. 만약 바람이 3노트, 즉 시속 5.5킬로미터의 속도로 불고 있고 주위에 건물이나 나무가 없는 확 트인 지형이라고 하면, 이 모형에서 염소 기체는 10분에 약 1킬로미터를 이동하는 것으로 나타날 것이다. 바람이 계속 그 상태를 유지한다면 염소의 자취는 좁다란 담배 모양으로 나타나겠지만, 이 모형에서는 예방 차원에서 바람을 양 방향으로 30도까지 변할 수 있게 할 것이다. 위험의 자취, 다시 말해서 생명과 건강에 즉각적인 위협이 될 수 있는 염소 농도의 자취는 약 1.6킬로미터 길이의 V자 모양으로 나타날 것이다. 그리고 가장 바깥쪽의 너비도 거의 1.6킬로미터가 될 것이다. 이 모형에서 나온 결과를 지도 위에 겹쳐보면, 염소의 흐름 안에 학교가 있을 수도 있고 주간 보호 센터나 양로원이 있을 수도 있다.

2005년, 미국 사우스캐롤라이나의 그래나이트빌에서는 열차가 탈선

하는 사고가 일어나서, 4만5,000킬로그램, 약 3만 리터의 염소가 선로로 쏟아졌다. 5,000명이 넘는 사람들이 소개(疏開)되었다. 500명이 이상이 병원 치료를 받았고, 9명이 사망했다.

제1차 세계대전 동안, 염소 기체는 참호 속으로 들어온 유독 기체 중 하나였다. 이외에도 작용이 더 느린 포스겐(phosgene), 겨자 가스, 브로모아세트산 에틸(ethyl bromoacetate), 브롬화 메틸벤질(methylbenzyl bromide) 같은 유독 기체도 있었다.

전선 근처에서 날씨를 계산했던 루이스 프라이 리처드슨은 이런 기체에 익숙했다. 그와 그의 동료들은 아마도 적진 쪽으로 불어가는 바람을 더 좋아했을 것이다. 그는 그의 동료들에 비해서 곧 닥칠 바람의 변화를 더 잘 느꼈을지도 모른다.

리처드슨은 전쟁의 효과도, 도덕성도 믿지 않았다. 의무대에서 22대의 구급차를 운전하는 56명 중 한 사람이었던 그는 무기를 들지 않고도 나라를 위해서 봉사할 수 있었다. 그는 전선과 아주 가까운 곳에서 계산을 하면서 일기예보의 군사적 중요성을 깨달았을 것이다. 퀘이커 교도이자 평화주의자인 그에게 이런 깨달음은 그리 달갑지 않았을 것이다.

≈

노를 저어서 로시난테 호로 돌아가는 길에 작은 돛배에 탄 호리호리한 사람이 손을 흔들며 우리를 가로막는다. 그는 수다스러웠고, 살짝 프랑스 억양이 느껴졌지만 요르단에서 왔다고 한다. 그의 돛배는 플로리다에서 4,000달러를 주고 구입한 것이다. 바람에 대한 그의 견해는 확고하다. 그래서 그는 4,000달러짜리 배를 사자마자 일부러 스콜 전선 속으로 들어갔다.

"아시겠지만, 배를 시험해보는 중이었어요." 그가 말한다. 배 자체는 좋았다. 당시 함께 타고 있던 그의 여자 친구는 넘어지면서 배의 조리대에 얼굴을 부딪쳤다. 그녀는 코가 깨졌다. 그는 여자 친구의 코가 깨진 일을 떠올리면서 웃는다. "코가 부러지지는 않았고 피가 났죠. 물론 정말 아팠을 거예요. 하지만 심각한 건 아니었어요."

그는 이 모든 이야기를 처음 만난 사람들에게 몇 분에 걸쳐서 열정적으로 쏟아낸다. 그가 이야기를 하는 동안, 나는 배가 제 위치를 유지할 수 있도록 이따금씩 가만히 한쪽만 노를 젓는다.

그는 여기 무헤레스 섬에 1년 정도 있었는데, 그의 작은 돛배에서 살면서 파나마로 항해할 돈을 모으는 중이다.

그는 해맑은 얼굴로 오늘 돛대가 제거된 채 견인된 배 이야기를 들었느냐고 묻는다. 우리는 그런 이야기를 듣지 못했다. 그는 그 배의 제조사와 모델명을 대면서 자세한 이야기를 들려준다. 그의 이야기에 따르면, 멕시코 해군에 의해서 견인된 그 배는 돛대가 쓰러지면서 갑판 위에 있던 플라스틱 디젤 연료통에 부딪혔다. 연료통이 부서지면서 디젤 연료가 조종실로 쏟아졌고, 일부는 선실로 흘러들었다. 그 배는 육지가 보이는 곳을 절대로 벗어나면 안 되고, 만과 호수에서 주말을 보내기 위해서 만들어진 배였다. 선원들이 그런 배를 타고서 파도를 즐기는 동안 디젤 연료는 배 밑창에서 출렁였고, 디젤 연료의 증기는 공기 중으로 스며들었다.

화물선 한 척이 불러 세워졌고, 함께 견인을 했다. 멕시코 해군이 소환되었다.

그 배는 텍사스에서 왔다고 한다. 배의 주인은 지금 해안에서 술을 마시고 있다. "그 사람은 새 돛대를 찾는 일보다 맥주에 더 관심이 있는 것 같아요." 그가 말한다.

그는 우리에게 무헤레스 섬에 며칠 동안 불 것으로 예보된 북서풍을 조심하라고 귀띔해준다. "이곳의 바다 밑바닥은 닻을 내리기에 좋은 땅처럼 느껴지지만, 석회암 위에 고운 모래가 60센티미터 정도 덮여 있을 뿐이에요." 그의 주장은 바람이 불면 닻이 기반암을 따라서 이리저리 돌아다니게 될 터이며 결코 깊이 박혀 있는 것은 아니라는 것이다.

그는 주변을 가리키면서 "여기 있는 배들은 전부 다 끌려다닐 거예요" 하고 말한다. 그의 배는 항구에 몇 없는 고정 계류장치에 안전하게 묶여 있다. 그는 우리에게 여객선 선착장 근처에 다시 닻을 내리라고 권한다. 그 선착장은 북서풍을 어느 정도 막아줄 수도 있지만, 더 중요한 점은 해저의 모래바닥이 더 두꺼워서 진짜 닻을 내릴 만한 땅이라는 것이다.

우리는 바람을 등지고 노를 저어서 로시난테 호 쪽으로 향한다. 잠시 후 자극적인 마리화나 냄새가 우리 배로 들어온다. 항구의 다른 냄새들을 가려주는 그 냄새가 마냥 불쾌하기만 하지는 않다. 배에 타고 있던 그 요르단 사람은 멀리서 우리를 보며 손을 흔들고 우리는 계속 노를 젓는다.

≈

제2차 세계대전이 발발할 무렵, 리처드슨은 더 이상 일기예보를 하지 않았고 그의 수치 방식은 사용되지 않았다. 두 세계대전 사이에 그의 책은 약간의 관심을 끌었다. 베르겐 학파를 포함해서 과학적 사고를 하는 기상학자들은 그의 원리가 탄탄하지만 계산이 현실적으로 너무 어렵다는 것을 인지했다. 컴퓨터가 등장하기 이전 시대에는 리처드슨의 방법으로는 사실상 사건을 밝힐 수 없었다. 미래의 일기예보가 준비되었을 때에는 그 미래가 이미 과거가 되기 때문이었다. 게다가 리처드슨이 "확연한 오류"라고 했던 불편한 현실이 있었다. 그의 수치 일기예보는 무척 황당한 결과를 내놓았다.

그러나 이 가운데 그 어떤 것도 리처드슨을 기상학으로부터 내몰지 않았다.

루이스 프라이 리처드슨은 기상학 연구가 화학전에 관심을 가진 사람들의 이목을 모으는 것을 우려해서 기상학 연구를 포기했다. (Wikimedia Commons 사진)

리처드슨이 기상학을 떠난 이유는 군이 영국의 일기예보 분야를 합병했기 때문이었다. 제1차 세계대전이 끝난 후, 영국 정부는 기상 업무를 민간 과학 분야와 군사 분야로 양분해서 유지할 것인지를 결정해야 했다. 영국 항공부의 제1서기로 임명된 윈스턴 처칠은 항공부 내에 편입될 한 부서를 각별히 챙겼다. 항공부는 영군 공군도 관장했다. 종종 그랬듯이 당시는 처칠의 시대였다. 사임을 하고 물리학과 수학 교수가 된 리처드슨은 틈틈이 기상학 연구를 계속할 생각이었다. 그러나 결국 그는 완전히 연구를 포기했다.

훗날 리처드슨의 아내는 그의 결정을 이렇게 설명했다. "그의 '위쪽 공기'에 대한 연구에 관심이 있었던 사람들 대부분이 '독가스' 전문가로 밝혀졌다. 남편은 자신의 기상학 연구를 중단하고 마치 발표된 적도 없었던 것처럼 파기해버렸다. 그가 어떤 대가를 치렀는지 아무도 모를 것이다!"

≈

로시난테 호로 돌아온 나는 곧바로 기분이 좋아진다. 그리고 피곤하고 조금 우울하기도 하다. 이곳에 도착해서 기분이 좋고, 2주일 동안 잠을 제대로 자지 못해서 피곤하고, 나의 무능에 화가 나서 우울하다.

나는 범포 그늘이 드리운 조종실에 앉아서 오래 전에 아버지로부터 선물 받은 윌리엄 크로포드의 1978년도 판 『뱃사람의 날씨(*Mariner's Weather*)』를 읽는다. 이 책에는 이렇게 쓰여 있다. "서로 다른 기단이 함께 다가올 때, 그 둘의 만남은 우호적인 합병은 아니다."

나는 두 기단이 만날 때, 전선이 형성되는 과정인 전선 발생(frontogenesis)에 관해서 읽는다. 차가운 기단이 따뜻한 기단 아래로 끼어들어서 추월할 때 나타나는 폐색(occlusion)에 관해서도 읽는다. 두 기단이 떨어지면서 전선이 사라지는 과정인 전선 소멸(frontolysis)에 관해서도 읽는다.

우리가 전선을 전선이라고 부르는 것은 비에르크네스가 연구를 할 당시에 제1차 세계대전의 그림자가 드리워 있었기 때문이다. 평지인 전장 위에 펼쳐진 전선처럼 그렇게 전선이라고 부르는 것이다. 사실 전선은 끊임없이 바뀌는 3차원 면이다. 한 기단의 일부에서 다른 기단이 파생되고, 두 기단 모두 움직이고 있지만 어느 한 쪽도 승리를 꾀하지 못한다. 그러나 둘 다 균형을 회복하기 위해서 분투하고 있으며, 이 분투가 때로는 꽤 격렬하다. 규모가 가장 큰 것으로는 열대 지방의 열기와 극지방의 냉기의 균형을 맞추기 위한 분투가 있다.

루이스 프라이 리처드슨은 장난기를 발휘해서 이렇게 썼다. "큰 소용돌이에는 그 속도를 먹고 사는 작은 소용돌이가 있으며, 작은 소용돌이에도 그 속도를 먹고 사는 더 작은 소용돌이가 있다."

리처드슨은 기상학을 포기했지만, 수에 대한 연구를 포기한 것은 아니었다. 전쟁 때문에 날씨 연구를 포기한 그는 인간의 행동에 수를 적용했다. 한동안 심리학에 수학을 접목시켰던 그는 다음과 같이 썼다. "심리학은 정신의 세기(psychic intensity)가 측정되지 않는 한 결코 정확한 과학이 될 수 없을 것이다." 그는 아주 작은 구멍을 이용해서 촉감을 정량화했고, 심상(心象)의 지속 시간을 정량화했다.

그러다가 1935년에 리처드슨은 두 편의 논문을 『네이처(*Nature*)』에 기고했다. 그는 "1차 상미분 방정식"이라고 알려진 수식을 이용해서 제1차 세계대전이 끝난 후에 독일이 다시 군사력 증강을 도모할 것이라는 예측을 증명하는 수학을 소개했다. 제2차 세계대전을 수식을 통해서 예측한 것이다.

그는 계속해서 폭력에 수학을 적용했다. 1939에는 『일반화된 대외 정치(*Generalized Foreign Politics*)』를, 1949년에는 『무기와 불안감(*Arms and Insecurity*)』을, 1950년에는 『사투의 통계학(*Statistics of Deadly Quarrels*)』을 발표했다.

강한 북풍이 다가오고 있다는 것, 강풍과 부실한 해저에 대한 경고를 생각한 나는 날씨 책을 집어넣고 다른 책을 꺼내서 그늘진 조종실로 다시 돌아온다. 이 책 역시 오래된 책이다. 곰팡이 얼룩이 책장의 가장자리까지 번져 있다. 이 책의 제목은 『정박과 계류를 위한 완벽 길잡이(*The Complete Book of Anchoring and Mooring*)』로 모두 359쪽의 조언을 제공한다. 이 책은 수많은 글과 그림으로 닻과 닻줄을 설명하고, 해저면과 닻줄 사이의 각도에 관한 논의, 모래와 진흙과 암석으로 이루어진 해저에서 서로 다른 바람에 대해서 다양한 선박의 적절한 닻 무게에 관한 논의, 줄이 꼬이는 것을 막기 위한 회전 고리(swivel)에 관한 조언을 담고 있다. 배를 정박하는 올바른 방법은 많지만, 잘못된 방법은 훨씬 더 많은 것 같다.

우리는 요르단인 이웃의 충고를 받아들여서 자리를 옮기기로 결정한다. 나는 공동 선장이 키를 잡고 있는 동안 닻을 올린다. 그녀는 해초들을 가로지르고 군데군데 모래가 드러난 곳을 건너서 낡은 여객선 선착장 쪽으로 로시난테 호를 조심스럽게 이동시킨다. 그곳은 모래와 진흙으로 된 바닥이 그대로 보일 정도로 물이 맑고, 선착장은 북서풍을 막아 준다. 공동 선장은 두 번 원을 그리면서 깊이를 측정하고 닻을 내리라는 명령을 내린다. 닻이 바닥에 닿고 단단히 고정되자, 그녀는 동력을 이용해서 로시난테 호를 후진시켜서 닻줄을 팽팽하게 당긴다. 우리는 새 정박지에서 더 안전하다고 느끼는 곳에 멈추고, 공동 선장은 엔진의 시동을 끈다.

≈

일기예보, 특히 바람에 대한 예보가 군사작전의 필수요소로 통합된 것은 루이스 프라이 리처드슨의 생전에 일어난 일이었을 것이다. 바람은 살상에 영향을 주었다. 따라서 바람이 어떻게 불지 아는 쪽은 그렇지 않은 쪽보다 유리했을 것이다. 움직이는 공기는 군함뿐 아니라 관측용 기구(氣球)와 복엽기, 나중에는 공군력 전체에 영향을 주었다. 또 대포의 궤적과 비행기에서 투하된 폭탄의 경로에도 영향을 주었고, 낙하산병들을 착륙 지점이 아닌 애먼 곳으로 보내기도 했다. 바람의 방향과 속도는 장거리 폭격기가 기지로 되돌아올 희망을 포기하지 않고 얼마나 멀리까지 이동할 수 있는지를 결정했다.

리처드슨의 전쟁이 끝난 후에 일어난 한 전쟁에는 D-데이(D-day)라는 것이 있었다. 약 20만 명의 인원과 1만1,000대의 항공기, 그리고 7,000척에 달하는 배가 일기예보를 기다리고 있었다. 이 일기예보는 지금까지도 가장 중요한 일기예보로 손꼽히고 있다.

1944년 5월, 침공을 위한 날씨는 완벽했지만 상륙정은 아직 준비가 되지 않았다. 사령관인 드와이트 D. 아이젠하워 장군은 공중 강습(強襲)을 위해서는 달빛이 필요하고, 상륙정을 위해서는 간조가 필요하고, 바람이 많이 불지 않아야 한다는 것을 알고 있었다. 달빛과 간조의 조건이 충족되는 날짜는 6월 5, 6, 7일이었다. 바람은 알 수 없었다. 그는 훗날

이 3일의 기회 동안 날씨가 좋지 않았다면, "생각하기도 끔찍한 결과가 발생했을 것"이라고 썼다.

아이젠하워 밑에서 일을 하던 한 노르웨이인 일기예보관은 기상 조건의 악화를 예측했다. 상층부의 공기가 불안정해지고 있다는 것이었다. 그는 노르웨이 사람들이 개발한 방식을 활용했다. 그 방식은 당시 이해하고 있던 날씨의 원리를 토대로 했으며, 물리학과 수학을 기반으로 하고 있었지만, 도해 방식에 의존했다. 이 방식으로 예견된 날씨는 침공하기에 좋은 날씨는 아닐 것 같았다. 그러나 역시 아이젠하워 밑에서 일을 하던 미국인 일기예보관은 이에 동의하지 않았다. 그는 빌헬름 비에르크네스가 발전시킨 방식의 도움 없이, 과거의 날씨에서 미래의 날씨를 가장 확실하게 확인할 수 있다고 확신했다. 오늘의 날씨가 어떻게 진행될지를 이해하기 위해서, 그는 오늘의 조건과 비슷한 예전 일기도를 찾아서 과거의 날씨가 어떻게 진행되었는지를 따라갔다. 그가 확인한 것은 좋은 소식뿐이었다. 그는 50년간의 날씨 기록을 토대로, 여름철에 대서양 동부에 걸쳐 형성되는 고기압대인 아조레스 고기압이 영국해협을 보호해줄 것이라고 믿었다.

노르웨이인과 미국인 일기예보관은 거의 1주일에 걸친 미래의 날씨를 예측했는데, 1944년에는 이 정도 기간의 장기적인 일기예보는 불확실하기로 유명했다. 침공 예정 날짜가 가까워오자, 일기예보관들이 합의하여 공통의 의견으로 수렴된 일기예보가 나오기를 기대했다. 그러나 이런 수렴은 일어나지 않았다. 오히려 의견 차이가 더 심화되었다. 긴장감이 고조되었다. 두 일기예보관의 성격이 충돌했다. 조심성 많은 성격의 노르웨이인 일기예보관은 이론에 현실적인 측면을 결합한 베르겐 학파의 방식을 따랐다. 과감한 성격의 미국인 일기예보관은 현실적인 것처럼 보이지만 실제로는 과학적 기반이 미미한 방식에 의존했다. 그는 리처드슨이 20년 전에 쓴 책의 두 번째 문단에서 폐기한 방식을 믿었다.

미국인 일기예보관은 평온한 6월 5일에 대한 그의 확신을 고수했다. 노르웨이인 일기예보관은 동의하지 않았다. 캐나다, 그린란드, 아이슬란드, 아일랜드, 영국에서 자료가 들어오면서, 노르웨이인 일기예보관은 강한 바람을 예상했다.

훗날 아이젠하워의 고문 중 한 사람은 그 경험을 다음과 같이 회상했다. "일기예보의 역사에서 결과에 대한 확신과 관점의 만장일치를 이룰 기회가 있었다면 바로 그때였을 것이다. 그러나 의심과 깊은 분열만 있었다."

아이젠하워가 6월 5일에 침공을 고려하고 있던 상황에서, 4일 이른 아침에는 영국해협의 날씨가 평온했다. 고문은 아이젠하워에게 보고를 하면서 일기예보에 대한 확신이 부족하다는 점을 전달했다. "내일의 자세한 날씨조차 확실하지 않습니다. 다만, 우리의 남서쪽 해안으로 향하는 아조레스 고기압의 확장이 대서양 저기압이 가져올 최악의 효과로부터 영국해협을 지켜줄 것이라는 일부 의견이 있었는데, 현재는 그 고기압의 확장세가 빠르게 약화되고 있습니다."

6월 5일이 닥쳤다. 아이젠하워는 결단을 내려야 했다. 그는 20만 명의 인원과 1만1,000대의 항공기, 7,000척에 달하는 배를 대기시키기로 결심했다.

노르웨이인 일기예보관의 예보가 실현되었다. 바람 소리가 거세졌다.

그러나 그때 노르웨이인 일기예보관은 이론과 물리학에 기반한 방식인 비에르크네스와 베르겐 학파의 방식을 계속 활용해서 소강상태가 다가오고 있음을 확인했다. 그는 절호의 기회를 보았다. 이 기회는 완벽하지도 않았고 오래 지속되지도 않았지만 그런대로 만족스러웠다.

영국해협의 건너편에 있는 독일군은 강하고 소강상태가 없는 바람을 예상했다. 독일군은 경계 태세를 늦추었다. 육군 원수였던 에르빈 로멜은 아내에게 파리에서 산 신발 한 켤레를 선물하기 위해서 군대를 남겨두고 떠났다. 연합군은 폭풍이 중단될 것으로 예측된 시간 동안 상륙을 감행했다.

≈

로시난테 호에 오르자 해질 무렵에 예보되었던 북풍이 30노트의 돌풍으로 불기 시작한다. 배가 닻을 중심으로 이리저리 흔들린다. 우리는 해안선을 주시하고, 닻줄을 지켜본다. 해안선은 어느 정도 제자리에 있고, 닻줄은 팽팽하게 유지되고 있다. 한 시간 안에 돌풍은 속도가 25노트로 줄고, 그 다음에는 20노트로 줄어든다. 우리는 잦아드는 바람 소리를 들으면서 편안하고 느긋하게 술 한 잔을 마신다.

≈

1922년, 루이스 프라이 리처드슨은 그가 꿈꾸었던 극장에 관해서 썼다. 이 극장에서는 연필과 연산자로 무장한 수천 명의 일꾼들이 일종의 감독인 중앙 지휘자를 중심으로 계단식으로 배열된 책상에 앉아서 계산을 했다. 리처드슨은 이것이 환상에 불과하다는 것을 알았다. 그러나 제2차 세계대전이 끝나자 다른 이들은 그렇게 생각하지 않았다. 기상학자인 줄 차니는 1949년에 이렇게 썼다. "리처드슨이 상상했던 거대한 날씨 공장의 역할은 완전히 자동화된 전자 계산기계가 떠맡게 될 것이다."

차니는 1917년에 태어났다. 그는 서른 살이 조금 넘었을 때인 1948년에 프린스턴 대학교의 고등연구소에서 미 해군의 연구 개발과 발명국의 지원을 받아서 기상학 프로젝트를 이끌었다. 고등연구소에서 그와 그의 동료들은 다른 목적을 위해서 프로그램될 수 있는 최초의 진짜 컴퓨터 중 하나인 ENIAC을 갖추고 있었다. ENIAC을 구성하는 1만7,468개의 진공관, 7,200개의 다이오드, 1,500개의 계전기, 그외 다른 부품의 무게

미군의 ENIAC 사진, 사진 왼쪽에 있는 베티 진 제닝스와 오른쪽에 있는 프랜 빌라스는 프로그래머이다. (Wikimedia Commons 사진)

는 2만7,000킬로그램이었다. ENIAC은 손으로 납땜한 500만 개의 연결부를 통해서 내부에 전류가 흘렀다. 또 150킬로와트가 넘는 전력을 소모했고, 작동을 시킬 때마다 전등 불빛이 약해진다는 소문이 돌기도 했다. 크기는 버스만 했다.

리처드슨이 연필과 종이로 했던 것을 차니와 그의 동료들은 기본적으로 ENIAC으로 했다. 그들은 대기에 수학을 적용해서 일기예보를 산출했고, 그들이 활용한 수학에서는 대기를 3차원 체스판으로 분할해야 했다. 그러나 차니와 그의 동료들은 리처드슨이 활용했던 것과 같은 방정식을 활용하지 않았다. 리처드슨의 계산이 나온 이래로 30년도 지나지 않은 사이에, 기상학은 큰 도약을 이루었다. 차니와 그의 동료들이 수치 일기예보를 위해서 택한 경로는 조금 달랐는데, 이들은 리처드슨이 연구하던 1922년에는 없었던 지식을 활용했다. 그런 지식 중 하나가 로스뷔 파(Rossby wave) 또는 행성파(planetary wave)라고 불리는 것의 발견이었다.

로스뷔 파는 대기에서 움직이는 파동의 일종이다. 대기에는 음파 같은 다른 파동도 존재한다. 인간의 귀에 들리는 음파는 파장의 범위가 1센티미터도 안 되는 길이에서 15미터도 넘는 길이에 이른다. 훨씬 긴 파동도 있다. 이를테면 파란 하늘에 하얀 구름의 띠가 일정한 간격으로 이랑져서 나타나게 하는 파동은 파장의 길이가 수 킬로미터에 이른다. 행성파인 로스뷔 파는 그보다 파장이 더 길다.

로스뷔 파에 대한 이해는 제트 기류(jet stream)에 대한 이해에서부터 시작된다. 제트 기류라는 공기의 흐름은 대기권에서 기상 현상이 일어나는 권역인 대류권의 최상층인 지표면에서 6-11킬로미터 사이에 존재한다. 제트 기류는 1883년에 크라카타우 화산의 폭발 이후에 관찰되었다. 그후 1933년에 윌리 포스트에 의해서 다시 관찰되었는데, 그는 최초로 단독 세계일주 비행을 하고, 가장 높은 고도에서 비행한 기록을 가진 인물이었다. 제2차 세계대전에 참전한 비행사들도 제트 기류를 관찰했다. 비행사들은 시속 160킬로미터 속도의 뒷바람을 보고했다. 1939년에 독일의 한 기상학자는 이 바람을 스트랄스트뢰뭉(Strahlströmung)이라고 불렀고, 이것이 "제트 류" 또는 더 일반적으로 "제트 기류"로 번역되었다. 오늘날 비행사들은 제트 기류 주변에서 비행을 계획한다. 제트 기류를 거슬러가는 것은 피하고 제트 기류의 흐름을 따라가면서, 수평뿐만 아니라 수직으로도 움직여서 의도적으로 고도를 높이거나 낮추어 제트 기류의 장점을 최대한 활용한다. 가끔씩 제트 기류가 멀리 딴 곳으로 흘러가기도 하는데, 그러면 평소와는 다른 곳의 하늘에 비행기가 나타나기도 한다.

제트 기류의 바람은 여느 바람과 마찬가지로 고기압에서 저기압 쪽으로 흐르는 공기에 의해서 발생한다. 그러나 마찰을 일으키는 지표면에서 멀리 떨어진 높은 곳에서 발생하는 제트 기류의 방향은 지구의 자전에 의해서 결정된다. 즉 적도에서 멀어지는 공기를 회전시키는 코리올리 효과에 의해서 결정되는 것이다. 제트 기류는 높은 고도에 있는 공기의 접점에서 형성된다. 조지 해들리가 1700년대에 설명한 이 접점에서는 저위도 지방의 따뜻한 공기와 고위도 지방의 차가운 공기가 만난다. 해들리가 초점을 맞춘 위도는 플로리다의 잭슨빌, 이집트의 카이로, 중국의 상하이와 같은 위도인 북위 30도이다. 그는 깨닫지 못했지만, 그가 살던 시대에는 관심 밖이었던 지표면과 해수면에서 멀리 떨어진 높은 상공에는 제트 기류가 흐른다. 이 현상은 위도가 더 높은 60도 근방에서 한 번 더 일어나며, 이 제트 기류를 한대 제트 류(polar jet)라고 부른다.

더 단순한 세계라면 한대 제트 류는 자신의 경로를 따라서 일직선으로만 흐를 것이다. 그러나 실제 세계에서 이 제트 류는 마치 강물처럼 굽이치고 넘실대면서 흐른다. 제트 류의 굽이는 규모가 대단히 커서 수천 킬로미터에 이를 수도 있다. 굽이치는 이 파동은 마루에서 마루까지, 골에서 골까지의 거리가 대륙 전체를 가로지를 수도 있다. 바로 이런 파동을 발견자인 칼-구스타프 로스뷔의 이름을 따서 로스뷔 파라고 부르게 되었다.

가끔 이 파동에서 마루 부분이 분리되기도 하는데, 그 모습은 마치 강에서 떨어져나온 물줄기가 길게 구부러진 우각호(牛角湖)를 형성하는 것과 비슷하다. 그러나 로스뷔 파에서 분리된 조각은 우각호와 달리 계속 움직인다. 떨어져나온 로스뷔 파의 조각은 위도가 더 낮은 지역으로 이동하면서 날씨도 함께 전달한다.

1922년에 리처드슨은 대륙과 비슷한 크기의 파동이 지구 전역을 돌아다니면서 중위도 지방에서 어느 정도 기상 현상에 영향을 미칠 것이라고는 상상조차 하지 못했다. 의미 있는 일기예보의 측면에서 볼 때, 로스뷔 파가 국지적인 조건의 효과와 작은 규모의 변화를 약화시킨다는 것을 리처드슨은 전혀 알지 못했다. 리처드슨은 로스뷔 파가 존재한다는 것조차 몰랐다. 이런 그의 무지를 감안하면, 그는 정말 잘 해낸 것이다. 로스뷔가 그의 이름을 딴 파동을 설명한 것은 1939년의 일이었다.

ENIAC과 로스뷔 파에 대한 지식으로 무장한 차니와 그의 동료들에게는 차니 자신의 혜안이라는 무기가 하나 더 있었다. 그의 1948년 논문인 "대기 운동의 규모에 관하여"에서, 차니는 날씨에 별로 영향을 미치지 않는 대기 현상이 날씨의 수학에 포함되어야 한다는 시각이 만연해 있는 것에 불만을 드러냈다. 이를테면 그는 음파를 날씨 계산에 포함시키는 이유를 알 수 없었다. 전형적인 중력파 역시 무시해도 될 것 같았다. 그는 수학적 내용이 가득할 수밖에 없는 논문에서, "대규모로 일어나는 대기의 교란적 움직임을 관장하는 것은 잠재적 온도와 잠재적 절대 소용돌이 도(度)의 보존법칙, 그리고 준지균적 수평 속도와 준정역학적 압력 조건이다."

전문가에게는 심오한 의미가 있겠지만 비전문가는 어리둥절할 수밖에 없는 이런 말들을 통해서, 그는 기상학자들 사이에서 준지균 이론(quasi-geostrophic theory) 또는 QG 이론이라고 알려진 것의 기틀을 잡았다. 그는 몇 개의 어려운 방정식을 더 간단한 하나의 방정식으로 정리한 단순화된 사고 틀을 제공했다. 일기예보의 수학에는 온갖 상호작용이 전부 포함되지 않아도 되었다. 일기예보관이 지도를 놓고 대기의 어떤 측면은 무시하고 어떤 측면은 강조하는 것처럼, 차니의 수학적 접근법도 날씨의 어떤 측면은 무시하고 어떤 측면은 강조했다. 그는 그렇게 무시한 날씨의 측면을 "기상학적 잡음"이라고 불렀다. 그의 접근법은 리처드슨이 실수를 하게 된 근본 원인을 피한 것이다.

차니와 그의 동료들은 올바른 수학적 방법을 통해서, 일기예보관들이 날씨를 매끄럽게 정리한 표를 보고 아는 내용을 알 수 있었을 것이다. 그러나 올바른 수학과 컴퓨터가 있다면 아마 더 잘 알 수 있었을 것이다. 그리고 어쩌면 훨씬 더 미래까지 내다볼 수 있었을 것이다.

그래서 ENIAC 사용을 요청하여 그 요청이 받아들여졌을 때, 그들은 ENIAC을 날씨의 수학 연구에 활용했다. 그들의 바람, 그들의 열망은 24시간 일기예보였다.

그들은 이리저리 만지고 고쳤다. ENIAC이 버벅대면 그들은 타버린 진공관을 교체했다. 그들이 처리한 펀치 카드(punch card)라는 빳빳한 종이 더미에는 컴퓨터가 알아볼 수 있는 구멍이 가득 뚫려 있었다. 그들은 그들의 모형을 한 시간, 두 시간, 세 시간 단위로 돌려보면서 결과를 얻기 전에 시간대별로 그들의 접근법이 얼마나 조악할 수 있는지를 알아보았다. 시간 단위가 길어진다는 것은, 계산은 줄어든다는 것을 의미했다. 그들은 세 시간 단위로 결정했다.

그들이 계산에 활용한 세포는 각 변의 길이가 735킬로미터였다. 지리적으로 큰 세포는 계산이 줄어든다는 것을 의미했다. ENIAC은 단순한 것을 좋아했다. 전체적으로 볼 때, ENIAC은 오늘날의 컴퓨터에 비해서 지능이 많이 떨어졌다.

24시간 일기예보를 하려면 24시간 작업이 필요했다. 이 작업에는 2만 5,000장의 펀치 카드를 처리하는 일도 포함되었다. 이 시기는 대기과학의 발전에서 아주 특별한 역사적 시기였다. 당시의 연구 목표는 날씨 현상이 일어나기 전에 미리 계산을 완수하는 것이라기보다는 날씨 계산이 가능하다는 것을 증명하는 쪽에 가까웠다. 이런 측면에서 보면, 차니와 그의 동료들은 리처드슨과 비슷했다. 리처드슨이 연산자와 연필을 들고 연구를 하면서 간절히 열망했던 것은 수학을 통해서 움직이는 공기를 묘사할 수 있음을 증명하는 것이었기 때문이다. 차니와 그의 동료 연구진은 빌헬름 비에르크네스의 독창적인 시각을 따르기도 했다. 비에르크네스는 순수한 수학적 방식과는 거리를 두었지만, 한편으로는 수학적 모형화를 대기과학의 성배로 여기기도 했다. 최초로 날씨에 대한 성공적인 수치 계산이 나오기 이전, 그러니까 차니와 그의 동료 연구진이 성공을 주장하기 이전 시대에, 비에르크네스와 리처드슨과 그들의 추종자들은 기상학이 수학을 따르기를 바랐다. 비에르크네스는 1914년에 다음과 같이 썼다. "만약 계산이 사실과 부합된다면, 과학적 승리를 거두게 될 것이다."

훗날 차니는 적어도 큰 규모에서 몇 가지 예외를 제외하면 그 일기예보는 효과가 있었다고 말했다. 그러나 그는 수학적 모형에 결함이 있다고도 말했다. 계산하는 데에 필요한 날씨 상태에 관한 정보인 입력 자료에 오류가 있고, 격자의 세포가 너무 크며, 세포의 경계를 다루기가 어렵다는 것이었다. 차니와 그의 동료 연구진은 그들이 첫발을 내딛기는 했지만 더 많은 연구가 필요하다는 점을 알고 있었다. 사실, 굉장히 더 많은 연구가 필요했다. ENIAC의 일기예보에서 가장 기이한 점은 실제로 어느 정도 효과가 있었다는 점일지도 모른다.

ENIAC의 일기예보는 최초의 비행기와 비슷했다. 날았다기보다는 잠시 지면을 벗어난 수준이었다. 또 그렇게 잘 작동하지는 않아서 더 많은 연구를 자극했다는 점도 비슷하다. 빌헬름 비에르크네스가 1904년에 제안하고, 루이스 프라이 리처드슨이 1922년에 시도했던 수치 일기예보는 1950년에 마침내 성공을 거두었다. ENIAC의 일기예보는 부족함이 많았지만 일기예보에 관해서 많은 것을 말해주었다. ENIAC의 일기예보는 일기예보의 미래를 보여주었다.

1950년, 리처드슨은 거의 일흔을 내다보았다. 그가 전쟁에서 활용될 일기예보의 역할을 우려하면서 날씨 연구를 포기한 지도 수십 년이 흘렀다. 줄 차니는 ENIAC의 일기예보를 설명한 논문 한 권을 리처드슨에게 보냈다.

리처드슨은 이 연구를 "엄청난 과학적 발전"이라고 칭하면서, 잘못된 자신의 계산 결과를 뛰어넘는 위대한 발걸음이라고 쓴 답장을 보냈다. ENIAC의 결과로 인해서, 수리물리학을 기반으로 하는 정확한 일기예보가 그리 머지않은 것처럼 보였다. 리처드슨이 일기예보 연구를 떠나고 오랜 시간이 흐른 후, 그의 발상은 부활했고 그가 옳았다는 것이 컴퓨터를 통해서 입증되었다.

리처드슨의 답장에는 그가 ENIAC의 역사를 알고 있었는지에 관한 내색은 없었다. 날씨를 계산하기 전, ENIAC은 탄도를 계산했다. 또 수소폭탄의 타당성을 평가하기 위해서 활용되기도 했다.

그로부터 3년 후인 1953년, 여전히 글을 썼고, 여전히 실험을 했고, 여전히 전쟁에 관해서 생각했으며, 여전히 열정적인 평화주의자였던 루이스 프라이 리처드슨은 일흔두 살을 앞두고 잠을 자던 중에 세상을 떠났다.

제8장

카오스

다시 바다로 나와서 자정이 조금 지난 시각, 내 공동 선장은 아래에서 잠을 자고 있다. 나는 개인적인 항해일지를 쓸 시간을 얻는다. 야간 시야를 보호하기 위해서 붉은빛을 띠는 헤드램프를 쓰고, 나는 공책에 몇 자 끄적인다.

무헤레스 섬에서 짧은 시간을 보낸 후, 우리는 푸에르토 모렐로스를 향해서 남서쪽으로 항해했다. 거기서 풍력 발전기를 보았다. 날개가 천천히 돌아가면서 공기의 움직임을 전자의 움직임으로 변환하는 거대한 풍차가 해변에서 조금 떨어진 해안에 서 있었다. 푸에르토 모렐로스에서는 코수멜을 향해 남동쪽으로 항해했다. 코수멜 남쪽 해변의 행락지는 휑했다. 우리가 해변과 가까운 해안을 따라서 몇 킬로미터를 항해하는 동안, 뒤로 밀림이 이어지는 한낮 해변의 모습은 16세기에 디에고 데 란다 수사가 보았을 어느 마야의 해안과 별로 다르지 않을 것 같았다. 그러나 밤에는 달랐다. 란다 수사는 별빛과 달빛과 가끔씩 보이는 모닥불 빛 외에는 아무것도 보지 못했겠지만, 지금은 코수멜과 칸쿤 쪽 하늘에 밝은 빛이 어른거렸고 마을과 인가에서 나오는 불빛도 점점이 흩어져 있었다.

우리는 주민이 약 500명 정도인 푼타 알렌 마을 근처에 있는 시안카안 생물권 보존지구 내에 닻을 내렸다. 이 마을을 찾는 몇 안 되는 관광객들 대부분이 사륜구동차를 타고 고속도로에서 해안으로 이어지는 50킬로미터 정도의 흙길을 달려서 찾아온다. 푼타 알렌에서는 디젤 발전기가 밤에 전기를 공급해서 란다가 가장 부자연스러워할 것 같은 방식으로 밤하늘을 밝혔다. 그러나 그는 무역풍이 확실한 동력이 되어줄 바람임은 알았을 것이다.

그곳에서 우리는 남쪽으로 항해해서 '성령의 만'이라는 뜻인 바히아 델 에스피리투 산토로 향했다. 바히아 델 에스피리투 산토에도 마을 비슷한 것이 있었지만, 닻을 내리고 있는 이틀 가까이 동안 우리는 불빛하나 보지 못했다. 다른 배도 없었고, 아무 소란도 없었다. 그저 살랑대는 야자수와 파도와 이따금씩 새가 한 마리 있을 뿐이었다. 사람들은 바닷가재가 잡히는 철에 맞춰서 찾아온다. 산호초와 마을 사이에 있는 모래땅 정박지에는 로시난테의 용골 아래로 간간이 바닷가재의 집인 콘트리트 상자들이 숨어 있었다. 각 상자들은 한 변의 길이가 1미터 정도였고, 모래바닥보다 몇 센티미터 높이 올라와 있었다. 바닷가재들은 상자 밑에 숨어서 더듬이를 움직이고 있었다.

바히아 델 에스피리투 산토에서의 두 번째 날 저녁, 우리는 동쪽에서 갑자기 나타난 폭풍을 보았다. 두꺼운 적운이 뭉게뭉게 피어오르면서 먹구름으로 변해갔다. 우리는 폭풍이 올 것을 예상하고 갑판 위를 깨끗이 치운 다음 로시난테 호의 엔진을 켰다. 비가 몇 방울 떨어지다가 15초 동안 25노트의 강풍을 동반한 폭우가 내렸다. 그러다가 폭우와 강풍이 갑자기 멈추더니, 무역풍이 불면서 푸른 저녁 하늘이 나타났다. 잠시 후, 마야의 밀림 쪽으로 넘어가던 해가 붉게 변하면서 해변 너머의 나무들 사이로 사라졌다.

항해 29일째인 어제 닻을 올리면서 우리가 세운 계획은 바히아 델 에스피리투 산토에서 남동쪽으로 64킬로미터를 항해해서 환초인 방코 친초로에 들어가는 것이다. 환초는 물속에 잠겨 있는 화산인 해산(海山)이 둥글게 드러난 섬으로, 내부 구조는 산호초와 같다. 우리 계획은 낮 동안 항해해서 밤에는 열대 환초의 평화로운 산호초 안에 닻을 내리는 것이었지만, 20노트의 바람이 불었다.

비글 호를 타고 피츠로이와 함께 항해를 했던 다윈은 환초에 관해서도 생각했다. 다윈은 환초가 섬의 주변부를 따라서 발달한 산호초에서 시작되었다고 믿었다. 나중에 안쪽에 있는 섬이 가라앉고 산호초만 남았다는 것이다. 다윈은 다음과 같이 썼다. "이제 섬은 한 번에 몇 피트씩 또는 거의 눈에 띄지 않을 정도로 서서히 가라앉는다. 산호의 성장에 좋은 조건이라고 알려진 것을 통해서 미루어 짐작해보면, 그동안 산호초 가장자리에서 파도에 잠겨 있던 산호의 살아 있는 부분이 곧 다시 표면으로 올라오게 될 것이다." 환초에 관한 문제를 놓고 볼 때, 다윈은 부분적으로 틀렸다. 섬들이 가라앉는 동안 주변 해수면의 높이는 적어도 플라이스토세 이래로는 상승하고 있었다.

방코 친초로는 산호뿐만 아니라 선박의 난파로도 유명하다. 방코 친초로의 해저에는 두 척의 갤리언 선과 함께, 2005년에 허리케인 윌마로 인해서 침몰한 여객선 한 척이 있다. 5등급 허리케인이었던 윌마는 풍속이 150노트가 넘었다. 마야의 해안은 허리케인의 해안이다.

보퍼트에게는 흔들바람에 불과한 20노트의 바람이었지만, 우리는 방코 친초로의 해협에서 우리의 운을 시험해보고 싶지 않았다. 우리는 이 환초의 난파선 수집품 목록에 한 척을 더 보태주고 싶지는 않았고, 밤바다가 그렇게 불편하지도 않았기 때문에 계획을 바꿔서 항해를 계속했다. 다른 무엇보다도 항해는 판단에 대한 연습이다.

이제 밤의 장막 속에서 바람은 꾸준히 20노트로 불고 있다. 풍속이 15노트일 것이라는 일기예보가 있었지만, 무역풍은 지난 15시간 동안 20노트 이하로 떨어진 적이 없었다. 새벽 한 시에 가까워가는 별이 빛나는 밤에 나는 항해일지를 다 쓰고 붉은 헤드램프를 끈다. 나는 주변에 내려앉은 어둠을 응시하면서 보이지 않는 파도를 느낀다. 파도의 높이는 1.5미터 정도 되는 것 같다. 나는 앰버그리스키 섬을 고대하고 있다. 운이 좋으면 새벽녘에는 그 섬에 닿을 것이다. 운이 더 좋으면, 바람과 파도가 충분히 약해져서 그곳 산호초의 좁은 틈새를 요리조리 통과해서 안전한 수역에 들어갈 수 있을 것이다. 그렇지 않으면 계획을 바꿔야 할 것이다. 이스턴 해협이라고 알려진 다른 입구로 들어가기 위해서 더 남쪽으로 내려가는 것이다. 그렇게 마야의 해안을 따라 내려가는 우리의 항해를 조정해나가야 한다.

≈

인간은 적어도 20만 년 전부터 불을 다루었고, 약 1만2,000년 전에 농경을 시작했다. 5,000년 전에 어느 이집트인은 돛배의 형상을 새겨넣은 화병을 만들었다. 12세기 전에 페르시아에서 살았던 어떤 사람은 땅 위에서 수직으로 돌아가는 틀에 돛을 달아서 풍차를 만들었다. 이 풍차는 물을 끌어올리거나 곡식을 가는 일에 쓰였을 것이다. 초기 풍차의 날개는 마치 돛이 달린 회전목마처럼 수직 축을 중심으로 회전했다.

풍차가 유럽에 도달했을 무렵, 아니 적어도 풍경에서 흔히 볼 수 있는 것이 되었을 무렵이 되자, 풍차는 비행기의 프로펠러처럼 수평 축으로 만들어졌다. 1390년에는 지중해를 따라서 처음 등장했을 것으로 추정되는 탑 형태의 풍차가 네덜란드에 나타났다. 네덜란드인들은 지속적인 연구를 통해서 풍차를 개선해나갔다. 머지않아 풍차는 오늘날 엽서에도 빠지지 않고 등장하는 네덜란드의 상징이 되었다. 원통형 탑에는 네 개의 날개를 이루는 뼈대가 달려 있고, 날개가 바람을 받을 수 있도록 탑 자체가 방향을 바꿀 수 있다. 천으로 된 날개는 바람에 따라서 날개 뼈대 위에 펼칠 수도 있고 감아서 넣을 수도 있다.

풍차 날개는 풍향을 측정하는 바람자루처럼 단순히 바람을 받는 것이 아니었다. 풍차의 날개는 앞쪽 모서리를 따라 약간 불룩하고 길이 방향으로 살짝 휘었다. 풍차는 흐르는 공기에서 양력(揚力)을 일으켰다. 이것은 우현이나 좌현 쪽으로 바람을 받는 돛배가 선미 쪽에서 바람을 받는 돛배보다 훨씬 빠르게 물살을 가르는 것과 비슷했다.

네덜란드인들은 풍차의 내부에 나무로 만든 톱니와 고리를 넣었다. 작동 중인 네덜란드 풍차의 내부는 나무와 나무가 부대끼는 소리로 귀청이 터질 듯이 시끄럽다. 그렇게 톱니바퀴와 벨트가 복잡하게 움직여서 물을 끌어올리거나 방앗간과 제재소에 동력을 전달하는 풍차를 보고 루브 골드버그(미국의 만화가이자 발명가, 간단한 일을 매우 복잡한 과정을 거치게 하는 장치로 유명하다/옮긴이)는 무척 흐뭇했을 것이다.

수백 년을 건너뛰어 1888년으로 가보자. 클리블랜드에서 찰스 F. 브러시라는 이름의 한 발명가는 자신의 저택 뒤편에 연철로 만든 6층짜리 풍차 탑을 세웠다. 탑의 꼭대기 주변에는 140개의 날개가 끼워졌는데, 각각의 날개는 중심축으로부터 7.6미터 길이로 뻗어 있었다. 날개는 삼나무로 만들어졌다. 그는 물을 끌어올리거나 옥수수를 갈거나 통나무를 자르는 일에는 관심이 없었다. 브러시가 얻고 싶은 것은 전기였다. 그의 풍차가 돌아가면서 생산된 에너지는 발전기의 축을 돌렸다. 이 발전기는 브러시의 집 지하에 있는 408개의 전지와 연결되어 있었다. 408개의 전지는 350개의 전구와 두 대의 전동기와 연결되어 있었다.

브러시의 풍차는 의미 있는 양의 전기를 생산한 최초의 풍차였다. 당연히 브러시의 아내와 이웃들은 그의 위업에 크게 감명을 받았고, 그에

1888년에 클리블랜드에 세워진 브러시의 풍차는 의미 있는 양의 전기를 생산한 미국 최초의 풍력 발전 터빈이었다. (Charles F. Brush, Sr., Papers, Kelvin Smith Library, Special Collections, Case Western Reserve University의 원본 사진을 복사)

못지않게 삼나무 날개가 돌아가는 소음에도 깊은 인상을 받았다.

≈

새벽 3시가 되자, 이제 바람은 동남쪽에서 25노트로 불어온다. 우리는 주 돛과 지브 돛의 크기를 줄이고 5노트의 일정한 속도로 어둠 속을 나아간다. 우리의 오른쪽 수평선 너머로 이 바람이 향하고 있는 쪽에 해안이 있다. 나는 이제 우리가 국경을 건너고 있음을 깨닫는다. 우리는 상황이 복잡한 주권국인 벨리즈의 영해로 들어가고 있다.

뱃사람들에게 바람이 불어가는 쪽에 있는 해안은 별로 편안한 곳이 아니다. 바람이 해안을 향해서 불면 작동 능력을 상실한 배는 해안 쪽으로 밀려들면서 얕은 물에 처박혀 박살이 날 것이다. 멜빌의 『모비 딕(*Moby Dick*)』에서 "바람이 불어가는 쪽의 해안"이라는 짤막한 장에는 이렇게 쓰여 있다. "그러나 그 돌풍에서 항구, 즉 육지는 배에 가장 끔찍한 위협이 된다. 배는 모든 환대를 피해야만 한다. 땅에 살짝만 닿아도, 용골이 긁히는 정도라고 해도, 배 전체가 마구 흔들릴 것이다."

내비게이션 화면을 통해서, 나는 바람이 우리를 바람이 불어가는 쪽의 해안으로 보내고 있음을 확인한다. 우리를 나타내는 화살표는 해안을 따라가는 항로에서 어느 정도 남쪽을 가리키고 있지만, 바람은 우리를 앞으로뿐만 아니라 옆으로도 밀고 있다. 나는 화살표를 살짝 동쪽으로 돌려서 항로를 조절한다. 나는 돛을 팽팽하게 당긴다. 로시난테 호는 해안을 벗어나지만, 본래 날렵하게 움직이지는 못한다. 지브 돛의 앞쪽 끝이 말리면서 돛의 면적이 줄어든다. 그곳에 바람이 파고들면 말린 돛의 가장자리가 난류를 일으킨다. 난류는 돛의 아래쪽 가장자리로 내려와서 줄어든 돛과 갑판 사이의 공간을 메운다. 난류의 흐름은 배를 앞으로 미는 것과는 별로 상관이 없다. 주 돛도 줄인다. 줄이지 않으면 주 돛과 지브 돛은 함께 작용한다. 돛을 줄이면, 두 돛은 더 이상 함께 작용하지 않고, 두 개의 분리된 돛으로 작용한다.

배의 효율성은 크게 줄고, 우리는 원하는 만큼 정확하게 맞바람 쪽을 향할 수 없다. 우리는 바람에 40도보다 더 가까워질 수 없다. 잠시 나는 줄인 돛 사이로 움직이는 공기를 마음속으로 그리면서 보이지 않는 난류가 돛의 주위에 부딪히는 모습을 상상해본다. 그러나 상상의 즐거움은 금세 사라진다. 우리는 바람이 불어가는 쪽에 있는 해안의 환대를 피해서 달아나고 싶지만 그쪽으로 끌려가고 있다. 나는 어둠 속에서 로시난테 호에 대한 교훈을 하나 더 얻는다.

이런 바람 속에서, 바다는 앰버그리스키 섬과 환초 사이를 가로질러 개의 뒷다리처럼 굽어 있는 수로를 따라 돌아들어갈 것이다. 이런 입구는 예기치 못한 위협이 도사리는 위험한 곳이다. 우리는 해안을 따라 56킬로미터를 더 내려가서 이스턴 해협까지 항해를 해야 할 것이다. 그러나 조금만 더 가면 투르네페 제도를 지나게 되는데, 이곳이 파도를 어느 정도 막아줄지도 모른다.

커다란 유성 하나가 하늘을 가로지른다. 쿠바에서 보았던 것만큼 밝지는 않지만, 유성의 녹색 자취는 잠시 앞이 보이지 않을 정도로 밝다. 우주 공간에서 추락 중인 잔해가 증발하는 모습을 보는 것은 캄캄한 밤중에 깨어 있는 내게 큰 즐거움이다.

≈

2010년, 댈러스에서 열린 미국 풍력 에너지 협회의 회의에서 조지 W. 부시는 기립 박수를 받았다. 그는 청중을 향해 말했다. "말하는 사람과 행동하는 사람 사이에는 큰 차이가 있고, 여기 텍사스에 있는 우리는 행동하는 사람입니다."

여기서 부시가 말한 행동하는 사람이란 풍력 에너지를 쓰는 사람이다. 부시가 텍사스 주지사로 재임할 당시에 제정된 법에 따라서 텍사스는 풍력 에너지를 선도하는 주가 되었다. 냉소적 시각에서 보면, 그 법은 백악관에 눈독을 들이고 있던 한 야심찬 주지사의 환경 자격증으로 기억될 수도 있다. 하지만 텍사스라는 거대한 주에서 오랜 역사를 가진 자원을 활용하기 위한 상식적 갈망으로 기억될 수도 있다.

초기 정착민들은 그 지역을 통과하면서 바퀴 달린 돛배인 풍력차(wind wagon)의 소리를 들었을 것이다. 훨씬 북쪽에서는 1853년에 윌리엄 토머스라는 이름의 한 남자가 마차에 돛을 달았다. 그가 설립한 프래

돛단차(sail wagon)라고도 불렸던 풍력차, 1910년 무렵에 찍힌 사진이다. (사진 출처는 Library of Congress)

리 클리퍼 사는 오래가지 못했는데, 그 까닭은 수많은 구경꾼들 앞에서 토머스의 풍력차 중 한 대가 보기 좋게 부셔져버렸기 때문이다.

1860년에는 훨씬 북쪽에서 다른 사람이 풍력차로 800킬로미터를 주행하다가 모래바람을 일으키는 작은 규모의 토네이도를 만났다. 그의 풍력차는 이 돌개바람에 하늘로 솟구쳤다가 땅에 떨어져서 차축이 부러졌다.

1910년, 텍사스 플레인뷰에 사는 H. M. 플레처라는 한 발명가는 기존 풍력차의 돛에 회의를 품고 차체에 풍차를 세웠다. 그는 톱니바퀴와 회전축의 도움을 받아서 풍차의 동력을 바퀴로 전달했다. 그의 풍력차는 플레인뷰에서 애머릴로 방향으로 거의 80킬로미터를 가다가 언덕 위에서 멈추었다.

플레처의 풍력차가 멈출 당시, 텍사스 평원에서는 그의 풍력차에 달렸던 것과는 다른 보통의 풍차를 흔히 볼 수 있었다. 그 풍차들은 대부분 한 곳에서 물을 끌어올려서 다른 곳으로 보내는 일을 했다. 농민들도 풍차를 이용했고 목장주들도 풍차를 이용했다. 선로에서는 풍차를 이용해서 물탱크를 채우고 지나가던 증기기관차들에 물을 공급했다. 이따금씩 풍차는 유정을 파는 데에 쓰이기도 했다. 바람이 석유를 지표로 퍼올린 것이다. 1887년에 브러시가 풍차의 혁신을 가져온 이래로, 간간히 풍차는 전기를 만들었다. 이렇게 만들어지는 전기는 풍차가 없었으면 전기가 전혀 공급되지 않았을 가정에 몇 와트의 전기를 공급했다. 집과 풍차들이 공간을 놓고 경쟁을 벌였던 텍사스 미들랜드의 지역사회는 풍차 마을이라고 알려지게 되었다.

모래바람이 불어와서 풍차탑 아래에 모래 언덕이 쌓이고, 노동 의사가 있는 수많은 인력들이 일을 구하지 못하던 시절이던 1935년에 프랭클린 D. 루즈벨트는 농촌 전력 보급청을 출범시켰다. 이 계획으로 외딴 농가에 전선이 연결되었고, 전력 생산은 중앙에 집중되었다. 성장세에 있던 공공기업들은 여전히 풍차를 돌리고 있던 농가들에 전선을 연결하기를 거부함으로써 텍사스의 1세대 풍력 발전 터빈을 절멸로 내몰았다.

풍차는 방치되었다. 녹이 슬었고 결국 해체되어 재활용품으로 팔렸다.

그러던 1981년, 열렬한 바람 예찬론자인 마이클 오즈번이 등장했다. 음악 홍보사업을 하다가 한동안은 태양열 사업을 했던 경험이 있는 오즈번은 텍사스 팬핸들의 고지대인 팸퍼로 향했다. 그곳에서 그가 사촌의 목장에 만든 것은 종종 텍사스 최초의 풍력 발전 단지라고 일컬어진다. 1981년 당시로서는 무척 야심찬 계획이었다. 훗날 그는 텍사스 특유의 허세를 섞어서 "우주에서 두 번째로 큰 풍력 발전 단지"라고 말했다.

그의 풍력 르네상스에 문제가 없었던 것은 아니었다. 전기를 퍼올리는 풍력 발전 터빈은 소음도 퍼올렸다. 이웃들은 그 장치에서 끔찍한 모습도 보았다. 돌아가는 풍력 발전기 터빈의 날개에 새와 박쥐들이 치어 죽었던 것이다. 발전기의 터빈은 지역 송전망을 통해서 들어오는 것보다 더 많은 전기를 만들 때도 있었고, 아무것도 만들지 못할 때도 있었다.

바람이 없으면 터빈의 날개는 그대로 서서 기다란 그림자를 드리웠다. 바람이 불어도 이 그림자가 미동도 하지 않을 때가 있었다. 그러면 소유주는 구동부에 유지 보수가 필요하다는 것, 생산되는 전기가 조작 장치에 엄청난 압력을 가한다는 것, 뭔가가 망가졌다는 것을 알게 되었다.

때로는 벼락을 맞기도 했고, 때로는 탑이 쓰러지거나 날개가 떨어져서 굴러다니기도 했다.

제동에 문제가 있거나 유압액이 누출되어서 제동판이 빨갛게 달아오른 터빈은 화재의 위험도 있었다. 그러면 풍차는 불타는 거대한 바람개비가 될 것이다.

때로는 충분히 돈을 벌지 못해서 수지가 맞지 않았다. 오즈번이 팸퍼에서 벌어들인 돈은 1킬로와트시당 3센트가 채 되지 않았다. 오즈번은 "정말 5센트라도 벌어야 한다"고 말했다. 그에게는 덜 비싼 풍차나 더 효율적인 발전기의 터빈이나 더 높은 전기요금이 필요했다. 아니, 세 가지가 모두 필요했다.

오즈번은 팸퍼에서의 사업을 접었지만, 바람에 대한 열망은 식지 않았다. 그의 뒤를 따라서, 셸, BP, JP모건 체이스, 골드만 삭스 같은 기존의 석유회사와 투자회사들은 윌도라도, 데저트 스카이, 카프리콘 리지, 스위트워터, 버펄로 갭 같은 풍력 발전 단지를 직접 만들기도 했고, 투자를 하기도 했다. 8,000여 개의 발전기 터빈이 우후죽순으로 세워지면서, 텍사스는 미국 내에서 풍력 에너지를 선도하는 지역이 되었다.

기업 매수자이자 해지 펀드 매니저인 동시에 『처음 10억 달러가 가장 어렵다(*The First Billion Is the Hardest*)』의 저자인 T. 분 피컨스는 텍사스 팸퍼와 가까운 곳에 농장을 소유하고 있다. 당시 피컨스는 풍력 발전을 특별히 예찬한 풍력 발전 옹호자였다. 그가 풍력을 좋아한 것은 환경 보호 때문이 아니라 돈 때문이었다. 그는 한 신문기자에게 이렇게 말했다. "내가 환경 문제에 관심이 생겼다고 생각하지는 마시오. 내 관심사는 돈을 버는 것이고, 나는 이것으로 돈을 많이 벌 수 있다고 생각합니다."

피컨스는 오즈번과 마찬가지로 팸퍼에서 바람의 잠재력을 보았다. 그는 그 마을을 세계적인 풍력 중심지라고 홍보했다. 팸퍼에서 그는 바람으로부터 약간의 도움을 얻어서 4,000메가와트의 전기를 생산할 계획이었다. 그의 꿈은 5개 카운티의 100만이 넘는 가구에 전력을 공급하는 풍력 발전소를 조성하는 것이었다. 그 지역의 토지 소유자들은 풍력 발전을 위한 토지 임대료로 한 해에 약 6,500만 달러를 벌었을 것이다.

한 여성이 발전기 터빈의 소음에 관해서 묻자, 피컨스는 이렇게 답했다. "만약 여기서 수익이 난다면 그 소리는 진짜 기분 좋은 소리처럼 들릴 것입니다."

그러나 현실이 닥쳤다. 발전기 터빈은 기분 좋은 소리는커녕 어떤 소리도 내지 않았다.

"나는 그 사업으로 왕창 날렸습니다." 피컨스는 2012년에 한 텔레비전 프로그램에서 이렇게 말했다. 바람을 잡아서 쓰는 것 자체는 공짜였지만, 실제로 바람을 잡기 위해서는 상상을 초월하는 엄청난 비용이 들었다.

물론 세계에서 가장 성공한 투자가 중 한 사람인 피컨스는 크게 낙담했지만 부끄러워할 일은 아니었다. 바람에 대한 열망은 피컨스만 가졌던 것이 아니었다.

헨리 데이비드 소로는 『미합중국 매거진과 민주 평론(*United States*

Magazine and Democratic Review)』 1843년 11월호에 다음과 같이 썼다. "바람의 힘은 끊임없이 지구 전체에 가해진다. 여기 우리가 마음대로 가늠조차 할 수 없는 힘이 있지만, 우리가 그 힘을 이용하는 규모는 얼마나 미미한가!"

에이브러햄 링컨은 1860년에 한 강연에서 이렇게 말했다. "나는 동력, 즉 사물을 움직일 수 있는 힘이 바람에 가장 많이 들어 있다고 생각합니다. 지표면의 어느 한 공간, 이를테면 일리노이를 예로 들어봅시다. 그곳의 모든 인간과 짐승, 흐르는 물, 증기가 발휘하는 힘을 모두 합쳐도 같은 공간에 부는 바람이 발휘하는 힘의 100분의 1도 되지 않을 것입니다. 바람은 길들여지지 않은, 다룰 수 없는 힘입니다. 앞으로 바람을 길들여서 다룰 수 있게 된다면, 분명히 가장 위대한 발견 중 하나가 될 것입니다."

만약 소로와 링컨이 캘리포니아, 사우스다코타, 오리건, 텍사스, 뉴욕, 인디애나, 펜실베이니아의 풍력 발전소를 보았다면 큰 감명을 받았을 것이다. 두 사람은 북해와 아일랜드 해와 발트 해에 솟아 있는 풍력 발전기에도 매우 흡족해했을 것이다. 또 상하이 앞바다에 있는 동하이 대교의 풍력 발전소에도 분명히 웃음을 지었을 것이다. 그러나 돌아가지 않는 터빈이 몇 개인지, 후원이 끊겨서 맥없이 멈춰선 풍력 발전소가 몇 곳인지 안다면 조금 상심할지도 모르겠다. 특히 링컨은 풍력 발전의 생존을 쥐고 있는 복잡한 규제에 관해서 나름의 의견이 있을지도 모른다. 게다가 링컨 자신도 변호사이기 때문에 풍력 에너지 전문 법률사무소가 있다는 사실에는 별로 놀라지 않을 것이다.

≈

동트기 직전, 하늘이 밝아오면서 동녘의 별들이 스러져간다. 나는 바람이 잦아들기를 바라지만 오히려 바람은 조금 더 강해지고 있고, 30노트가 넘는 돌풍도 더 자주 분다. 수학적으로는 간단하다. 풍속이 두 배로 증가하면 돛과 돛줄에 가해지는 압력은 네 배가 되고, 풍속이 세 배로 증가하면 돛과 돛줄에 가해지는 압력은 아홉 배가 되는 식이다. 경험 많은 뱃사람은 바람에 노출되는 돛의 면적을 줄이는 문제를 놓고 아주 잠깐만 고민을 한다. 경험 많은 뱃사람은 돛을 줄일 일이 생기면 그냥 돛을 줄인다.

우리는 경험이 일천하지만 이미 돛을 줄였다.

돛을 줄인다는 뜻의 "reef"라는 영어 단어는 옛 네덜란드어의 riffe, 옛 노르웨이어의 rif에서 유래했다. 둘 다 "갈비뼈(rib)"라는 뜻이다. 산호초(coral reef)는 바다 밑바닥에 있는 산호의 갈비뼈이다. 돛에서 reef는 돛의 갈비뼈이다. 활대를 따라 칭칭 동여매거나 돛대를 지탱하는 버팀줄(stay)에 감싸서 바람이 지나가는 길에 잠시 눈에 띄지 않게 감춰둔 천 더미의 갈비뼈인 것이다.

나는 다른 배들을 살피기 위해서 레이더를 돌린다. 이제는 일반 명사가 된 레이더는 원래 미국 해군이 1940년에 적용한 전파 탐지 및 거리 측정(RAdio Detection And Ranging) 장비의 첫 글자들을 조합한 것이다. "돌린다(spin up)"는 것은 레이더 장치를 켠다는 것을 뜻하는 나만의 용어가 아니다. 로시난테 호의 레이더 패널에 표시되어 있는 레이더의 표준 용어이다. 뱃사람들의 용어는 사각돛배가 종말을 맞은 뒤에도 계속 늘어났다. 돛이 증기기관과 내연기관에 자리를 내어주는 동안, 바다를 누비던 사내들은 늙고 죽었지만 새로운 단어들을 만드는 그들의 성향만은 끈질기게 남아 있다.

레이더를 돌리면, 보호판 안에 있는 레이더 안테나는 전파를 송수신한다. 송신되는 전파는 물체에 부딪혀 튕겨져 나오고, 수신되는 전파는 화면에 표시되는 자료가 된다. 이 경우, 자료는 가까이 있는 엄청난 후방산란(backscatter)을 보여준다. 이 후방산란은 가로 1.8미터, 세로 2.4미터인 바다이다.

레이더의 원리는 1904년에 처음 증명되었다. 같은 해에 비에르크네스는 수치 일기예보의 가능성에 대한 그의 대표적인 논문을 발표했다. 비에르크네스가 부지런히 논문을 쓰고 있을 때, 네덜란드를 찾은 한 독일인 발명가는 선박 안전에 관한 학회에 초대되었다. 이 발명가는 그의 새로운 징난감을 설명하기 위해서 콜럼버스 호라는 배에 탑승했다.

학회에서 나온 기록에 따르면, "콜럼버스 호 선상에서의 실험은 대단히 제한된 규모에서 미완성 장비로 이루어졌지만, 그 발명가의 원리가 옳다는 것이 증명되었다. 특정 거리에서 배가 지나갈 때마다 장비가 곧바로 작동했다."

그 발명품은 거리를 측정할 수 없었다. 거리(range)를 보여줄 수 없으니 진정한 레이더는 아니었다. 그러나 잠재력만큼은 즉시 인정받았다. 적어도 한 신문기사는 해상 안전 이외의 활용에 대해서도 언급했다. 그 활용법은 안전의 반대로 여겨질 수도 있는 활용법이었고, 아직은 젊던 루이스 프라이 리처드슨을 불안하게 만들 수도 있는 활용법이었다. "물속과 물 위에서 금속 물체는 파동을 반사하기 때문에, 이 발명품은 미래의 전쟁에서 중요한 의미를 가질 수도 있을 것이다."

리처드슨이 제2차 세계대전을 예측하는 논문을 『네이처』에 발표할 무렵, 이 충돌에 휩싸이게 될 대부분의 나라들은 레이더를 실험하고 있었다. 전쟁이 끝날 즈음에는 레이더 운용체계가 자리를 잡았다. 레이더가 없었다면 보이지 않았을 표적을 타격할 수 있게 된 것이다.

제2차 세계대전 동안, 레이더 운용 기술자들은 화면에 나타난 큰 점들을 보았다. 비행기로 인해서 형성되기에는 너무 큰 기이한 반향이었다. 이 점들은 바로 비구름이었다.

레이더에는 기상 현상마다 형상이 다르게 나타난다. 이를테면 토네이도는 숫자 6과 비슷하게 보이면서 끝이 불길하게 휘어 있다.

1956년, 미국 기상청은 해군으로부터 도플러 레이더 체계(Doppler radar system)를 얻었다. 도플러 레이더는 되돌아오는 파동을 볼 수 있을 뿐만 아니라 그 파동에서 파장의 변화까지도 알아낼 수 있다. 만약 표적이 접근하고 있다면, 이를테면 폭풍이 다가오고 있다면, 표적의 접근이라는 운동이 되돌아오는 파동을 찌그러뜨려서 짧아지게 만든다. 그래서 결국 파동의 진동수가 증가한다. 만약 표적이 멀어진다면, 표적의 움직임은 되돌아오는 파동을 길어지게 한다. 움직이는 기차의 소리가 다가올 때와 멀어질 때가 다른 것처럼, 움직이는 폭풍에서 오는 전파도 그 폭풍의 운동에 관해서 알려준다.

미국 기상청은 도플러 레이더의 능력을 실험하기 시작했다. 1958년 6월 10일 캔자스에서, 연구자들은 깔때기 구름 하나를 표적으로 삼아 실험을 했다. 그들은 이 구름의 내부에서 시속 320킬로미터가 조금 넘는 속도로 옆으로 움직이는 비를 감지했다. 30분 후, 이 토네이도는 엘도라도라는 작은 마을에 닿았다. 시속 320킬로미터가 넘는 속도로 비를 옆으로 운반하던 바로 그 바람이 건물 150채를 파괴하고 15명의 목숨을 앗아갔다.

1971년이 되자, 미국 기상청은 미군이 민간에 방출한 37개의 레이더 체계를 활용해서 48가지 목적에 따른 기상 레이더 체계를 선보였다. 이 레이더 체계 중에 도플러 레이더는 없었다. 1970년대에는 도플러 레이더가 실험 단계에 있었다.

1980년대 후반, 미국 정부는 도플러 레이더의 상용화를 위한 협약을 맺었다. 이후 4억 달러가 넘는 돈이 투입되었고, 1993년이 되자 도플러 레이더는 흔한 물건이 되었다. 전문 기상학자들은 크게 흥분한 것처럼 보였다. 한 사람은 이렇게 말했다. "정말 대단해요. 거기에 있다는 것을 늘 알고는 있었지만 볼 수는 없었던 것이 보입니다."

밤사이, 텔레비전의 기상 캐스터는 도플러 레이더 영상을 받아본다. 기상학자들이 볼 수 있는 것을 텔레비전 시청자들도 볼 수 있다.

100여 년 전만 해도, 피츠로이 제독은 점성술과 가까운 접근법을 신봉하는 사람들의 공격으로부터 자신의 접근법을 방어해야 했다. 그리고 이제는 컴퓨터로 계산된 수치 일기예보에 레이더 영상이 추가되었다.

나는 화면을 축소해서 로시난테 호의 레이더의 영역을 조절한다. 가까운 곳에서는 후방산란만 감지되었지만, 4.8킬로미터 밖까지 범위를 확대하자 고정된 표적이 감지된다. 이 배는 내 플로터의 자동 선박 식별 장치, 즉 AIS에는 보이지 않는다. 나는 이 배의 이름도, 어느 방향을 향하는지도 알 수 없다. 나는 몇 분 동안 레이더 화면에서 이 배를 따라가본다. 배는 북쪽으로 움직이고 있다. 이 배는 우리의 서쪽을 통과해서 우리 배와 육지 사이를 지나갈 것이다. 나는 레이더 화면을 끄고 어둠에 눈이 익숙해지게 한다. 그리고 야간 항행등의 하얀 불빛을 발견한다. 이렇게 25노트의 바람이 부는 상황에서 바람이 불어가는 쪽 해안에 저렇게 가깝게 항해하는 이유가 궁금하다. 나는 그 배가 동력으로 가는지 돛을 올리고 가는지 알 수 없지만, 어느 쪽이든지 바람이 불어가는 쪽 해안은 친구가 아니다.

≈

고대 이집트에서 돛은 피라미드가 세워지기 전부터 펼쳐져 있었다. 동남 아시아에서도 비슷한 시기에 돛이 등장했다. 기원후가 시작될 즈음에 돛은 흔히 볼 수 있는 물건이었다. 19세기 초의 런던 항에서는 언제든지 8,000척의 배를 볼 수 있었다. 런던 인근에서는 수많은 돛대들이 물결을 타고 까딱거리고 있었다. 그러나 런던은 물 위에 떠 있는 돛대의 숲을 뽐내던 수많은 항구들 중 한 곳일 뿐이었다.

범선의 종류는 바크(barque)와 바컨틴(barquentine), 카라벨(caravel)과 카라크(carrack), 정크(junk)와 러거(lugger), 스쿠너(schooner)와 슬루프(sloop)를 비롯해서 수십 가지이며, 그밖에도 여러 특징들이 뒤섞인 것들도 있다. 돛의 종류는 큰 삼각돛(lateen rig), 마르코니 돛(Marconi rig), 가로돛(square rig), 개프 돛(gaff rig)이 있다. 돛이 하나인 조각배도 있었고, 저마다 고유의 이름과 돛 매는 법이 있는 24개의 돛이 달린 큰 배도 있었다.

대항해 시대는 전체가 다 그렇다는 것은 아니지만 대체로 바다에 사는 남자들의 시대였다. 그러나 가끔은 장교나 선원들이 배에 몰래 여자들을 태우기도 했다. 어떤 여자들은 스스로 배를 탔다. 이들은 옷차림과 행동거지가 남자와 똑같아서 동료 남자 선원들의 의심을 받지 않고 몇 달, 심지어 몇 년 동안 함께 지내기도 했다. 앤 보니, 새디 "염소(the Goat)" 패럴, 자코트 들라이예, 메리 리드가 이런 여성들이었는데, 이들은 모두 해적이었다. 포경선이나 상선에는 선장의 부인이 남편과 함께 배에 타기도 했으며, 때로는 배 위에서 가족을 돌보기도 했다. 그들은 고난에 직면하기도 했고 난관에 부닥치기도 했다. 지략과 통솔력을 드러내기도 했다. 돛대 4개짜리 배가 멈춰 있는 동안, 선장인 남편을 심장마비로 잃은 젠슨 부인은 바다 한복판에 술에 취한 선원들과 함께 남겨졌다. 폴란스비 부인과 그녀의 남편과 선원들이 탄 배는 1838년 4월 22일에 순다 해협에서 멈춰섰다. 해적선이 노를 저으면서 다가왔다. 훗날 그녀는 "우리의 대포와 회선포(swivel gun)와 피스톨이 곧바로 준비를 갖추었다"고 썼다. 플란스비 부인은 이런 일을 대비해서 연습을 해두었지만, 당시에는 연습한 것을 시험해보지는 못했다. 그녀의 글에 따르면, 해적들이 800미터 앞까지 다가왔을 때 "느닷없이 알맞은 바람이 불어와서 바로 해적의 사정권을 벗어났다."

증기 엔진은 1783년부터 배를 움직였다. 피로스카프 호는 증기를 내뿜으며 프랑스의 강을 나아가다가 15분 만에 고장이 났다. 1813년에 돛배의 일종인 러거를 변형한 익스페리멘트 호에는 증기 엔진이 장착되었고, 이 배는 영국 리즈에서 캐나다 야머스까지의 해상 항로를 운행했다. 1880년에 돛으로 나아가는 포경선을 탄 젊은 아서 코난 도일은 셜록 홈스를 창조하기에 앞서, 그린란드와 스피츠베르겐 사이를 운항하는 증기선에 관해서 썼다. 그는 증기선의 엔진 소음이 고래를 불안하게 하는지 궁금했다. 한때 돛으로 항해하던 무역선들을 지휘했으나 증기선에는 익숙하지 않았고 흥미도 없었던 조슈아 슬로컴은 1895년에 자신이 실업자인 데다가 취업을 할 수도 없는 상태임을 알았다. 가진 것이라고는 시간밖에 없었던 그는 버려진 굴잡이배를 복원한 다음 혼자서 전 세계를 항해했다. 슬로컴처럼 일자리를 잃은 다른 뱃사람들은 그에게 "그 배로 벌이는 되겠느냐?"고 물었다. 그는 『배 타고 홀로 세계 여행(*Sailing Alone Around the World*)』이라는 책을 써서 그 인세로 돈을 벌었다. 그러나 그의 배는 1895년에조차도 사람이나 물건의 수송에서 증기 동력선과는 경쟁이 되지 않았다. 슬로컴은 풍력 운송의 시대가 종말을 고하는 순간을 목격했다.

그러나 풍력 운송의 시대가 종말을 고했다고 해서 풍력 운송이 완전히 사라졌다는 뜻은 아니다. 어쨌든 자크 쿠스토의 알키오네 호가 있다. 길이 31미터의 연구 탐사선인 알키오네 호는 신화 속 바람의 신의 딸에게서 이름을 가져왔다.

알키오네 호는 대부분의 사람들에게 아름다워 보이는 배는 아니다. 쿠스토는 기능성을 위해서 아름다움을 포기했다. 알키오네 호에는 돛 대신 두 개의 기둥이 우뚝 솟아 있다. 알키오네 호의 디젤 동력을 보강

해주는 이 기둥은 굵고 짤막한 굴뚝처럼 보이지만, 연기를 뿜어내지 않는다. 대신 이 굴뚝은 내부로 공기를 빨아들이는 팬을 이용하는 기발한 장치의 장점을 활용해서 한쪽에 저기압을 만든다. 이것은 전통적인 돛이 그 형태 덕분에 저기압을 형성하는 것과 흡사하다. 예찬론자들은 알키오네 호의 기둥인 터보 돛(turbosail)이 기존의 돛보다 더 많은 추력(推力)을 낸다고 주장해왔다.

알키오네 호는 돛배 항해에 혁신을 일으키지 않았다. 터보 돛은 인기를 끌지 못했다. 게다가 알키오네 호는 돛 대신 굴뚝처럼 생긴 장치를 처음 이용한 배도 아니었다. 알키오네 호의 터보 돛에 앞서 안톤 플레트너의 이름을 딴 플레트너 회전날개가 있었다. 플레트너의 배인 부카우 호는 1925년에는 북해를, 1926년에는 대서양을 횡단했다. 플레트너 회전날개는 알키오네 호의 터버 돛과 비슷하게 생겼지만, 작동 원리는 서로 달랐다. 플레트너 회전날개는 기둥 안으로 공기를 빨아들이는 대신, 기둥을 회전시켜서 마그누스 효과(Magnus effect)를 일으켰다. 마그누스 효과는 야구에서 투수의 변화구를 휘어지게 하는 원인이기도 하다. 기둥이든 야구공이든, 회전하는 물체의 표면에는 회전 방향으로 얇은 공기층이 생긴다. 회전하는 물체가 앞으로 나아가고 있기 때문에 바람의 방향과 반대 방향으로 회전하는 쪽의 공기는 바람의 방향과 같은 방향으로 회전하는 공기보다 바람의 속도가 더 느려진다. 한쪽에는 공기가 쌓이고 다른 쪽은 공기가 빠르게 이동해서, 한쪽에는 고기압이 발달하고 다른 쪽에는 저기압이 발달한다. 그 결과 회전하는 기둥이나 회전하는 공은 고기압 쪽에서 저기압 쪽으로 밀려간다.

F. O. 윌호프트라는 이름의 한 교수는 1925년에 플레트너의 배에 관해서 다음과 같이 썼다. "부카우 호와 기상학적 통계에서 얻은 실제 결과에 대한 추정을 토대로 확실히 예측할 수 있는 것이 하나 있다. 회전

플레트너 회전날개(큰 기둥)로 일으킨 바람을 동력으로 이용한 부카우 호. (Library of Congress 사진)

날개를 갖춘 동력선에서는 평균적인 통상 항로에서 해마다 최소 25퍼센트의 연료가 절감될 것이라는 점이다. 나는 플레트너 회전날개 배가 풍력 활용이라는 진화의 사슬에서 하나의 고리 역할을 한다고 생각한다."

마그누스 효과는 대단히 강력해서 회전하는 비행기에 적용되기도 했다. 이 특별한 비행기에는 우리에게 친숙한 일반적인 날개가 있는 자리에 회전하는 원통이 있었다. 『월간 대중과학(*Popular Science Monthly*)』 1930년 11월호에는 이런 실험적인 비행기가 묘사되어 있었다. "수수께끼의 신형 비행기"라는 제목의 기사는 "미국인 발명가 세 명이 롱아일랜드 해협에서 바지 선을 타고 비밀리에 실험을 했으며, 짧은 비행을 했다고 전해진다"고 보도했다. 날개가 있어야 할 자리에는 "60센티미터 두께의 금속 두루마리"가 있었다. 오늘날 하늘에 이런 비행기가 없는 것으로 볼 때, 이 수수께끼의 비행기에 대한 비밀 실험은 실패로 끝난 것이 분명하다.

플레트너의 배는 사라졌지만 현대적인 돛배는 항해를 하고 있다. 2013년 7월 29일, 독일 에너콘 사의 발표에 따르면, "에너콘이 개발한 E-쉽 1(E-Ship 1)호의 회전날개 돛은 같은 크기의 기존 화물선에 비해 연료를 25퍼센트 이상 절감할 수 있다."

에너콘은 해상 운송회사가 아니다. 이 독일 회사는 30개국이 넘는 나라에 2만2,000대 이상의 풍력 발전 터빈을 설치했다. 에너콘이 E-쉽 1호에 플레트너 회전날개를 장착한 것은 이 선박이 풍력 발전 터빈을 운반한다는 점을 강조하기 위해서였을 것이다.

벨루가 해운은 에너콘과 마찬가지로 독일 회사였다. 또 에너콘과 마찬가지로 벨루가 해운도 바람에 관심이 있었다. 그러나 에너콘과 달리, 이 회사의 주요 사업은 풍력 발전 터빈이 아니라 해상 운송이었다. 그래서 에너콘과 달리 플레트너 회전날개에 의존하지 않았다.

2007년에 벨루가 해운은 길이가 120미터가 넘고 폭이 15미터인 화물선, 벨루가 스카이세일 호를 진수했다. 현대의 다른 화물선과 마찬가지로 이 배도 물 위에 떠 있는 신발상자처럼 우아하게 파도를 탔다. 6미터 높이의 파도에도 쉽게 좌초되지 않을 것이다. 이름에는 돛을 뜻하는 세일(sail)이 들어가지만, 이 배에는 돛도 없었고 플레트너 회전날개도 없었다. 그런데 이 배는 조건이 맞으면 연을 날릴 수 있었다. 스카이세일 호의 연은 넓이가 야구장 내야 크기의 두 배에 달했다. 이 연은 선교에서 컴퓨터 제어장치를 통해서 조종되었다.

벨루가 해운의 한 간부는 이 연이 연료를 절감해줄 것이며, 배기 가스를 줄여줄 것이라고 믿었다. 그리고 바람의 가치를 이해했던 그는 이렇게 말한 적이 있다. "만약 당신이 나처럼 여덟 살 때에 돛배 항해를 배웠다면, 항해가 몸에 익었을 것입니다. 그래서 바람과 그 힘에 대한 감을 가지고 있었을 것입니다."

2011년, 벨루가 해운은 파산 선고를 받았다. 가끔씩 벨루가 스카이세일 호 위에 떠 있던 연은 이 회사의 파산에 아무런 책임이 없다.

설계도 흥미로웠고 바람이라는 공짜 에너지도 유망했지만, 플레트너 회전날개와 터보 돛과 스카이세일 호의 연은 모두 인기를 끌지 못했다.

≈

동틀 녘이 되자 앰버그리스키 섬(Ambergris Caye)이 우리의 항로에 들어온다. 우리는 항해를 계속한다.

이 섬의 이름에서 볼 수 있는 용연향(ambergris)은 예나 지금이나 값비싼 향수를 만드는 사람들이 찾는 귀한 물건이다. 허먼 멜빌은 『모비딕』에 이렇게 썼다. "이제 이런 용연향은 대단히 흥미로운 물질이다. 게다가 중요한 상품이어서 1791년에 낸터킷 출신의 코핀 선장은 영국 하원에서 이 주제에 관한 조사를 받았다."

해변에서 발견되는 용연향은 돌멩이와 비슷하게 보인다. 색깔은 다양하다. 밀랍 같은 느낌이지만, 종종 "흙냄새(earthy)"로 표현되는 특이한 냄새가 난다. 가격은 0.5킬로그램에 1만 달러가 넘는다. 용연향은 향유고래의 창자에서 만들어진다.

용연향은 물에 뜨기 때문에 나는 낮에 키를 잡고 있는 동안 용연향을 찾아본다. 하나도 보이지 않는다. 용연향을 찾았다는 사람은 한번도 본 적이 없지만, 찾을 확률이 적다고 해서 찾는 즐거움도 작아지는 것은 아니다.

동쪽 하늘 높이 권운(卷雲)이 보인다. 권운의 줄무늬들이 끊겨 있는 것이, 마치 하늘에서 뭔가가 파도타기를 하며 지나간 것 같다.

우리는 투르네페 제도와 벨리즈 본토 사이를 항해하고 있다. 투르네페 제도는 수평선 너머에 있어서 보이지 않는다. 만약 투르네페 제도가 너울로부터 우리를 보호해준다고 해도, 이곳에서는 그런 보호를 느낄 수도 볼 수도 없다. 투르네페 제도는 해안에서 아주 멀리 떨어져 있고 아주 낮다. 15노트의 바람을 예상한 일기예보를 조롱하듯이, 25노트의 바람이 분다.

정오가 가까워오는 시각, 우리는 서쪽으로 방향을 바꿔서 워터키와 잉글리시키 사이에 있는 이스턴 해협이라고 알려진 넓은 산호초의 틈새로 들어간다. 별안간 산호초 내부로 들어가게 된 우리는 안전하고 뚜렷하게 구별되는 항로의 잔잔한 물 위를 항해해서 벨리즈시티로 향한다. 이 항로에는 상선들도 지나다닌다. 작은 연안 유조선이 우리 옆을 지나 벨리즈시티로 향한다. 항로 주변의 섬에는 맹그로브와 야자수와 나무집들이 흩어져 있다.

우리는 낙원으로 들어가고 있다.

≈

19세기 중반이 되자, 최초의 대규모 유전이었던 펜실베이니아 유전은 지역에서 판매될 수 있는 양보다 더 많은 원유를 생산했다. 그 원유 중 일부는 영국에서 램프에 사용되기 위해서 1,329개의 나무통에 담겼고, 그 나무통은 쌍돛대 범선인 엘리자베스 와츠 호에 실렸다. 엘리자베스 와츠 호는 런던까지 화물을 운송하는 45일간의 항해를 위해서 1861년 11월 19일에 필라델피아를 출발했다. 석유가 처음으로 범선에 실려서 대양을 횡단한 것이다.

1세기가 훌쩍 지난 후, 오늘날의 기준에서는 작은 편인 72미터 길이의 일본 유조선인 신아이토쿠마루 호는 1만1,000배럴의 원유를 운반했다. 이 유조선도 엘리자베스 와츠 호처럼 적어도 부분적으로는 돛을 이용해서 동력을 얻었다. 바람이 불면, 이 배는 금속 뼈대 위로 뻗어 있는 돛을 수직 날개처럼 펼쳤다.

더 훗날에는 H. M. 플레처의 풍력차를 물 위에 띄워놓은 것처럼 보이는 설계의 배가 나왔다. 한 쌍동선(catamaran : 두 개의 선체로 상부 구조물을 지지하는 형태의 선박/옮긴이)의 소유주는 정상적인 돛배에서 돛대와 돛이 있을 자리에 풍력 터빈을 설치했다. 이 터빈이 돌아가면, 그 동력이 톱니바퀴와 회전축의 도움을 받아서 프로펠러에 전달되고, 프로펠러가 배를 전진시켰다.

플레드너 회전날개와 벨루가 스카이세일 호의 거대한 연과 마찬가지로, 이런 설계들도 혁신이라고 부를 수 있다. 동시에 과거로의 회귀라고도 할 수 있다. 그러나 이것들은 어느 쪽으로도 관심을 끌지 못했다. 이런 설계들은 모든 급진적 변화를 위협하는 관성과 함께, 복잡성의 추가라는 다른 난관에도 직면했다. 이 배들은 바람이 불 때에만 작동한다. 그리고 바람은 적당한 속도로, 적당한 방향에서 불어야 한다. 이런 상황은 안전상의 위험을 야기한다. 이 쌍동선의 경우에는 풍력 터빈의 무게가 추가되면서 선박의 안정성에 영향을 미쳤다. 한 비평가는 이 배에서 엉뚱한 자리에 서 있으면 터빈의 날개가 배에서 중요한 장치의 일부에 닿을 수 있다고 비판을 하기도 했다. 그 장치는 바로 선장의 두개골이었다. 또다른 비평가는 인정사정 봐주지 않고 정곡을 찌르는 비판을 하기도 했다. 풍력 터빈을 설치한 쌍동선이 그냥 보기 흉하다는 것이었다.

≈

벨리즈시티 앞바다에 닻을 내린 우리는 노란색 검역기를 올리고 허가를 기다린다. 바람이 콘크리트 부두 쪽으로 분다. 우리 배가 파도에 출렁인다. 만약 닻을 올린다면, 우리는 바람에 떠밀려서 몇 분 안에 부두에 부딪칠 것이다.

최악의 경우를 예상한 나는 선실의 둥근 창과 승강구를 모두 닫았다. 실내 온도는 섭씨 30도가 훌쩍 넘는다. 나는 항구 관계자가 이 열기 속에서 오래 머물고 싶어하지 않기를 바란다.

네 명의 남자가 작은 배를 타고 와서 로시난테 호의 우현 쪽으로 올라온다. 피부색이 짙은 이 남자들 중 두 명은 배가 나온 중년이고 한 명은 배가 나온 청년이고 나머지 한 명은 탄탄한 체격의 청년이다. 그들은 서로 대화를 하지 않는다. 그들은 내 안내를 기다리지 않고 나를 밀치고 지나간다. 그러고는 뜨거운 갑판 아래로 내려가서 셋은 주방 탁자 주위에 둘러앉고 한 명은 응접실에 서 있다. 그들은 서류를 꺼내기 전에, 다시 말해서 들어오자마자 열기에 대해서 불평을 늘어놓는다.

공동 선장은 이마의 땀을 닦으라면서 그들에게 종이타월을 건넨다.

배 나온 중년 중 한 사람이 손가락으로 나를 가리킨다. "우리가 부두에 서 있는 것을 못 봤습니까? 거기에서 기다리고 있었는데." 물론 사실이 아니다. 나는 닻을 내릴 때부터 줄곧 텅 빈 부두를 지켜보고 있었다.

그들은 확실히 한 팀이었다. 그 사람들은 거의 하나의 단위가 되어 동시에 요구를 한다. 여권을 요구하고, 선박 관련 서류 5부를 요구하고, 멕시코 출항 서류인 자르페(zarpe)를 요구한다.

첫 번째 배 나온 중년이 묻는다. "배에 복사기가 있습니까?" 복사기는 없다.

질병을 기록하는 양식, 과일과 채소를 기록하는 양식, 화기를 기록하는 양식이 있다. 나는 섬광탄이 화기인지 묻는다. 그들은 벨리즈 크리올 말로 열띤 토론을 벌인다. 단어 몇 개가 가끔씩 내 귀에 들린다. 텍(tek)은 "take"이고, 곤(gon)처럼 들리는 것은 "gun"이고, 봐이(bwai)는 "boy"이다. 그들이 규칙을 만드는 중이라는 것은 그들의 대화에서 충분히 감지할 수 있다.

나는 우리가 가지고 있던 채소와 과일 통조림, 맥주 캔의 개수를 적는 양식을 다 채운다. 두 번째 배 나온 중년이 "대충만" 하고 말하면서 웃음

띤 얼굴로 거든다. 하지만 나는 이미 양식을 다 채웠다.

그들은 양식에 대한 요금과 여권 도장에 대한 요금과 그밖에 배를 띄우는 데에 필요한 다른 요금을 징수한다. 그 다음 자신들의 수수료로 각각 50달러씩을 정확히 미국 돈으로 요구한다. 공동 선장은 꼬깃꼬깃한 20달러와 10달러와 5달러짜리 지폐로 그들에게 돈을 지불한다. 그녀는 영수증을 요청한다.

첫 번째 배 나온 중년이 말한다. "영수증이요? 영수증이 왜 필요하죠?"

두 번째 배 나온 중년이 말한다. "여권 도장이 영수증이오."

배 나온 청년이 말한다. "영수증은 없어요."

남자들은 서류들을 추려서 배를 떠나려고 자리에서 일어선다. 내 계산에 의하면, 이들은 모두 합쳐서 최소 마흔여덟 번은 덥다는 불평을 한 것 같다.

가장 말수가 적었던 응접실의 청년은 동료들이 승강구로 올라오기를 기다린다. 그는 천연자원 경영을 공부했다고 말한다. "학사학위는 없어요. 벨리즈에는 천연자원 경영 학사학위를 주는 곳이 없어요. 정치인들이 원하지를 않죠. 정치인들은 개발만 원해요."

그의 말에 따르면, 그는 일주일에 이틀만 일하고 나머지 시간에는 학교에서 해양무역을 공부하고 있다. 그는 학교를 다니면서 스웨덴에 있는 다른 학교로 유학 갈 준비를 하고 있다. 그는 "사다리를 오르고 싶다"고 말한다.

그는 우리에게 무슨 일을 하느냐고 묻는다. 나는 "우리는 생물학자들이에요" 하고 답한다.

"그렇다면 이 배는 당신들에게는 완벽하네요." 그는 말한다.

이제는 조종실에 있는 그의 동료들은 짜증이 날 대로 나서 그를 불러올린다. 그는 승강구 쪽으로 움직이기 시작하다가 다시 내 쪽으로 몸을 돌린다. "아시겠지만 우리는 웃돈을 요구할 수도 있었어요. 더 많이요."

나는 고개를 끄덕인다.

"여기까지 오는 데 드는 택시비 30달러를 달라고 할 수도 있지만, 제가 운전을 했죠." 그가 말한다.

나는 그에게 30달러를 주려고 하지만 그는 고개를 가로젓는다. 그가 조종실로 올라가고 내가 그 뒤를 다 따라서 올라가기 전에, 배 한 척이 로시난테 호의 우현 쪽을 두드린다. 그들의 탈 것이 도착해 있었다. 이제 우리는 그들로부터 해방된다. 그들의 불평과 예상치 못한 요구와 그들이 연출한 난리법석으로부터 해방된다. 닻줄에 매달려 흔들거리는 로시난테 호에 다시 평화가 찾아온다.

나는 우리의 노란 검역기를 내리고 승강구의 문들을 활짝 열어서 선실의 열기를 동풍에 날려보낸다. 벨리즈시티를 벗어난 우리는 한 시간 후에는 편안한 밤을 보낼, 아무도 살지 않는 맹그로브 섬의 바람이 닿지 않는 해안에 닻을 내린다.

≈

루이스 프라이 리처드슨이 태어나고 유년기를 보낸 이래로 세상은 여러모로 변했다. 풍력을 이용한 상선들은 전 세계의 대양에서 모두 사라졌다. 대체로 전도유망했던 플레트너 회전날개도 나타났다가 사라졌다. 육지와 해상에 서 있는 풍력 발전 터빈은 급증했다. 일반적인 레이더와 그 특별한 사촌인 도플러 레이더는 상용화되었고, 리처드슨의 시대에는 거의 상상할 수 없었던 컴퓨터 역시 마찬가지이다.

변함없는 것이 하나 있다면 신뢰할 만한 일기예보의 중요성이다. 내일의 날씨를 오늘 아는 것의 중요성은 누구나 잘 알고 있다. 그렇기 때문에 다음 주, 더 나아가 다음 달의 날씨를 오늘 아는 것도 마찬가지로 중요하며, 특정 목적에 따라서는 더욱 귀한 정보가 된다. 신뢰성만 있다면 장기적인 일기예보는 인명과 재산 피해를 막을 수 있다. 좋은 일기예보는 휴가를 망치는 것을 방지하기도 하지만, 선박과 비행기를 보호하고, 수확량과 저수지 관리를 개선하고, 홍수 조절 수문과 풍력 발전소 같은 사회 기반시설의 관리 지표가 되기도 한다. 2014년 미국 정부의 한 보고서에 따르면, 일기예보의 가치는 일기예보의 생산 비용을 몇 배나 더 능가하는 310억 달러 이상으로 추산되었다.

결론: 양질의 일기예보는 좋은 투자이다.

리처드슨은 1922년에 다음과 같이 썼다. “아마 언젠가 아득한 미래에는 날씨의 진행보다 더 빠른 계산이 가능해질 것이다.” 1950년에서 1960년 사이, 컴퓨터는 계산이 더 빨라졌고, 더 신뢰할 만해졌으며, 더 쉽게 구할 수 있게 되었다. 리처드슨의 아득한 미래는 이미 도래했다.

일기예보가 개선되는 동안, 일기예보의 정확도를 평가하는 방법도 개발되었다. 이것은 단순히 주관적 판단의 문제가 아니었다. 수학으로 무장한 일기예보관들은 일기예보와 실제 날씨를 정량적으로 비교하기 위한 기술 점수(skill score)라는 것을 개발했다. 학생들의 시험 점수처럼 퍼센트로 보고되는 이 기술 점수는 완벽한 일기예보인 100퍼센트 일치에서부터 완벽하게 틀린 일기예보인 0퍼센트 일치까지 나타낼 수 있다. 1950년대에는 컴퓨터로 얻은 수치 일기예보의 기술 점수가 50퍼센트 이하였다. 주관적 일기예보보다 아주 조금 나은 수준이었다. 그러나 1949년의 ENIAC과 그 직계 후손들의 일기예보는 시작에 불과했다. 컴퓨터의 발전에 발맞춰서 일기예보 모형들도 더욱 복잡해졌다. 기술 점수도 조금씩 향상되어 1969년이 되자 기술 점수는 합격점에 도달했다. 60퍼센트를 살짝 넘긴 것이다.

충분히 낙관론이 나올 만했다. 더 나은 컴퓨터, 더 나은 입력 자료, 더 나은 모형이 미래를 확실하게 내다볼 수 있게 해줄 것이라는 믿음이 있었다. 결정론적 우주를 믿는 사람들, 조건 a와 조건 b와 조건 c의 합이 항상 조건 d라고 믿는 사람들이 한껏 고무된 시대였다.

낙관할 만한 이유는 충분했지만, 에드워드 로렌즈 같은 사람도 있었다.

≈

에드워드 로렌즈는 다트머스 대학교와 하버드 대학교에서 수학을 공부한 후, 제2차 세계대전 동안 미 육군 항공대에서 일기예보관으로 근무했다. 전쟁이 끝난 후, 그는 매사추세츠 공과대학에서 기상학을 공부했고, 나중에는 그곳의 교수가 되었다.

컴퓨터를 가지게 된 로렌즈는 1970년대 초반에 컴퓨터로 계산을 실행했다. 그의 원래 목표 중 하나는 물리학의 원리를 토대로 수학을 적용한 일기예보가 날씨 통계에 기반한 과거의 일기예보에 비해서 우월하다는 것을 증명하는 것이었다. 지난 5일간 춥고 바람이 거셌다는 사실이 내일도 추울 것이라는 예측의 지표가 될 수도 있지만, 그는 물리학의 원리와 수학을 적용하면 훨씬 더 나은 일기예보를 얻을 수 있다고 믿었다. 리처드슨과 차니의 연구는 응원단이 필요했다.

로렌즈의 컴퓨터는 로열 맥비 사의 LGP-30이었다. 무게가 335킬로그램이고 크기는 책상만 했던 이 시끄러운 컴퓨터는 초당 60번의 곱셈을 수행할 수 있었다. 그가 다루었던 단순화된 기상 체계는 상승하는 따뜻한 공기와 하강하는 차가운 공기로만 이루어져 있었다. 그는 소수점 이하 여섯째 자리까지 계산을 했다. 그가 수치를 입력해서 모형을 실행시키면 컴퓨터가 혼자 돌아가면서 계산을 수행했다. 컴퓨터는 그가 입력한 수치를 토대로 단순화된 기상 체계의 미래를 예측했다.

로렌즈는 평범하지 않은 뭔가를 시도해보기로 결심했다. 그는 컴퓨터를 실행시키는 도중에 결과를 출력한 다음, 컴퓨터가 계속 계산을 하게 했다. 나중에 그는 첫 번째 실행에서 가로챈 결과를 입력 자료로 이용해서 컴퓨터를 다시 돌렸다. 컴퓨터는 시끄러운 소리를 내면서 돌아갔다. 그는 흥미로운 결과를 기대하지 않았다. 그의 예상은 단순했다. 첫 번째 실행에서 얻은 수치를 토대로 하는 두 번째 실행은 같은 결과를 내놓을 것이라고 생각했다. 그가 같은 수치라고 생각한 것에서 시작했으므로 같은 수치로 끝날 것이라고 예상한 것이다.

로렌즈는 예상했던 결과를 얻지 못했다. 그가 같은 수치라고 생각한 입력 값은 같은 수치의 출력 값을 내놓지 않았다. 첫 번째 실행에서 얻은 수치를 이용한 두 번째 실행에서는 합리적인 사람이라면 누구나 기대할 수 있는 답인 같은 결과가 나오지 않았다. 두 모형을 더 오래 실행시킬수록 대응되는 결과의 차이는 더 커졌다. 뭔가 대단히 기이한 일이 일어나고 있었다.

로렌즈의 컴퓨터는 로렌즈에게 메시지를 보내고 있었다. 우선 그는 컴퓨터가 하는 이야기를 믿을 수 없었다. 그는 자신이 어딘가 수치를 잘못 입력하는 실수를 저질렀을지도 모른다고 생각했다. 또 컴퓨터에 어떤 이상이 생겼거나, 113개의 진공관 중 하나가 과열되었을 수도 있다고 생각했다. 그러다가 그는 원래 계산은 소수점 이하 여섯 자릿수로 실행되었지만, 새로운 자료에서는 소수점 이하 세 자릿수가 나왔다는 것을 기억해냈다.

그는 소수점 이하 여섯 자릿수를 재입력하고 모형을 다시 실행시켰다. 이번에는 효과가 있었다. 동일한 입력은 예상대로 동일한 결과를 내놓았다.

그러나 비슷하지만 동일하지 않은 수치로 실행된 모형들 사이의 불일치는 여전히 그에게 골칫거리였다. 이해가 되지 않았다. 만약 100만 달러 계좌의 잔고를 맞추려는 은행가가 있다면, 그 돈을 동전으로 채우든 지폐로 채우든 은행가는 매번 비슷한 결과를 얻게 될 것이다. 그런데 일기예보관의 경우에는 그렇지 않아 보였다. 로렌즈가 확인한 바에 따르면, 소수점 이하 세 자리인 수로 작업하는 일기예보관은 소수점 이하 여섯 자리인 수로 작업하는 일기예보관과 서로 다른 날씨를 예보하게 될 판이었다.

로렌즈는 카오스 이론을 발견했다. 더 정확히는 재발견했다. 물리학의 원리와 수학의 적용이 결합된 현재는 미래의 날씨를 예측할 수도 있지만, 물리학의 원리와 수학의 적용이 결합된 현재의 근사치는 그렇지 않을 수도 있었다.

과학자들이 대개 그렇듯이, 로렌즈는 논문을 썼다. 그 논문의 제목은 「예측 가능성 : 브라질에 있는 나비 한 마리의 날갯짓이 텍사스에서 토네이도를 일으킬 수 있을까?」였다. 그의 답은 "그렇다"였지만, 여기에는 몇 가지 단서들이 달렸다. 첫 번째 단서: 브라질에 있는 나비의 날갯짓은 텍사스에서 토네이도를 일으킬 수 있는 것만큼 쉽게 토네이도를 일어나지 않게 할 수도 있다. 두 번째 조건: 브라질에 있는 나비의 날갯짓이 텍사스에서 앞으로 일어날 토네이도를 일으킬지 멈출지, 또는 토네이도와 아무런 관련이 없을지는 결코 알 수 없다. 세 번째 조건: 날갯짓을 하는 나비는 아주 많고, 날씨의 작은 변화에 영향을 주는 다른 활동들도 아주 많아서, 그중 어느 것이라도 언제든지 다양한 방식으로 변화를 일으킬 수도 있고 그렇지 않을 수도 있다.

이 논문의 네 번째 단락에서, 그는 제목에서 제기한 의문을 달리 표현한다. "대기의 움직임은 작은 규모의 교란에 대하여 **불안정한가**?" 그의 답은 명백하고 단호하고 간단했다. "그렇다."

카오스 계(chaotic system)라는 계에서는 현재의 작은 변화가 나중에 큰 영향을 미칠 수 있으며, 지구의 대기는 카오스 계이다. 이런 현실이 나비의 날개를 그렇게 매력적인 비유로 만든 것이다.

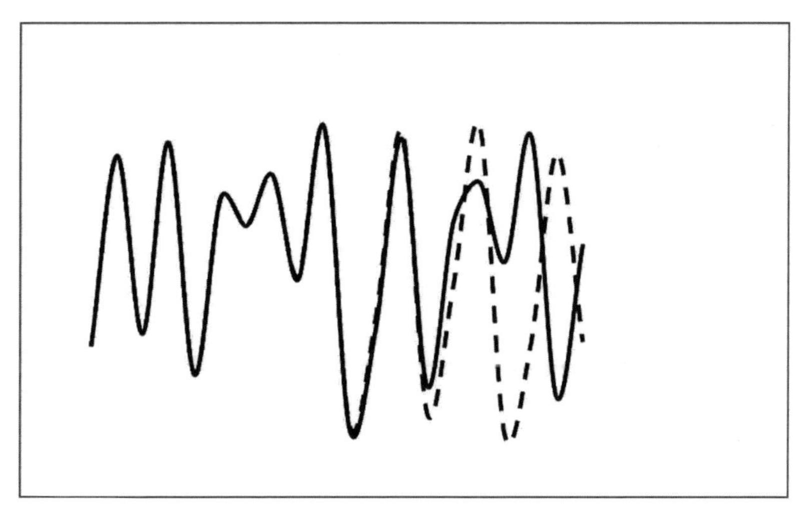

카오스 계에서는 시작 지점의 작은 변화가 나중에 예측할 수 없는 큰 변화를 초래한다. 두 선(그림 왼쪽에서는 점선이 실선에 가려져 보이지 않는다)은 같은 방정식을 활용해서 그려진 것이다(k = 3.9인 로지스틱 방정식[logistic equation]). 실선은 0.9라는 값에서 시작되었고 점선은 0.90002라는 값에서 시작되었다. 시간, 즉 모형이 반복되는 회수는 가로축을 따라 진행된다. 처음에는 점선과 실선이 겹치면서 결과가 동일한 것처럼 보이지만, 13회 반복된 후부터는 결과가 갑자기 달라진다.

일기예보의 골칫거리는 인간이 모든 나비의 날갯짓을 추적할 수도 없고, 어떤 날갯짓이 텍사스에서 토네이도를 일으키거나 멈출지를 알 수 없고, 어떤 날갯짓이 토네이도와 관계가 없을지도 알 수 없다는 것이다. 로렌즈는 분명하게 말했다. "만약 어떤 나비의 날갯짓 한 번이 토네이도를 일으키는 데에 중요할 수 있다면, 그 이전과 이후의 모든 날갯짓과 수백만 마리의 다른 나비의 날갯짓도 그럴 수 있다. 우리 인간을 포함한 더 강력한 생명체의 수많은 활동에 대해서는 말할 것도 없다."

인간은 진폭이 작은 동요를 결코 모두 알 수 없을 것이다. 또 크고 작은 동요의 모든 결과, 아니 대부분의 결과도 알 수 없을 것이다. 따라서 인간은 미래의 날씨를 절대로 정확하게 예측할 수 없을 것이다.

그러나 로렌즈는 일기예보관들에게 포기를 권하지 않았다. 그가 택한 직업의 관례를 따라서, 그는 더 많은 연구를 주문했다. 또 관측 체계의 확충도 요구했다. 그는 이렇게 썼다. "정확한 일기예보가 아니라 최선의 일기예보가 궁극적인 목표라면, 대기는 기꺼이 우리의 뜻을 받아줄 것이다."

컴퓨터의 성능이 개선되면서, 컴퓨터 모형에서 세포의 크기는 작아지고 해상도는 높아졌다. 모형에 활용된 시간 간격도 줄었다. 차니와 ENIAC은 세 시간을 적용했지만 점차 5분 이하로 짧아졌다. 위성과 기상 관측 부표에서 얻은 자료들은 빈틈을 메워주었다.

카오스 이론과 작은 동요에도, 불안정한 대기의 움직임에도 불구하고 일기예보는 개선되었다. 1992년이 되자, 단기적인 일기예보의 기술 점수는 90퍼센트를 돌파했다. 기상학자 한 사람의 경력 기간보다 짧은 시간 안에 점수가 60퍼센트 이상 오른 것이다.

그러나 카오스와 관련된 문제는 단기적인 일기예보와는 별로 상관이 없다. 이 문제는 한 시간이나 두 시간이나 여섯 시간 뒤에 무슨 일이 일어나는지에 관한 것이 아니다. 보통은 이틀이나 사흘 뒤에 무슨 일이 일어나는지도 아니다. 단기적인 바람의 일기예보가 빗나가면 한 사람의 선원은 불편을 겪을지 모르지만, 생명을 위협할 정도로 크게 어긋나는 일은 대개 없을 것이다. 카오스의 문제는 다음 주와 그 다음 주에 일어날 일과 연관이 있다. 나비의 날갯짓의 문제는 끝없이 계속되는 나비들의 날갯짓이 장기적인 일기예보에 큰 혼란을 초래할 수도 있다는 점이다. 휴가 계획과 농경과 작은 배의 대양 횡단 같은 활동에 매우 중요한 바로 그 일기예보에 말이다.

그러나 이런 장기적인 일기예보의 영역에서조차도, 카오스 이론에 직면했음에도 불구하고 일기예보관들에게 포기란 없었다.

제9장

조화

벨리즈의 해안을 따라 길게 발달한 보초(堡礁)의 안쪽은 바람이 불기는 하지만 수면은 잔잔하다. 얕은 산호초가 대양의 파도를 막아주기 때문에 우리는 1주일 동안 매일 밤에는 아무도 살지 않는 맹그로브 해안에서 쉬면서 편하게 항해를 했다. 간간히 어부들과 이야기를 나누기도 했는데, 한 어부는 통나무배를 탔고 또다른 어부는 발동기가 달린 배를 타고 작업을 했다.

플라센시아 마을을 향해 항해한 우리는 마을 해안과 플라센시아키라는 작은 섬 사이에 닻을 내린다. 이 섬은 우리의 동쪽을 막아주고, 좁은 반도의 끝에 자리한 플라센시아는 북쪽을 막아준다. 이 반도는 한때 푼타 플라센시아라고 불리기도 했다. 진짜인지 관광업자들이 지어낸 것인지 알 수 없으나, 쾌적한 곳이라는 뜻의 플레전트 포인트(Pleasant Point)라는 영어 지명이 충분히 어울리는 곳이다.

로시난테 호의 이웃은 돛배 여덟 척과 저인망 어선 한 척이다. 우리는 아침 햇살이 내리쬐는 조종실에 앉아서 느긋하게 책을 읽고 생각을 하고 이야기를 나눈다. 해야 할 일도 없고 걱정거리도 없다.

우리는 돛을 올리고 우리 쪽으로 다가오는 9미터 길이의 벨리즈 고깃배 한 척을 바라본다. 때가 탄 흰색 나무 선체는 선수 쪽이 높고 선미 쪽으로 갈수록 낮아지는 형태이며, 갑판 위에는 남자들과 세 척의 갈색 통나무배가 있다. 돛대가 짧지만 활대가 길어서, 주 돛이 정삼각형 모양의 대칭을 이루고 있다. 이 고깃배는 주 돛은 좌현과 직각을 이루고 앞 돛은 우현과 직각을 이룬 상태로, 뒷바람을 그대로 받으면서 잔물결을 일으키며 빠르게 나아가고 있다. 일부 뱃사람들의 말처럼 날개를 활짝 펴고 파란 하늘 아래에서 맑고 푸른 물을 가르고 있는 것이다.

날렵한 선에 큼지막한 돛을 달고 빠르게 물살을 가르는 벨리즈의 작은 고깃배를 보고 있노라니 거대한 클리퍼 선(clipper)이 떠오른다. 멋들어진 모양으로 잘 알려진 클리퍼 선은 돛의 수가 많기로 유명하고, 무엇보다도 빠르기로 유명하다. 수백 년에 걸친 범선 무역의 결실인 클리퍼 선은 화석 연료의 도움 없이 가능한 한 빠르게 상품을 운송해야 하는 사업가들에게는 최고의 범선이었다. 그러나 클리퍼 선의 시대는 금방 막을 내렸다. 최초의 클리퍼 선 중 한 척인 43미터 길이의 앤맥킴 호는 1833년에 볼티모어에서 건조되었다. 그로부터 불과 36년 후인 1869년에는 최후의 클리퍼 선 중 한 척인 커티삭 호가 스코틀랜드에서 건조되었다. 앤맥킴 호보다 1.5배 길었던 커니삭 호는 최고 속도가 18노트에 육박할 정도로 빨라서, 조건이 좋은 날에는 하루에 640킬로미터를 운항하기도 했다. 커티삭 호는 유럽과 동인도 제도 사이를 오가면서 은과 차와 아편을 운반했다. 그러나 커티삭 호가 진수된 해는 수에즈 운하가 개통된 해이기도 했다. 커티삭 호는 유럽과 동인도 제도 사이의 거리를 6,400킬로미터 단축시키는 지름길인 수에즈 운하를 통과할 수 있는 증기선들과 경쟁을 해야 했다. 게다가 증기선들은 우아하지도 않았고 소음도 심했고 연기도 내뿜었지만, 바람이 불지 않을 때에도 쉼 없이 움직였다.

도서관에는 돛과 범선과 무역항로와 바람의 도움만으로 전 세계를 누빈 남자들과 여자들에 관한 책들이 가득하다. 전기, 자서전, 소설, 해양생활의 역사에 관한 책들이 넘쳐난다. 이런 문헌들을 대충 해석해보면 단연 도드라지는 것이 하나 있다. 지구라는 해양 행성에서 인류는 오랫동안 여러 지역에서 돛배에 의존했다는 점이다. 그리고 지금, 시대착오적 생각이 없었다면, 유조선에 달린 실험적인 날개 돛과 화물선에 매달린 연 같은 돛이 없었다면, 요트와 특이한 고깃배가 없었다면, 돛은 과거의 유물이 되었을 것이다.

벨리즈의 작은 고깃배는 지금도 날개를 활짝 펴고 우리를 지나서 남쪽으로 내려가고 있다. 이 배가 향하는 곳은 플레젠트 포인트 뒤쪽, 푼타 플라센시아 바로 아래에 위치한 한 만의 입구이다. 그 고깃배가 빠르게 지나간 자리 뒤로 기다란 자취가 남는다. 이 각도에서 보면 고깃배의 돛은 한쪽으로 처져 있지만 그래도 아름다운 나비와 같은 자태이다.

≈

에드워드 로렌즈는 자신이 추구한 이상한 수학에 "카오스"라는 이름을 붙이지 않았다. 카오스라는 이름은 그의 나비 논문 이후에 발표된 리 티엔-옌과 제임스 요크의 1975년 논문에서 나왔다. 『월간 미국 수학(*American Mathematical Monthly*)』에 발표된 이 논문의 제목은 "주기 3은 카오스를 내포한다"였다. 리와 요크는 다음과 같이 썼다. "이 논문에서 우리는 비주기적인 수열 $\{F^n(x)\}$를 '카오스적(chaotic)'이라고 부를 수 있는 상황을 분석했다." 해석: 수열 $\{F^n(x)\}$는 길고 복잡하며 결코 반복되지 않는 경로를 따라 얽혀 있다. 다른 해석: 수열 $\{F^n(x)\}$는 정확히 날씨처럼 행동한다.

로렌즈는 카오스 이론으로 알려지게 되는 이 분야에 첫발을 디딘 사람은 아니었다. 다른 사람들도 우연히 카오스를 발견했다. 로렌즈가 그의 단순한 컴퓨터 모형을 실행시켜서 나비 논문을 쓰기 오래 전부터, 러시아에서도 이 문제를 논의했다. 그럼에도 불구하고 "라플라스의 악마(Laplace's demon)"라는 것에 대한 논의에서 로렌즈의 역할은 중요했다.

1814년, 피에르-시몽 라플라스(시골뜨기 청년 윌리엄 패럴에게 영향을 준 『천체 역학』을 쓴 바로 그 라플라스)는 과학자들이 믿고 싶었던 것이자, 당시 대부분의 과학자들이 이미 믿고 있었던 것에 대한 생각을 분명하게 표현했다. 라플라스는 단순하지만 보편적 원리인 "만약 이것이면 결과는 저것(if this, then that)"을 자세히 설명했다.

라플라스는 다음과 같이 썼다. "우리는 우주의 현재 상태가 과거의 결과이고 미래의 원인이라고 생각할 수 있다. 특정 순간에 자연을 움직이게 하는 모든 힘과 자연을 구성하는 모든 항목들의 위치를 속속들이 알고 있는 지적인 존재가 있다면, 그리고 그 존재가 그 자료를 다 분석할 수도 있을 정도로 엄청난 존재라면, 우주에서 가장 거대한 천체의 운동과 가장 작은 원자의 운동을 하나의 공식으로 통합할 수 있을 것이다. 이런 존재에게는 불확실한 것이 아무것도 없을 것이며, 미래 역시 흡사 과거처럼 그의 눈앞에 펼쳐질 것이다."

라플라스의 악마, 로렌즈도 고심했던 이 악마는 모든 것을 다 아는 엄청난 지적 존재였다.

라플라스는 옳았다. 만약 이것이면 결과는 저것이 된다. 행성의 운동은 합당한 범위 내에서 예측될 수 있다. 로켓은 달에 닿을 수 있다. 만약 지금 여기에 있는 어떤 행성이 이러이러한 속도와 이러이러한 방향으로 움직이고 있다면, 그 행성은 적어도 대략 미래의 어느 특정 시점에는 이러이러한 지점에 도달할 것이다. 대부분의 경우 그 행성의 미래 위치는 관심이 있는 사람들을 대체로 만족시킬 수 있을 정도로 충분히 정밀하게 예측될 수 있다. 실제로 라플라스의 악마가 그의 묘사와 같은 완벽한 지식을 가지고 있다면, 그 행성의 미래 위치를 정확하게 계산할 수 있을 것이다. 마찬가지로, 완벽한 지식을 갖추면 미래의 날씨도 정확하게 구할 수 있을 것이다. 그러나 완벽한 지식이라는 의미는 모든 분자가 어디에 있고 어디로 가고 있는지를 안다는 뜻일 것이다. 대기 중에 있는 분자의 개수를 대강 나타내면, 1 뒤에 0이 44개 붙는 수가 될 것이다.

라플라스와 그의 추종자들에게, 즉 대부분의 19세기와 20세기 과학자들과 철학자들에게, 이 세계는 대략적인 의미에서나마 결정론적이었다. 그들은 현재 세계의 대략적 지식에서 미래에 대한 대략적이지만 매우 유용한 지식을 얻지 못할 이유가 없다고 보았다. 그들 중 비에르크네스와 리처드슨과 차니와 로스뷔와 그들의 동료들은 원칙적으로 날씨를 수치로 예측할 수 있을 것이라고 믿었다. 만약 이것이면 결과는 저것이 되는 것이었다.

카오스적이지 않은 계에서는 시작점의 작은 차이가 결과에 작은 영향을 줄 뿐이다. 그러나 동일한 얼음과자 두 개를 흐르는 물에 나란히 던지고 2분, 5분, 10분 뒤에 두 얼음과자가 상대적으로 어느 위치에 있는지를 정확히 예측하려고 한다면, 분명하게 확인할 수 있는 것은 미래가 예측과 어긋난다는 것뿐이다. 불꽃의 형태나 구름의 위치나 용암의 흐름에 대한 예측을 시도해보자. 역시 예측과는 다른 결과가 나올 것이다. 자연의 카오스 계는 날씨에만 있는 것이 아니다.

로렌즈의 연구가 중요하다는 점은 아무리 말해도 지나침이 없다. 그는 카오스 이론의 명명자도 아니고 수학의 세계에서 카오스를 처음 발견한 사람도 아니었지만, 그의 연구는 학계의 관심을 불러왔다. 그는 카오스를 기상학에 끌어들였고, 카오스는 거기서부터 다른 분야로 퍼져나갔다. 카오스의 교묘한 계략은 전기에서, 수도꼭지에서 떨어지는 물방울에서, 인구 증가에서도 볼 수 있었다. 미래가 출발 조건에 놀라울 정도로 민감할 수 있다는 것, 원인이 결과에 비례하지 않을 수도 있다는 것이 로렌즈의 연구를 통해서 알려지기 시작했다. 작은 요인이 큰 영향을 미칠 수 있었다.

카오스 이론을 이해하는 세계에서, 정확한 장기 일기예보가 드문 것은 그리 놀라운 일이 아니다. 진짜 놀라운 일은 그럼에도 불구하고 예보가 맞는다는 것이다.

로렌즈의 생각이 등장하고 그의 연구가 관심을 끌기 시작할 무렵에는 많은 기상학자들이 나비의 날갯짓의 영향을 쉽게 받아들이는 편이었다. 1세기 동안 일기예보를 망쳐본 후, 4-6일 뒤의 일기예보가 경험에서 우러나온 막연한 추측보다 더 나을 것이 없다는 사실을 깨달은 후, 기상학자들은 그럴싸한 변명을 할 준비가 되었다. 일부에서는 그런 사실을 인정하면서 안도의 한숨을 내쉬었을지도 모른다. 일기예보관들은 면죄부를 받았다. 무능함으로 보였던 부분이 사실은 불가피한 부분이었던 것이다.

2007년, 로렌즈는 한 인터뷰에서 카오스 이론에 대해서 이렇게 말했다. "나는 기상학계에서 그것을 꽤 잘 수용했다고 생각합니다."

그러나 기상학계 밖에서는, 그리고 기상학계 일각에서조차도, 로렌즈는 비판에 직면했다. 그의 수학은 실제 세계를 대변하지 못하는 예외이자 눈속임이었다. 그는 수학을 다룰 줄 아는 기상학자였다. 그가 옳지 않을 수도 있었다. 만약 입력 시의 작은 변화가 출력 시에 큰 변화를 초래한다면, 과학은 거센 돌풍에 휘말린 돛배처럼 발칵 뒤집어질 수도 있었다.

≈

아침나절이 되자 바람이 잦아든다. 우리는 노를 저어 해안으로 가서 우리의 보조배를 해변 위로 끌어올려 야자나무 기둥에 묶는다. 우리는 플라센시아의 콘크리트 잔교 위를 거닌다. 샌들을 신고 반바지 차림에 챙이 넓은 모자를 쓴 남자 두 명과 여자 한 명이 둘러 서 있다. 그들은 선원들이고 모두 60대이다.

우리는 인사를 건네고 그들의 이야기를 듣는다. 그들은 날씨 이야기를 하는 중이었다. "크리스는 여섯 시쯤 벨리즈 중부와 북부에 45노트의 돌풍이 분다고 했어." 한 남자가 말한다. 아마 카리브 해에서 유람선을 위한 일기예보를 하는 크리스 파커를 말하는 것 같다.

"크리스는 일주일 내내 틀렸어." 여자가 말한다.

다른 남자가 말한다. "진짜 문제는 우리 위치가 벨리즈 중부인가 남부인가 하는 점이야. 크리스는 벨리즈 중부에 바람이 불 거라고 했지, 남부에 분다고는 하지 않았거든. 이 날씨는 북쪽에서부터 남하할거야. 우리한테 오기 전에 다 사라질 수도 있지."

"아닐 수도 있고." 여자가 말한다.

나는 정박지 너머의 앞바다를 바라본다. 무역풍의 버림을 받은 공기는 후덥지근하고 무겁고 습하다. 다른 돛배 두 척이 돛을 올리지 않고 동력으로 정박지를 향해 가고 있다. 일기예보를 들어보면 더 많은 돛배가 올 것이다. 외딴 섬에서 이곳으로 오는 그 배들은 푼타 플라센시아 뒤에 몸을 숨기려고 할 것이다. 바람이 강타하면 정박지는 위험해질 수도 있다. 각 배에 연결된 닻줄들이 얽히면서 비싼 난장판이 될 수도 있다. 배에는 저마다 고집 센 선장이 지휘를 하고 있을 것이다. 그들이 선장이라는 유일하고 확실한 자격, 그들이 뱃사람이라는 것을 증명해주는 단 하나의 항목은 그들 모두 배를 획득할 수단이 있다는 점이다. 나도 마찬가지이다.

부두에 있는 사람들 중 한 사람이 내 의견을 묻는다. 그들과 달리, 나는 일기예보를 듣지 못했다. 내가 말한다. "일찍이 물리학자인 닐스 보어는 예측이 어렵다고 말했죠. 미래에 관해서는 특히 더요." 그 사람들은 나를 마치 정신 나간 사람을 보듯 했지만, 원래 여행자들은 아량이 넓다.

나는 한마디를 덧붙인다. "야구선수인 요기 베라도 비슷한 말을 했던 것 같긴 한데, 확실치는 않지만 보어가 먼저였다고 생각해요."

≈

ENIAC으로 최초의 성공적인 수치 일기예보를 이끌어낸 줄 차니는 많은 사람들의 도움을 받았다. 연관된 많은 과학자들 중에서도 존 폰 노이만은 특히 중요한 인물이었다. 그는 군사적 목적으로 도입된 ENIAC이 일기예보에 유용할지도 모른다는 것을 인식한 사람 중 한 명이었다.

폰 노이만은 여러 면에서 유명하다. 그중에서 으뜸은 그의 빼어난 재기(才氣)일 것이다. 두 번째로는 수학에 대한 기여를 들 수 있는데, 그는 게임 이론(game theory)의 개발에 참여했다. 세 번째로 그는 에드워드 텔러와 그밖의 다른 사람들과 함께 나가사키를 파괴한 폭탄의 제조에 참여했고, 수소폭탄 제조에도 한몫을 담당했다. 네 번째로는 그의 재치 있는 입담을 들 수 있다. 이를테면 상호 확증 파괴(mutually assured destruction)를 나타내는 MAD, ENIAC의 뒤를 잇는 수학적 분석기 및 수치 적분기 및 계산기(Mathematical Analyzer, Numerical Integrator, and Computer)를 나타내는 MANIAC 같은 기발한 두음자어를 만들기도 했다. 존 폰 노이만이 중요한 기여를 한 일들의 목록은 무궁무진하지만, ENIAC을 이용한 최초의 성공적 수치 일기예보의 시작에서 그의 역할은 확실히 목록에 포함되어야 할 것이다.

그 목록 어딘가, 아마 맨 끄트머리쯤에는 날씨의 무기화에 대한 그의 관심이 들어가 있을 것이다.

그는 공직자 후보 청문회에서 이렇게 말했다. "나는 확실한 반공주의

자입니다. 나는 기억이 있을 때부터 줄곧, 특히 1919년에 헝가리에서 3개월 정도 공산주의를 경험해본 이후부터는 마르크시즘을 격렬하게 반대해왔습니다."

그는 일기예보와 날씨 무기가 둘 다 군에 도움이 될 수 있다는 것을 알고 있었다. 날씨의 군사적 통제는 영공과 영해와 공해와 지상군의 이동을 장악한다는 의미였다.

미군은 날씨를 어느 정도까지 통제하려고 했는지 밝히지 않을 것이다. 그러나 군이 이 문제에 관심을 가져왔다는 사실만큼은 부인할 수 없다. 1974년의 한 신문 기사는 뽀빠이 작전이라는 것을 보도했다. "국방부가 의회에서 인정한 바에 따르면, 공군과 해군은 1967년부터 1972년까지 동남 아시아에서 광범위한 인공 강우 작전에 참여함으로써 북베트남 군의 병사들과 보급품이 호치민 시의 도로망을 통해서 이동하는 속도를 늦추려고 했다."

고-에너지 광선의 활용이 의심되는 다른 계획도 있었다. 토네이도에서 열평형의 변화를 초래할 수 있는 것으로 추정되는 고-에너지 광선을 이용해서 토네이도를 일으키는 동력을 차단한다는 것이었다. 그러나 1978년에는 환경 개조 기술의 군사적 또는 기타 적대적 사용 금지에 관한 조약도 이루어졌다. 이 조약에 따르면, "이 협약에 참여한 각 국가는 다른 국가를 파괴하거나 위해를 가하기 위해서 광범위하거나 장기적이거나 심각한 영향을 끼치는 환경 개조 기술의 군사적 또는 다른 적대적 사용을 하지 않기로 약속한다."

이 조약은 작은 원인이 엄청난 결과를 가져올 수 있다는 카오스 이론의 현실을 주목하지 않았다. 베트남의 상공에 뿌려진 구름씨가 예측과 추적이 불가능하고 아주 오래 지속되는 효과를 일으킬 수 있다는 점을 말하지 않았다. 그럼에도 이 조약은 날씨 통제의 효과를 부분적으로 중단시켰다. 날씨를 통제하려는 다른 시도들은 지하로 숨어들었을 가능성이 크다. 그러나 군사적 목적에서 날씨를 통제하려는 욕망은 사그라지지 않았다. 미 공군은 1996년 8월로 기록된 보고서에 다음과 같이 썼다. "2025년, 미 항공우주군이 '날씨를 소유하기' 위해서는 최신 기술을 활용해야 하며, 전투에 적용할 수 있는 이런 기술의 개발에 초점을 맞추어야 할 것이다." 이 보고서의 작성자들은 비와 안개가 아군의 위치를 가려주기를 바랐다. 또 폭우가 적의 병사들을 꼼짝 못하게 하기를 바랐고, 가뭄으로 적군이 신선한 물을 얻지 못하기를 바랐고, 잔뜩 찌푸린 하늘이 적군의 사기에 영향을 주기를 바랐다. 이 작성자들은 카오스 이론을 언급했지만, 군의 능력을 강조했다. "앞으로 30년 내에 날씨 개조라는 개념은 날씨를 결정하는 요인에 영향을 주어서 날씨의 유형을 만들 수 있는 능력을 포함하는 범위까지 확장될 수도 있다." 이들의 말은 카오스 이론에 대한 이해가 원인과 결과, "만약 이것이면 결과는 저것"이라는 단순한 결정론에 깔려 있는 믿음과 결합된 것임을 암시한다. 둘 모두를 믿은 것은 그들이 옳았다. 단기적인 원인과 결과에서 카오스 이론은 자연의 예측 가능성과 대립하지 않는다.

일반적으로 오해가 있기는 하지만, 카오스 이론은 결정론적이다. 두 개의 동일한 시작점은 정확히 동일한 경로를 따를 것이다. 카오스 이론에서 지적하는 것은 완전히 동일한 두 개의 시작점은 없다는 것이다. 현재 날씨는 이전 날씨를 절대로 정확히 복제할 수는 없으며, 미래의 날씨도 현재 날씨를 결코 정확히 복제할 수는 없다. 아주 작은 차이는 아주 크고 예기치 못한 차이를 초래한다. 이것은 정확성과 기간에 관한 문제이다. 입력 값이 더 정확하고 기간이 짧을수록, 출력 값을 더 잘 예측할 수 있다. 의도치 않은 장기적인 결과를 개의치 않는다면, 무슨 수를 써서라도 당장 승리를 거두는 것이 유일한 관심사인 사람이 있다면, 상식과 조약 따위는 무시하려는 사람이 있다면, 날씨의 무기화는 완벽하게 납득이 된다.

폰 노이만은 일찍이 이렇게 말했다. "사람들이 이기적이고 믿을 수 없다고 불평하는 것은 전기장의 회전(curl)이 없으면 자기장이 강해지지 않는다고 불평을 하는 것만큼이나 바보 같은 짓이다. 둘 다 자연의 법칙이다."

그리고 이렇게도 말했다. "만약 수학이 단순하다는 것을 믿지 않는 사람이 있다면, 이유는 딱 하나이다. 삶이 얼마나 복잡한지를 깨닫지 못했기 때문이다."

≈

나와 공동 선장은 별 목적도 없이 플라센시아의 모랫길을 배회한다. 우리는 이정표를 따라서 호키포키 수상 택시 승강장 쪽으로 향한다. 그곳에서 사람들은 수상 택시를 타고 플라센시아 반도에서 바다 건너편에 있는 더 크고 관광지 분위기는 덜한 인디펜던스와 망고 크릭의 마을들로 건너가거나, 바나나를 배에 실어 북아메리카로 보낸다. 수상 택시가 안전해 보이는 만을 지나가고 있다.

나는 그 만을 눈여겨본다. 혹시 폭풍이 닥치면 정박을 할 장소로 제격일 것 같다. 한 남자가 그 만에 매너티와 악어가 산다고 내게 말해준다. 수심은 얕다. 우리는 술집들과 부동산 중개사무소들과 작은 잡화점들을 지나 걸어간다. 열려 있는 문을 통해서 먼지를 뒤집어쓴 통조림들이 보인다. 여전히 공기는 답답할 정도로 고요하다.

우리는 종업원이 한 사람인 어느 야외식당 앞에서 발길을 멈춘다. 그 종업원은 그 식당의 주인이기도 하다. 까무잡잡한 피부에 웃음을 띤 그녀는 덩치가 크고 가슴이 풍만하다. 의심할 여지없이, 그녀는 아프리카인과 카리브족과 타이노족의 혼혈인 가리푸나인이다. 그녀의 조상인 타이노족은 콜럼버스에게 후라칸(hurakán)이라는 단어를 전해주었다.

그녀는 우리 자리에 깨끗한 천 냅킨을 솜씨 있게 깔고 그 위에 싸구려 쇠숟가락과 포크를 놓는다. 그녀가 권한 메뉴는 콩을 곁들인 닭요리와 밥과 맥주이지만, 그녀의 가게에서는 맥주를 팔 수 없다. 길 건너에 있는 작은 잡화점에서 우리가 맥주를 가져와야 한다.

나는 그녀에게 식당 이름을 물어본다. 그녀는 이름이 없다고 답한다. 그녀의 이름은 매리이다. 나는 그녀에게 '매리의 이름 없는 식당'이라고 하면 어떻겠냐고 제안한다. 그녀는 그 제안을 재미난 농담으로 받아들인다. 그녀는 "메리의 이름 없는 식당"이라고 말하며 웃는다. 그러고는 그 말을 두 번 더 되뇌면서 그때마다 웃음을 터뜨린다.

우리가 식사를 다 끝냈을 때, 그녀는 우리의 그릇을 치우면서 말한다. "오늘밤에는 추워질 거예요. 그리고 바람도 오고 있어요. 춥고, 비도 오고, 바람도 불고."

그녀는 어떻게 그것을 아는지 말하지 않고 나도 물어보지 않는다. 그러나 나는 확신에 찬 그녀의 말투에 주목한다. 마치 미래가 과거만큼 확실하고, 추위와 비와 바람 외에는 어떤 가능성도 논할 가치가 없다는 듯한 말투였다.

매리의 이름 없는 식당에서 모랫길을 따라 내려가면 길이 3.6미터, 폭 3.6미터인 오두막에 이발 간판이 걸려 있다. 어둑한 오두막 내부에는 의자 하나가 놓여 있다. 이발사는 잠시 가위질을 멈추고 나중에 다시 오라고 말한다.

나는 날씨를 비교하기 위해서 길 건너에 있는 관광객을 위한 커피점에서 인터넷 검색을 한다. 첫 페이지의 맨 상단이 무지개 색으로 꾸며지고 호텔과 식당과 여행지의 광고 배너가 붙어 있는 어느 웹사이트는 화창한 낮과 별이 반짝이는 밤만 계속되는 날씨를 예측한다. 좀더 쓸모가 있는 네 개의 다른 웹사이트는 덜 낙관적이다. 텍사스를 휩쓸고 멕시코만을 건너온 무시무시한 북풍이 우리 쪽으로 다가오고 있는데, 아직 기세등등하게 이동하면서 무역풍대 깊숙이 밀고 들어오고 있다는 것이다.

일기예보는 모두 제각각이고 같은 것은 하나도 없다. 저마다 풍속을 20-40노트로 예측한다. 일기예보에는 내가 이미 알고 있는 내용은 언급되지 않는다. 배를 미는 압력은 풍속의 제곱에 비례해서 증가하므로, 지속적으로 부는 40노트의 바람이 배에 가하는 압력은 지속적으로 부는 20노트의 바람에 비해서 두 배가 아니라 네 배가 된다. 다시 말해서, 40노트의 바람을 맞는 배는 20노트의 바람을 견딜 수 있는 닻보다 네 배의 힘을 더 견딜 수 있는 닻이 필요하다. 좀더 쉽게 설명하자면, 40노트의 바람이 불 때에는 자칭 선장들의 명령으로 손상된 배들끼리 닻줄이 엉망으로 얽히면서 정박지가 아수라장이 될 확률이 20노트의 바람이 불 때보다 네 배 더 높다는 것이다.

일기예보들 사이에는 다른 차이도 있다. 어떤 일기예보는 북풍이 플라센시아를 지나서 과테말라 남쪽까지 계속 분다고 말한다. 다른 일기예보는 북풍이 플라센시아 바로 남쪽에 있는 몽키 강 근처에서 소멸한다고 말한다. 또다른 일기예보는 북풍이 이곳에서 한참 북쪽에 있는 단그리가에서 사그라진다고 말한다. 일기예보의 출처와 의존한 수치 모형의 이름을 명시하는 몇 안 되는 일기예보 사이트 중 하나인 패시지웨더에는 앞바다에는 바람이 강하게 불지만 육지 쪽에는 20노트 이하의 약한 바람이 불 것이라고 나타난다. 아마 우리의 정박지에도 그런 바람이 불 것이다.

진실은 그 일기예보들을 모두 합친 것의 중간쯤 어딘가, 아니 적어도 그들이 예측한 범위 내에 있을 것이라고 생각하는 것이 합당해 보인다.

나는 다시 길을 건너서 그 이발소의 의자에 앉는다. 이발사는 머리를 자르는 동안 이야기를 한다. 나는 듣는다. 그는 사촌에게서 이발 기술을 배웠고, 사업을 시작하기 위해서 이곳에 왔지만 플라센시아에 그리 오래 살지는 않을 것이라고 한다. "너무 비싸요." 그는 속마음을 털어놓는다. 게다가 사람들에게 그의 오두막 가게는 놀림감이다. 그러나 그는 바쁘게 지낸다. 그는 이발소가 잘될 것이라고 생각한다. "여자 여행객들도 머리하는 것을 좋아해요. 하지만 나는 남자 머리만 하죠. 그리고 여자들은 여자한테 머리를 자르고 싶어해요."

그는 추위나 비나 바람에 대해서는 일절 말이 없다. 만약 카오스 이론에 관해서 들어본 적이 있다고 하더라도 그는 그런 이야기는 하지 않을 것이다.

≈

많은 것들이 카오스 이론으로 이루어져 있고 마땅히 그래야 하지만, 카오스 이론이 일기예보를 완전히 막지는 않는다. 어떤 측면에서 보면 카오스 이론이 하는 이야기는 자세한 일기예보가 개괄적인 일기예보보다 더 틀리기 쉽고, 장기적인 일기예보가 단기적인 일기예보보다 더 틀리기 쉽다는 것이다. 카오스 이론의 영역 내에서도 내일 날씨를 충분히 자세하고 충분히 확실하게 예보하는 것이 가능하다. 이제 일기예보관들은 어느 지역이나 도시의 내일 날씨를 예측하는 방법, 그 날씨가 한 시간 뒤에 어떻게 변할지를 어느 정도 정확하게 내다보는 방법을 잘 파악하고 있다. 또 먼 미래의 날씨를 광범위하게 일반화하는 것도 가능하다. 따뜻한 여름과 추운 겨울을 예측하기 위해서 수학적 모형이 필요한 사람은 아무도 없다. 그러나 잘 훈련된 일기예보관도 올 여름의 특정 날짜에 어느 지역이나 도시에 비가 올지 오지 않을지, 바람이 얼마나 거세게 불지를 장담할 수 없다. 또 전장에 뿌려진 구름씨가 이듬해에 지구 반대편의 허리케인 철에 어떤 영향을 미칠지도 말할 수 없다. 이런 한계는 체계를 왜곡시킬 수 있는 뭔가가 아니라, 그 체계의 일부분이다. 초기 조건의 작은 차이는 미래의 조건에 예측할 수 없는 큰 차이를 만든다.

그러나 로렌즈는 그 이상을 내다보았다.

대중의 상상 속에서 카오스 이론은 무질서에 초점을 맞춘다. 그러나 이런 대중의 상상은 로렌즈가 내다본 규칙을 보지 못한다. 카오스 이론은 무제한적인 카오스를 허락하지 않는 것으로 드러났다.

로렌즈는 그의 초기 수치 실험에서 실제 날씨와 비슷한 뭔가를 관찰한 것이 아니었다. 그의 투박한 로열 맥비 LGP-30 컴퓨터의 성능 한계 때문에, 그는 닫힌 계에 있는 단순 대류 모형을 실행시켰을 뿐이다. 그의 모형은 냄비에서 서서히 데워지는 물과 비슷했다. 그의 컴퓨터는 여섯 시간 간격으로 건너뛰면서 대류의 변화를 계산했다. 그가 처음 발견한 것은 카오스 이론의 논의와 가장 자주 연관이 된다. 만약 그의 모형이 약간 다른 입력 자료로 2번 실행되었다면, 두 실행에서 출력되는 결과물은 여섯 시간을 5번, 10번, 20번 건너뛰었을 때에는 그럭저럭 일치했지만 미래의 어느 시점이 되면 두 결과가 크게 벌어졌을 것이다. 처음에는 동일하게 보였던 해(解)가 시간이 흐를수록 달라지는 것이다.

만약 그가 거기서 멈추었다면, 그의 카오스 이론은 다음과 같은 문장 하나로 설명될 수 있었을 것이다. 즉 카오스적인 계에서는 시작 조건의 작은 차이가 시간이 흐를수록 큰 차이를 낳는다. 그러나 로렌즈는 거기서 멈추지 않았다. 그는 모형들을 계속 실행시켰다.

논의를 단순화하기 위해서, 로렌즈가 모형을 5번 실행시켰다고 해보자. 그는 매번 입력 값을 조금씩 달리하면서 먼 미래, 이를테면 4개월 후에 출력되는 지점을 살폈다. 5개의 출력 지점은 지도 전체에 걸쳐 나타났다. 그의 결과는 무작위인 것처럼 보였다.

그런데 로렌즈는 미래의 한 지점을 본 것이 아니라 다수의 지점들을 보았다. 그는 그 지점들을 표시했다.

그의 발견은 두 번이나 놀라움을 가져왔다. 1번 실행된 모형도 놀라웠고, 5번 실행된 모형도 놀라웠다. 1번 실행된 모형의 해를 3차원적으로 표시하자, 시간의 진행을 나타내는 각각의 점들은 기이한 모양을 형성했다. 자료는 선의 형태로 표현되었는데, 그 형태가 나선형을 이루었다. 그 선들로 이루어진 두 개의 복잡한 면(lobe)은 기묘하고도 아름다웠고, 특정 각도에서 보면 기이하게도 나비의 날개 모양을 닮았다. 그러나 놀랍게도, 그 선들은 결코 겹치지 않았다. 하나의 입력 값에 대한 해는 결코 원을 형성하지 않았고, 결코 반복되지도 않았다. 이런 단순한 수학적 계에서조차도 날씨처럼 무수히 다양한 해가 나왔다.

여러 실행들을 비교했을 때에는 더욱 놀라웠다. 시작점을 조금씩 달리 하여 실행을 할 때마다 8자 모양으로 꼬인 나선이 나타났다. 8자들은 매번 거의 똑같은 형태의 선들을 만들면서 아래에 놓인 다른 선 위에 나선을 그리면서 층층이 쌓여갔다. 그러나 시간이 흐르면서 그런 반복은 무너졌다. 8자 모양의 나선은 인접한 나선들과 조금씩 뒤틀리면서 계속 비슷하게 나타났지만, 저마다 독특했다.

과학자 또는 수를 사랑하는 사람에게, 도표화된 자료의 모양보다 더 아름다운 것은 도표화된 자료의 의미였다. 도표화된 자료는 가능한 해의 유형(pattern)을 나타냈다. 입력 값이 살짝 바뀌었을 때, 연구자는 아주 적은 지점에서는 무작위나 무작위로 보이는 것을 발견했지만 수천 개의 지점에서는 하나의 유형을 발견했을 것이다. 시작 조건에서의 작은 변화는 미래에 큰 변화를 초래했지만, 무조건 무작위로 바뀌지는 않았다. 마구잡이식 변화는 아니었고, 통제 불능으로 한없이 일어나는 변화도 아니었다. 날씨에 유형이 있듯이, 여기에는 가능한 해의 유형이 있었다. 변화는 지도 위 어디에나 있을 수 있었지만 반드시 지도 위에만 있었다.

로렌즈의 유형은 수학자들이 말하는 이상한 끌개(strange attractor)의 주변에 집중되었다. 쇠 진자를 예로 들어보자. 수학적 모형으로 만들거나 실제로 흔들리는 진자는 마찰에 영향을 받으면서 앞뒤로 움직인다. 이상한 끌개가 아닌 정상적인 끌개는 진자를 0운동으로 끌어당긴다. 다시 말해서 시작점이 어디인가에 관계없이 어느 정도 수직으로 늘어지게 한다. 로렌즈가 발견했고 기상학자들도 친숙해진 끌개는 특이한 성격을 지니고 있다. 모양은 똑같지만 자화된 쇠 진자를 자철석 바닥 위에서 흔든다고 해보자. 자철석 바닥은 매번 진자의 경로에 영향을 줄 것이다. 그 위에서 진자를 움직이면 진자는 괴상하게 보이는 경로를 따라서 움직일 것이다. 이번에는 처음과는 조금 다른 위치를 시작점으로 잡고 두 번째로 진자를 움직여보자. 이번에도 진자는 괴상하게 보이는 경로를 따라서 움직이지만 처음에 지나갔던 경로는 아닐 것이다. 세 번째로 진자를 움직일 때에도 이전과는 조금 다른 위치로 시작점을 잡으면, 진자는 다른 경로를 따라 움직일 것이다. 이 이상한 진자를 매번 조금씩 다른 시작점에서 수천 번을 움직이면, 그때마다 경로가 다를 것이다. 그러나 시간이 흐를수록 하나의 유형이 나타날 것이다. 진자의 경로들은 같지는 않지만 완전히 다르지도 않을 것이다. 이상한 끌개의 공간이라고 부를 수 있는 것의 외부에 있는 경로는 결코 나타나지 않는다. 진자의 진동은 특정한 상황 안에 머물러 있을 뿐만 아니라 특정한 면 안에 머물러 있다. 진자가 흔들리는 구역이 있고 그렇지 않은 구역이 있는 것이다.

로렌즈는 그의 로열 맥비 LGP-30 컴퓨터를 가동했을 때, 이상한 끌개를 둘러싼 운동을 그래프로 나타냈고 절대로 반복되지 않는 하나의 유형을 확인했다. 알맞은 각도에서 보면 그 유형이 두 개의 면으로 이루어져 있다는 점을 기억하자. 이 두 면은 공교롭게도 나비의 날개처럼 보인다. 이 두 면 중 한 면에 있는 인접한 두 점을 시작점으로 잡고 모형을 실행시킨다고 상상해보자. 두 점은 한동안은 함께 움직이겠지만, 나중에는 길이 갈리고 결국에는 멀리 떨어진 곳에서 마무리를 짓게 될 것이다. 그러나 언제, 어디에서나 두 점은 두 개의 면으로 이루어진 나선, 즉 나비의 날개를 닮은 그래프 위에 있을 것이다. 짧은 기간 동안은, 다시 말해서 두 점이 나란히 움직이는 동안은 두 점이 앞으로 어떻게 될지를 알 수 있을 것이다. 그러나 장기적으로 확신을 가지고 할 수 있는 것은 모호한 일반화뿐이다.

이제 로렌즈는 잊어버리자. 그의 단순한 모형과 로열 맥비 LGP-30도 잊고, 대신 세 명의 일기예보관이 있다고 상상해보자. 이 세 일기예보관은 모두 똑같은 수학적 모형을 이용하고, 저마다 슈퍼컴퓨터로 무장했지만, 초기 조건은 각자 조금씩 다르다. 세 사람 모두 똑같은 기압 배치에서 출발하지만, 기압 중 하나는 부정확하다고 알려진 관측 지원 선박에서 얻은 것이다. 한 일기예보관은 그 기압을 완전히 무시하고 다른 기압들에만 의존한다. 한 일기예보관은 그 기압을 적절하게 수정하여 다른 기압들과 함께 모형에 대입한다. 한 일기예보관은 보고된 기압을 그대로 이용한다. 세 사람의 일기예보관은 비슷한 일기예보를 내놓을 것으로 기대되며, 첫째 날은 실제로도 그렇다. 그러나 셋째 날이 되면 일기예보가 달라지기 시작한다. 10일째가 되면 첫 번째 일기예보관은 돌풍을, 두 번째 일기예보관은 30노트의 바람을, 세 번째 일기예보관은 가벼운 바람을 예측한다.

이 세 일기예보관이 찾고 있는 것은 규칙적인 어떤 것, 그들이 과학자로서 틀림없이 존재한다고 생각하는 시계 장치 우주의 징후이다. 그들 각자는 다른 일기예보관이 계산에서 뭔가 실수를 했을 것이라고 생각한다. 모두 바보가 된 듯한 느낌일 것이다. 그들은 당혹감을 느끼고 자신들의 결과를 권위 있는 학술지에 제출하지 않을 것이다. 그들은 자신의 노력이 보답을 받는, 날씨보다 더 협조적인 다른 분야로 옮겨갈 것이다.

그런데 이번에는 500명의 일기예보관이 있다고 상상해보자. 역시 각자의 초기 조건은 조금씩 다르다. 그들이 과학자들을 위한 어떤 공간에서 함께 연구를 한다고 해보자. 일기예보관들에게는 하나의 유형이 드러날 것이다. 그들이 찾은 모든 해는 그 유형 내에 속할 것이다. 그들의 해가 유형 내에서 어디쯤에 있을지를 추측할 수 있는 사람은 아무도 없지만, 그 유형을 벗어난 해답을 내는 사람도 없을 것이다.

자연을 관장하는 법칙이 허용하는 범위를 벗어나는 터무니없는 날씨는 결코 나오지 않지만, 정확히 똑같은 날씨가 반복되는 법도 결코 없다. 끌개를 향해서 수렴되는 나선 모양의 나비 날개는 시속 800킬로미터의 바람이나 완전히 정지된 공기를 허용하지 않을 것이다. 마찬가지로, 두 개의 시작 조건이 아무리 비슷해도 동일한 경로를 따라서 미래로 나아가는 것도 허용되지 않을 것이다.

카오스 이론, 다시 말해서 결정론적 카오스(deterministic chaos)를 이해하게 된 일기예보관들은 그들의 장기적인 예측이 막연한 짐작보다 더 나을 것이 없어 보이는 이유를 깨닫게 되었다. 그들은 모든 것을 아주 정확하고 완벽하게 알고 있는 라플라스의 악마만이 미래를 알 수 있다는 것을 이해했다. 그러나 자신들은 라플라스의 악마가 아니라는 것, 모든 것을 아주 정확하고 완벽하게 알 수는 절대로 없다는 것을 알았다. 그러기 위해서는 주어진 순간에 모든 공기 분자가 어디에 있으며 어디로 가는지를 정확하게 알아야 했기 때문이다.

그저 다음 주의 날씨를 알고 싶어하는 대중을 상대로 결정론적 카오스, 즉 카오스 이론을 설명하기란 어렵다. 일기예보관들은 그들이 왜 장기적인 일기예보를 적절하게 할 수 없는지를 이해했지만, 대중의 이해를 구할 수는 없었다. 실패한 일기예보에 대해서 카오스 이론을 들먹이면서 해명을 할 수도 있겠지만, 그들은 더 유용한 설명을 할 수 있기를 기대했다.

그래서 그들은 조화 일기예보(ensemble forecasting)라고 것에 의지하게 되었다.

≈

우리는 야자나무에 묶어두었던 보조 배를 풀어서 바다에 띄우고 로시난테 호를 향해서 노를 젓는다. 로시난테 호로 돌아온 우리는 논의를 벌인 후, 무거운 폭풍용 닻을 펼치지 않기로 합의한다. 세 부분으로 나뉘어서 갑판 아래에 보관되어 있는 폭풍용 닻을 펼치려면, 세 부분을 하나씩 낑낑거리며 갑판 위로 끄집어내서 볼트로 조여야 한다. 대신 우리는 닻 내리기에 관한 책을 펼친다. 새롭게 배운 것은 없다.

만약 바람이 분다면 북서쪽에서 불어올 것이다. 지금 우리가 있는 곳에서는 북서풍이 불면 이 정박지를 동쪽에서 보호해주는 작은 섬인 플라센시아키로 배가 밀려갈 것이다. 우리는 움직이기로 결심한다.

나는 1854년에 크림 반도에서 해안에 내동댕이쳐지고 정박지에서 파손된 배들을 떠올린다. 립반윙클 호, 프로그레스 호, 와일드웨이브 호, 케닐워스 호, 원더러 호, 프린스 호, 모두 부딪히고 쪼개져서 갯바위와 모래사장 위에 흩어졌다. 나는 드라이 토르투가스에 닻을 내렸다가 해안으로 내던져진 돛배와 무헤레스 섬의 맹그로브 나무들 아래에서 오도가도 못하던 배들을 떠올린다.

우리는 로시난테 호의 디젤 엔진에 시동을 건다. 공동 선장이 키를 잡고 있는 동안 나는 닻을 끌어올린다. 공동 선장은 다른 배들이 없는 새로운 지점을 찾아낸다. 나는 닻을 내린다. 우리는 닻줄을 더 늘어뜨려서 수심에 대한 닻줄 길이의 비율을 늘려서 닻이 배를 붙잡는 힘인 파주력(把駐力)을 증가시킨다. 공동 선장은 로시난테 호를 후진시켜서 닻줄을 팽팽하게 당기고 닻가지가 바닥에 파고들도록 잠시 그곳에 머무른다.

우리의 새로운 위치는 복잡한 정박지를 완전히 벗어나 있다. 정박지가 아수라장이 되어도 우리는 피할 수 있을 것이다. 만약 닻이 끌려간다고 해도, 우리는 플라센시아키 해변이 아닌 섬 너머의 탁 트인 바다로 휩쓸려갈 것이다. 우리 시야에 들어오는 장애물은 800미터 떨어져 있는 작은 돛배 한 척뿐이다. 그 배는 크게 문제가 될 것 같지 않다.

나는 조종실에 앉아서 휴식을 취하면서 존 콜드웰의 『필사의 항해(*Desperate Voyage*)』를 집어든다. 제2차 세계대전 직후, 오스트레일리아에 있는 젊은 아내를 다시 만나기 위해서 혼자서 페이건 호라는 이름의 배를 타고 태평양을 건넌 콜드웰은 폭풍에 돛대를 잃기도 했다. 그는 "내가 본 것은 카오스의 기념비였다"라고 썼다. 그의 글은 수학적 모형에 관한 글이 아니었다.

콜드웰은 이렇게 썼다. "돛대가 부러진 배는 시야가 탁 트인다. 그러나 흠씬 얻어맞고 멍들고 절뚝거리는 부상자와 같은 처지가 된 페이건 호의 모습은 뱃사람들에게는 가슴 아픈 광경이다."

부서진 배에 대충 매단 돛에 의존해서 힘겹게 대양을 건너던 그는 점차 배고픔에 시달리게 되었다. 그는 극적으로 구조되기 전까지 배에 있는 모든 것을 먹었다. 그가 먹은 것들 중에는 가죽신발, 배 밑창에서 긁어낸 이끼 따위, 작동하지 않는 엔진에서 흘러나온 기름도 있었다.

책에서 눈을 뗀 나는 고개를 들고 바람을 살핀다. 오후 5시이다. 나의 걱정을 아랑곳하지 않는 공기는 고요하고 둔하게 걸려 있다. 바람이 불어올 것이라면 이미 왔어야 한다.

≈

카오스라는 넘을 수 없는 벽을 마주한 일기예보관들은 현실적인 해결책을 내놓았다. 모형을 한 번만 실행시키는 것이 아니라, 입력 값을 이렇게 저렇게 바꿔가면서 실행을 계속 반복하고 그때마다 결과를 표시하는 것이다. 일기예보관들은 이 접근법을 조화 일기예보라고 불렀다.

조화 일기예보는 카오스에도 불구하고 미래를 살짝 엿볼 기회를 제공했다. 만약 날씨 모형들이 2일이나 3일이나 4일에 걸쳐서 비슷한 결과를 내놓는다면, 일기예보관들은 2일이나 3일이나 4일의 합리적인 일기예보를 얻었음을 알았다. 만약 모형을 100가지 다른 방식으로 실행시켜서 완전히 다른 100가지의 3일 치 일기예보가 돌아왔다면, 일기예보관들은 곤란에 처했음을 알았을 것이다.

일기예보관들은 무려 1969년부터 이런 접근법을 다루었다. 이 접근법은 누구나 원리를 이해할 수 있을 정도로 쉽고 현실적인 해결책이다. 그러나 이를 위해서는 컴퓨터의 처리 속도가 엄청나게 빨라야 했고, 각 모형의 실행 사이에 합리적인 변화가 필요했다. 단순히 무작위적인 변화나 꾸며낸 수치가 아닌, 실제 세계를 반영할 수 있는 변화여야 했다.

일기예보관들은 점진적 개선을 위해서 할 수 있는 모든 방식을 어설프게 만지작거렸다. 그런 개선 중 일부는 기상 관측용 부표로부터 더 많은 실제 세계의 자료를 얻는 형태로 이루어졌고, 일부는 더 성능이 뛰어난 기상 관측위성이 더 많아지면서 이루어졌다. 일기예보관들은 라플라스의 악마가 알고 있을 법한 자료를 손에 넣을 수는 없을 것이다. 그러나 지구의 최북단이나 고산지대나 항로에서 멀리 떨어진 태평양의 외진 곳처럼, 이런저런 이유로 관측소가 없었던 세계 구석구석의 여러 곳에 새롭게 설치된 모든 관측소에서 들어오는 자료가 일기예보관들에게 몰려들었다. 이 자료들은 모두 모형 속으로 들어갔다.

모형의 형태에서도 개선이 이루어졌다. 초기 모형에는 지리학적인 한계가 있었다. 한 사람의 일기예보관은 컴퓨터 성능의 한계로 인해서 한 지역만 살폈다. 일기예보관의 모형에는 경계가 있었고, 그 경계에서는 일기예보관이 추정을 해야 했다.

컴퓨터의 속도 증가가 거듭되는 동안, ENIAC과 로열 맥비 LGP-30 같은 컴퓨터로 하는 단순한 추정은 폐기되었다. 지구 전체를 아우르는 모형이 필요해졌고, 그런 모형이 만들어지면서 지역을 구분하는 모형의 인위적 경계와 연관된 문제들도 해결되었다. 국지적인 모형을 전 지구적인 모형에 결합하는 방식을 내포화(nesting)라고 하는데, 그 기술은 다음과 같다.

모형이 개선되고 컴퓨터의 속도가 빨라지면서, 조화 일기예보도 발전했다. 가장 단순한 단계일 때에는 예보관은 한 모형에서 초기 자료의 입력 값만 바꿔서 작업을 했다. 그러나 얼마 지나지 않아 둘 이상의 모형을 이용한 조화 일기예보가 가능해졌고, 이 방식은 다중모형(multi-model) 조화 일기예보라고 알려지게 되었다. 만약 일기예보관이 단점을 보완하기 위해서 모형을 조절한다면, 그 예보관의 일기예보는 대(大)조화(superensemble) 일기예보라는 것이 된다. 그래도 성에 차지 않는다면 예보관은 해류와 해수의 온도를 대기 모형에 결합시킬 수도 있다. 이제 이 예보관은 조화로운 조화들의 조화인 초(超)조화(hyper-ensemble)의 영역에서 연구를 하게 되는 것이다.

카오스 이론이 처음 나왔을 무렵에는 에드워드 로렌즈 자신도 다른 날씨 모형들을 활용했다. 그는 다른 사람들이 개발한 모형들을 자세히 살폈다. 그가 탐색한 것은 오류가 두 배로 증가하는 속도였다. 그는 자신의 생각을 완벽하게 설명하지는 않았다. 이를테면 어떤 종류의 오류에 관심을 두었는지를 말하지 않았다. 그 오류가 비오는 날과 맑은 날의 차이였는지, 정체된 공기와 허리케인 강도의 바람 사이의 차이였는지, 눈과 진눈깨비 정도의 차이였는지는 모른다. 세부적인 이야기는 크게 중요하지 않다. 그의 결론은 낙관적이었다. 그는 여러 가지 요인들을 다루는 동료들의 복잡한 모형을 살피면서, 전형적인 오류의 수가 5일마다 두 배로 증가했다는 회의론에 주목했다. 그는 1964년에 다음과 같이 썼다. "만약 전형적인 오류가 두 배 증가하는 데에 정말로 5일이 걸린다면, 언젠가는 적당히 괜찮은 2주일 치 일기예보가 현실이 될 수도 있을 것이다."

에드워드 로렌즈가 세상을 떠난 해인 2008년에 일기예보관들은 그 현실에 한 발짝 더 가까이 다가섰다. 더 빠른 컴퓨터, 실제 세계에 대한 더 양질의 자료, 조화로 무장한 예보관들은 미래의 날씨를 2주일 치 이상 예측할 수 있었다. 그 예측은 확실하지 않을지도 모르지만, 예보관은 그 예측의 확률이 실제로 일어날 일에 근접해가고 있다는 것을 어느 정도 짐작할 것이다. 일기예보관은 모형들 사이에 거의 차이가 없는 조화와 큰 차이가 나타나는 조화를 아마 알 것이다. 그리고 이제는 그 불확실성을 대중들에게 어떤 식으로든 전달하는 것이 중요해졌다. 이런 어려움에도 불구하고, 대중의 바람은 완벽한 적중률과 다음 주의 날씨를 오늘 아는 것뿐이다.

≈

오후 5시 30분, 플라센시아의 마을 위로 낮게 걸려 있는 태양은 벨리즈 위에 자리잡은 아지랑이를 도드라져 보이게 한다. 하늘에는 구름 한 점 보이지 않는다. 천둥 번개도 없다. 폭풍은 우리가 있는 곳까지 닿지 않았다. 우리 정박지에는 닿지 않고 먼 바다에서 부는 폭풍은 누군가에게는 큰일이겠지만 우리에게는 강 건너 불구경과 같다.

갑판 아래에서 요리를 하기에는 너무 덥다. 나는 조종실에서 채소와 생선을 굽는다.

이제 땅거미가 지는 6시, 우리는 조종실에 앉아서 럼주 한 잔을 곁들인 저녁을 먹는다.

내가 생선을 두 입째 먹었을 때, 갑자기 바람이 불어온다. 순식간에 풍속이 0에서 40노트까지 올라간다.

나는 럼주를 배 밖으로 내던지고 저녁상을 통째로 들고 조타기에서 멀리 치워놓는다. 닻을 내린 로시난테 호가 크게 흔들린다. 곧바로 나는 우리의 실수를 깨닫는다. 그렇게 많은 책들을 읽었음에도, 아니 어쩌면 그것 때문에, 우리는 바람의 방향을 생각하지 않고 닻을 내렸다. 이런 바람에서는 로시난테 호가 닻을 뒤쪽으로 잡아당겨서 진흙 속에 박혀 있던 닻가지가 빠져나올 것이다.

나는 시동을 걸고 닻줄을 팽팽하게 당긴다.

비가 온다. 잠시 굵은 빗방울이 몇 방울 뚝뚝 떨어지더니 마구 들이붓는다. 40노트의 바람을 타고 날아온 빗방울은 흡사 공기총에서 발사된 탄환을 맞는 것 같은 느낌이다.

비는 방울방울 떨어지는 것이 아니라, 고급 호텔의 샤워 꼭지에서 쏟아질 법한 물줄기에 뒤지지 않을 정도로 세차게 내린다. 다만 차갑고 사선으로 몸을 때린다는 점이 다르다.

닻줄은 팽팽하지만, 우리 정박지의 북쪽에 있는 다른 배들의 형체가 빗발 사이로 희미하게 보인다. 우리는 움직이고 있다. 우리 배는 심란하게 물살을 일으키면서 후진을 하고 있다.

나는 닻에 가해지는 힘을 약화시키기 위해서 로시난테 호에 기어를 넣는다. 1854년 영국 해상 운송사업의 자존심이었던 프린스 호는 닻줄의 장력을 늦추려고 증기 엔진을 가동시켰지만 결국은 바람에 굴복했다. 쇠사슬로 된 닻줄이 끊어지면서 크림 반도의 바위에서 배의 생명을 마감한 것이다. 로열차터 호도 웨일스 해안의 바위에서 이와 비슷한 운명을 맞았다. 나는 프린스 호나 로열차터 호의 전철을 밟고 싶은 마음이 없다.

공동 선장은 뱃머리에서 닻줄을 지켜보고 있다. 너무 멀리까지 앞으로 움직여서 닻줄이 프로펠러에 얽히는 것은 결코 이상적이지 않을 것이다. 닻줄이 늘어지는 것도 이상적이지 않을 것이다. 팽팽한 닻줄은 닻이 다시 자리를 잡고 바닥을 파고들게 해줄 것이다.

공동 선장이 12미터 떨어진 뱃머리에서 소리를 지른다. 소리를 지른다는 것은 알겠는데, 무슨 말을 하는지는 알아들을 수가 없다. 그녀의 말은 비바람 속에 파묻혀 사라진다.

나는 전자장비로 우리의 위치를 추적하고 있다. 우리는 거의 1노트의 속도로 뒤로 움직이고 있고, 우리의 닻도 무용지물처럼 바닥을 구르면서 따라오고 있을 것이 분명하다. 나는 전자장비의 화면에서 빗물을 닦아내야 한다. 현재의 경로라면 우리는 플라센시아키를 완전히 벗어나게 될 것이다.

로시난테 호의 풍속계는 47노트의 돌풍을 나타낸다. 1831년의 보퍼트에게 이런 돌풍은 노대바람(whole gale)과의 경계에 있는 큰센바람(strong gale)이었다. 잇따라 부는 돌풍은 처음에는 하나하나가 경악스럽지만, 이내 지속적인 바람에 숨어 있는 하나의 예정된 바람이 될 뿐이다.

로시난테 호의 뒤로 짙게 깔려 있는 어둠 속에서, 희미한 형체가 빗발 너머로 드러난다. 우리가 닻을 내릴 때에는 아주 멀리 있는 것처럼 보였던 그 돛배이다. 이제 그 돛배가 우리에게 다가오고 있다. 아니, 우리가 그 돛배를 향해서 무서운 속도로 다가가고 있다. 나는 속도가 느려지기를 바라면서 엔진의 출력을 올린다.

우리와 그 배 사이의 거리는 배 두 척의 길이도 되지 않는다. 비 때문에 그 배의 모습이 또렷이 보이지는 않지만, 확실히 갑판 위에는 아무도 없다. 불도 꺼져 있다. 배에는 아무도 없는 것 같다.

이 긴박한 순간에 나는 로시난테 호를 온전히 통제하지 못하고 있다.

쏟아지는 비가 가시처럼 아프게 나를 찌른다.

나는 키를 좌현 쪽으로 돌린다. 로시난테 호가 다른 배에서 멀어진다. 나는 우리의 닻줄을 보기 위해서 잠시 전진한다. 로시난테 호의 닻줄이 다른 배의 닻줄과 나란히 놓여 있다. 두 닻줄이 교차될 수도 있고, 이미 엉켜 있을 수도 있다.

우리가 할 수 있는 일이라고는 바람을 거스르는 방향으로 엔진을 작동시켜서 우리의 위치를 유지하는 것뿐이다. 이제 밤이 깊어가고 있다.

다시 15분쯤 지나자, 바람이 오락가락 하면서 우리를 약을 올리듯 잠깐씩 느려진다. 바람이 잦아든 동안, 다시 말해서 풍속이 1, 2노트 정도 느려져서 돌풍이 약해졌을 때, 나는 공동 선장의 악천후용 비옷을 꺼낸다. 다시 바람이 잦아들었을 때, 나는 그 비옷을 공동 선장에게 건넨다. 나는 춥고, 홀딱 젖었고, 아드레날린이 충만하다. 공동 선장은 얼굴색 하나 변하지 않는다. 오히려 그녀는 쏟아지는 빗속에서 흠뻑 젖은 머리카락이 찰싹 달라붙은 채로 한 손으로는 밧줄을 잡고 한 손으로는 손전등을 들고 닻줄을 지켜보는 것을 하나의 스포츠처럼 즐기고 있다.

나란히 서 있을 때에도, 잠시 바람이 잦아들 때에도, 우리는 소리를 질러야만 빗소리와 바람소리에 묻힌 서로의 목소리를 들을 수 있다. 내가 고집을 피워서 그녀는 자신의 비옷을 입는다.

다시 바람이 잦아들 때, 나는 내 비옷을 꺼낸다.

바람이 잦아드는 시기가 더 자주 찾아온다. 몸이 으슬으슬하다.

한 시간 후, 나는 여전히 조타기를 잡고 있지만 이제 더는 바람을 거슬러서 속도를 높이지 않아도 된다. 풍속은 20노트 이하로 줄어들었다. 닻은 단단히 박혀 있다. 우리는 어둠 속에 있는 다른 배와 배 한두 척 거리만큼 떨어져서 오락가락하고 있다.

우리는 빗속에서 논쟁을 벌인다. 이곳에 있다가는 결국 다른 배에 부딪히고 말 것이다. 우리는 이동을 해야 한다. 닻을 잘라내고 다른 곳에서 폭풍 닻을 다시 내릴 궁리를 해본다. 닻을 끌어올릴 생각도 해보지만, 닻을 반쯤 끌어올렸을 때에 다른 닻과 얽혀서 회복 불능의 상태가 되어 있을까봐 두렵다. 무전으로 도움을 요청하는 것도 고려해본다.

결국 우리는 닻을 끌어올리기로 결정한다. 만약 다른 닻과 얽혀 있으면 잘라내면 된다.

내가 배를 전진시키는 동안, 공동 선장은 닻줄을 끌어올린다. 우리는 닻줄이 올라올 때 다른 닻과 엉켜 있는지를 확인할 수 있기를 바란다. 두 줄이 교차된 것처럼 보이지만, 좌현 쪽으로 빠르게 움직이면 문제가 해결될 것도 같다고 생각한다. 문제가 더 악화되는 것 같아서 우리는 우현 쪽으로 움직인다. 앞뒤로도 움직여본다. 거의 23미터의 닻줄을 회수했지만 닻줄이 엉켜 있는지를 알 수 없었다.

우리는 좀더 멀리 앞으로 나아간다. 우리는 물속에 있는 15미터의 닻줄이 전혀 엉키지 않았다는 것을 확인한다. 아무튼 우리는 어둠 속에 있는 이웃 배의 바로 남쪽으로 움직였다. 우리는 닻줄을 9미터 이상 잃을 뻔했다.

우리는 닻을 회수한다. 닻이 물 밖으로 나오는 동안, 닻가지에 박혀 있는 짧은 밧줄 도막이 보인다. 닻이 무용지물로 변했을 때 바닥에서 끌고 온 쓰레기이다. 나는 갑판에서 그 밧줄을 떼어낸다.

우리는 20노트의 바람 속에서 해안 쪽으로 빠르게 움직인다. 우리는 다시 닻을 내리고 배를 후진시켜서 닻가지가 부드러운 진흙 속을 파고들게 한다. 닻줄이 팽팽하게 당겨진다. 로시난테 호는 흔들거리다가 뒤로 가기를 멈춘다.

우리는 한 사람이 눈을 붙이는 동안 다른 사람은 우리의 위치를 살피면서 교대로 닻을 지킨다.

새벽 3시가 되자, 바람은 15노트로 줄어든다. 새벽 4시에는 10노트를 넘는 돌풍도 거의 불지 않는다. 우리의 첫 돌풍은 이렇게 지나갔다. 경험 많은 선원들에게 이런 돌풍은 아무것도 아니거나 기껏해야 조금 귀찮은 정도일 것이다. 우리에게 이 돌풍은 겸허함과 짜릿함을 경험하게 해주었고, 선박의 활동 공간과 닻 내리기에 관해서 배우게 해준 훌륭한 수업이 되었을 뿐만 아니라, 일기예보의 적절한 해석에 관해서도 생각하게 해주었다.

우리의 어리석은 짓, 정확히는 나의 어리석은 짓 때문에 우리는 아름다운 로시난테 호를 영영 잃을 뻔했다. 그러나 다행히도 그런 일은 일어나지 않았다.

제10장

이성의 촛불을 밝히고

로시난테 호는 달콤한 강이라는 뜻의 이름을 가진 과테말라의 둘세 강에서 32킬로미터 내륙에 있는 한 부두에 무사히 도착했다. 이곳은 플라센시아에서 한참 남쪽에 있다. 여기, 이 작은 정박지에는 우리 외에도 덴마크, 네덜란드, 프랑스, 벨기에 깃발을 휘날리며 대서양을 횡단한 배들을 타고 온 경험 많은 선원들이 함께 머물고 있다. 멕시코 만을 건넜고 멕시코와 벨리즈의 해안을 따라 항해를 했으니 이제 우리도 제법 선원처럼 느껴질 만도 하지만, 우리는 아직 풋내기이다.

나는 밝은 햇살을 받으면서 부두 가장자리에 걸터앉아 황토색 강물 위에서 발을 대롱대롱 흔들고 있다. 아침은 느릿느릿 흐른다. 밤사이에 공기가 다 죽어버린 것처럼 바람 한 점 없다. 하지만 나는 공기가 죽지 않았다는 것을 알고 있다. 공기는 결코 죽지 않는다.

호수처럼 넓은 둘세 강의 이 지점은 뚜렷한 흐름도 없다. 부두 뒤쪽의 숲에서는 육상 포유류 중에서 가장 큰 소리를 내는 짖는원숭이의 울음소리가 들려온다. 어디 보이지 않는 나무 그늘의 높은 가지에 앉아 있는 수컷이 암컷을 향해 소리를 지르고 있다. 수컷 짖는원숭이의 엄청난 고함소리는 고요한 공기를 타고 수 킬로미터 떨어진 곳까지 들린다.

불과 며칠 전에 있었던 일이지만, 폭풍우가 몰아치던 그 무시무시한 밤은 벌써 수많은 추억 중 하나가 되었다. 또 부끄러운 기억이기도 했다. 그 다음날 아침이 밝았을 때, 정박지에서 홀로 움직이던 우리 배에 관한 이야기가 항구에 쫙 퍼졌다. 우리는 기회가 닿는 대로 닻줄에 쇠사슬을 추가하고 닻을 더 큰 것으로 바꾸기로 굳게 결심하고, 항해를 계속했다.

플라센시아에서 과테말라까지 짧은 항해를 하는 동안, 바람은 멕시코만 북부에서만큼이나 변화가 심했다. 나는 헬리의 지도에 그려진 믿음직한 무역풍을 기대했지만, 우리의 기대는 무참히 무너졌다. 날씨 모형과 기상 관측 부표는 육지가 하나도 없는 카리브 해에 부는 무역풍을 보여주지만, 해안과 가까운 곳에서 부는 무역풍은 크고 작은 국지적인 소용돌이와 해안의 영향을 받는다. 우리가 만난 가벼운 바람들은 몇 분마다 방향이 바뀌었다. 로시난테 호는 파도 속을 넘실거렸다. 활대들은 세게 부딪혔고 돛은 털썩거렸다. 우리는 모터를 돌렸다.

바다와 만나는 강들이 흔히 그렇듯이, 둘세 강의 어귀에도 모래톱이 지키고 서 있다. 그 모래톱을 건너는 비결은 밀물 때의 수위가 30미터인 얕은 물을 자신감 있게 밀어붙이면서 나아가는 것이다. 용골의 바닥이 펄의 윗부분과 미묘한 관계가 될 수도 있지만, 알고는 있되 신경은 쓰지 말자. 때로는 둘 사이에 접촉이 있을 수도 있지만, 만사가 다 잘 돌아간다면 더 이상 관계의 진전은 없을 것이다. 우리의 진짜 첫 항해가 끝나가는 시점에 얕은 물을 건너자니, 얕은 물 때문에 진을 뺐던 출항 때가 떠올랐다. 갤버스턴 만에서 우리 배는 용골이 진흙 바닥을 긁으면서 거의 바닥을 타고 지나갔다. 북풍으로 인해서 만의 수위가 일시적으로 정상보다 낮아진 탓이었다.

모래톱은 악명이 높았지만, 우리는 별 사고 없이 모래톱을 건너서 리빙스턴이라는 작은 항구 마을 앞에 닻을 내렸다. 우리는 과테말라 입국 허가를 받기 위한 서류 작성 담당자를 만나러 보조 배를 타고 노를 저어 갔다. 입국 절차는 벨리즈 때와는 아주 딴판으로 매끄럽게 진행되었다. 우리는 집과 가게들을 보호하기 위한 철조망과 쇠창살에 감탄하면서 좁고 복잡한 거리를 돌아다녔다. 리빙스턴을 다 둘러보는 데에는 30분이 채 걸리지 않았다. 우리는 닭과 토르티야를 파는 가게 앞에서 멈춰 서서 마야인 교사와 이야기를 나누었다. 그는 밀림 속 마을에 있는 학교로 출근을 하기 위해서 한 시간을 걷는다고 했다.

우리는 정오가 지나자마자 리빙스턴을 떠났다. 신중한 선원은 어두워진 후에는 리빙스턴에 머물지 않는다.

리빙스턴을 떠나서 강을 거슬러오르는 동안, 바람은 우리 뒤편에서 불어왔다. 우리는 앞돛을 펼치고 공기의 힘으로 부드러운 물살을 거스르며 나아갔다. 강줄기가 휘어지거나 크게 굽이칠 때에는 바람의 방향도 바뀌었다. 신기하게도 무슨 마법처럼, 우리의 경로가 바뀌면 바람도 뒤따라 바뀌었다. 바람의 방향은 완벽하지는 않았지만, 돛을 올리고 충분히 전진할 수 있는 정도는 되었다. 마치 움직이는 공기가 강물을 가두고 있는 수로로 이루어진 정해진 길을 따라서만 나아가는 것 같았다.

우리가 항해한 강 옆으로 우뚝 솟아 있는 가파른 석회암 절벽에는 짙은 녹색의 나무들이 무성했고 그 그림자 사이로 연한 회색과 흰색을 띠는 기다란 얼룩이 군데군데 보였다. 우리가 지나는 길에는 온천도 있었고, 통나무배에서 그물을 던지는 마야 어민도 있었다. 우리가 지나친 어떤 배에서는 관광객들이 우리에게 손을 흔들기도 했다. 그 배도 우리처럼 리빙스턴보다 상류에 있는 프론테라스로 향하고 있었다. 우리는 강폭이 호수처럼 넓어지는 곳도 지났는데, 그곳에는 강기슭을 따라서 집들이 점점이 흩어져 있었고 다리를 건너는 트럭들의 소음이 수면 너머로 울려퍼졌다.

우리, 그러니까 로시난테 호와 두 승무원은 대체로 말없이 조용하게, 순풍의 도움으로 마냥 삶을 즐기면서 항해를 했다.

이 짧은 내륙 구간에서는 바람이 왜 그렇게 협조적이었는지 잘 모르겠다. 그러나 행복하고 멋진 순간이었다.

≈

움직이는 공기에 관한 인간의 생각을 담은 연보에는 두 개의 반복적인 주제가 있다. 하나는 바로 지금 철저하게 기록되고 있는 측정에 관한 것이고, 다른 하나는 자연을 이해하기 위한 학설에 관한 것이다. 피츠로이는 이런 주제를 인식했다. 비에르크네스도, 리처드슨도, 로렌즈도 그랬다. 바람과 날씨를 생각하는 사람이라면 이런 주제를 지나칠 수 없다.

무엇보다도 먼저, 누군가는 창밖을 내다보아야 한다. 누군가는 초기 조건이라고 알려진 것을 측정하고 기록해야 한다. 피츠로이는 15곳의 기상관측소에서 이 작업을 했다. 모두 육상에 있었던 이 관측소들은 전신망으로 연결되었다. 오늘날에는 선박과 기상 관측용 부표에서 자료를 전송한다. 여객기와 위성에서도 자료를 전송한다.

일반적으로 지구상에서 가장 추운 곳이라고 일컬어지는 남극 보스토크 기지의 현재 상태가 궁금한가? 내가 이 글을 쓰고 있는 지금, 기압은 1,028밀리바이고 오늘의 최저 기온은 섭씨 영하 63도이다. 푸에르토리코의 남쪽과 베네수엘라의 북쪽에 있는 바다의 수온이 알고 싶은가? 일종의 로봇 잠수함인 무인 수중 글라이더에 따르면, 수심이 약 90미터인 곳은 수온이 섭씨 26도이고 수심이 약 900미터인 곳은 더 낮다. 시야를 더 넓히고자 한다면, 가령 지구 대기를 전체적으로 보고 싶다면, 정지궤도 환경위성(Geostationary Operational Environmental Satellite) 13의 도움을 받아보자. GOES-13이라고도 불리는 3,175킬로그램짜리 이 궤도 위성은 콜롬비아 상공의 어느 지점에 머물러 있으며, 자매 위성인 GOES-15는 태평양 위의 동떨어져 있는 지점에 붙박이로 위치한다. 두 위성은 어느 한 시점에 대략 지구의 3분의 1을 본다. 양 극지방의 관측을 위해서는 1,360킬로그램짜리 극궤도 위성들 중 하나에 의지하면 된다.

그래도 자료는 부족하다. 초기 조건이 더 좋아질수록 더 양질의 일기예보를 얻을 수 있을 것이다. 바람만큼이나 지칠 줄 모르는 연구자들은 새로운 자료 수집방법들을 찾아낸다.

프레셔넷(PressureNet)이라는 한 단체는 스마트폰을 통해서 대기압을 수집한다. 소프트웨어 개발자와 주변인들의 스마트폰 10여 대에서만 수집하는 것이 아니라, 모르는 사람의 수많은 스마트폰에서 정보를 수집한다. 아주 흔한 기능인 기압 센서가 있는 스마트폰을 가진 사람이라면 누구나 참여할 수 있다. 프레셔넷의 웹사이트에 있는 배너에는 다음과 같은 글들이 굵은 글씨로 쓰여 있다. "현재의 기상 관측 기반시설은 너무 비싸고 부정확한 일기예보를 생산한다." "해상도가 낮은 피상적인 관측으로 인해서 날씨 모형에는 불완전한 자료가 입력된다." 또 카오스 이론을 암시하면서, "예보 기간이 길어지는 동안 일기예보의 오류는 모형을 따라서 순차적으로 더 커져간다." 피츠로이, 르 베리에, 비에르크네스, 리처드슨, 로렌즈 같은 사람들이 알았으면 매우 좋아했을 이 계획에서, 프레셔넷은 대중을 활용하는 크라우드 소싱(crowdsourcing) 방식으로 날씨 자료를 취합한다.

≈

나와 공동 선장은 합심해서 로시난테 호의 계류 줄을 조절한다. 선수줄(bow line) 하나는 팽팽하게 당기고 중간 줄(spring line) 하나는 늦춰서, 선원들이 없는 동안에 우리의 아름다운 배가 제자리를 잘 지킬 수 있도록 말뚝들 사이에서 중심을 고쳐 잡는다. 우리는 하루 뒤면 비행기를 타고 떠날 것이다. 어느 누군가에게는 더 정상적이라고 여겨질 생활로 우리가 잠시 돌아가 있는 동안, 로시난테 호는 이 작은 계류장에 홀로 남겨지게 된다.

이제 태양은 더 높이 떠오르고, 그 아래 펼쳐진 드넓은 강은 잔잔하고 고요하다. 강물은 열기에 짓눌려 김이 날 지경이다. 나는 땀에 젖는다.

땅딸막하고 볕에 그을린 독일인 여성이 우리 옆에 있는 쌍동선 위에서 뒤뚱거린다. 그녀는 환하게 웃으면서 서툰 영어로 말한다. "당신들 플라센시아에서 봤어요. 당신들 닻, 풀어져서, 맞죠?"

더위와 그 독일 여성을 피하고자 나는 사방이 뚫려 있고 지붕에는 이엉을 얹은 집인 팔라파의 그늘 밑으로 들어간다. 오늘 같은 날 필요한 것은 산들바람, 즉 움직이는 공기이다.

아직 정오도 되지 않았다. 과테말라에서조차도 차가운 맥주를 찾기에는 너무 이른 시각이다. 그래서 나는 그늘에 앉아 있는 대신, 내가 보관하고 있던 일기예보 기록과 바다의 부표에서 수집한 날씨 기록을 훑어본다. 일부 지역에서는 일기예보 기록과 실제 날씨가 충격적일 정도로 달랐다. 7일 치 일기예보와 3일 치 일기예보와 그날의 일기예보가 서로 일치하지 않는 경우도 많았다. 일기예보들은 시간이 흐를 때마다 새로운 초기 조건을 설명하기 위해서 조정되었고, 일기예보의 기회가 있을 때마다 갱신되었다. 예상대로 단기간의 일기예보는 장기간의 일기예보보다 기상 관측 부표의 실제 날씨 기록과 더 많이 일치했다. 그러나 때로는 기상 관측 부표의 날씨 기록이 일기예보를 완전히 무시하는 것처럼 보인다.

43일 전에 우리는 신뢰할 만한 무역풍을 찾아서 항해를 시작했다. 우리는 그 무역풍을 전혀 신뢰할 수 없다는 것을 알아냈을 뿐이다. 적어도 연중 그 즈음, 그 위도, 해안에서 가까운 곳에서는 그랬다. 그리고 바람

자체를 배우는 동안, 나는 바람과 관련된 과학의 역사에 관해서 오히려 더 많이 배웠다. 바람 자체와 그 이면의 과학이라는 두 지식은 엉킨 닻줄처럼 서로 단단히 얽혀 있다. 또한 나는 일기예보를 무한 신뢰해서는 안 된다는 것, 가능한 한 자주 최신 일기예보를 받아야 한다는 것도 배웠다. 적어도 둘 이상의 일기예보를 찾아서 서로 비교함으로써 나만의 조화 일기예보를 만들어야 한다는 것도 배웠다. 어둠과 사선으로 내리꽂는 빗발에 포위되어 있었던 플라센시아에서는 최악의 상황을 가정하고 신중하게 판단을 내려야 한다는 것도 배웠다.

결론적으로 말해서, 육지가 보이지 않는 바다에서 항해를 하거나 위험 요소가 있는 해안에 닻을 내릴 정도로 어리석은 사람은 최고의 일기예보만 달랑 준비할 것이 아니라, 그 일기예보가 틀렸을 때에 필요한 장비와 기술도 갖추고 있어야 한다. 또 올바른 마음가짐으로 나아가야 한다. 조슈아 슬로컴은 1898년의 단독 세계일주 항해가 끝나갈 무렵에 다음과 같이 썼다. "강한 희망이 두려움을 억눌렀다."

≈

초기 자료에 대한 개선 욕구를 채우지 못하면, 학설의 개선 욕구 역시 채워질 수 없다. 수학적 모형의 개선을 위한 분투는 리처드슨에 의해서 시작되어 지금도 계속되고 있다. 리처드슨의 기본적인 모형화 접근법인 3차원 격자에 걸친 유한차분법이 여전히 활용되기는 하지만, 유한요소법(finite element method)과 스펙트럼 법(spectral method) 같은 새로운 접근법도 추가되고 있다. 이런 새로운 접근법들은 리처드슨의 접근법과 원리는 비슷하지만 다른 계산법을 활용한다.

대기과학자들이 "모수화(parameterization)"라고 부르는 것에 대한 개선 노력도 이루어지고 있다. 날씨의 어떤 특성은 너무 작은 규모에서 일어나기 때문에 수학적 모형의 중심에 있는 격자에 정확히 포착되지 않는다. 이를테면 여름 하늘에서 볼 수 있는 솜처럼 뭉게뭉게 피어오르는 적운 같은 흔한 구름조차도 수학적 일기예보 모형에서 사용하는 세포 하나보다 훨씬 작아서 모형 제작자들은 더 상세하게 만들어야 한다. 언덕과 계곡과 건물도 마찬가지이다. 과학자들은 어느 정도 세포 전체에 분포할 것 같은 평균적인 구름과 언덕과 계곡과 건물을 표현해야 한다. 과학자들은 주관적 판단에서 출발한 것을 적용해야 하고, 그것을 실제 세계에서의 경험과 바꿔야 한다.

격자의 세포보다 더 작은 규모에서 일어나는 날씨 특성 말고도, 너무 복잡해서 모형을 만들 수 없거나 잘 이해되지 않아서 수치로 묘사할 수 없는 다른 특성들도 있다. 여기서 다시 대기과학자들은 모수화에 의지한다. 그들은 할 수 있는 일을 하고, 모형은 그들의 노력으로 개선된다. 모형이 진화하는 동안, 컴퓨터 성능에 대한 요구도 증가한다. ENIAC의 계산은 휴대전화에 프로그램될 수 있고 실제로도 그랬다. 이런 휴대전화에는 휴대용 수동 수치 적분기와 계산기(Portable Hand-Operated Numerical Integrator and Computer), 즉 PHONIAC이라는 이름이 붙여졌다. ENIAC으로 24시간이 걸렸던 작업이 PHONIAC에서는 1초도 채 걸리지 않는다. 그러나 리처드슨의 연구의 증손자, ENIAC의 증손자뻘인 오늘날의 수학적 모형은 더 강력한 성능의 컴퓨터를 필요로 한다. 버지니아와 플로리다에 있는 미국 정부의 컴퓨터들은 매일 2억 건 이상의 날씨 관측 결과를 입력하고, 이 관측 결과를 이용해서 1초에 1-5조 번의 연산을 수행한다. 그러나 이 정도로는 아직 너무 느리다.

이 컴퓨터들을 작동시키고, 계산 결과를 조정하고, 첨단 과학을 적용해서 수학적으로 표현하는 사람인 일기예보관은 그들이 내놓는 일기예보의 부정확성을 염려한다. 그들의 염려는 한때 피츠로이가 했던 염려와 똑같다. 그리고 피츠로이처럼 그들도 무지한 사람들의 트집과 이해의 충돌로 얼룩져 있을지도 모르는 비판에 직면하고 있다. 그러나 오늘날의 예보관들은 피츠로이를 궁지에 빠지게 했을 방식으로 이야기한다. 그들은 소프트웨어의 버그와 모형의 편향성에 관해서 투덜거리고, 컴퓨터의 성능을 걱정한다. 1초에 1-5조 번의 연산을 수행할 수 있는 컴퓨터라고 해도 그들이 원하는 것, 그들이 꿈꾸는 것을 처리할 능력은 안 되는 것이다. 위성과 부표와 비행기에서 오는 그 모든 관측 자료에도 불구하고, 그들은 초기 자료의 빈약함을 말한다. 특히 대기 상층부에 대한 측정, 고고도(高高度) 기구에서 보내오는 종류의 자료가 부족하다고 말한다. 미국에서는 여러 가지 장점들을 제공하는 유럽의 모형에 뒤처지지 않을까를 때때로 걱정한다.

완전히 어긋난 자신의 수치 일기예보를 설명한 책에서 루이스 프라이 리처드슨이 한 이야기는 모든 일기예보관들이 마음속에 새겨둘 만하며, 차기 세계 기상학회 기념 T-셔츠에 새겨도 좋을 듯하다. 그는 이렇게 썼다. “이 계획이 복잡한 까닭은 대기가 복잡하기 때문이다.”

≈

오후 2시쯤, 산들바람이 분다. 나는 휴대용 풍속계를 들고 부두 여기저기를 돌아다니면서 풍속을 측정한다. 물가에서는 6노트를 가리킨다. 예쁜 붉은색 배의 그림자가 진 곳은 3노트, 독일인들의 쌍동선 옆은 2노트이다. 팔라파 아래도 2노트를 가리킨다. 로시난테 호의 활대 위에 서서 최대한 높게 팔을 뻗자 풍속계는 6노트를 가리킨다. 가벼운 산들바람인데도, 바람은 크고 작은 소용돌이를 일으키기도 하고 구조물의 가장자리를 따라 휘어지고, 차가운 물 위에 있는 뜨거운 부두의 열기로 속도가 빨라지기도 하고, 마찰에 의해서 느려지기도 한다. 뒤죽박죽이다. 그리고 내가 측정한 움직이는 공기의 속도는 분 단위로 바뀐다. 더 정확하게 말하면, 순간순간 바뀐다. 다른 모든 풍속계와 마찬가지로, 나의 작은 풍속계도 한 지점에서의 단기적인 평균 비슷한 것을 알려주지만 현실을 반영하지 않는 정확성을 제안한다. 범위가 넓은 분류 기준을 가졌던 보퍼트 해군 소장은 더 확실한 세계에서 살았다. 그는 풍속계를 들고 걸어 다니지 않았을 것이다. 그는 간단히 "실바람"이나 "남실바람으로 가려는 경향이 있는 실바람"이라고 기록하고, 그것으로 끝이었을 것이다.

우리의 생활은 금방 바뀔 것이다. 우리는 보통의 교외에서 보통의 일을 하며, 이메일과 전화기를 쓰고, 배 대신 자전거와 자동차로 출퇴근을 하는 일상으로 돌아가게 될 것이다. 우리는 더 이상 비바람과 그렇게 가깝게 생활하지 않을 것이다. 이제는 바람이 어떻게 변할지를 궁금해하면서 당혹스럽게 선잠을 깨지 않아도 될 것이며, 교대로 잠을 자지 않아도 될 것이다. 나는 더 이상은 당연하다는 듯이 휴대용 풍속계를 들고 사람들 사이를 활보할 수 없을 것이다. 과거에 그런 적이 있다고 해도 말이다. 당분간은 바람에 대한 나의 집착에서 벗어나야 할 것이다. 그러나 이제 나는 가장 미약한 바람도 무시하지 못하고, 구름을 보면 대기파의 증거를 찾고, 일기예보를 들을 때마다 저 멀리 대포 소리가 들리는 곳에서 계산을 했던 루이스 프라이 리처드슨을 생각하는 사람이 되었다. 이제 나는 대기를 맥동하는 유체의 외피라고밖에 생각할 수 없을 것이다. 대기는 이쪽이 불룩해지면 저쪽이 오그라들며, 크고 작은 소용돌이가 가득하며, 제트 기류가 남긴 흔적을 가지고 있으며, 살아 있다. 43일이 지났고, 나는 이 세계에서 책임 있는 삶을 살기 위한 일상과는 완전히 맞지 않는 로시난테 호를 떠날 것이다.

≈

기상학에 카오스 이론을 도입한 에드워드 로렌즈는 사망하기 1년 전인 2007년에 한 인터뷰에서 다음과 같이 말했다.

"나는 아직도 1개월 후의 날씨를 1일 단위로 예보한다는 것에 대해

딱히 기대를 하지 않습니다. 우리가 아직 그 지점까지는 도달하지 못했다고 해도 지금으로서는 2주일 후의 일기예보도 전혀 합리적이지 않아 보입니다."

그는 잠시 멈추었다가 이렇게 덧붙였다. "나는 초기 조건의 개선을 통해서 많은 개선을 이뤄냈습니다. 그리고 이것은 자료 동화(data assimilation : 기상 모형에 입력된 자료를 실제 대기에 가깝도록 만들어 주는 과정/옮긴이) 방식의 개선으로 이어졌습니다."

카오스 이론에도 불구하고, 연구자들은 노력을 계속하고 있다. 일부에서는 고해상도 급속 공급(High-Resolution Rapid Refresh, HRRR) 모형을 연구한다. 이 모형은 15분 간격으로 새로운 레이더 자료를 받아들인다는 점이 대표적인 특징이다. 이 모형의 목표는 토네이도나 우박을 동반하는 폭풍처럼 규모는 작지만 위험한 기상 현상을 예측하는 것이다. 이런 기상 현상은 해상도가 낮은 모형에서는 잘 드러나지 않을 것이다. 일부 연구자들은 지상에서 몇 킬로미터 상공에 있는 대기의 파동을 관찰한다. 이들이 특별히 찾고 있는 파동 번호 5번 유형의 파동은 심각한 폭염을 몇 주일 전에 알려주는 전조일 수도 있다. 또다른 연구자들은 인도양 위에 내리는 비를 지켜보고 대양의 온도를 측정해서 매든-줄리언 진동(Madden-Julian oscillation)이라는 유형을 찾는다. 이 현상은 캘리포니아와 워싱턴에 겨울철 폭풍이 다가올 징조일 수도 있고 아닐 수도 있다. 이런 연구들을 지원하기 위한 여러 계획들 중에서 관측 체계 연구와 예측 실험(The Observing System Research and Predictability Experiment), 줄여서 THORPEX라고 불리는 국제 협력 연구는 세계기상기구에서 관리를 맡고 있으며, 2주일이 넘어가는 일기예보의 개선을 목표로 하고 있다.

탐구는 계속되고 있다.

≈

나는 작은 선착장의 맨 끝에 있는 낡은 철선 옆에서 풍속을 측정한다. 남아프리카에서 이곳까지 항해해온 이 배의 상냥한 덴마크인 선장이 호기심을 보인다. 나는 그와 이야기를 나눈다. 화제가 일기예보로 옮아간다. 그는 일기예보를 전혀 확인하지 않는다고 한다. 일기예보는 쓸모가 없다는 것이 그의 지론이다. 그는 떠날 시간이 되면 아무것도 준비하지 않고 출발한다고 한다. 그는 자신의 배가 허리케인에도 끄떡없다고 믿고 있다.

한때는 멋졌을 그의 배에는 기다랗게 흘러내린 녹물이 얼룩져 있고, 조종실에는 빈 럼주 병들이 줄을 서 있다. 돛은 말려 있지만 덮개가 없어서 햇빛에 바래 있었다. 그의 배 뒤에는 바람을 넣는 방식인 그의 보조배가 떠 있다. 풀어진 채 물속에서 흔들리고 있는 그의 계류 줄 하나에는 물이끼가 두껍게 끼어 있다. 서서히 폐선이 되어가고 있는 그의 배는 22개월째 꼼짝하지 못하고 이 부두에 묶여 있었다.

≈

어느 공화당 하원의원은 오클라호마에서 토네이도로 인한 사상자들을 걱정했고, 그가 생각하는 오바마 대통령의 흠결을 우려했다. 그는 2013년에 동료들에게 다음과 같은 연설을 했다. "우리는 차가운 제트 기류와 멕시코 만의 따뜻한 공기가 만나면 오클라호마에 토네이도가 발생한다는 것을 알고 있습니다. 또한 우리는 대통령이 일기예보와 기상 경보에 쓰는 돈보다 지구 온난화 연구에 30배나 더 많은 돈을 쓰고 있다는 것도 알고 있습니다. 이처럼 엄청난 배분 실수에 대해, 오클라호마 주민들은 대통령의 사과를 받을 준비가 되어 있습니다."

이 하원의원은 연방정부가 기후 변화 연구에는 과도한 지원을 하면서 일기예보 연구에 대한 지원에는 너무 박하다고 믿는 것 같다. 그러나 그의 수치에는 오류가 있다. 사실 미국 정부는 일기예보 연구에 1달러를 쓰는 동안 기후 변화 연구에는 3달러 가까운 돈을 쓰고 있을 것이다. 비잔틴 세계처럼 복잡한 정부의 현금 흐름에서 회계 실수는 그리 놀라운 일이 아니고, 마키아벨리식의 권모술수가 난무하는 정치라는 무대에서 과장된 표현은 그리 놀라운 일이 아니다.

오바마 대통령은 오클라호마 주민들에게 아직 사과를 하지 않았다.

한편, 다음 주의 날씨에 관심이 많은 미국의 기상학자들도 불만을 드러내고 있다. 일부에서는 그 오클라호마 하원의원의 태도를 그대로 따라서, 기후 변화 연구자금과 일기예보 연구자금 사이의 불균형에 관해서 불만을 표시한다. 그들의 불만은 기후 변화 연구자들의 컴퓨터 접속 환경이 더 좋다는 것이다. 그들이 그렇게 생각하는 동안, 기후 변화 연구는 유망한 젊은 과학자들을 집어삼키고 있다. 그렇지 않았다면 일기예보 문제를 연구했을 수도 있는 인재들이었다.

기후 변화 연구와 일기예보 연구 사이의 관계는 울분과 다툼으로 점철되어 있지만, 두 연구는 같은 토대를 공유한다. 측정에 의해서 확인된 모형에 따르면, 기후 변화로 인해서 북극 지방과 적도 지방 사이의 기온 차는 감소할 것이다. 북극 지방은 적도와 온대 지방에 비해서 더 빨리 더워질 것이다. 근본적인 수준에서 보면, 북반구의 바람은 북극과 적도 사이의 기온 차에 의해서 발생한다. 일부 연구자들은 이 기온 차가 줄어들면 평균 풍속이 느려질 것으로 예상한다. 그러나 열대 지방과 온대 지방의 기온이 상승하기 때문에, 허리케인의 발생 조건인 해양 기온의 상승은 더 흔해질지도 모른다. 평균 풍속의 감소는 허리케인의 증가를 수반할 수 있고 아닐 수도 있다. 제트 기류는 영향을 받을 수도 있고 아닐 수도 있다. 전 지구적으로 평균 풍속이 빨라지는 동안 국지적인 평균 풍속은 느려질 수도 있고, 그 반대일 수도 있다.

북극 지방의 다른 효과에 대한 더 구체적인 사례를 들어보자. 온대 지방보다 훨씬 빠른 속도로 더워지고 있는 북극 지방에서는 여름철에 상당한 양의 해빙(海氷)이 녹고 있다. 앵커리지, 알래스카, 그린란드 남단, 노르웨이 오슬로와 같은 위도인 북위 60도 바로 아래 위도에 위치한 지방의 하늘 높은 곳에서는 제트 기류가 대단히 많은 양의 공기를 동쪽으로 실어나른다. 제트 기류 또는 한대 제트 류라고 불리는 이 공기의 흐름 속에서, 바람은 시속 160킬로미터가 넘는 속도로 불 수 있다. 북극권과 온대 지방 사이의 기온 차가 감소하면 풍속이 느려진다. 풍속이 느려지면 한대 제트 류 속에 사행(蛇行, meander)이 증가한다. 이런 사행은 당연히 로스뷔 파이다.

로스뷔 파가 보스턴, 뉴욕, 시카고, 워싱턴 DC 같은 대도시의 날씨에 중요한 역할을 한다는 사실은 1939년부터 알려져 있었다. 로스뷔 파는 일기예보에서 중요한 것으로 알려져 있다. 겨울철에 로스뷔 파가 미국 동남부에 깊숙이 파고들면, 동부 해안 쪽 도시인들이 눈에 파묻혀 지낼 것이라는 뜻이 될 수도 있다. 로스뷔 파가 북아메리카 대륙의 서부 해안 너머 훨씬 북쪽이 닿으면, 태평양 북서부와 알래스카 지방에 눈이 적고 기온이 온화하다는 뜻이 될 수도 있다. 2015년에는 이런 일이 둘 다 벌어졌다.

날씨 정보 웹사이트인 웨더 언더그라운드(Weather Underground)의 기상 책임자 제프 매스터스는 『사이언티픽 아메리칸(*Scientific American*)』에 기고한 글에서 이것을 "제트 기류의 기묘함"이라고 표현했다. 더 중요한 것은, 그가 오늘의 날씨와 내일의 날씨를 기후 변화와 연관지었다는 점이다. 날씨(weather)와 기후(climate), 이 둘은 서로 다르지만 서로 떼려야 뗄 수 없는 관계로 얽혀 있다. 그는 아주 간단하게 썼다. "유례가 없는 일을 기대하라."

그러나 미국 기상학자들의 관심이 온통 기후 변화와 연관된 것은 아니다. 컴퓨터와 자료 동화에 관한 문제, 일부 위치에서의 관측 부족에 관한 문제뿐만 아니라, 새로운 발견을 묵살하는 정부의 관료주의와 리더십에 문제가 있다고 말하는 사람들도 있다. 자금원에 관한 문제도 있다. 기초 연구에 대한 자금 지원은 그 연구가 유용해지기 시작할 무렵에 중단된다. 그때가 되면 일상적인 일기예보를 지원하는 곳에서 새로운 연구 자금원을 찾아야 한다. 그래서 유망한 계획을 일부 기상학자들이 "죽음의 계곡"이라고 부르는 상태에 그대로 남겨두게 된다.

기상학계 내에서 불평이 터져나오고 지난 100년 동안 내홍이 계속되고 있다. 피츠로이와 그를 비방하는 사람들이 충돌했고, 제임스 에스피와 윌리엄 레드필드 사이의 충돌이 있었고, D-데이가 다가올 즈음에 미국의 예보관과 노르웨이의 예보관도 충돌했다. 오늘날, 어떤 충돌은 기후 변화에 초점을 맞추고 있다. 이 충돌은 기후가 변화하고 있는지, 또는 화석 연료의 연소가 그 변화에 기여하고 있는지 여부에 관한 충돌이 아니다. 기후 변화 연구가 일기예보 연구를 희생시키면서 지원을 받아야 하는지에 관한 충돌이다. 그밖에도 자금 지원, 서열, 전문적으로 미묘하고 상세한 부분, 학술회의에 제공되는 칵테일을 통해서 드러내는 무의식적인 경멸과 같은 크고 작은 다양한 충돌이 있다. 그들의 연구에는 아름다운 복잡성이 있지만, 진입 장벽이 높아서 최강의 학력을 갖춘 가장 똑똑하고 가장 성실한 연구자들로만 이루어져 있지만, 어쨌든 그들도 인간이다.

그러나 날씨 연구와 날씨 연구자들을 판단하기 전에 생각해야 할 두 가지 중요한 점이 있다. 첫째, 일기예보에 대한 투자는 수익률이 높다. 일기예보와 관련된 경비 절감은 멕시코 만의 석유 시추 장치에서 불필요한 대피 감소, 작물의 생산량 증가, 폭염에 의한 사상자 감소, 폭풍에 의한 선박과 적재 화물의 손실 감소, 항공산업의 효율 개선 따위에서 유래한다. 일기예보에 의한 비용 대 편익의 비율을 추정하면, 낮게는 1달러를 지출해서 2달러를 절약한다는 뜻인 2 : 1에서 높게는 2,000 : 1에 이른다. 세계 은행 그룹의 추정에 따르면, 일기예보의 개선은 경제 생산성 증가에 연간 300억 달러 규모의 기여를 할 수 있고, 폭풍으로 인한 손실을 줄임으로써 추가로 20억 달러의 비용을 더 절감시킨다. 국제적으로 일기예보 연구에 지출되는 비용은 연간 20억 달러 정도이다. 이 비용의 대부분은 두 가지 이상의 목적을 수행하는 인공위성에 쓰인다.

둘째, 지금까지 이루어진 발전을 무시할 수 없다. 현재 발표되고 있는 전형적인 6일 치 일기예보는 40년 전에 발표되었던 전형적인 1일 치 일기예보보다 더 정확하다.

발전은 계속되고 있다.

≈

로시난테 호는 단단히 고정되었다. 돛은 내려져서 자루 속에 들어갔고, 창문과 출입구는 굳게 잠겼다. 배 밑창에 고인 물을 퍼내는 펌프는 확인하고 또 확인했다. 우리는 이제 곧 떠날 것이다. 먼저 여섯 시간 동안 버스를 타고 과테말라시티로 간 다음, 비행기를 타고 거의 1,200미터 상공에 위치한 대륙권 최상부를 냉큼 건너뛰어 소란스럽게 요동치며 지구의 날씨를 만드는 공기의 바로 위를 날아서 우리 집이 있는 알래스카로 돌아갈 것이다.

그 비행 동안, 우리 비행기의 조종사는 특별히 비행을 위한 맞춤 일기예보를 제공받을 것이다. 그 일기예보는 가장 적당한 바람이 부는 경로와 바람을 고려한 일정을 알려주고, 지상 거리(ground miles)와 항공 거리(air miles)에 관해서도 알려준다. 지상 거리는 땅 위에서 두 지점 사이의 거리이고 항공 거리는 움직이는 공기를 통한 거리이다. 뒷바람이 불면 지상 거리보다 항공 거리가 더 짧고, 맞바람이 불면 지상 거리보다 항공 거리가 더 길다. 때로는 비행 계획을 수립하는 컴퓨터가 연료 부족 경보를 울리기도 한다. 그러나 그 연료는 지상 거리를 기준으로 부족한 것이므로, 항공 거리를 활용해서 재빨리 다시 계산을 하면 연료가 부족하지 않을뿐더러 오히려 남아도는 경우도 있다. 비행시간을 분 단위로 예측할 때, 조종사는 비행기의 계기반과 항공 교통 관제사뿐만 아니라 끊임없이 변화하는 바람에 대한 이해에도 의존한다. 미국에서만 매일 4,000개가 넘는 항공 일기예보가 나오고 있다. 이런 일기예보를 보완하는 8,000여 개의 도표는 폭풍우와 난기류가 나타날 것으로 보이는 지역을 확인시켜준다. 미국 전역에 있는 22곳의 항공 교통 관제 센터에서는 기상학자들이 나타났다가 사라지는 위협적인 기상 조건을 해석하기 위해서 항공 교통 관제사들과 나란히 근무하고 있다. 그러나 이것이 다가 아니다. 조종사들은 레이더 화면도 지켜보면서 구름 속에서 폭풍을 찾고, 최악의 충돌을 피하기 위해서 경로를 이리저리 바꿀 것이다. 어쨌든 폭풍도 바람일 뿐이다.

통상적인 비행에서 얻을 수 있는 정보는 전신에 의존해서 단순한 날씨 지도를 만들었던 사람들은 상상도 하지 못할 정도로 엄청나다. 빌헬름 비에르크네스와 루이스 프라이 리처드슨 같은 사람들은 소스라치게 놀랄 것이다. ENIAC으로 최초의 수치 일기예보에 성공한 줄 차니와 존 폰 노이만과 그들의 동료들은 깊은 인상을 받을 것이다.

버스와 비행기를 타고 이동하는 우리 여정의 이 마지막 단계는 간단한 일처럼 보인다. 버스 기사와 비행기 조종사가 다 알아서 해줄 것이다. 우리가 하는 일에 대한 묘사에는 "앉아 있기"와 "먹기" 같은 단어가 포함될 것이다. 돛 줄이기, 일기예보 해석하기, 지나가는 배와 안전거리 유지하기, 바람이 불어가는 쪽의 해안에서 멀찍이 떨어지기에 관한 묘사는 없을 것이다. 밤새 불침번을 설 필요도, 움직이는 공기에 집착할 필요도 없을 것이다. 그러나 과테말라 어느 강가의 계류장에 우리 배를 버려두고 오는 이런 결말은 우리의 여정에서 내게 가장 힘든 일이다. 점검표를 작성하고 가방을 꾸리던 마지막 몇 시간 동안은 지금까지 우리 여행에서 최악의 순간인, 굵은 빗방울이 몰아치던 그 밤에 닻이 끌리던 상황보다 훨씬 더 엉망인 것 같다.

그 부두에서 공동 선장도 같은 느낌을 이야기한다. 그녀는 집이 주는 안도감에 관해서 이야기한다. 그녀는 그것을 "안전이라는 환상"이라고 말한다. 그녀의 말에 따르면, 배 위에서는 샴페인을 곁들인 여행을 약속하면서 하루를 시작했다가 힘겹게 끝날 수도 있고 그 반대일 수도 있다. 집에서는 계획들이 타당한 편이고, 어느 정도는 예정대로 현실화되는 경향이 있다. 그러나 여기서는 조건이 바뀌고 예기치 못한 우여곡절로 계획이 방해를 받는다. 그녀는 많은 이야기를 했지만, 그녀의 말에는 항해 생활을 충분히 하지 못했다는 아쉬움이 또렷하게 드러난다. 그녀는 텍사스의 부두를 떠나면서 배 위에서의 생활에 어떤 매력이 있을 것이라고 생각했다. 그리고 지금, 과테말라의 부두를 떠나면서 그녀는 자신의 생각이 옳았다는 것을 알고 있다. 우리에게는 먹먹한 순간이다. 우리 두 공동 선장은 배 앞에 펼쳐진 세상을 완벽하게 같은 시선으로 바라보았던 시간들을 뒤로 하게 될 것이다.

갤버스턴을 떠나며, 우리는 자연의 힘을 더 가까이에서 경험하고 바람에 대해서 뭔가 배울 수 있기를 바랐다. 우리는 둘 다 해냈다. 우리는 더 나은 뱃사람이 되기 위해서, 필요한 값지고 실용적인 교훈도 얻었다. 그리고 우리는 그리 실용적이지는 않지만 더 값진 뭔가에 대한 다른 교훈도 얻었다. 매일 삶의 일부로 받아들이는 사물들을 자세히 살펴보면 아름다운 복잡성이 드러난다는 것을 새삼 알게 된 것이다. 일상적 존재의 이면에 스며든 잡음을 세심하게 음미하면 절묘하게 얽히고설켜 있는 복잡한 사정들이 드러난다. 바람을 조사하면서, 우리는 끝도 없이 겹겹이 쌓여 있을 것만 같은 지식의 일부를 맛보기로 살펴보았다. 일기예보를 탐구하면서, 우리는 끊임없이 펼쳐지고 있는 역사의 일부를 슬쩍 엿보았다. 우리는 어린아이와 같은 경이로움을 다시 느꼈다.

팔라파 아래로 돌아온 나는 다가오는 폭풍우를 본다. 갑자기 굵은 빗방울 몇 개가 팔라파 앞의 얕은 물에 퐁당퐁당 떨어지더니, 내가 앉아 있는 곳과 부두 사이에 듬성듬성 자라고 있는 부들 사이에 둥글게 잔물결을 일으킨다. 그 빗방울들은 저만의 여정을 따라 이곳까지 왔다. 하늘에서 형성된 빗방울은 옆으로, 위로, 다시 옆으로 바람에 날리다가 마침내 중력에 굴복하고는 바람을 버리고 호수처럼 드넓은 강의 안락함을 택한 것이다.

나는 점점 거세지는 바람을 지켜본다. 여기저기서 휘몰아치는 바람은 고양이의 발톱처럼 난데없이 수면을 할퀴기도 하고, 돌풍이 되어 나뭇잎을 춤추게 하거나 부들을 성가시게 한다. 부들의 이삭은 잠시 휘어 있다가 바람이 잦아드니 다시 꼿꼿이 일어선다. 돌풍은 대기 중의 난기류, 공기의 불균형, 갑자기 형성되고 채워지는 저기압 조각을 나타낸다.

내 쪽으로 움직이는 공기의 큰 흐름도, 상하좌우로 움직이는 작은 흐름도 일관되게 움직이지 않는다. 이 흐름은 각각의 분자들로 이루어진 집단이다. 각각의 분자들은 고집스러울 정도로 독립적이고 제 마음대로 움직인다. 공기 덩어리의 중심으로 돌진하다가 옆이나 위로 휘돌아서 대체로 그 공기 덩어리 안에 머물거나, 잠깐 소용돌이를 타고 다른 공기 덩어리로 넘어간다. 그래도 평균적으로는 내 쪽으로 움직인다. 그리고 바람은 북동쪽에서 불어오고 공기는 남서쪽으로 움직인다고 말하는 얼간이도 있을 것이다. 우리는 일반화된 삶을 경험한다. 평균의 연속인 이런 삶은 다루기 쉬울 것 같은 인상을 남긴다. 우리는 바람을 일관된 흐름처럼 경험한다. 분자들은 마치 서로 들러붙어 있는 것처럼, 줄줄이 늘어서서 순한 양처럼 따라가는 것 같다. 그러나 그런 일은 전혀 일어나지 않는다. 공기 분자는 다른 공기 분자와 붙어 있지 않다. 공기는 고기압에서 저기압으로 이동해서 빈 공간을 채우는 경향이 있지만, 특히 지면 근처와 수면 위에서는 그 움직임이 더 격렬해진다. 전혀 규칙적이지 않고, 일상의 경험과 항해와 삶에서 중요한 시공간의 규모에서는 우리가 바라는 것만큼 예측 가능하지 않다.

나는 팔라파 안에서 대들보에 매달려 있는 흔들의자에 편안하게 앉아서 다가오고 있는 폭풍과 큼직한 빗방울을 바라본다. 그러면서 대니얼 디포의 『폭풍』의 구절들을 다시 읽는다. 1703년 후반, 디포는 근래에 폭풍을 경험한 사람들을 찾는다는 광고를 냈다. 그는 폭풍을 이해하고자 했다. 그는 움직이는 공기에 대한 인간의 지식에 관해서 아름답고도 정확하게 논평했다. 팔라파 속에서, 나는 디포의 글 중에서 각별히 좋아하는 특별한 구절을 다시 읽는다. 그는 다음과 같이 썼다. "이성의 횃불로 자연을 속살까지 샅샅이 살폈던 고대의 천재들은 이 미지의 통로에서 번번이 막혔다. 바람은 이성의 촛불을 꺼트리고 그들을 캄캄한 어둠 속에 버려두었다."

디포의 시대 이래로, 괄목할 만한 발전이 이루어졌다. 이성의 촛불은 때때로 빗나간 일기예보와 실패한 인공위성과 막다른 골목에 다다른 연구라는 바람에 흔들릴지도 모르지만, 그 불꽃은 빛나고 있다.

나는 물을 내려다보면서, 움직이는 공기에 대해서 고민하는 일기예보관들과 연구자들을 생각한다. 지금 날씨를 연구하고 있는 수천 명의 기상 캐스터들, 패시지웨더와 웨더 언더그라운드의 이름 없는 일기예보관들을 생각한다. 돛을 만드는 사람들과 돛배를 타고 항해를 하는 사람들,

풍력 발전 터빈을 설치하는 사람과 플레트너 회전날개를 설계한 사람들을 생각한다. 로렌즈와 차니, 비에르크네스와 로스뷔, 피츠로이와 패럴을 생각한다. 나는 제1차 세계대전 당시 전선 근처에서 숫자들을 끼적이며 웅장한 일기예보관들의 극장을 상상한 리처드슨을 생각한다.

이제 굵은 빗방울은 폭우가 되었다. 팔라파에 돌풍이 한 차례 불어닥치면서 들이친 빗물이 내 책장에까지 튀었다. 나는 디포의 책을 덮고 의자에서 일어나서 뒤로 물러난다. 들이치는 비를 피하기 위해서 팔라파 안쪽으로 더 깊숙이 들어간 나는 그 자리에서 둘세 강 위로 움직이는 폭풍을 바라본다.

감사의 글

바람을 발견하기 위한 나의 항해는 진공에서 나타난 것이 아니었다. 사실 상당히 많은 사람들의 도움과 응원이 없었다면 불가능했을 것이다.

돌아가신 나의 아버지는 아마 당신도 모르는 사이에 물에 대한 애정과 대양 항해에 대한 꿈을 물려주었다. 처음부터 끝까지, 나의 아내이자 공동 선장인 리잔 아츠가 없었다면 나는 완전히 길을 잃고 헤맸을 것이다. 토니 스미드, 케빈 처칠 같은 사람들이나 항해 모임의 다른 많은 사람들은 우리 삶에서 그들이 얼마나 중요한지 전혀 모르고 있을 테지만, 그들이 없었다면 리잔과 나는 결코 로시난테 호를 사지도, 우리의 짧은 항해에 나서지도 않았을 것이다.

모든 저자들은 그들의 편집자들에게 영원한 채무자이다. 나 역시 예외가 아니다. 리틀, 브라운 출판사의 내 편집자인 존 파슬리는 소중한 가르침을 주었을 뿐만 아니라, 스타일이 특이한(적어도 내가 보기에는 그렇다) 무명의 저자에게 용기를 북돋아주고 믿음을 주는 담대함까지 갖추었다. 그와의 작업은 내 경력에서 가장 빛나는 순간 중 하나라고 생각한다. 그와 더불어, 이 책의 표지 디자인을 담당한 키스 헤이즈에게도 고마움을 전하고자 한다. 표지를 처음 보았을 때 내 얼굴에는 웃음이 번졌고, 100번째 보았을 때에도 마찬가지였다. 리틀, 브라운 출판사의 직원들 모두에게도 당연히 신세를 졌다. 엘리자베스 가리가, 벳시 유릭, 말린 폰 오일러-호건을 포함해서, 보이지 않는 곳에서 일하는 그밖의 다른 사람들은 나 같은 저자를 실제보다 훨씬 돋보이게 만들어주었다.

많은 사람들이 이 책의 초벌 원고를 부분적으로 읽고 평을 해주었다. 그들 중에는 앞 단락에서 언급한 이름도 다수 포함되지만, 루시 슬레빈과 캐스 템플, 동료 작가인 데브 바네스와 단 리어든, 내 절친한 벗이자 항해 동료인 제이슨 헤일, 역시 절친한 벗이자 다이빙 파트너인 빌 리도 있다. 내 아들 이시 스트리버는 비록 책에는 등장하지 않지만, 멕시코 해안을 따라 항해하는 짧은 구간에서 잠시 로시난테 호에 올랐다. 그러나 더 중요한 것은, 내가 내 글에 확신이 없어서 의기소침해 있을 때에 아들이 내게 용기를 주었다는 점이다. 또 원고의 초안에 대해서 통찰력 있는 소감을 말해주었다.

바버라 자트콜라는 후반에 원고를 꼼꼼하게 교정 교열하고 사실 확인을 해주었다. 세세한 것까지 꼼꼼하게 주의를 기울이는 그녀의 관심에 대해서 내가 감히 가치를 평가할 수는 없다. 그렇다고 아무 말도 하지 않는 것은 관심을 기울여야 할 더 광범위한 문제를 보는 그녀의 안목과 내 멍청한 실수를 감내하는 그녀의 인내에 대한 공정한 평가가 아닐 것이다.

바람에 대한 이해에서는 수십 명의 현직 과학자들과 일기예보관들의 도움을 받았다. 그중에는 크리스 파커, 피터 린치, 제프 마스터즈, 클리프 매스, 로버트 포벨, 리 체스노, 패시지웨더의 모든 직원들, 웨더 언더그라운드의 모든 직원들을 비롯한 많은 이들이 포함된다. 만약 내가 이 고마움을 기상학계 전체로 확장시키지 않는다면, 그것은 내가 게으르기 때문일 것이다. 과학자로서의 내 경험상, 기상학계는 다른 과학 분야에 비해서 대중에게 다가가는 프로그램을 더 많이 추구해왔고, 지속적으로 추구하고 있다. 이런 프로그램의 목적은 대단히 어렵고 놀라울 정도로 인정받지 못하는 분야를 대중에게 알리려는 것이다.

본문과 함께 실린 그림들은 여러 출처에서 나온 것이다. 특히 나 같은 저자들이 활용할 수 있도록 다양한 역사적 사진과 그림들을 수집하고 있는 위키미디어 공용 저장소와 미국 의회 도서관은 특별히 주목해야 한다. 리처드슨이 상상한 일기예보 극장의 그림을 쓰도록 허락해준 레나르트 벵트손 교수, 웨더 어드바이저 호의 사진을 쓸 수 있도록 허락해준 데릭 오걸 폴 브루커, 브러시의 풍차 사진을 쓸 수 있도록 허락해준 켈빈 스미스 도서관 측에도 고마움을 전한다.

가끔은 이 책에 영향을 준 사람들이 모두 한 자리에 모인다면 어떨지 궁금하다. 이 책에 등장하는 핼리, 해들리, 피츠로이, 디포, 슬로컴, 리처드슨, 다윈, 로렌즈, 차니, 콜드웰, 패럴, 에스피, 콜럼버스, 디킨스, 폰 노이만, 보퍼트, 브러시, 골턴, 모스, 아라고, 르 베리에, 보스, 로스뷔, 크릭, 페테르슨, 글레이셔, 스원, 갈릴레이, 헤딘, 비에르크네스(부자가 함께) 같은 오래 전에 사망한 역사적 인물들과 다른 많은 이들이 다 같이 모이는 것이다. 일기예보 극장을 꿈꿨던 루이스 프라이 리처드슨처럼, 나도 꽤 넓은 공간이 필요한 어떤 모임을 꿈꾼다. 당연히 꿈일 뿐이지만, 만약 실현될 수만 있다면 기이하지만 잊지 못할 파티가 될 것이다.

주

들어가는 글 : 출항 전

저널리즘 교수인 존 J. 밀러는 2011년 8월 13일자 『월 스트리트 저널(*Wall Street Journal*)』에 다니엘 디포의 『폭풍 : 지난 끔찍한 폭풍우로 발생한 바다와 육상의 가장 놀라운 인명 피해와 참상 모음(*The Storm; or, A Collection of the Most Remarkable Casualties and Disasters Which Happen'd in the Late Dreadful Tempest, Both by Sea and Land*)』에 관한 글을 발표했다. 당시는 열대성 폭풍인 에밀리가 쿠바에서 소멸된 직후였으며, 일기예보관들은 수 개월 간의 강한 허리케인의 활동을 예측했다. 밀러의 글에 따르면, "디포의 목격담도 귀중하지만, 그의 진정한 혁신은 다른 이들의 의견을 수집했다는 점이다." 또 밀러는 오늘날까지도 남아서 기후학과 기상학을 공부하는 학생들에게 자주 인용되는 『폭풍』이 처음 출간되었을 때에는 잘 팔리지 않았다는 점도 지적했다. 밀러의 말처럼, 모든 책이 "소비자들의 기분에 취약하다"는 것은 작가라면 누구나 알고 있는 현실이다. 디포는 『폭풍』을 집필하기 직전에 폭력을 선동하는 유인물을 썼다는 죄목으로 뉴게이트에 있는 감옥에 수감되었고 큰 비난을 받았다. 따라서 그는 책의 성과가 저조한 것이 특별히 더 우울했을 것이다.

루이스 프라이 리처드슨은 1922년도에 출간된 그의 책, 『수학적 과정에 의한 날씨 예측(*Weather Prediction by Numerical Process*)』의 서론에서 천체운동의 예측과 날씨의 예측을 비교했다. 그는 다음과 같이 썼다. "항성, 행성, 위성의 특별한 배치는 결코 두 번 다시 나타나지 않는다고 말해도 무방할 것이다. 그런데 왜 우리는 현재의 일기도가 과거의 특정 날씨 유형을 정확히 나타내기를 기대해야 하는 것일까?" 대신, 그는 수학으로 눈을 돌렸다.

데이비드 맥컬러프가 2015년에 내놓은 『라이트 형제(*The Wright Brothers*)』(Simon

& Schuster, New York)라는 멋진 책에서는 초기 비행에서 바람의 중요성을 강조한다. 바람이 너무 약하면 비행이 어려웠다. 바람이 너무 강하면 비행이 불가능했다. 인류의 비행기 발명에는 (그리고 아마 다른 생명체에서 비행의 진화에도) 골디락스 바람 조건이 필요했다.

제1장 항해

에릭 라슨의 『아이작의 폭풍: 인간, 시대, 그리고 사상 최악의 허리케인(*Isaac's Storm: A Man, a Time, and the Deadliest Hurricane in History*)』은 갤버스턴을 파괴한 1900년의 허리케인을 상세하게 설명한 멋진 책이다. 이밖에 이 폭풍을 다룬 좋은 책은 다음과 같다. 『1900년 갤버스턴 허리케인(*Story of the 1900 Galveston Hurricane*)』, 네이선 C. 그린 엮음(1900; 2000년에 재출간됨, Pelican, Gretna, LA); 존 에드워드 윔의 『9월의 어느 주말(*A Weekend in September*)』(1957, Holt, New York); 『공포의 밤: 1900년 갤버스턴 폭풍의 증언들(*Through a Night of Horrors: Voices from the 1900 Galveston Storm*)』(2000, Rosenberg Library, Galveston), 케이시 에드워드 그린과 셸리 헨리 켈리가 엮은 체험담 모음집.

1900년 9월 9일 「뉴욕 타임스」는 "갤버스턴의 대재앙. 추정 사망자 2,600명 이상, 집 4,000채 황폐화. 엄청난 재산 손실"이라는 제목으로 갤버스턴을 파괴한 폭풍을 보도했다. 폭풍 다음날 실린 이 기사는 1900년에도 뉴스가 대단히 빠르게 전달되었다는 것을 보여준다.

"로시난테"라는 이름은 소설 『돈키호테』의 여러 측면들과 마찬가지로 다층적인 의미가 있다. 로신(rocin)은 스페인어로 늙고 쓸모없는 말을 나타내지만, 여러 출처에 따르면 늙고 쓸모없는 말과 같은 사람이라는 뜻도 있다. 안테(ante)는 당연히 "이전"이라는 뜻이다. 이 소설에서 세르반테스는 그 말을 로시난테라고 부른 자신의 의도를 작품 속에서 다음과 같이 설명한다. "(돈키호테가) 생각하기에 그 이름은 고귀하고 낭랑한 느낌이 들며, (그 말이) 지금의 처지가 되기 전에 세상에서 제일가는 최고의 말이었다는 조건에서 중요한 의미를 가졌다."

바람에 관한 레이먼드 챈들러의 글은 그의 단편소설인 「붉은 바람(Red Wind)」의 도입부에서 인용한 것이다. 이 작품은 『다임 디텍티브 매거진(*Dime Detective*

Magazine)』 1938년 1월호에 처음 발표되었다.

데레초는 일부 허리케인과 토네이도만큼의 위력을 가진 강력한 바람이다. "derecho"의 어원은 "일직선"이라는 뜻의 스페인어이다.

"지속적인 바람의 속도"에 대한 정의는 예상보다 더 복잡하다. 인내심이 많은 독자라면 세계기상기구에서 발표한 「열대 사이클론의 지속적인 최대 풍속(Definition of Maximum Sustained Wind Speed of Tropical Cyclones)」(2009년 11월 2-5일, 오스트레일리아 브리즈번에서 개최된 제6회 열대 사이클론 RSMCs/TCWCs 기술 협력 회의에서 발표)이라는 제목의 논문을 통해서 이해를 구할 수 있을 것이다. 이 논문은 온라인 http://www.wmo.int/pages/prog/www/tcp/documents/Doc2.3_WindAveraging.pdf에서 볼 수 있다.

존 스미스 선장의 말은 그가 1627년에 쓴 『바다 입문서(*Sea Grammar*)』에 나온다. 이 책은 1691년에 『바다 사나이를 위한 입문서와 사전, 항해에 대한 모든 어려운 용어 설명 : 그리고 실제 항해사와 포수를 위하여(*The Sea-Man's Grammar and Dictionary, Explaining All the Difficult Terms in Navigation: and the Practical Navigator and Gunner: In Two Parts*)』라는 제목으로 재출간되었다. 런던의 랜들 테일러가 출간한 1691년 판은 온라인에서 볼 수 있다. 주소는 http://www.shipbrook.net/jeff/bookshelf/details.html?bookid=27. 이 책에는 "굵은 밧줄(hawser)"과 "돛을 감는 줄(furling line)"처럼 오늘날에도 친숙한 단어들도 많지만, "루페훅(loofehook)"("두 개의 갈고리가 달린 장치, 갈고리 하나는 주 돛이나 앞돛의 가장자리에 있는 보강 밧줄에 걸고, 갈고리 하나는 돛을 내리기 위한 띠에 연결한다") 같은 낯선 단어도 있다.

보퍼트 풍력 계급의 자세한 역사에 대한 나의 지식은 대부분 스콧 휼러의 『바람의 정의(*Defining the Wind*)』(2004, Three Rivers Press, New York)라는 멋진 책에서 시작되었다. 휼러에게 보퍼트 풍력 계급은 단순한 측정 등급이 아니었다. 그것은 "세심함의 철학, 관찰을 기반으로 하는 신앙, 110개의 단어로 이루어진 하나의 완전한 정신이다. 이 110개의 단어에는 4세기 동안의 뒷이야기가 담겨 있다." 그는 일반적으로 원래의 보퍼트 풍력 계급이라고 소개되는 것에서 서정성을 보았을 뿐만 아니라, 그 서정성이 보퍼트 이전부터 존재했다는 것도 깨달았다. 보통의 영국 해군 장교들이 이해할 만한 측정 등급을 찾고 있었던 보퍼트는 이전까지 나왔던 여러 측정 등급에서 알짜만 취했다. 휼러 역시 날씨에 대한 현대인의 의식을 간결하게 설명한다. "날씨가 궁금한 사람은 밖에 나가서 걷는 대신 날씨 사이트에 접속한다." F. 싱글턴의 "보퍼트 풍력 계급—그 타당성과 선원의 활용성(The Beaufort Scale of Winds—Its Relevance, and Its Use by Sailors)"(2008, *Weather*, vol. 63, no. 2)도 보퍼트 풍력 계급에 대한 유용한 자료이다.

튀코 브라헤는 1566년 12월 29일에 결투에서 코를 잃었다. 그 결투는 수학 공식에 대한 논쟁을 해결하기 위해서 치러졌다. 그로 인해서, 브라헤는 (아마 동이나 은이나 금으로 만들어진) 금속 코로 얼굴을 가리고 다녔다. 그가 『햄릿』에 영감을 주었을 가능성은 대체로 그의 죽음이나 덴마크 왕비와의 염문설과 연관이 있다. 그러나 적어도 한 명 이상의 작가는 『햄릿』에서의 흥미로운 천문학적 암시가 브라헤와 연관이 있을 가능성이 있다고 지적했다. 펜실베이니아 주립대학의 교수인 피터 D. 어셔의 주장에 따르면, 『햄릿』은 적어도 부분적으로는 두 우주 모형 사이의 충돌에 대한 우화였고, 그중 하나가 브라헤의 우주 모형이었다.

존 보스 선장은 『존 보스 선장의 대담한 항해(*The Venturesome Voyages of Captain Voss*)』(1913, Dodd, Mead, New York)에 그의 다양한 모험담을 담았다. 틸리쿰(Tilikum)이라는 이름의 그의 통나무 카누는 현재 오스트레일리아 빅토리아에 위치한 브리티시컬럼비아 해양 박물관에 전시되어 있다.

아메리카 컵 대회의 우승과 패배의 가치에 관한 래리 엘리슨의 말은 「바람의 신들 : 제33회 아메리카 컵(The Wind Gods: 33rd America's Cup)」(2013, Skydance Productions)이라는 다큐멘터리 프로그램에 등장한다. 스카이댄스 프로덕션스의 소유주인 데이비드 엘리슨은 래리 엘리슨의 아들이다. 스카이댄스 프로덕션은 「스타트렉 다크니스(Star Trek into Darkness)」(2013) 같은 영화의 뒷이야기를 담은 영상과 2010년에 리메이크된 「더 브레이브(True Grit)」를 제작하기도 했다.

프랜시스 보퍼트 경의 지침이 나오는 책은 로버트 피츠로이 선장의 『영국 군함 어드벤처 호와 비글 호의 조사 항해 이야기, 1826-1836년, 남아메리카의 남쪽 해안에 대한 조사와 비글 호 세계 일주 항해에 대한 설명, 제2권: 영국 해군 로버트 피츠로이 선장의 지휘 아래 진행된 두 번째 탐험, 1831-1836년(*Narrative of the Surveying Voyages of His Majesty's Ships Adventure and Beagle Between the Years 1826 and 1836, Describing Their Examination of the Southern Shores of South America, and the Beagle's Circumnavigation of the Globe, vol. 2: Proceedings of the Second Expedition, 1831-1836, Under the Command of Captain Robert Fitz-Roy, R.N*)』이다. 이 책은 원래 1839년에 여러 권이 묶인 형태로 출간되었다(Henry Colburn, London). 여기에 포함되어 있던 다윈의 여행기는 훗날 『비글 호 항해기』를 포함한 다양한 제목으로 따로 출간되었다. 피츠로이의 책은 http://darwin-online.org.uk/converted/published/1839_Voyage_F10.2/1839_Voyage_F10.2.html 외 다른 주소를 통해서 온라인에서 확인할 수 있다.

보퍼트는 비글 호에 탈 과학자를 물색하면서 케임브리지 대학의 조지 피콕에게 도움을 구했다. 피콕은 존 스티븐스 헨슬로 목사를 만났는데, 헨슬로 목사는 저녁식사 모임과 수학, 신학, 식물학 강의를 통해서 다윈을 알고 있었다. 피콕은 1831년, 비글 호 항해가 시작되기 전에 다윈에게 편지를 썼다. "어젯밤 늦게 헨슬로 목사님의 편지를 받았습니다. 당신에게 우편으로 전달하기에는 너무 늦은 시간이었습니다. 나는 해군성의 보퍼트 선장(수로학자)을 보면, 아무런 망설임 없이 당신에게 하려는 제안에 대해서 말하려고 합니다. 나는 완전히 찬성이며, 그 상황에서 완벽하게 당신 뜻대로 처리할 수 있다고 생각해도 될 듯합니다. 당신이 이 기회를 놓치지 않으리라고 확신합니다. 당신의 노력이 우리의 자연사 소장품에 혜택이 되리라고 기대하면서, 큰 관심을 가지고 기다리겠습니다." 이어서 편지는 티에라 델 푸에고와 남태평양으로 향하는 비글 호의 항해 계획을 대강 설명한다. 피콕은 다음과 같이 썼다. "이 원정은 전적으로 과학적 목적을 위한 것이고, 대체로 그 배는 당신이 자연사 연구를 할 여가 시간을 줄 것입니다." 그는 그 일이 무급직이라는 점도 지적했다. "해군성은 봉급을 줄 의향이 없습니다. 그래도 당신을 공식적으로 임명하고 모든 편의를 제공할 것입니다." 예나 지금이나 생물학자들은 저임금에 시달린다.

제2장 예보

에드먼드 핼리의 무역풍 지도와 설명은 1686년에 출간된 런던 왕립학회의 『철학 회보(*Philosophical Transactions*)』에 등장하며, 논문 제목은 "열대 지방 인근의 바다에서 관찰할 수 있는 우기와 무역풍에 대한 역사적 설명, 그리고 앞서 언급한 바람의 물리적 원인을 결정하기 위한 시도(An Historical Account of the Trade Winds, and Monsoons, Observable in the Seas Between and Near the Tropicks, with an Attempt to Assign the Phisical Cause of the Said Winds)"이다.

폭풍과 바람에 대한 벤저민 프랭클린의 생각은 그가 1747년 7월 16일에 제레드 엘리엇 목사에게 보낸 편지에 드러난다. 프랭클린이 발행한 신문인 「펜실베이니아 가제트(*Pennsylvania Gazette*)」는 1748년 10월 13일에 앞으로 등장할 에번스의 지도에 대해서 다음과 같이 광고했다. "루이스 에번스의 펜실베이니아와 뉴저지와 뉴욕주 지도가 지금 여기서 조판 중입니다." 이 지도의 초판에는 바람과 폭풍에 대한 프랭클린의 생각을 담은 한 문장 설명이 실려 있었지만, 나중에 제작된 판형에서는 지형학적으로 더 상세한 묘사를 위한 공간이 필요해짐에 따라 프랭클린의 설명이 빠지게 되었다. 프랭클린은 지도의 설명에 대한 소유권을 주장하지 않았다. 윌리엄 모리스 데이비스는 1905년에 이 설명의 소유권에 관한 더 광범위한 논의가 있었을 것이라고 말했다. 1906년 5월호 『미국 철학협회 회보(*Proceedings of the American Philosophical Society*)』에 발표된 "북동쪽에서 불어오는 폭풍이 남서쪽에서 온다는 것을 최초로 인식한 사람은 루이스 에번스인가, 벤저민 프랭클린인가?(Was Lewis Evans or Benjamin Franklin the First to Recognize That Our Northeast Storms Come From the Southwest?)"라는 제목의 글에서, 데이비스는 다음과 같이 말했다. "따라서 프랭클린은 에번스의 지도에 자신의 발견에 대한 설명을 기고할 때에 인정이나 우선권에 대한 주장을 전혀 하지 않았던 것으로 보인다. 그리고 실제로, 두 번째 판형의 지도가 발표되었을 때에 설명이 삭제되었어도 아무런 항의가 없었던 것으로 지금 드러난다. 그가 보여준 넓은 아량은 무심하다고 생각될 정도여서, 우리는 지금까지도 어디에 소유권을 부여해야 할지를 놓고 갈팡질팡하고 있다." 프랭클린의 전반적인 삶에 관한 또다른 중요한 자료는 J. A. 레오 리메이의 『벤저민 프랭클린의 생애, 제2권: 인쇄업자와 출판업자, 1730-1747년(*The Life of Benjamin Franklin, vol. 2: Printer and Publisher, 1730-1747*)』(2006, University of Pennsylvania Press,

Philadelphia)이다.

1854년 폭풍으로 인해서 흑해에서 난파된 배들에 관한 설명은 에드워드 헨리 놀런의 1857년도 책인 『대러시아 전쟁사(*The Illustrated History of the War Against Russia*)』(James S. Virtue, London; 종이책과 전자책으로 재출간되어서 지금도 쉽게 구할 수 있다)에 등장한다. 800쪽에 달하는 이 책에는 초상화에서 전투 장면에 이르는 아름다운 삽화들이 수록되어 있다. 이 책의 내용은 폭풍이 오기 전에 일어났던 전투를 묘사한 알프레드 테니슨 경의 시, 「경기병대의 돌격(Charge of the Light Brigade)」으로 유명해진 전쟁의 공포를 정확히 포착한다.

1854년의 선박 항해일지 내용의 출처는 S. 린드그렌과 J. 뉴먼의 "날씨가 의미 있는 영향을 끼친 중대한 역사적 사건들 : 크림 전쟁의 기상학적 사건 다섯 가지와 그 여파(Great Historical Events That Were Significantly Affected by the Weather: 5, Some Meteorological Events of the Crimean War and Their Consequences)"(1980, *Bulletin of the American Meteorological Society*, vol. 61, no. 12)이다.

새뮤얼 모스는 1848년 4월 19일에 당시 영국에 있던 동생에게 편지를 썼다. 이 편지에서 모스는 소송 계획에 대한 이야기를 한다. "법정에서의 공판은 현재 여론을 제대로 표현할 유일한 사건이야. 이 부도덕한 사람들은 지칠 줄 모르고 거짓된 여론을 조작해왔어." 이런 사태에도 불구하고, 모스는 이미 자신의 발명품 덕분에 부를 축적하고 있었다. 이 편지에는 그가 담보 대출 없이 구입한 집에 대한 내용도 있었는데, 그는 "나를 위한 내 집, 아름다운 집"이라고 설명했다. 모스는 예술가이자 칼뱅 교도였고, 동시에 발명가였다. 그렇다고 그가 편견이 없고 진보적인 사람이라는 뜻은 아니다. 그는 노예제를 옹호했고 가톨릭 교도의 미국 이민을 반대하는 발언을 했다. 모스의 편지들은 1914년에 『새뮤얼 F. B. 모스, 두 권으로 엮은 그의 편지와 일기들(*Samuel F. B. Morse, His Letters and Journals in Two Volumes*)』이라는 제목으로 출간되었고, 편집과 보충 설명은 모스의 아들인 에드워드 린드 모스가 맡았다. 이 책의 내용은 http://www.fulltextarchive.com/page/Samuel-F-B-Morse-His-Letters-and-Journalsx5161/에서 볼 수 있다.

일기예보의 가능성을 일축하는 프랑수아 아라고의 말은 1846년에 그가 『에든버러 신 철학 저널(*Edinburgh New Philosophical Journal*)』에 쓴 논문에 등장한다(vol. 41, pp. 1-16). 이 논문의 대단히 놀라운 제목(제목의 길이 때문에 놀랍고, 실용적인 문제와 철학적인 문제라는 대단히 다른 두 문제를 직접적으로 제기하기 때문에 놀랍다)은 "현재 우리의 지식 수준에서, 주어진 시간과 장소의 날씨가 어떻게 될지를 예견하는 것은 가능한가? 어쨌든 이 문제가 언젠가는 해결될 것이라고 기대할 만한 근거는 있는가?(Is It Possible, in the Present State of Our Knowledge, to Foretell What Weather It Will Be at a Given Time and Place? Have We Reason, at All Events, to Expect That This Problem Will One Day Be Solved?)"이다. 그가 이 논문을 쓴 이유 중에는 날씨와 기후 예보에서 부정하게 그의 이름이 거론되는 것에 대한 일종의 자기 방어도 있었다. "솔직하게 말하면, 프랑스와 다른 나라에서 내 이름을 빌려서 해마다 나오고 있는 예측에 대해서 단호하게 나 자신을 방어할 기회를 얻고 싶었다." 그의 논의는 아주 다양했는데, 해빙, 파리의 온도 변화, "메두사와 같은 종류의 동물"(아마도 해파리를 말하는 듯하다), 일 드 프랑스 지방의 과실나무에 바람이 미치는 영향 따위가 있었다. 그는 인간이 유발하는 기후 변화도 추측했다. "나는 인간의 작용과 우리가 예기치 못하게 발생시키는 어떤 일들이 자연처럼 우연히 기후를, 특히 온도를 대단히 합리적인 방식으로 변화시킬 수 있는지를 고찰해보았다. 나는 이미 그 사실들이 긍정적인 해답을 주리라는 것을 감지하고 있다." 이 논문은 온라인에서 쉽게 찾아볼 수 있다.

르 베리에의 일기예보 이야기는 여러 저자들이 정리했다. 잘 요약된 책 두 권을 꼽자면, 이언 룰스톤과 존 노버리의 『폭풍 속 불가사의 : 날씨의 이해에서 수학의 역할(*Invisible in the Storm: The Role of Mathematics in Understanding Weather*)』(2013, Princeton University Press, Princeton, NJ)과 존 D. 콕스의 『폭풍 관찰자 : 프랭클린의 연에서 엘니뇨에 이르기까지, 파란만장한 날씨 예측의 역사(*Storm Watchers: The Turbulent History of Weather Prediction from Franklin's Kite to El Niño*)』(2002, John Wiley and Sons, Hoboken, NJ)가 있다. 르 베리에에 관해서 새롭게 쓰인 여러 이야기의 세세한 부분이 모두 일치하지는 않지만, 많은 작가들이 그를 오만하고 불안정한 사람으로 그리고 있다. 그는 누구와의 조합도 위험했지만, 파리 천문대 같은 과학 연구소를 맡아서 관리하기에는 특히 위험했다.

위험에 대한 피츠로이의 관점을 묘사한 문장은 앞에서 언급한 『영국 군함 어드벤처 호와 비글 호의 조사 항해 이야기, 1826-1836년』, http://darwin-online.org.uk/converted/published/1839_Voyage_F10.2/1839_Voyage_F10.2.html에 수록되어 있다. 이 글은 항해 중인 선장들에게 도움을 준다는 의미에서나 역사에서 개인의 위치에 대한 막연한 자각이라는 의미에서 일기예보라는 도전을 기꺼이 받아들이려는 피츠로이의 마음을 어느 정도 이해할 수 있게 해준다. 피터 무어의 2015년도 책인 『날씨 실험(*The Weather Experiment*)』(Farrar, Straus and Giroux, New York)에 실려 있던 이 문장은 내 관심을 끌었다. 무어는 보퍼트와 피츠로이를 포함해서 이 책에서 언급된 여러 인물들을 경탄스러울 정도로 자세하게 설명했다.

피츠로이와 다윈의 4권짜리 책에 포함되는 광고와 관련해서 피츠로이가 다윈에게 보낸 편지는 1839년 3월 20일에 쓰였다. 그는 출판업자의 광고 포함에 대한 반대 의견으로 편지를 시작했지만, 다윈 자신이 준비하고 있던 다른 책의 광고 포함에 대해서는 곧바로 찬성을 표했다. "나는 이미 두꺼운 우리 책에 리뷰나 월간지에서 볼 수 있는 것과 같은 광고를 실으려고 하는 콜번 씨에 대해 온 힘을 다하여 격렬하게 반대합니다. 그러나 당신이 내놓으려고 하는 동물학 책의 광고와 함께, 앞으로 쓰게 될 당신의 지질학 작품의 광고가 제3권의 일부로 들어가야 한다는 내 바람은 확실히 충분한 이유가 있습니다." 이 편지는 비글 호에서 주고받은 다른 편지들과 함께 다윈 서신 프로젝트(Darwin Correspondence Project), https://www.darwinproject.ac.uk/letters를 통해서 볼 수 있다.

존 윌리엄 드레이퍼는 1860년에 윌버포스와 헉슬리 사이에 벌어졌던 유명한 대화를 토대로, "유럽의 지적 발전, 유기체의 발전이 법칙에 의해서 결정된다는 다윈 씨와 다른 이들의 언급을 통한 고찰(The Intellectual Development of Europe, Considered with Reference to the Views of Mr. Darwin and Others, That the Progression of Organisms Is Determined by Law)"을 내놓았다. 이 대화에 대해서는 여러 가지 설명이 있으며, 이 이야기에 점점 살이 붙었다는 점에는 의심의 여지가 없다. 오늘날까지도 학자들은 실제로 했던 말과 하지 않았던 말, 그리고 그 의미에 관한 글을 쓰고 있다.

색스비의 『날씨 예언 : 새롭게 발견된 달에 의한 날씨 체계에 관한 설명(*Foretelling*

Weather: Being a Description of a Newly-Discovered Lunar Weather-System)』(Longman, Green, Longman, and Roberts, London)은 1862년에 처음 출간되었다. 오늘날에는 그가 점성술사 정도로밖에 인식되지 않지만, 1860년대에는 색스비 자신과 그의 추종자들에게 그의 학설은 대단히 진지하게 받아들여졌다. 그는 이 책의 5쪽에 다음과 같이 썼다. "지금까지 다가오는 날씨에 대한 지식을 갈망한 대중은 허울만 그럴싸한 예후를 이야기하고 다니는 사기꾼에게 많이 현혹을 당했다. 계속되는 실패는 이 문제 전반에 대한 편견을 더 깊어지게 한다. 따라서 정말로 진지한 추론에 기초한 제안을 들을 기회를 얻기란 어렵다." 이 책의 두 번째 판(1864년 출간)에는 피츠로이와 다른 이들의 비판에 대해서 자신의 생각을 방어하기 위한 부분이 추가되었다.

프랜시스 골턴의 1874년 책은 『영국의 과학자들 : 그들의 본성과 양육(*English Men of Science: Their Nature and Nurture*)』(Macmillan, London)이다. 우생학에 관한 골턴의 생각은 훗날 찰스 대븐포트에 의해서 더욱 발전했다. 대븐포트의 연구는 유전자 풀(pool)에서 바람직하지 않은 것으로 생각되는 인간에 대한 불임 시술로 이어졌다. 우생학은 "인종 위생학(racial hygiene)"이라고 불리는 원리가 나치에 의해서 끔찍하게 적용되고 결국에는 홀로코스트가 일어나는 데에 기여했다. 만년에 골턴은 인간의 선택적 교배를 토대로 하는 유토피아 사회에 관한 미발표 소설의 초고를 썼다. 그의 조카딸이 그 원고의 대부분을 태워버렸다.

반사경은 멀리 있는 표적을 향해서 태양 빛을 보내는 장치이다. 오늘날 반사경은 태양 에너지가 응용되는 일부 장치에 쓰이고 있다. 골턴은 1858년에 영국 과학진흥협회에서 발행하는 『엔지니어(*The Engineer*)』에 발표된 "휴대용 반사경, 화창할 때에 선상이나 육상에서 태양 빛 신호를 보내기 위하여(A Hand Heliostat, for the Purpose of Flashing Sun Signals from On Board Ship, or on Land, in Sunny Climates)"라는 제목의 글에서 자신의 반사경을 묘사했다. 그는 이듬해에 같은 장비의 개선된 형태에 관한 논문을 발표했다. 초보 선원인 내가 보기에도 이 장비는 바다에서 사용하기 어려울 것 같고, 다른 배에 신호를 보내는 표준 방식인 깃발에 비해서 별다른 장점도 없는 것 같다. 나는 골턴의 장비가 바다에서 쓰였다는 것을 암시하는 참고 문헌은 본 적이 없다.

제임스 글레이셔와 그의 동료들은 1861년이나 그 이전에 일일 일기도 유한회사(Daily Weather Map Company Limited)를 시작했다. 『계간 영국 왕립 기상학회 저널(*Quarterly Journal of the Royal Meteorological Society*)』 1901년 10월호에 따르면, 이 회사는 학회 회의 기간에 열린 전시회들에 대한 설명 속에 등장한다(vol. 27, no. 120). "이 회사는 「일일 일기도(Daily Weather Map)」를 출간하기 위한 자본금을 모으기 위해서 설립되었다. 자본금은 400명이 10파운드씩 출자해서 4,000파운드가 되었다. 두 개의 일기도가 인쇄되었는데, 1861년 8월 5일자와 9월 3일자였다."

피츠로이의 일기예보는 해난 구조 사업을 하는 사람들로부터도 공격을 받았다. 그들은 정확한 일기예보가 배를 구함으로써 결국에는 사업이 망하게 될까봐 두려워했다.

피츠로이의 일기예보에 대한 비판은 전기 작가들에 의해서 널리 알려졌지만, 실제 사례는 찾아보기 어렵다. 그래서 존 그리빈과 매리 그리빈의 『피츠로이 : 다윈의 선장이자 일기예보 발명가의 놀라운 이야기(*FitzRoy: The Remarkable Story of Darwin's Captain and the Invention of the Weather Forecast*)』(2004, Headline Books, London)에 수록된 1864년 6월 18일자 런던 「타임스」의 기사는 내 눈길을 사로잡았다. 나는 이 책을 발견하고 아주 기뻤는데, 같은 저자들이 쓴 다른 책 두 권을 재미나게 읽었기 때문이다. 한 권은 『나는 물리학을 가지고 놀았다(*Richard Feynman: A Life in Science*)』였고, 한 권은 양자물리학을 멋지게 설명한 『슈뢰딩거의 고양이를 찾아서(*In Search of Schrödinger's Cat*)』(존 그리빈의 작품)였다. 만약 내가 더 효율적인 머리를 가지고 태어났더라면 내 삶의 방향을 완전히 다른 쪽으로 이끌었을지도 모르는 책이었다.

다윈은 피츠로이가 자살을 하기 오래 전에 그의 정신 건강에 관해서 언급했다. 다윈은 1838년 8월 9일에 저명한 지질학자인 찰스 라이엘에게 보내는 편지의 추신에서 피츠로이에 관해서 다음과 같이 썼다. "나는 그의 성격에 계속 마음이 쓰입니다. 그는 대단히 훌륭하고 아량이 넓지만 불운한 기분 같은 것으로 인해 망가지게 될까봐 걱정입니다. 그의 머릿속에서 어떤 부분은 개선이 필요합니다. 다른 식으로는 그가 사물을 보는 방식이 설명되지 않을 것입니다."

에드먼드 핼리의 모든 인용문은 앞에서 언급된 그의 1686년 논문, "열대 지방 인근의 바다에서 관찰할 수 있는 우기와 무역풍에 대한 역사적 설명, 그리고 앞서 언급한 바람의 물리적 원인을 결정하기 위한 시도"에 나온다. 무역풍에 관한 글을 쓰면서, 핼리는 인과관계를 설명해야 한다는 의무감을 느꼈다. "그러나 나는 적어도 이 말만큼은 해야 할 것 같다. 인고의 시간이 아깝지 않은 난제들은 앞서 말한 **현상**의 진짜 원인을 찾으려는 진심 어린 노력이라는 결과로 나타났다." 그리고 그는 자신이 틀릴지도 모른다는 것도 알았다. "만약 내가 모든 특성들을 설명할 수 없다고 해도, 그것에 대해서 내가 했던 생각들이 자연 탐구에 호기심을 품은 사람들에게 완전히 버려지지 않기를 바랄 뿐이다."

조지 해들리의 말은 "일반적인 무역풍의 원인에 관하여(Concerning the Cause of the General Trade-Winds)"라는 논문에 나온 것으로, 이 논문은 1735년 런던 왕립학회의 『철학 회보』에 수록되어 있다(vol. 39, pp. 58-62). 그는 이전 연구를 인정하는 언급을 하면서 이 논문을 시작한다. 그 이전 연구에는 아마 에드먼드 핼리의 연구도 포함되어 있을 것이다. "내가 생각하기에, 일반적인 무역풍의 원인은 이 주제에 관한 그 누구의 글에도 완전히 설명되어 있지 않다. 나는 지구의 일주운동이 무역풍의 발생에서 차지하는 비중이 더 자세하고 명확하게 고려되기를 바란다. 이 바람의 원인에 관해서는 몇 가지가 언급되고 있지만, 아직까지는 그것이 어떻게 생성되었는지를 밝히는 데까지는 나아가지 못했다. 그렇지 않았다면 그 현상의 설명에 적용되었을 것이다. 그런 원리에 대해서는 조사가 충분하지 않은 것으로 드러날 것이다." 다시 말해서, 이전 연구자들은 무역풍의 생성에서 지구 자전의 역할을 막연히 짐작하고 있었지만, 별로 아는 것은 없었다는 뜻이다.

에스피는 산불을 적절하게 활용하면 폭풍을 조절할 수 있다고 믿었다. 그는 일부러 불을 피워서 폭풍우를 일으키자고 제안하기도 했다. 그는 순회강연을 통해서 대중에게 "폭풍의 왕"으로 알려졌다. 앞에서 언급한 『폭풍 관찰자 : 프랭클린의 연에서 엘니뇨에 이르기까지, 파란만장한 날씨 예측의 역사』에 따르면, 에스피에 대한 설명은 그의 친구인 알렉산더 댈러스 바시에게서 나온 것이다.

폭풍에 관한 윌리엄 C. 레드필드의 논문은 1831년 『미국 과학과 예술 저널(*American Journal of Science and Arts*)』에 발표된 "미국 대서양 연안에 주로 부는 폭풍우에 관하여(Remarks on the Prevailing Storms of the Atlantic Coast of the North American States)"였다. 이전까지 허리케인의 회전하는 특성에 관해서 선장과 같은 사람들이 보고를 하기는 했지만, 레드필드의 보고는 과학계의 관심을 끌었다. 이 잡지의 편집인은 훗날 세계 최초의 유정 개발에서 중요한 역할을 한 벤저민 실리먼이었다. 같은 호에는 증기선의 안전에 관한 글도 실려 있었다. 증기선이 폭발적으로 증가하던 시대였으므로 중요한 주제였고, 증기선을 통한 운송업과 관련이 있었던 레드필드도 특별히 흥미를 느꼈을 것이다. 레드필드의 1839년 논문은 『프랭클린 학회 저널(*Journal of the Franklin Institute*)』에 발표되었고, 제목은 "에스피 씨의 구심성 폭풍 이론에 대한 의견과 1821년 9월 3일의 폭풍에서 그의 견해에 대한 반박: 다른 폭풍에 대한 그의 조사에 나타난 오류에 대한 몇 가지 지적과 함께(Remarks on Mr. Espy's Theory of Centripetal Storms, Including a Refutation of His Positions Relative to the Storm of September 3rd, 1821: With Some Notice of the Fallacies Which Appear in His Examinations of Other Storms)"였다(vol. 27, no. 6, pp. 363-78). 레드필드는 다른 윌리엄 레드필드와 자신을 구별하기 위해서 썼던 중간 이름 약자인 "C"를 만년에는 쓰지 않았다. 하나 이상의 출처에서 레드필드가 이 "C"를 "편리함(Convenience)"의 약자라고 주장했다고 하지만, 대개는 찰스를 나타낸다고 알려져 있다.

조지프 헨리는 『미국 특허국과 스미스소니언 학회의 지휘하에 이루어진 1854-1859년의 기상학 관측 결과, 제37회 의회의 1차 회의에서 이루어진 특허국장의 보고(*Results of Meteorological Observations, Made Under the Direction of the United States Patent Office and the Smithsonian Institution, from the Year 1854 to 1859, Inclusive, Being a Report of the Commissioner of Patents Made at the First Session of the Thirty-Sixth Congress*)』 제2권, 제1부(1861, Government Printing Office, Washington, DC)에서 에스피와 레드필드 사이의 논쟁을 다루었다. 에스피와 레드필드는 이 보고서가 발표되기 전에 둘 다 사망했다.

에스피와 레드필드의 생각 사이의 조화와 관련된 말은 영국 과학협회의 출판물에 등장하는 "1840년 9월 글래스고에서 열린 제10회 영국 과학진흥협회 회의 보고서의 조항 VII(Article VII of the Report of the Tenth Meeting of the British Association for the Advancement of Science, Held at Glasgow, Sept. 1840)"에서 나온다.

패럴의 신상 정보는 『윌리엄 패럴 회고록, 1817-1891년(*Memoir of William Ferrel, 1817-1891*)』에 나온다. 이 회고록은 패럴이 죽은 직후인 1892년 4월에 유명한 기상학자인 클리블랜드 애비에 의해서 미국 국립 과학원에 제출되었다. 그러나 패럴이 1888년에 친구의 요청을 받아서 집필한 이 책은 자서전적인 성격이 강하다. 패럴 동생의 말도 이 회고록에 수록되어 있으며, 그 내용은 온라인에서도 볼 수 있다. 주소는http://www.nasonline.org/publications/biographical-memoirs/memoir-pdfs/ferrel-william.pdf. 애비는 패럴의 천재성을 진화와 연관시켰다. "심리학이 우리에게 제시하는 문제가 얼마나 심원한지는 동서고금을 막론하고 본능적으로 자연의 법칙과 방식을 탐구하려는 사람들이 얼마나 많이 태어나는지를 보면 알 수 있다. 진화 연구자들은 과학적 능력의 유전과 관련된 몇 가지 원리를 증명하기 위한 시도를 해왔지만, 뛰어난 후손을 알아볼 수준의 정신의 소유자라는 증거가 없는 조상으로부터 돌발적으로 여기저기서 나타나는 개인들에 대해서는 누군가가 직접적이고 납득할 만한 방식으로 설명을 해야 할 것이다. 식물학자는 특이한 꽃이나 이삭을 골라서 돌연변이종(sport)이라고 부른다. 이런 돌연변이종은 1만 개체의 동무들 가운데 단 하나의 예외이다." 다시 말해서, 애비에게 패럴은 돌연변이종이었다.

조지프 헨리가 의뢰한 보고서는 1847년에 엘리아스 루미스가 썼다. 이 보고서는 간단히 "미국 기상학에 관한 보고서(Report on the Meteorology of the United States)"라고 불렸고, 『스미스소니언 협회 비서관의 첫 이사회 보고서 : 조직의 프로그램 부여와 올해의 활동에 대한 설명(*First Report of the Secretary of the Smithsonian Institution to the Board of Regents; Giving a Programme of Organization, and an Account of the Operations During the Year*)』의 부록 2로 실렸다.

영국의 기상학자인 네이피어 쇼 경은 "회전하는 지구"라는 뜻의 "geostrophic"이라는 용어를 만든 것으로 유명하다. 또한 그는 밀리바를 기압의 상용 단위로 도입했다. 그가 존 슈바이처 오언스와 함께 쓴 『대도시들의 매연 문제(*The Smoke Problem of Great Cities)*』(1925, Constable, London)는 대기 오염에 관한 최초의 책은 아니었지만 관련 연구에 중요한 기여를 했다. 이 책의 면지에는 (검댕을 가득 채워서?) 무거운 마대 자루를 짊어진 사람의 그림이 있는데, 이런 설명이 함께 쓰여 있다. "1분 동안 런던 땅에 떨어지는 검댕은 런던 사람들에게도 같은 규모로 떨어진다." 종이책은 다양한 공급처로부터 구할 수 있고, 전자책은 https://archive.org/stream/smokeproblemofgr00shaw#page/n19/mode/2up에서 볼 수 있다.

제4장 초기 조건

갈릴레이와 공기의 무게에 관한 내용의 출처는 『네이처』에 실린 편집자에게 보낸 편지 중 하나이다(1908, vol. 78 [July 30], p. 294). "공기에 무게가 있다는 17세기 전반기의 발견은 엄청나게 중요한 것들과 관련되어 있습니다. 이를테면 기압계의 발명, 그리고 당시 엉터리 철학과 엉터리 과학에서 소중히 생각했던 '자연은 진공을 싫어한다'는 신조에 대한 반증 같은 것들입니다. 6월 9일자 『네이처』에 실린 『장 레이의 수상록(*Essais de Jean Rey*)』 신판에 대한 서평은 이 발견의 공을 레이에게 돌리려고 시도했습니다. 그리고 그런 관점에서 토리첼리와 갈릴레이와 파스칼과 데카르트를 그의 제자로 취급했습니다. 레이 또는 갈릴레이가 권위자가 되어야 한다는 주장 없이, 나는 J. J. 포이의 『갈릴레이—그의 삶과 연구(*Galileo—His Life and Work*)』에 나오는 내용에만 집중하려고 합니다. 그 내용에 따르면, 공기의 특별한 중력을 결정하는 갈릴레이의 방식은 갈릴레이가 1613년 3월 12일에 발리아니에게 보낸 편지에 처음 등장했습니다. 레이의 '수상록'은 1630년에 출간되었고요."

많은 단계와 미묘한 차이들이 생략되어 상당히 간단한 나의 기압계의 역사는 여러 자료에서 나왔다. 그중에서도 1944년에 『캐나다 왕립 천문학회 저널(*Journal of the Royal Astronomical Society of Canada*)』에 발표된 W. E 놀스 미들턴의 "간단한 기압계의 역사(A Brief History of the Barometer)"는 풍부한 삽화와 많은 정보로 큰 도움이 되었다(vol. 38, no. 2 [February], pp. 40–64). 이 글은 http://adsabs.harvard.edu/full/1944JRASC..38...41K에서 확인할 수 있다. 1세기가 넘는 역사를 자랑하는 이 저널은 현재 격월간으로 발행되고 있다. 그리고 내가 아는 한, 더 이상은 기상학 논문을 다루지 않는다.

날치류는 정확히 어떤 방식으로 분류하는지, 진정한 날치의 조건이 무엇이라고 생각하는지에 따라서 64종 정도로 나뉜다. 이 날치들은 모두 날치과(Exocoetidae)에 속한다.

『사이언스』에 실린 로빈슨의 주장을 바로잡는 글을 쓴 사람은 C. F. 마빈이었다(1889, vol. 13, no. 231, p. 248). 『사이언스』의 같은 호에 실린 다른 글로는 "일반적인 대기의 운동 속도와 관련된 폭풍의 속도(The Velocity of Storms as Related to the Velocity of the General Atmospheric Movements)"(이 짧은 글은 다음과 같은 문장으로 끝맺는다. "내가 확신하는 것은 이 몇 가지 사실이 지금 일어나고 있는 더 정확하고 상세한 구름 관측에 대한 흥미를 한층 더 자극하리라는 것이다."), "어느 기상학 박람회(A Meteorological Exhibition)"(뉴잉글랜드 기상학회의 제14차 정기 모임에 대한 설명)가 있다.

기상 관측선에 대한 정보는 대부분 1977년에 『마린 옵저버(*Marine Observer*)』(vol. 47, pp. 179–86)에 실린 C. R. 다운즈 선장의 "영국 해양 기상 관측선의 역사(History of the British Ocean Weather Ships)"에서 유래한다. 다운즈는 각각의 기상 관측선에 대해서, 배의 원래 이름과 기상 관측선이 된 후에 얻은 새 이름, 크기, 항해 기간, 배정된 위치를 포함한 특징들을 자세하게 소개했다. 여기에는 두 척의 기상 관측선의 사진도 실려 있다. 전문적인 선원들이 쓴 글이 종종 그렇듯이, 그의 글에도 그 배에서의 생활과 얽힌 몇 가지 개인적인 사연이 상세하게 나와 있다. 아마도 그런 삶이 실제로 그렇게 살았던 이들에게는 덤덤한 일상일 수 있기 때문일 것이다. 기상 관측선 선원의 삶을 살짝 엿볼 수 있는 다른 자료는 미국 기상청에서 발행하는 『기상청 소식(*Weather Bureau Topics*)』(vol. 8, no. 46) 1949년 10월호이다(https://docs.lib.noaa.gov/rescue/wb_topicsandpersonnel/1949.pdf에서 볼 수 있다). 이 간행물은 놀랍게도 은퇴 생활에 초점이 맞춰져 있는 것처럼 보인다. 적어도 1949년에는 그랬다. 그러나 10월호에 포함된 "해양 기상 업무(Ocean Weather Duty)"라는 제목의 짧은 기사는 기상 관측선에 승선한 기상 관련 선원들의 순위를 매기고 기상 순시선에는 대개 "총 다섯 명의 기상 조사원"이 탑승한다고 지적한다. 기상 관측선에 배정된 임무는 일반적으로 1년 동안 지속되었지만, "되도록이면 2년 이상" 운영되었다. 기상 조사원들은 보스턴, 뉴욕, 노퍽, 샌프란시스코를 근거지로 하고 있었으나, 때로는 다른 항구로 가서 배에 합류하거나 내렸다. 기상 관측선들은 21일 동안 지정된 위치에 머물렀다. 따라서 매번 항해에 걸리는 시간은 한 위치에서 다른 위치로 빠르게 이동할 때를 포함해서 27-37일이었다. 배에 탄 관측원들은 주당 63시간 동안 일을 했다. 23시간에 대해서는 기상청 당국에서 초과 근무 수당을 제공했다. 이들은 하루 2.40달러의 경비를 지원받았는데, 선상에서의 "식사와 세탁과 그밖에 드는 비용을 지불하기에 충분한" 것으로 여겨졌다. 그들의 지위는 상급 장교와 동등했던 것으로 보인다. 즉, 배에 탄 장교 후보생보다 한 계급 위였다. 이들은 임무 수행 사이에 육지에 있을 때에는 기상청에서 다른 임무를 담당했다. 이 기사를 쓴 이름 없는 기자의 말에 따르면, "또한 이 순시선에서의 임무는 바다 생활을 좋아하는 기상 조사원들에게 아주 흥미로운 직위인 것으로 밝혀졌다." 세 번째 자료는 멋진 웹사이트인데, 이 사이트를 만든 사람의 아버지인 프레드릭 브루커는 기상 관측선에서 무선 기술자로 일한 경험이 있었다. 오션 웨더 십스(Ocean Weather Ships)라는 이름의 이 사이트(http://www.weatherships.co.uk/)에서는 수십 척의 기상 관측선 사진과 배가 개조되어 새 이름을 얻는 과정을 볼 수 있다. 처음에 앰벌리 캐슬 호라는 이름으로 취항한 배는 나중에 웨더 어드바이저 호로 이름이 바뀌었고, 결국에는 피츠로이 제독 호가 되었다. 피츠로이 제독 호는 1982년에 폐선되었다. 오로라와 선교로 밀려온 파도와 선교 위를 왕복한 이야기도 이 웹사이트에서 찾은 것이며, 1960년대에 서베이어 호에서 근무한 앤디 라일리의 증언이었다. 이 웹사이트를 위해서 정보를 제공했을 때에는 이미 인생의 만년에 접어들었던 라일리 씨는 그의 추억을 마무리하면서 "그곳에 머물고 싶었다"라고 말했다. 이 말인즉슨 기상 관측선 일을 그만둔 것을 후회했다는 뜻이다.

폴라프론트 호의 비용 분담에 대한 제안이 없었다고 말한 노르웨이 기상학 연구소의 소장은 안톤 엘리아센이었다. 그의 말과 폴라프론트 호의 임무 중단을 애석하게 여기는 과학자들의 말은 퀴린 시어마이어의 보도로 2009년 6월 9일 『네이처 뉴스(*Nature News*)』에 실렸다.

제임스 글레이셔의 기구 모험(관점에 따라서는 기행[奇行]으로 보이기도 한다)에 대한 설명은 글레이셔와 카미유 플라마리옹, W. 드 퐁비엘, 가스통 티산디에가 함께 쓰고 1871년에 출간된 『공중 여행(*Travels in the Air*)』(Richard Bentley & Son,

London)에 기록되어 있다. 오늘날에도 이 책은 종이책과 전자책을 둘 다 구할 수 있으며, https://ia802708.us.archive.org/9/items/travelsinair00glaigoog/travelsinair00glaigoog.pdf에서 초판의 전자책을 볼 수 있다. 강풍 속에서 캡티브라는 기구를 타고 올라간 이야기는 드 퐁비엘과 티산디에가 서술한 부분에 있다. 118장의 삽화가 수록된 이 책의 초판은 대단히 서정적인 공중 여행기와 놀라울 정도로 지루한 자료 서술이 뒤섞여 있다. 이를테면 아름다운 구름과 맑은 하늘의 그림이 있는가 하면, 간단한 표로 나타낼 수도 있는 목적지 사이의 여행 속도에 대한 묘사가 한 면 전체를 채우기도 한다. 처음부터 끝까지, (책 전체를 편집한) 글레이셔는 영웅처럼 보인다. 많은 역사적 인물들이 그렇듯이, 가장 뛰어난 그의 선전원은 그 자신이었다.

1939년에 조지 마인들링이라는 이름의 한 기상청 직원은 날씨에 관한 시 모음집에 초기 자동 기상 관측 기구에 관한 시를 썼다. 맨 처음 4행은 기구와 비행기를 비교한다.

일기예보는 개선될 희망이 있다
마침내 놀라운 발명품이 만들어졌다,
이 발명품은 비행기가 날아가는 자리에서
대단히 높은 곳의 공기 상태를 밝힌다.

그는 자료 전송에 대해서 "1분에 네 번씩 신호가 내려온다"고 표현한다. 그는 이 기구의 수가 적음을 안타까워하면서 그 이유를 비용 탓으로 돌린다. 루이스 프라이 리처드슨과 다른 이들과 마찬가지로, 그 역시 일기예보관들이 언제쯤이면 천문학자들의 정확성을 얻게 될지를 궁금하게 여긴다. 그는 기구에 관한 시를 썼지만, 어떤 연은 텔레비전 카메라를 장착한 기상위성의 가능성을 예견한 것처럼 보인다.

지속적인 시각적 신호를 볼 수 있는 시대가 다가오면
우리는 폭풍이 이동하는 모습을 온전히 볼 수 있을 것이다.
먼 바다에서 폭풍이 발달하는 과정을 지켜볼 수도 있을 것이고,
그 이동 경로도 훨씬 쉽게 그릴 수 있을 것이다.

마인들링의 『일기예보관의 시(*Weather Man Poems*)』 모음집 전체는 http://www.history.noaa.gov/art/weatherpoems1.html에서 볼 수 있다.

궤도에 진입한 미국의 두 번째 인공위성인 뱅가드 1호는 뱅가드 2호보다 더 작다. 직경은 겨우 15센티미터였고, (지구에서의) 무게는 1.4킬로그램에 불과했다. 1958년 3월 17일에 발사된 뱅가드 1호는 니키타 흐루쇼프의 관심을 끌었다. 소문에 의하면 흐루쇼프는 뱅가드 1호를 "그레이프프루트 위성"이라고 불렀다고 한다. 이 비유는 칭찬의 의미는 아니었다. 흐루쇼프는 뱅가드 1호에 대해서 코웃음을 쳤지만, 그의 인공위성 프로그램이 나무랄 데 없이 훌륭했다고 하기는 어렵다. 그의 두 번째 인공위성인 스푸트니크 2호는 개 한 마리를 태우고 1957년에 궤도에 진입했다. 그 개는 모스크바의 거리에서 포획된 떠돌이 개였고, 라이카(Laika)라는 이름이 붙여졌다. 발사 당시에 러시아 당국은 라이카가 궤도에서 6일 동안 살아 있었고 그 뒤에 안락사되었다고 주장했다. 그러나 2002년에 밝혀진 바에 따르면, 이 불쌍한 개는 발사된 지 몇 시간 만에 열기를 이기지 못하고 죽었다. 2008년에 러시아에는 우주 공간에서 죽은 이 작은 떠돌이 개를 기리기 위한 기념비가 세워졌다.

궤도 잔해(orbital debris)라고도 불리는 우주 쓰레기는 어마어마하게 많다. NASA에 따르면, 1만9,000개가 넘는 우주 쓰레기 조각들이 궤도를 돌고 있으며, 궤도를 돌지 않아서 알려지지 않은 쓰레기는 더 많다. 궤도를 돌고 있는 우주 쓰레기는 가장 작은 것이 구슬만 하다. 이동 속도는 보통 시속 2만8,160킬로미터이다. 이 속도라면 구슬이라고 해도 우주 여행자의 하루를 엉망으로 만들고도 남을 것이다. 2만여 개의 우주 쓰레기 조각들은 소프트볼 공보다 더 크다. 드물지만 우주 쓰레기들끼리 충돌하기도 한다. 1996년에는 프랑스의 로켓에서 나온 우주 쓰레기가 프랑스 인공위성과 충돌했다. 2009년에는 죽은 러시아 인공위성이 살아 있는 미국 이리듐 상업위성과 충돌해서, 우주 쓰레기 하나와 살아 있는 인공위성 하나를 최소 2,000개의 새로운 우주 쓰레기 조각으로 바꿔놓았다. 2007년에는 중국이 인공위성 공격 무기를 시험하다가 3,000개의 새로운 우주 쓰레기를 만들었다. 어떤 우주 쓰레기들은 내가 로시난테 호에서 본 쿠바 쪽 하늘로 날아간 별똥별처럼, 지구 대기에 재진입하다가 별똥별이 되기도 한다. 이렇게 대기권으로 다시 들어온 우주 쓰레기들은 대체로 땅에 닿기 전에 사라진다.

많은 사람들이 TIROS를 최초의 진정한 기상위성이라고 생각하지만, 뱅가드 2호는 1959년 발사 당시 기상위성으로 인식되었다. 이런 사실을 뒷받침하는 당시의 뉴스

영상들 중에는 편안한 내레이션 음성으로 한때 유명했던 에드 헐리히가 해설하는 유니버설 국제 뉴스(Universal International News)(1929-1967년까지 유니버설 스튜디오에서 주 2회씩 제공한 뉴스 영상/옮긴이)도 있다(https://www.youtube.com/watch?v=mgyhlQiKhhE). 많은 신문들이 1960년 4월 1일의 성공적인 TIROS 발사를 기사로 다루었다. 우주선에서 보낸 영상이 일상이 된 지 반세기가 넘은 오늘날의 우리들에게는 해리 웩슬러의 말이 이상하게 보일지 모르지만, 1960년 당시에는 TIROS의 성공이 분명히 기적에 가까웠을 것이다. 오늘날 휴대전화가 TIROS를 궤도에 올려놓는 데에 이용된 컴퓨터보다 성능이 더 뛰어나다는 점을 기억하자. 또 1960년에는 미국의 우주 프로그램이 실패로 얼룩져 있었다는 것도 생각하자. 로켓의 폭발은 뉴스거리도 되지 않았다. 웩슬러의 말과 UPI 통신사의 기사에서 유래한 "작은 달(moonlet)"이라는 표현은 『호놀룰루 스타-불레틴(*Honolulu Star-Bulletin*)』을 포함한 여러 신문들에 발표되었다. 이 기사는 https://docs.lib.noaa.gov/rescue/TIROS_newspaper_clippings_docs/19600401orbit_hsb.pdf를 통해서 온라인에서 볼 수 있다.

제5장 수치

미국 국립 자료 부표 센터(National Data Buoy Center)에 따르면, 플로리다 앞바다의 기상 관측 부표는 사우스플로리다 대학교가 소유와 관리를 담당하고 있는 시설 번호 42023-C13 부표일 것이다.

일기도의 가치에 대해서 이야기한 기상국 국장은 로버트 스콧이었다. 그는 1875년에 다음과 같이 썼다. "하루 한 번씩 받는 보고만으로 24시간 동안 일어나는 모든 변화를 설명한다는 것은 한마디로 불가능하다. 마찬가지로, 전날 자정이나 하다못해 전날 저녁의 도표라도 아침에 받아볼 수 있다면 전날 아침의 도표를 받아보는 것보다 확실히 더 유용할 것이다." 스콧은 그 원인을 재정 지원 부족에서 찾았다. 미국에서도 재정 지원과 관련된 문제들이 끊이지 않았으며, 이는 오늘날에도 마찬가지이다. 일기도는 확실히 인기를 끌었지만, 기상국의 인사이동과 제1차 세계대전 시기의 종이 부족으로 인해서 미국 내의 많은 신문에서 정기적으로 실리지 않게 되었다. 시민들은 글로 된 간단한 요약에 의존해야 했고, 1920년대가 되자 라디오 방송이 일기예보를 제공했다. 그러다가 1935년에 연합 통신사(Associated Press)가 전화선을 이용하는 팩시밀리를 통해서 이미지를 전송하는 와이어포토(Wirephoto)

망을 출범시키면서 이 상황은 끝이 났다. 와이어포토 덕분에 AP 통신은 미국 전역의 가맹 신문사에 사진과 지도를 전송할 수 있게 되었다. 특히 마크 먼모니어의 『확실한 공기 : 기상학자들이 지도를 그리고 예측하고 날씨를 각색하는 방법(*Air Apparent: How Meteorologists Learned to Map, Predict, and Dramatize Weather*)』(1999, University of Chicago Press, Chicago)에는 신문 일기도의 역사가 대단히 상세하게 설명되어 있다.

침입자처럼 기상학에 입문했다는 비에르크네스의 표현은 그가 1938년에 라이프치히 대학교 지구물리학 연구소 25주년 기념 연설을 하던 중에 나왔다. 리사 실즈가 번역한 영어 연설문은 더블린에 위치한 아일랜드 기상청인 메트 에렌(Met Éireann)에서 볼 수 있다.

리처드 바크의 『갈매기의 꿈(*Jonathan Livingston Seagull*)』(1970, Macmillan, New York)은 베스트셀러였을 뿐만 아니라, 미국 역사에서 특별히 힘겨웠던 시기에 뭔가에 대한 상실감을 느낀 사람들에게 큰 의미로 다가온 컬트적인 책이기도 하다. 나의 한 친구는 그 갈매기의 이름을 따서 아들의 이름은 조나단이라고 지었고, 회사 이름은 스카이버드 언리미티드(Skybird Unlimited)라고 지었다(다이빙 회사였는데, 나는 10대일 때 거기서 일한 적이 있다). 바크는 갈매기에서 아름다움을 보았다. 하지만 오늘 아침에 내가 보았을 때, 특히 알래스카 북부 툰드라 지대의 갈매기들은 종종 알을 사냥한다. 심지어 솜털이 보송보송한 다른 새의 새끼를 잡아먹기도 한다.

영어로 된 비에르크네스의 "날씨 예측과 그 개선 전망" 전문은 http://folk.uib.no/ngbnk/Bjerknes_150/bjerknes-1904-aftenposten-english.pdf에서 볼 수 있다.

비에르크네스가 그의 친구에게 보낸 자신의 진전을 설명하는 편지는 랄프 주얼이 1981년 6월에 발표한 "기상학의 베르겐 학파 : 현대 일기예보의 요람(The Bergen School of Meteorology: The Cradle of Modern Weather-Forecasting)"(*Bulletin of the American Meteorological Society*, vol. 62, no. 6, pp. 824-30)이라는 글에서 인용한 것이다. 이 글은 http://climate.envsci.rutgers.edu/pdf/JewellBAMS.pdf에서 볼 수 있다. 편지의 수신자는 스웨덴의 과학자인 스반테 아레니우스였다. 인간이 유발하는

기후 변화를 연구한 초기 인물 중 한 사람인 아레니우스는 빙하기에 대한 설명을 시도하면서 "탄산[CO_2]의 양이 기하급수적으로 증가하면 기온은 거의 산술급수적으로 증가한다"라고 썼다. 비에르크네스가 아레니우스에게 보낸 다른 편지에는 "서부 노르웨이 전체에 일기예보를 제공하기 위해서" 할당된 기금에 대한 이야기가 있다.

방송기상학의 역사에 관해서 더 알고 싶다면, 로버트 헨슨의 2010년도 책인 『날씨는 방송 중(*Weather on the Air*)』(American Meteorological Society, Boston)을 보라. 한때 일기예보 방송을 했던 유명인들에 관한 간단한 요약은 http://www.mnn.com/lifestyle/arts-culture/photos/famous-people-who-used-to-be-weather-forecasters/forecasting-hot에서 볼 수 있다. 방송 일기예보의 진지성에 관한 『TV 가이드』 기사는 1955년 7월 23일자 호에 실렸고, 제목은 "날씨는 우스갯거리가 아니다(Weather Is No Laughing Matter)"이다. 이 기사를 쓴 프랜시스 데이비스는 미 육군 항공대에서 기상학자로서 경력을 시작했고 D-데이 침공을 지원하는 일기예보에도 참여했다. 그 경험이 일기예보를 진지한 일로 받아들인 그의 관점에 영향을 주었을 가능성이 크다. 그는 미국 기상학회의 인증서를 받은 최초의 텔레비전 방송인이었다.

제6장 모형

내가 2013년에 출간한 『히트(*Heat*)』(Little, Brown, New York)에는 역사적 중요성에 초점을 맞춰서 토탄 산업을 다룬 장이 있다. 나는 토탄이 연료로 쓰인다는 이야기는 들어보았지만, 『히트』를 쓰기 전까지는 마른 토탄 덩어리와 벽난로 옆에 놓인 토탄을 본 적이 없었다. 책을 쓰는 동안, 나는 토탄 덩어리를 구해서 그중 몇 개를 네덜란드에 있는 처가댁 벽난로에서 태워보았다. 나의 장인은 네덜란드 토탄 광업의 중심지에 살고 있다. 장인이 젊었을 때, 특히 제2차 세계대전으로 석탄이 한참 부족하던 시절에, 장인의 집에서는 늘 토탄을 땠다. 루이스 프라이 리처드슨의 젊은 시절에는 토탄 광업소가 중요한 고용주였다. 따라서 그가 토탄 관리와 관련된 문제를 연구한 것은 오늘날 젊은 과학자들이 석유 회사나 풍력 발전 회사에서 일하게 되는 것처럼 자연스러운 일이었다.

루이스 프라이 리처드슨이라는 이름을 누구나 아는 것은 아니지만, 기상학계에서 그는 약간 컬트적인 존재이다. 그의 삶과 연구에 관한 많은 정보와 오보는 다양한 자료들에서 구할 수 있다. 제1차 세계대전 동안 전선 근처에서 구급차를 운전하면서 연구를 했다는 일화와 리처드슨의 삶에 관한 다른 정보들은 올리버 M. 애시포드가 1985년에 내놓은 훌륭하지만 잘 알려지지 않은 리처드슨의 전기, 『교주인가, 교수인가? : 루이스 프라이 리처드슨의 삶과 연구(*Prophet-or Professor?: The Life and Work of Lewis Fry Richardson*)』(Adam Hilger, Bristol and Boston)에서 얻었다. 더 쉽게 접할 수 있고 역시 훌륭하지만 조금 덜 자세한 그에 대한 정보는 J. C. R. 헌트가 1998년에 쓴 "루이스 프라이 리처드슨과 수학, 기상학, 충돌 모형에 대한 그의 공헌(Lewis Fry Richardson and His Contributions to Mathematics, Meteorology, and Models of Conflict)"에서 찾을 수 있다. 이 글은 『연간 유체역학 리뷰(*Annual Review of Fluid Mechanics*)』(vol. 30, pp. xiii-xxxvi)에 발표되었고, http://www.annualreviews.org/doi/full/10.1146/annurev.fluid.30.1.0에서 유료로 볼 수 있다. 짧은 전기와 함께 실려 있는 리처드슨의 사진에는 그의 지적이고 사려 깊고 사색적인 성격이 엿보인다. 내가 책과 논문을 위한 조사를 하면서 마주친 수많은 인물들 중에서 리처드슨은 거의 1등으로 만나보고 싶은 사람이다. 그가 유명을 달리한 것이 아쉽다.

바람이 속도를 가지는지, 다시 말해서 바람의 속도라는 것이 의미 있는 개념인지에 관한 리처드슨의 의문은 『런던 왕립학회 회보 A, 수학과 물리학 논문 수록(*Proceedings of the Royal Society of London. Series A, Containing Papers of a Mathematical and Physical Character*)』(1926, vol. 110, no. 756 [April 1], pp. 709-37)에 발표된 그의 논문, "거리-인접 그래프에 나타난 대기의 확산(Atmospheric Diffusion Shown on a Distance-Neighbour Graph)"에서 유래한다. 이 논문의 셋째 줄은 26개의 항으로 이루어진 방정식이다.

리처드슨 외에도 기상학에 중요한 자취를 남긴 퀘이커 교도는 또 있었다. 루크 하워드는 구름의 명명법을 개발했다. 오늘날 대부분의 사람들에게 친숙한 그의 구름 명명법은 장 바티스트 라마르크가 초기에 제안했던 구름 명명법과 경쟁을 벌이기도 했다. 라마르크는 진화에 관한 생각과 획득 형질의 유전에 대한 잘못된 생각(이를테면 나뭇잎을 먹기 위해서 목을 늘인 말은 늘어난 목이 자손에게 전달되어 결국 기린이 된다는 생각)으로 잘 알려져 있다. 진화(또는 다른 것)에 관해서 생각을 하지 않았을 때, 라마르크는 5종류(훗날 12종류)의 구름을 구별해서 프랑스어로 이름을 붙였다. 하워드는 cirrus(권운), cumulus(적운), stratus(층운), nimbus(난운) 같은 라틴어 이름을 붙였다. 하워드의 연구는 시인 괴테의 관심을 끌었고, 괴테는 다음과 같이 썼다. "그러나 하워드가 그의 깨끗한 마음으로 우리에게 준 것은, / 온 인류에게 새로운 교훈이다." 그는 퍼시 셸리의 "구름(The Cloud)"이라는 시에도 영감을 주었다. 퍼시 셸리는 유명하고 영향력 있는 시인이었으며, 『프랑켄슈타인(*Frankenstein*)』의 작가인 매리 셸리의 남편이기도 했다. 라마르크의 분류방식은 하워드의 명명법을 이길 기회를 얻지 못했다. 하워드의 『구름의 형태 변화에 관한 글(*Essay on the Modifications of Clouds*)』(1865, John Churchill and Sons, London) 제3판 서문에 따르면, "이 명명법은 처음 제안되었을 때(1803년경)부터 과학자, 그리고 사실상 모든 저자들에게 두루 적용되어왔다."

기압은 허리케인이 일어나는 동안 낮게는 870밀리바(수은주 높이 65.3센티미터)까지 측정되고, 토네이도가 일어나는 동안에는 더 낮게 내려가기도 한다. 또 강한 고기압계에서는 1,086밀리바(수은주 높이 81센티미터)까지 올라가기도 한다. 그러나 리처드슨의 일기예보에서 예측된 기압과 그 변화의 폭은 정상적인 예상치의 범위를 벗어났다.

아프리카 해안에서 480킬로미터 떨어진 곳의 모래를 묘사한 항해일지의 복사본이 있는 책은 존 블레이크의 『해도 : 그림으로 보는 항해 지도와 항로도의 역사(*The Sea Chart: The Illustrated History of Nautical Maps and Navigational Charts*)』(2004, Naval Institute Press, Annapolis, MD)이다. 이 아름다운 책은 보급판으로도 구할 수 있고, 해도와 항해 일지의 사본이 컬러로 삽입된 책도 있다. 이따금씩, 그리고 드문 경우이지만 해도를 잘못 읽었을 때, 나는 이 책을 펼치고 뱃사람들이 불완전하고 극히 부정확한 해도로 항해를 했던 시절이 있었음을 상기한다. 옛날에는 나무로 만든 배에 강철 같은 사람들이 타고 있었다. 그런 과거의 뱃사람들과 비교할 때, 오늘날의 뱃사람들은 쓸 데 없이 많은 장비를 갖추고, 겁이 많으며, 미숙한 데다가, 불필요한 걱정을 하는 편이다. 그러나 18세기 범선에서의 사망자 수는 끔찍했다. 그래서 나는 그것을 염두에 두고, 내가 구할 수 있는 가장 정확한 해도를 손에 넣기로 했다.

더스트 볼 지대에서 농사를 짓는 것이 "자멸적"이라는 토양 과학자의 말은 티모시

이건의 『가장 힘겨웠던 시기 : 미국 더스트 볼 생존자들의 일화(*The Worst Hard Time: The Untold Story of Those Who Survived the Great American Dust Bowl*)』(2006, Houghton Mifflin, New York)라는 멋진 책에서 보았다. 이건은 생존자들의 직접적인 증언을 토대로 더스트 볼의 역사를 흥미진진하게 설명한다.

데이비드 브런트의 책은 1939년에 출간된 『물리적이고 역학적인 기상학(*Physical and Dynamical Meteorology*)』(Cambridge University Press, Cambridge) 제2판이다. 초판은 1934년에 출간되었고, 2011년에는 페이퍼백으로 출간되었다. 브런트는 이론에 초점을 맞추고 수학을 강조했지만, 전선을 소홀히 하지는 않았고 때로 그의 언어는 리처드슨을 그대로 따라 하는 듯이 보였다. 그는 다음과 같이 썼다. "지금 우리가 밝히고자 하는 것은 우세한 바람으로 인해서 온도 차이가 큰 공기 집단의 병치가 나타난다는 것과 이 공기 집단들이 이런 축척의 해도에서 불연속적으로 보이는 선으로 나뉜다는 것뿐이다."

스벤 안데르스 헤딘의 말은 그가 1944년에 쓴 『아시아 원정사, 1927-1935년(*History of the Expedition in Asia, 1927-1935*)』, 제3권 1933-1935년 편에 나온다. 이 책은 스웨덴에서 출간되었고, 현재 컴퓨터로 볼 수 있다. 이 책에는 매혹적인 삽화들이 실려 있다. 무엇보다도 헤딘은 먼지 폭풍을 다음과 같이 묘사했다. "그런 폭풍이 눈앞에서 집을 덮치는 느낌이란, 이런 지역의 바람이 가진 풍식과 운반력은 실로 엄청나다! 이미 많이 허물어져 있는 중앙 아시아의 산지에서 일어나는 풍화와 그 외 작용으로 만들어지는 미세한 흙먼지, 서로 부딪히는 모래 입자의 마찰로 인한 흙먼지, 그리고 차츰 말라가는 호수의 진흙 퇴적층에서 유래한 먼지들이 모두 이 폭풍에 실려서 서쪽으로 이동한다. 가령 폭풍이 치는 계절에 검은 폭풍이 일주일이 한 번씩 친다고 가정하면, 폭풍이 칠 때마다 그 전 주일까지 쌓여 있던 모든 풍화작용의 산물이 멀리 서쪽으로 실려가는 것이다. 이런 폭풍 하나가 멈춘 후에는 얼마나 깨끗하게 쓸려갔는지 지표면이 뚜렷하게 드러날 정도이다. 그러나 그런 모양새는 오래 가지 않는다. 공기 중을 떠돌던 먼지들이 곧 땅에 내려앉을 것이기 때문이다. 이런 폭풍이 끝나고 며칠의 잠잠한 기간이 끝날 무렵에는 모래 위에 먼지 층이 쌓여서 사람의 발자국이 더 밝은 색으로 도드라진다."

데이비드 콕스가 2005년에 옥스퍼드 대학교 링컨 칼리지에 제출한 박사 학위 논문은 「사구 형성의 수학적 모형화(Mathematical Modelling of Dune Formation)」이다. 내게는 그의 연구를 평가할 자격이 전혀 없지만, 그럼에도 그의 논문은 내게 깊은 인상을 남겼다. 이 논문은 http://eprints.maths.ox.ac.uk/764/1/cocks.pdf에서 볼 수 있다. 비록 수학에 초점을 맞추기는 했지만, 그의 논문에는 나미비아 사막의 사구와 화성에 있는 또다른 사구들의 멋진 사진들이 포함되어 있고, 사구 형성과 그 기하학적 구조의 특징을 나타내는 수많은 그림들도 실려 있다.

루이스 프라이 리처드슨의 일기예보에 대한 피터 린치의 대단히 흥미로운 검산은 그의 2006년도 책인 『수학적 일기 예측의 출현 : 리처드슨의 꿈(*The Emergence of Numerical Weather Prediction: Richardson's Dream*)』(Cambridge University Press, Cambridge)에 소개되었다. 린치는 배경 정보와 함께 리처드슨의 자료를 리처드슨이 활용했던 계산방식으로 오늘날의 컴퓨터에서 실행시켰다.

리처드슨의 유명한 오류는 단기적인 변화를 설명할 연속 방정식이 없었던 탓이기도 하다. 리처드슨의 연구 이전인 1904년, 막스 마르굴레스는 기압 변화의 예측에서 연속 방정식의 유용성을 평가했다. 그가 밝힌 바에 따르면, 연속 방정식은 실제 세계에서 얻을 수 있는 것보다 훨씬 더 정확한 바람 자료가 갖춰질 때에만 효과가 있었다. 다시 말해서, 그는 연속 방정식이 일기예보를 오류로 인도할 것이라는 점을 증명했다. 이전과 이후의 많은 사람들과 마찬가지로, 마르굴레스도 일기예보에 부도덕하고 사악한 특성이 있다고 믿었다.

토르투가스에서 파손된 배의 소유주는 앨리슨 매드슨과 옌스 P. 예거였고, 그들의 배는 인디고 호라는 이름의 위트비(Whitby) 42 케치였다. 그들의 이야기는 http://www.landfallnavigation.com/harrowing.html에서 볼 수 있다.

제7장 계산

날씨에 관한 책을 발표한 네덜란드 저자는 『기상학적 관측과 연관된 날씨 예언(*The Foretelling of the Weather in Connexion with Meteorological Observations*)』을 쓴 F. H. 클레인이다. 이 책은 벤저민 파던이 처음부터 영어로 출간했고(1863,

London), 오늘날에는 컴퓨터로 볼 수 있다. 이 책의 번역자는 "A. 아드리아니, M.D., M.M., PH.D., F.R.N.I.E., F.R.S.S.A., 전문 분석 화학자; 뉴캐슬 더럼 대학교 의과대학의 전 화학 강사 기타 등등"이라고 되어 있다. 우리는 "기타 등등"에 감사해야 한다. 이 책의 부제도 만만치 않게 길어서, "네덜란드 왕립 기상학 연구소 소장인 보이스 발로트 박사 겸 교수가 제안하고 1860년 6월 네덜란드에서 도입한 전신 경보 체계에 대한 묘사와 함께(Together with a Description of the Telegraphic Warning System Introduced in the Netherlands, June, 1860, as Proposed by the Director of the Royal Netherlands Meteorological Institute, Professor Dr. Buys-Ballot)"이다. 독자들이 흥미를 잃지 않게 하기 위해서, 나는 이 책을 쓰는 동안 나 자신의 정신 건강을 위해서, 많은 이야기들과 많은 위대한 업적들을 무시하고 지나가야 했다. 이런 종류의 책에는 이런 접근이 필요하다고 생각하지만, 언젠가는 크리스토포뤼스 보이스 발로트의 연구를 소개할 방법을 찾고 싶다. 무엇보다도 그는 바위스 발롯의 법칙(Buys Ballot's law)을 내놓았다. 이 법칙은 북반구에서는 바람을 등지고 섰을 때에 저기압의 중심이 왼쪽에 있다는 것으로, 적도의 북쪽에서는 바람의 운동이 오른쪽으로 치우친다는 뜻이다.

생물학자들은 바람 타는 거미를 다양한 방법을 연구해왔다. 어떤 경우에는 연이나 다른 공중장치에 부착한 망을 높이 올려서 하늘에서 거미를 채집한다. 또다른 경우에는 실험실에서 연구가 이루어진다. 바사 칼리지의 로버트 B. 수터가 수행한 1992년의 연구("Ballooning: Data from Spiders in Freefall Indicate the Importance of Posture," *Journal of Arachnology*, vol. 20, pp. 107–13)에서는 종류를 알 수 없는 작은 거미들이 철재 구조물 아래로 늘어진 거미줄 한 가닥에 가까스로 매달려 있게 했다. 그런 다음 기류를 흘려보내서 거미줄이 끊어지고 거미가 땅에 떨어지게 했다. 거미의 낙하는 1초에 100번 점멸하는 섬광등을 이용해서 포착했다. 수터는 다음과 같이 썼다. "정지된 공기 속에서 거미의 낙하 속도는 휼날리는 거미줄과 거미의 몸을 통과하는 공기의 흐름에 의해서 만들어지는 항력(抗力)이 중력과 정확히 같아지는 지점까지만 증가한다. 그 지점에서는 가속도가 0이 되고, 그때의 속도는 거미의 최종 속도가 된다." 놀랍게도, 바람 타는 거미에 관해서는 알려진 바가 별로 없다. 수터는 이 논문의 말미에 이렇게 썼다. "불행히도, 바람 타는 거미가 이용하는 거미줄의 양이 실제로 얼마나 되는지에 대해서는 거의 알려져 있지 않다. 이 자료가 없다는 것은 바람 타는 거미의 이동에서 (그들에게 고도를 조절하는 능력이 있음에도) 자세의 중요성을 아직 평가할 수 없다는 것을 의미한다."

스윈은 1961년에 "풍성 지대(aeolian zone)"에 관한 글을 썼고("The Ecology of the High Himalayas," *Scientific American*, vol. 205, no. 4, pp. 68-78), 1963년에 한 번 더 썼다("Aeolian Zone," *Science*, vol. 140, no. 3562, pp. 77-78). 1992년이 되자 그는 자신의 "지대"를 하나의 생물군계로 격상시키고, "풍성 생물군계 : 지구의 극한 환경의 생태계(The Aeolian Biome: Ecosystems of the Earth's Extremes)"라는 글을 통해서 명확하게 설명했다(*BioScience*, vol. 42, no. 4, pp. 262-70). 스윈은 2000년에 히말라야에서의 연구를 더 광범위하게 설명한 『히말라야 이야기 : 어느 자연학자의 모험(*Tales of the Himalaya: Adventures of a Naturalist*)』(Mountain N' Air Books, La Crescenta, CA)이라는 책을 내놓았다. 이 책의 추천사는 에드먼드 힐러리 경이 썼다. 스윈은 샌프란시스코 주립대학교에서 30년간 교편을 잡았고, 수백 편의 과학 관련 텔레비전 프로그램을 제작하기도 했다. 한 부고에 따르면, 그는 예티의 것이라고 알려진 눈 위의 흔적이 사실은 눈 속을 뛰어다닌 산여우의 발자국이었다는 것을 밝혀냈다. 같은 부고는 세계에서 가장 높은 산보다 베이쇼어의 고속도로가 더 무섭다는 그의 말을 인용하기도 했다. 안타깝게도 로런스 스윈은 그의 책이 출간되는 것을 보지 못하고 그해에 세상을 떠났다.

허리케인 길버트와 그로 인한 칸쿤의 피해를 설명한 자료는 수십 가지에 이른다. 특히 흥미로운 자료는 B. E. 아기레가 쓴 "허리케인 길버트로 인한 칸쿤의 대피(Evacuation in Cancún During Hurricane Gilbert)"(1991, *International Journal of Mass Emergencies and Disasters*, vol. 9, no. 1 [March], pp. 31-45)라는 글이다. 익명의 장교가 한 말은 1988년 9월 15일에 연합통신에서 게재한 "무시무시한 폭풍이 유카탄 반도를 강타하다"라는 기사에 나온다.

란다의 말은 윌리엄 게이트의 1937년 번역서인 『유카탄 : 정복 이전과 이후(*Yucatan: Before and After the Conquest*)』에서 인용한 것이다. 이 번역서는 원래 볼티모어에 위치한 마야 학회가 발간했고 총 80권이 인쇄되었다. 삽화는 손으로 채색된 것이 많았다. 내가 가진 것은 애석하게도 나중에 도버에서 출간된 책의 전자책이다. 1978

년에 초판이 출간된 도버 판은 삽화가 흑백이다. 이 책은 유카탄 지역을 여행하거나 그 지역에 관심이 있는 사람이라면 누구나 읽어볼 만한 책이다. 본문에서 나는 이 수사가 사람을 죽이고 책을 불태웠다고 썼다. 그는 고문을 하기도 했다. 이 모든 것은 당연히 종교의 이름으로 행해졌고, 그가 살았던 시대적 맥락에서 이루어졌다. 그는 마야어로 쓰인 책들에 대해서 다음과 같이 썼다. "우리는 이런 문자로 된 책을 다수 발견했다. 그 책에는 미신이 아닌 것처럼 보이는 것은 하나도 없었고 모두 악마의 거짓말이었기 때문에, 우리는 전부 불태워버렸다. 그들(마야인들)은 엄청나게 후회했고, 크게 괴로워했다." 란다는 불법적인 종교재판을 한 혐의로 고발을 당했고, 재판을 받기 위해서 스페인으로 돌아왔다. 결국 그는 무죄 선고를 받고 유카탄 반도의 두 번째 주교로 임명되었다. 오랜 시간이 흐르면서 그의 잔학성이 과장되었을지는 모르지만, 스스로를 이른바 검은 전설(Black Legend : 스페인을 근거 없이 비방하는 역사 해석/옮긴이)의 희생자라고 본 란다는 오늘날의 기준으로 볼 때 친절하고 자비로운 사람은 분명히 아니었다. 참고로, 윌리엄 게이트의 헌사는 정치 변화의 덧없음을 잘 보여준다. 그는 이 책의 번역본을 1937년 당시 멕시코 대통령이었던 라사로 카르데나스에게 헌정하면서, 카르데나스가 "수백 년간 이어져온 농지" 문제를 해결했고, "자존심 있는 나라와 자주 시민의 위상을 새로 세웠으며, 아메리카 대륙의 삶에서 원주민 인종을 영향력 있는 위치로 회복시켰다"고 설명했다.

큰 대가를 치르면서도 자신의 종교와 원칙을 지킨 퀘이커 교도가 리처드슨만 있었던 것은 아니었다. 나는 최근에 피터 니콜의 『기름과 얼음(*Oil and Ice*)』(2009, Penguin Books, New York)이라는 멋진 책에서 퀘이커 교도의 강직함에 관한 다른 설명을 우연히 보게 되었다. 니콜은 1657년 매사추세츠 만(灣) 식민지 지방 법원의 이야기를 인용했다. "만약 퀘이커 교도나 퀘이커 교도로 의심되는 자가 이 관할 구역으로 오기 위해 위법을 저지르면, 초범인 남자는 한쪽 귀를 자르고 자비로 추방될 수 있을 때까지 교정시설에서 노역을 한다. 재범일 경우에는 다른 쪽 귀를 자르고 위와 동일하게 교정시설로 보내진다." 같은 죄를 지은 퀘이커 교도 여자는 "엄한 채찍질"에 처해졌다. 세 번째 범행을 저질렀을 때에는 남녀 모두 "달군 쇠꼬챙이로 혀에 구멍을 뚫는 형에 처해질 것이다." 니콜은 다른 퀘이커 교도의 이야기도 인용했는데, (퀘이커 교도의 입장에서 보았을 때) 비교적 자유로운 플리머스 식민지에서 살았던 험프리 모간이라는 퀘이커 교도는 식민지 총독을 향해서 몇 마디 공격적인 말을 했다.

"당신의 요란한 혀는 내 발 밑의 흙보다도 못하다고 생각합니다. 당신은 잔소리 많은 여자와 같소." 이 말을 한 대가로 그는 벌금을 물고 채찍을 맞았다.

큰 소용돌이와 작은 소용돌이에 관한 글에서, 리처드슨은 오거스터스 드 모르간의 1872년 책인 『역설 모음집(*A Budget of Paradoxes*)』 속의 이야기를 활용했다. 드 모르간은 이렇게 썼다. "큰 벼룩의 등에 작은 벼룩이 올라가서 물고 있고, / 작은 벼룩의 등에는 더 작은 벼룩이 있고, 그렇게 끝없이 이어진다. / 그리고 그 큰 벼룩도 더 큰 벼룩의 등에 올라가 있다; / 그 사이 벼룩은 더 커지고 또 더 커지면서 그렇게 계속 이어진다." 모르간도 1733년에 조너선 스위프트가 쓴 『시에 관하여 : 광시곡(*On Poetry: A Rhapsody*)』에 나온 글을 활용했다. "그리하여 자연학자는 벼룩 한 마리를 관찰한다, / 더 작은 벼룩이 그 벼룩을 뜯어먹고 있다; / 그리고 더 작은 벼룩이 이들을 깨물고 있다, / 그리고 그렇게 끝없이 이어진다." 무엇보다도 모르간은 "수학적 귀납법(mathematical induction)"이라는 용어를 만들었다. 그의 책인 『역설 모음집』에는 리처드슨이 대단히 흥미를 가질 만한 구절도 있다. "지난 2세기 반 동안, 예전에는 없었던 물리적 지식이 놓일 토대가 점차 만들어지기 시작했다. 그 토대는 수학적이 되어가고 있다. 당면한 문제는 이런저런 가설이 순수한 생각을 하기에 좋은지 나쁜지가 아니라, 만약 그 가설이 사실일 때 반드시 나타나야 할 결과와 관찰된 현상이 일치하는지 여부이다. 아직 수학의 지배를 받지 않고 있으며 앞으로도 결코 그럴 일이 없을지도 모르는 이런 과학조차도, 수학적 과정을 효과적으로 모방하고 있다." 모르간의 책 속에는 기상학에 관한 이야기도 있었다. "브루제에 정착한 영국인인 포스터 씨는 여러 주제들에 관해서 논평을 했는데, 그중에서도 특히 기상학에 관심이 있었다. 그는 그의 할아버지와 아버지와 그 자신까지 1767년부터 기록해온 내용에 있는 정보를 1848년에 천문학회에 전달했는데, 토요일에 초승달이 뜨면 스무 번 중에 열아홉 번은 그 다음 20일간 비바람이 친다는 것이었다." 모르간은 이 일화를 수학적 토대가 있는 것으로 보이는 일치의 예로 들었다.

리처드슨이 1935년에 『네이처』에 처음 발표한 글은 "전쟁의 수학적 심리학(Mathematical Psychology of War)"(vol. 135 [May 18], pp. 830–31)이었다. 이 논문의 초록에는 이런 내용이 있다. "『네이처』가 과학 연구자들에게 사회 문제에 대한 연구를 독려해왔으므로, 나는 전쟁의 발발을 설명하는 방정식을 언급할 지면을 요청했다. 1919년에 위의 제목으로 발표된 이 방정식은 현재의 재무장과 관련해서 다시 시사적인 관심을 끌고 있다." 그의 글에는 초록에까지도 수학이 포함되어 있다. 7개월 후 『네이처』에 보낸 같은 제목의 후속 연구(vol. 136, p. 1025)에서 그는 다음과 같이 썼다. "따라서 국제적 상황은 평면 위에 점 (x, y)로 나타낸다. 이 점이 방정식에 따라 움직일 수 있는 입자라고 생각해보자. 이 입자가 x와 y 모두 양의 극한 쪽으로 가고 있으면 전쟁이 서서히 다가오고 있는 것이다. 그러나 만약 이 입자가 반대 방향으로 가고 있으면 평화가 예상된다." 두 글은 1935년의 첫 『네이처』 논문에서 언급한 것처럼, 1919년에 출간된 같은 제목의 책에서 출발했다. 이 책은 그의 "구급 호송대 동료들"에게 헌정되었다. 그는 서론에서 수학을 사랑하는 자신의 마음을 어느 정도 설명한다. 그는 다음과 같이 썼다. "누군가의 말을 수학 공식으로 바꿔야 할 때에는 어쩔 수 없이 그 말 속에 표현된 생각을 면밀히 검토할 수밖에 없다. 공식이 생긴 다음에는 결과를 추론하는 것이 훨씬 수월해진다. 이 과정에서 말에서는 알아채지 못하고 지나쳤을지도 모를 불합리한 추측이 확실하게 드러나고 누군가가 공식을 수정하도록 자극한다." 당연히 리처드슨의 친구를 포함한 독자들은 그의 접근법이 고난의 길이라는 것을 알았지만, 버트런트 러셀 같은 사람들은 그를 응원했다.

아이젠하워의 고문은 제임스 마틴 스태그였다. 그는 자신의 경험과 이야기들을 훗날 『오버로드 작전을 위한 일기예보(*Forecast for Overlord*)』(1972, W. W. Norton, New York)라는 책을 통해서 자세하게 설명했다. 이런 경우에 종종 그렇듯이, 스태그가 묘사한 논의에 대해서는 여러 가지 해석이 가능하다. 그러나 여기서는 단순성을 위해서 한 가지 해석만 소개한다. 오버로드 작전(Operation Overlord)은 노르망디 침공의 암호명이었다. D-데이 상륙을 일컫는 냅튠 작전(Operation Neptune)은 오버로드 작전의 일부였다.

D-데이 침공에서 중요한 역할을 한 두 명의 일기예보관은 미국의 어빙 크릭과 노르웨이의 스베레 페테르센이었다. 크릭은 침공을 위한 전진을 가능하게 한 그 일기예보가 자신의 공이라고 주장했다. 그러나 그 일기예보로 인해서 병사들은 강풍을 뚫고 영국 해협을 건너야 했을 수도 있었다. 제임스 마틴 스태그는 크릭과 페테르센에게서 들어오는 정보를 거르는 임무를 맡았다. 전쟁이 끝난 후, 크릭은 일기예보도 계속했지만

구름씨를 뿌려서 비를 만드는 사업을 시작해서 100명이 넘는 직원을 거느리게 되었다. 그는 전쟁이 일어나기 전의 젊은 시절에는 음악가였다. 훗날 그의 말에 따르면, 일기예보를 하게 된 이유는 순전히 피아노 연주보다 수입이 더 좋았기 때문이다.

줄 차니의 말은 그의 1949년 논문 "대기 속 대규모 운동의 수치 예측을 위한 물리적 토대에 관하여(On a Physical Basis for Numerical Prediction of Large-Scale Motions in the Atmosphere)"(*Journal of Meteorology*, vol. 6, no. 6, pp. 372-85)에 나온다. 차니는 기상학에 여러 자취를 남겼는데, 그중에는 "이산화탄소와 기후 : 과학적 평가(Carbon Dioxide and Climate: A Scientific Assessment)"(1979, National Academy of Sciences, Washington, DC)라는 제목의 짧은 보고서도 있다. 그는 이 보고서를 작성한 이산화탄소와 기후에 관한 특별 연구회 연구진(Ad Hoc Study Group on Carbon Dioxide and Climate)의 주 저자였다. 대기 중의 이산화탄소가 열을 가둔다는 사실은 1800년대부터 알려져 있었고, 화석 연료의 배출물이 기후에 영향을 미칠 수 있는 수준까지 이산화탄소의 농도를 증가시킬 가능성에 대해서는 거의 1세기 동안 논의되어왔다(이 가능성을 처음 기정사실화한 인물은 빌헬름 비에르크네스를 지지했고 자주 서신을 주고받은 스반테 아레니우스였다). 그러나 1979년 보고서는 이산화탄소 농도와 온도 사이의 관계를 예측한 수치를 제시했다. "대기 중의 CO_2 함량이 두 배가 되어 통계적인 열적 평형이 이루어진다고 가정할 때, 더 현실적인 모형은 지구 표면이 섭씨 2-3.5도 더워진다는 예측을 내놓았으며 고위도 지방에서는 증가의 폭이 더 컸다." 이 보고서에는 "바람"이라는 단어가 세 번 등장한다. 바람이 고위도 지방과 적도 지방 사이의 온도 차에 의해서 주로 발생한다는 것을 생각하면, 기후 변화를 다루는 문헌치고는 바람이 거의 논의되지 않은 것으로 보인다. 이 보고서는 http://web.atmos.ucla.edu/-brianpm/download/charney_report.pdf를 통해서 볼 수 있다. 전문을 다 읽어보기를 추천한다.

마크 밴호네커의 2015년 책인 『비행의 발견 : 하늘 길을 찾는 파일럿의 여정(*Skyfaring: A Journey with a Pilot*)』(Alfred A. Knopf, New York)은 민간항공기 조종사의 시선에서 본 제트 기류를 포함한 움직이는 공기에 대해서 알려준다. 승객으로 비행을 하는 우리는 빽빽한 좌석과 대개는 불편한 항공 여행의 현실로 인해서 비행의 아름다움을 느낄 겨를이 별로 없다. 그러나 밴호네커의 개인적 식견은 독자들로 하여금 당장의 불편함 너머에 있는 것을 볼 수 있게 도와주고 비행에 대한 그의 애정을 공감하게 해준다.

로스뷔 파는 다양한 수준에서 이해(그리고 오해)될 수 있다. 로스뷔는 그 파동을 수학적으로 이해하고 설명했다. 이 위업은 대부분의 평범한 사람들이 이해할 수 있는 수준을 뛰어넘는다. 그래서 나는 본문에서 비유를 들어 설명했고, 비유는 결코 완벽할 수 없다. 상세한 설명을 하자면, 로스뷔 파가 높은 고도의 바람 속에서 대단히 큰 규모로 굽이치고 있다는 이야기에서부터 시작해야 할 것이다. 위도에 따른 코리올리 효과의 변화로 인해서 나타나는 이런 굽이침은 공기 집단 사이를 가르며 나아가는데, 코리올리 효과는 관성의 영향을 받는다. 확실히 비유를 통한 설명이 상세한 설명보다 만족스러운 독자들이 더 많을 것이다.

줄 차니의 논문 "대기 운동의 규모에 관하여(On the Scale of Atmospheric Motions)"는 노르웨이의 지구물리학 학술지인 『게오피시스케 푸블리카쇼네르(*Geofysiske Publikasjoner*)』(1948, vol. 17, pp. 1-17)에 발표되었다. 노르웨이는 차니의 연구에까지 영향을 미쳤지만, 감사하게도 그는 논문을 영어로 썼다. 그의 논문은 http://empslocal.ex.ac.uk/people/staff/ gv219/classics.d/Charney48.pdf에서 볼 수 있다.

줄 차니는 공동 저자인 랑나르 피외르토프트와 존 폰 노이만과 함께 1950년에 ENIAC의 일기예보를 개략적으로 설명한 "순압 소용돌이도 방정식의 수치 적분(Numerical Integration of the Barotropic Vorticity Equation)"(*Tellus*, vol. 2, pp. 237-54)이라는 제목의 멋진 논문을 내놓았다. 그는 다음과 같이 썼다. "흥미로운 점은 24시간 일기예보를 위한 계산 시간이 약 24시간이었다는 것, 즉 우리가 날씨와 정확히 속도를 맞추고 있었다는 것일지도 모른다. 그러나 이 시간의 상당 부분은 수동 작업과 I.B.M. 작동을 하는 데에 소비되었다. 말하자면 펀치카드 읽기, 인쇄하기, 복사하기, 분류하기, 정리하기에 쓰인 것이다." 이 글에는 (내게는) 해독이 불가능한 방정식과 함께, 일기예보와 실제 상황을 비교한 지도도 들어 있다. 논문의 약 3분의 1은 틀린 부분에 대한 논의에 할애된다. 그들은 "이제 하게 될 시도는 일기예보의 오류에 대한 설명"이라고 썼다. 전문은 https://maths.ucd.ie/-plynch /eniac/ CFvN-1950.pdf에서 볼 수 있다.

제8장 카오스

다윈은 피지와 코코스 섬에서 환초를 보았다. 피츠로이 선장은 살아 있는 산호의 범위를 알아보기 위해서 바닥에서 표본을 채취했다. 다윈의 산호 환초 형성 가설에 의하면, 산호초가 두껍게 형성되어야 했다. 섬은 가라앉고 산호는 표면 가까운 곳에서 자라야 하기 때문에, 산호초는 점점 더 두꺼워질 것이다. 만약 흔히 생각하듯이 산호초의 두께가 얇은 합판 같다면, 천공기가 산호를 관통해서 금방 모래에 닿거나 적어도 산호가 아닌 다른 것에 닿아야 할 것이다. 만약 섬이 가라앉는 동안 계속 산호가 자라고 있었다면, 천공기로 한참을 뚫어도 산호만 닿아야 할 것이다. 1896-1898년 사이에 푸나푸티 환초에서 천공작업을 했던 사람들은 339미터를 조금 넘게 뚫었다. 천공작업을 통해서 나온 조각들은 모두 산호질이었다. 1950년대에 에니웨톡 환초에서 수소폭탄 실험을 하기 위한 준비의 일환으로 천공을 했을 때에는 깊이가 1,220미터를 넘기자 마침내 그 아래에 있던 현무암에 닿았다.

찰스 F. 브러시의 (당시로서는) 거대한 풍력 발전 터빈은 12킬로와트의 전력을 생산했다고 전해진다. 로시난테 호에는 가끔씩 돌아가는 프로펠러에 동력을 전달하는 120마력의 디젤 엔진과 함께, 9킬로와트짜리 발전기가 있다. 로시난테 호에서 우리는 주로 엔진 실린더의 부식을 방지하기 위해서 발전기를 돌린다.

T. 린지 베이커의 2007년도 책인 『미국의 풍차 : 역사적인 사진들(*American Windmills: An Album of Historic Photographs*)』(University of Oklahoma Press, Norman)에 실려 있는 수십 장의 흑백 사진에는 풍차와 그 활용 모습이 나타난다. 이 책을 대충 넘기면서 훑어보면(대단히 많이 추천되는 활동이다) 한때 풍차는 미국의 풍경에서 대단히 흔히 볼 수 있는 물건이었다는 올바른 인상이 남게 될 것이다.

유튜브에는 풍력 발전 터빈이 망가지는 영상이 있다. 예를 들면, 풍력 발전 터빈이 강풍으로 처참하게 부서지는 모습을 보고 싶다면 https://www.youtube.com/watch?v=u14tBwO5QVQ를, 터빈에 불이 붙은 모습을 보고 싶다면 https://www.youtube.com/watch?v=aegHUv2OkEE를 보자. 관계는 없지만 재미난 영상으로는 풍력 발전 터빈의 날개 위에서 베이스 점프를 하는 영상인 https://www.youtube.com/watch?v=jQZ_PhvRE14가 있다. 이 영상을 볼 때에는 베이스 점프가 세상에서 가장 위험한 스포츠라는 점을 마음에 새기자.

환경 문제와 관련된 T. 분 피컨스의 말은 2008년 4월 13일자 「가디언(*Guardian*)」에 보도되었다. 발전기 터빈의 소음에 관한 여성의 질문에 그가 한 대답은 케이트 갤브레이스와 애셔 프라이스의 『텍사스의 거대한 돌풍(*The Great Texas Wind Rush*)』(2013, University of Texas Press, Austin)에 등장한다. 이 책은 현대사를 꼼꼼하게 다루면서도 쉽게 읽히는 책이다. 풍력 사업으로 돈을 날렸다는 말은 2012년 4월 11일 MSNBC 방송의 「모닝 조(Morning Joe)」라는 프로그램에서 했다. 2013년에 피컨스는 포브스가 선정한 가장 부유한 미국인 400명의 명단에서 빠졌는데, 그의 순자산은 "약 9억5,000만 달러"였다. 소문에 의하면, 바람에 대한 투자로 사실상 막대한 손해를 보았기 때문이다. 이 글을 쓰는 지금, 그는 다시 수십억 달러를 보유한 자산가가 되었다.

풍력에 관한 소로의 말은 『미합중국 매거진과 민주 평론』 1843년 11월호에 실린 "다시 얻은 천국(Paradise [to Be] Regained)"이라는 글에 나오며, 이 글은 훗날 소로의 글모음집인 『캐나다의 양키, 반노예제와 그 밖의 개혁에 관한 글(*A Yankee in Canada, with Anti-slavery and Reform Papers*)』(1866, Ticknor and Fields, Boston)에 수록되었다. 풍력에 관한 에이브러햄 링컨의 말은 1860년에 "발견과 발명(Discoveries and Inventions)"이라는 강연에서 한 말이다. 나는 제레미 시어의 2013년 책인 『재생 가능성 : 세상을 바꾸는 대체 에너지의 힘(*Renewable: The World- Changing Power of Alternative Energy*)』(St. Martin's Press, New York)에서 우연히 이 강연에 관한 대목을 읽었다.

원조 레이더, 다시 말해서 거리 측정은 하지 않고 레이더의 원리만 보여주는 이전 단계의 레이더를 발명한 사람은 독일인인 크리스티안 휠스마이어였다. 텔레모빌로스코프(telemobiloscope)라고 불렸던 그의 레이더는 거리를 측정할 수 없었다. 간단히 말해서, "저기 뭔가 있다"라고만 알려주었다. 휠스마이어는 해상에서 그의 장비가 가지는 가치를 확실히 알고 있었다. 그가 (영어로) 신청한 특허의 제목은 "헤르츠 파의 주사선 내로 들어온 선박이나 기차 같은 금속 물체의 존재를 알려주기 위해서 적용된 헤르츠 파의 발신 및 수신 장치(Hertzian-Wave Projecting and Receiving

Apparatus Adapted to Indicate or Give Warning of the Presence of a Metallic Body, Such as a Ship or a Train, in the Line of Projection of Such Waves)"였다. 그는 가죽 상인을 투자자로 끌어들여서 회사를 설립했다. 이후 다른 투자자들을 끌어들인 그의 장치는 확실히 실패했다. 그는 다른 프로젝트로 관심을 옮겼다. 텔레모빌로스코프가 군사적으로 응용될 수 있을지도 모른다고 제안한 신문 기사의 제목은 영어로 번역하면 "선박 충돌 방지 장치(Ship Collision Avoidance Instrument)"였고, 1904년 6월 11일에 네덜란드 신문인 「데 텔레그라프(*De Telegraaf*)」에 실렸다. 휠스마이어와 그의 발명품에 관한 더 자세한 정보는 여러 자료들에서 찾을 수 있으며, 그를 기리기 위한 2002년의 한 연설에 대한 자료는 http://www.design-technology.info/resourcedocuments/Huelsmeyer_EUSAR2002_english.pdf에서 볼 수 있다.

많은 항해인들이 그렇듯이, 조슈아 슬로컴도 독서가였다. 그가 배에 싣고 다닌 많은 책들 중에는 『돈키호테』도 있었다. 그가 마지막으로 목격된 것은 1909년에 다시 홀로 배를 타고 출발하는 모습이었다. 그의 아내는 그가 1910년에 죽었다고 믿었다. 1924년에는 그의 사망이 공식적으로 선언되었다. 당국에 대한 나의 신뢰에는 조금 한계가 있기 때문에, 지금도 나의 바람은 그가 그의 배로 유명한 스프레이 호를 타고 순풍을 맞으며 석양 속을 항해하고 있는 모습을 다시 보는 것이다. 이런 바람을 품고 있는 항해인은 나 혼자가 아닐 것이다.

컬럼비아 대학교에서 기계공학을 가르쳤던 F. O. 윌호프트의 말은 1925년 5월 3일자 「뉴욕 타임스」에 등장한다. 그는 다음과 같은 말도 했다. "중요한 사실은 원통형 회전날개가 같은 면적의 범포로 된 돛에 비해서 약 10배의 추진력을 만들어낸다는 점과 부카우 호의 시험 운항으로 얻은 실제 결과가 실험실에서 얻은 결과를 놀라울 정도로 정확하게 확인해주었다는 점이다."

E-쉽 1호가 플레트너 회전날개를 작동시키면서 항행하는 흥미로운 동영상을 보고 싶다면, https://www.youtube.com/watch?v=2pQga7jxAyc를 보라.

항해를 직감적으로 알고 있었던 벨루가 해운의 중역은 CEO인 닐스 스톨베르크였다. 그의 말은 2007년 12월 15일에 세일링-월드닷컴(Sailing-World.com)에 발표된 로저 보예스의 기사에 나온 것이다. 벨루가 해운의 파산은 세계적인 경기 불황의 결과인 것으로 보인다. 벨루가 스카이세일 호와 관계없이, 벨루가 해운은 미얀마와 남수단에 불법적으로 무기를 운송한 혐의로 기소되었으나, 당시 문제가 된 선박은 임대 상태였다. 스톨베르크는 모든 혐의를 벗었다. 내가 알기로는, 스카이세일이라는 독일 회사에서 만든 거대한 연을 이용하는 선박들 중에서 불법적인 활동과 연관된 의혹을 받은 배는 한 척도 없었다. 이 회사는 현재 사업을 계속하고 있으며, 회사 홈페이지에 따르면 직원은 50여 명이다.

역사적으로 대부분의 용연향은 사냥된 고래에서 나왔다. 이 사실을 고려해서, 많은 나라들이 고래와 관계없이 해변에서 발견되거나 바다에 떠다니는 용연향까지도 거래를 불법화하는 법령을 통과시켰다.

기술 점수에 대한 설명과 이 책의 전반에 걸친 내 배경 지식의 상당 부분은 앞에서 언급한 마크 먼모니어의 『확실한 공기 : 기상학자들이 지도를 그리고 예측하고 날씨를 각색하는 방법』에서 유래한다. 먼모니어는 지도와 지도 작성에 매료된 지리학자이며, 『지도의 거짓말(*How to Lie with Maps*)』(2nd ed., 1996, University of Chicago Press, Chicago)을 비롯해서 평범한 독자들을 위해서 지도 작성의 미묘한 차이를 설명하는 여러 다른 책들을 썼다.

에드워드 로렌즈의 유명한 논문, "예측 가능성 : 브라질에 있는 나비 한 마리의 날갯짓이 텍사스에서 토네이도를 일으킬 수 있을까?"는 http://eaps4.mit.edu/research/Lorenz/Butterfly_1972.pdf와 다른 곳을 통해서 온라인에서 읽을 수 있다. 1972년 12월 29일에 미국 과학진흥협회에 전달된 이 논문은 읽을 만한 가치가 있을 뿐만 아니라 대단히 쉽게 읽힌다. 로렌즈의 연구과 친숙한 회의 주최자들의 제안에서 나온 이 제목은 대단히 매력적이기는 하지만, 하나의 작은 사건이 예측 가능한 다른 사건을 이끌어낼 수 있다는 믿음을 심어줄 가능성이 있다. 즉, 특정 지점에서 특정 나비가 날개짓을 하면 특정 토네이도가 일어나는 미래를 예측할 수 있다고 생각하는 것이다. 당연히 그것은 로렌즈의 정확한 의도가 아니다. 하나의 사소한 사건을 떠올리면서 그 사건이 미래를 통째로 바꿔놓았다고 예상하는 영화와 소설은 그의 연구를 잘못 표현한 것이다. 신이 그렇듯이 운명은 그렇게 단순하지 않다.

컴퓨터와 스프레드시트를 다루어본 경험이 있는 사람이라면, 초기 조건의 아주 작은 차이가 미래에 얼마나 크고 예기치 못한 차이를 초래하는지를 누구나 알 수 있을 것이다. 이때 활용되는 단순한 방정식 중에서 가장 단순하고 가장 쉽게 접근할 수 있는 방정식은 아마 개체군의 성장 모형에서 가끔 활용되는 로지스틱 방정식일 것이다. 이 방정식은 비율 상수 값이 작을 때에는 어느 정도의 기간(몇 번의 생식과 같다)이 지나면 안정이 되면서 안정적인 개체군을 나타낸다. 비율 상수 값이 증가하면 방정식의 결과가 진동하면서 개체군은 양 극단 사이를 규칙적으로 오르내린다. 비율 상수의 값이 더 증가하면 어떤 안정화도 없는 카오스적인 결과가 나온다. 비율 상수의 값이 작기만 하면, 초기 조건의 작은 차이는 미래의 결과에도 작은 차이만 이끌어낸다. 그러나 비율 상수가 카오스적인 결과를 이끌어낼 수 있을 정도로 충분히 커지면, 초기 조건의 작은 차이는 미래의 결과에서 카오스 계를 예상할 수 있을 정도로 중대한 차이를 만든다.

제9장 조화

오류의 비율(과 다른 여러 가지)을 다룬 에드워드 로렌즈의 1964년 논문은 "대기의 대규모 운동 : 순환(Large-Scale Motions of the Atmosphere: Circulation)"이며, P. M. 헐리가 편집한 『지구과학의 발전 : 국제 지구과학 학회에서 발표된 논문들(*Advances in Earth Science: Contributions to the International Conference on the Earth Sciences*)』(1964, MIT Press, Cambridge, MA, pp. 95-109)에 실려 있고, http://eaps4.mit.edu/research/Lorenz/Large_Scale_Motions_of_the_Atmosphere_1966.pdf에서 온라인으로도 볼 수 있다. 그는 이 논문에서 카오스 이론을 암시하기는 하지만 깊이 파고들지는 않는다. 인상적인 한 문장에서 그는 어느 순간 카오스를 언급하지 않고 결정론에 관해서 이야기한다. 그는 다음과 같이 썼다. "우리는 결정론의 철학적 문제에 대해서, 즉 대기가 무엇을 할지 정해져 있는지에 대해서는 그렇게 고심하지 않을 것이다. 대기가 우리에게 그 의도를 드러내는지에 대해서 고심하지 않는 것처럼 말이다."

플라센시아에서 다른 선원들과 대화를 나눈 뒤, 나는 미래 예측의 어려움에 관한 그 유명한 격언을 확인했다. 인용문 탐정(Quote Investigator, http://quoteinvestigator.com/2013/10/20/no-predict/)에 따르면, 이 말은 적어도 1930년대까지 거슬러올라간다. 당시 이 말은 덴마크 의회에서 나왔다. 1956년에는 『왕립 통계학회 저널, 시리즈 A(*Journal of the Royal Statistical Society, Series A*)』에 등장했다. 닐스 보어는 1971년과 그 이후에 몇 번 이 말을 했다. 1991년, 한 흥행업자는 요기 베라를 이 말의 발언자로 밀었다. 인용문 탐정 사이트는 실제로 이 말이 들어간 보어나 요기 베라의 글은 하나도 인용하지 않았다. 유명한 경구의 원조를 찾는 일에서만큼은 미래를 예측하는 것만큼이나 과거를 예측하는 것도 어려운 듯하다.

뽀빠이 작전에 대한 신문 기사는 1974년 5월 「뉴욕 타임스」 뉴스 서비스에서 배포했다. 뽀빠이 작전은 구름씨 뿌리기에 의존했다. 기자의 지적에 따르면, 공무원들은 이 프로그램의 효과에 대해서 합의에 이르지 못했다. 한쪽에서는 강우량이 30퍼센트 증가한다고 주장했고, 한쪽에서는 군사적 개입 없이 이미 강우량이 530밀리미터인 지역에 50여 밀리미터의 강우를 추가하는 미미한 효과만 있다고 주장했다. 열대지방에서 인공 강우의 장점은 거의 모든 주장에 변명의 여지가 있다는 점이다. 널리 논의되고 있는(즉, 음모론자들이 우글거리는) 또다른 날씨 조절 접근법은 알래스카 가코나에 위치한 고주파 활성 오로라 연구 계획(High Frequency Active Auroral Research Program, HAARP) 시설이다. 이 시설의 비용에 관해서, 『와이어드(*Wired*)』지는 2009년에 "미 국방부는 이 값비싼 음모론 제조기가 언제쯤이면 전망했던 대로 전투에 신속히 투입될 수 있는 기술을 만들지 알고 싶어했다"고 언급했다.

정치적 활동을 해온 활동가인 닉 베기치가 진 매닝과 함께 쓴 『천사는 이런 하프를 연주하지 않는다(*Angels Don't Play This HAARP*)』(1995, Earthpulse Press, Eagle River, AK)에는 날씨 조절에 대한 논의가 포함되어 있다. 1996년의 미 공군 보고서는 "전력 강화 수단으로서의 날씨 : 2025년의 날씨 점유(Weather as a Force Multiplier: Owning the Weather in 2025)"이며, http://csat.au.af.mil/2025/volume3/vol3ch15.pdf에서 볼 수 있다. 날씨 무기화와 관련된 계획과 논의를 찾아보면서, 내가 반복적으로 받은 느낌은 대중에게 공개된 것들 중 상당수가 우스꽝스러울 정도로 터무니없다는 점이었다. 실제 또는 가상의 적을 기만하기 위해서 투입된 어설픈 첩보원 이야기 같았다. 어쨌든, 군사적이나 다른 목적으로 날씨를 조절한 역사를 환상적으로 요약한 책은 신시아 바넷의 『비 : 자연, 문화, 역사로 보는 비의 연대기(*Rain: A Natural and Cultural History*)』(2015, Crown, New York)이다.

바람이 만드는 압력, 즉 풍력은 단순한 공식이나 단순한 표로 어림해볼 수 있다. 풍력의 계산에는 풍속의 제곱 항이 포함된다. 이것은 풍속이 두 배로 증가하면 풍력은 네 배로 증가하고, 풍속에 세 배로 증가하면 풍력은 아홉 배로 증가한다는 뜻이다. 풍속과 풍력의 관계가 간단해 보이기는 하지만, 실제 풍력을 계산하는 일은 곤란과 불가능 사이의 어디쯤에 놓여 있다. 풍속은 항상 변한다. 그리고 돌풍의 힘은 평균적인 바람의 힘보다 훨씬 강하다. 또 돛대 꼭대기 근처와 같은 높은 곳에 부는 바람은 (마찰력에 의해서 모든 것이 느려지는) 수면이나 지면 근처에서 부는 바람에 비해서 대체로 더 강하다. 비층류(nonlaminar flow), 즉 난류는 저항을 일으키는 거의 모든 것의 근처에서 일어나는 바람의 운동인데, 이런 비층류는 풍속과 풍력 사이의 단순한 관계를 복잡하게 만든다. 배의 경우에는 이 모든 것에 경사의 문제가 추가된다. 바람이 강해질 때 배가 기울어지면, 바람의 힘이 작용할 수 있는 표면의 횡단면의 넓이가 변한다. 당연히 배는 풍속이 증가하는 동안 움직일 수 있으며, 바람이 불어가는 쪽으로 일어나는 운동은 측정된 풍속에서 빠져야 한다. 계속 갈 수는 있지만, 점점 더 나빠지는 것이다.

로렌즈가 그의 초기 모형을 실행시켰을 때, 그의 컴퓨터는 모형에서 여섯 시간에 해당하는 시간 간격마다 새로운 답을 계산했다. 오늘날의 컴퓨터와 비교할 때 주판보다 조금 나은 수준이었던 당시의 컴퓨터를 이용해서 여섯 시간 간격으로 4회, 즉 하루치 "날씨"를 실행시키려면 컴퓨터 시간으로 약 1분이 필요했다. 결과를 인쇄하면 일이 더 느려졌다. 로렌즈는 모형을 5회 실행시킬 때마다, 즉 30시간 간격으로 결과를 출력했다.

1949년에 처음 출간되었다가 1991년에 재발간된 『필사의 항해(*Desperate Voyage*)』(Sheridan House, New York)는 존 콜드웰의 태평양 횡단기이다. 콜드웰은 군에서 제대하고 파나마로 갔다. 그는 오스트레일리아에 있는 아내와 다시 만나기를 바랐지만, 전후의 불안한 세계에서는 교통이 좋지 않았다. 콜드웰은 작은 나무 돛배 한 척을 장만했다. 콜드웰과 함께 항해를 하기로 했던 사람은 그 배를 보고는 돌아섰다. 콜드웰은 홀로 출발했고, 가는 동안 항해를 배웠다. 일기예보도 없었던 그는 폭풍을 만났다. 망가진 배에서는 물이 샜다. 그는 번번이 배 밑바닥에서 물을 퍼냈다. 식량도 떨어졌다. 그는 굴하지 않고 견뎌냈다. 마침내, 그는 망가진 배로 한 섬에 닿았다.

그 섬에 닿았을 때, 그의 몸무게는 약 40킬로그램이었다. 『필사의 항해』 같은 책은 흥미진진하기도 하지만 현대의 요트인들에게 시사하는 바가 있다. 배의 으뜸 기능, 결국에는 유일하게 중요한 기능은 물 위에 떠 있는 것이라는 점을 우리 모두에게 다시 일깨워준다는 점이다. 값비싼 항해 장비, 고급 목재로 마감한 외관, 샤워 꼭지, 그밖에 항해의 비용을 가중시키는 모든 추가 장비들은 돛배의 가장 중요한 요소가 아니다.

제10장 이성의 촛불을 밝히고

2007년에 로버트 W. 리브스가 에드워드 로렌즈와 했던 인터뷰는 2014년 5월호 『미국 기상학회 회보(*Bulletin of the American Meteorological Society*)』(vol. 95, pp. 681-87)에 실려 있다. 미국 기상학회의 요약에 따르면, 이 인터뷰는 "작동 가능한 장기적인 예측의 역사를 기록하기 위한 노력의 일환"이었다. 이로써 2008년에 로렌즈가 사망하고 한참이 지난 후에 인터뷰가 공개된 이유도 설명이 될 것 같다. 인터뷰의 내용은 http://journals.ametsoc.org/doi/pdf/10.1175/BAMS%E2%80%91D%E2%80%9113%E2%80%9100096.1에서 볼 수 있다.

동영상, 정확히는 만화영화로 매든-줄리언 진동(Madden-Julian Oscillation)을 표현해서 인도양의 날씨가 어떻게 지구를 가로질러 움직이는지를 보여주는 영상이 있다. 이 영상은 http://www.ucar.edu/communications/video/dynamo.mov?_ga=1.158325882.1532294756.1428078794에서 볼 수 있다.

공화당 하원의원인 짐 브라이덴스타인은 2013년 6월 11일에 동료 의원들에게 기후변화 연구와 일기예보의 비용을 비교하는 발언을 했다. 그의 발언은 C-SPAN과 다른 매체들을 통해서 보도되었고, 「템파베이 타임스(*Tampa Bay Times*)」의 폴리티팩트(PolitiFact)에서 그 발언에 대한 사실 확인에 들어갔다(http://www.politifact.com/truth-o-meter/article/2013/jun/17/obama-spending-30-times-more-climate-change-research/). 폴리티팩트의 기자와 연구자들은 정치인들의 발언에 대한 사실 확인 전문가들이다. 브라이덴스타인은 자신의 발언이 일기예보 전체가 아닌 일기예보 연구에 한정된 것이었다고 해명했다. 그럼에도 폴리티팩트는 그들의 상징인 '사실 측정기(Truth-O-Meter)'에서 그의 비교를 "대체로 거짓"으로 평가했다.

2009년 9월, 『사이언티픽 아메리칸』 온라인 판에는 "기후 변화가 바람을 느려지게 할 수 있다(Climate Change May Mean Slower Winds)"라는 글이 올라왔다. 제목이 모든 것을 말해주는 이 기사는 https://www.scientificamerican.com/article/climate-change-may-mean-slower-winds/에서 볼 수 있다. 2010년에 『지속 가능한 신재생 에너지 저널(*Journal of Renewable and Sustainable Energy*)』(vol. 2)에 발표된 디안둥 렌의 "지구 온난화가 풍력 에너지의 효용성에 미치는 효과(Effects of Global Warming on Wind Energy Availability)" 역시 지구의 온도 상승이 평균 풍속을 감소시킬 것이라고 예측했다. 이 글은 http://aip.scitation.org/doi/full/10.1063/1.348 6072에서 볼 수 있다.

『사이언티픽 아메리칸』에 실린 제프 마스터즈의 글은 2014년 12월호의 "제트 기류가 점점 이상해지고 있다(The Jet Stream Is Getting Weird)"(vol. 311, no. 6, pp. 68-75)이다. 마스터즈는 로스뷔 파에 미치는 기후 변화의 영향과 이 글이 발표된 해에 동부 해안을 강타한 혹독한 겨울에 로스뷔 파가 미친 영향을 노련한 솜씨로 설명했다.

워싱턴 대학교의 교수인 클리프 매스는 자신의 블로그(Cliff Mass Weather Blog)에 올린 "미국은 수치 일기 예측에서 뒤처지고 있다: 제1부(The U.S. Has Fallen Behind in Numerical Weather Prediction: Part I"라는 글에서 기상학자들의 불평에 대해서 설명했다. 이 글은 현재 http://cliffmass.blogspot.com/2012/03/us-fallen-behind- in-numerical-weather.html에서 볼 수 있다. 주목할 점은 이런 불평이 그의 글에만 있는 것이 아니라 위원회 보고서에서도 발견된다는 점이다. 매스의 블로그에 있는 여러 멋진 글들을 볼 때, 그가 불평분자로 느껴지지는 않는다. 오히려 날씨 자료의 크라우드 소싱이 여러 관심사 중 하나인 활기차고 지칠 줄 모르는 연구자라는 인상으로 다가온다. 이런 불평에 대한 그의 설명은 건설적인 비판으로 보인다. 그는, 그리고 어쩌면 그의 모든 동료들도 일기예보의 개선을 진심으로 바라고 있을 것이다.

역자 후기

책에도 첫인상이라는 것이 있다면, 이 책에 대한 나의 첫인상은 속표지에 실린 목판화로 남아 있다. 콜리지의 유명한 시, 「늙은 선원의 노래」에 삽화로 실렸다는 이 그림은 폭풍이 몰아치는 바다에서 돛대 위에 위태롭게 서 있는 한 선원의 모습을 생생하게 묘사하고 있다. 자연의 힘에 대한 경외감과 그 앞에서 속수무책인 인간의 나약함이 동시에 드러나 있는 이 그림에는 바다와 인간과 한 치 앞을 알 수 없는 날씨가 있다. 일기예보 연구의 역사와 항해를 다루는 책에 딱 어울리는 더 없이 절묘한 선택이라고 생각했다. 『바람의 자연사』는 이렇게 강렬하고도 아름다운 그림으로 첫 장부터 눈길을 사로잡았다.

이 책에서 이야기의 한 축을 이루는 일기예보의 역사는 크게 날씨의 측정 및 기록의 발전 과정과 날씨를 이해하기 위한 학설의 발달 과정으로 나눌 수 있다. 조금 두서없다 싶을 정도로 교차되는 이야기 속에 등장하는 여러 뛰어난 지성들 중에서, 특히 인상적이었던 두 인물은 로버트 피츠로이와 루이스 프라이 리처드슨이었다.

다윈의 비글 호 탐험 이야기에서 늘 조연으로 등장하는 그 피츠로이 선장이 놀랍게도 150여 년 전에 최초의 일간지 일기예보를 선보이고 forecast라는 용어를 만든 일기예보의 선구자였다. 당시 유명 과학자들이 경력에 오점을 남길까 두려워서 몸을 사리고 일기예보를 피하고 있던 상황에서, 그는 날씨 통계와 항해의 경험을 토대로 담대하게 일기예보에 뛰어들었다. 그러나 과학적 방법이 기반이 되지 않은 그의 일기예보는 한계가 있을 수밖에 없었다.

루이스 프라이 리처드슨은 자료와 수식을 통해서 일기예보를 얻는 최초의 수치 일기예보를 실험했다. 컴퓨터도 없던 20세기 초반에 제1차 세계대전의 포화 속에서 복잡한 방정식의 계산에 몰두했다는 그의 이야기는 마치 숭고한 수도자의 모습처럼 느껴졌다. 더욱 인상적인 것은 실패를 대하는 그의 태도였다. 빈약한 자료와 관련 이론이 충분히 뒷받침되지 않은 상황에서 그의 수치 일기예보 결과가 실제 날씨를 크게 벗어났을 때, 그는 자신의 결과를 담담히 받아들이고 그 원인을 탐구했다. 시대를 앞선 그의 발상은 결실을 맺지 못했고, 당시에는 오류의 원인조차도 제대로 밝힐 수 없었지만, 흔들림 없이 자신의 원칙을 고수한 리처드슨은 이 책의 헌사를 받기에 부족함이 없는 인물이다.

두 사람 모두 연구 경력에서 성공을 거두었다고는 말하기 어렵다. 피츠로이는 반대자들에게 시달리다가 자살로 생을 마감했고, 평화주의자였던 리처드슨은 자신의 연구가 전쟁에 이용될까 두려워서 날씨 연구를 접었다. 그럼에도 현대적인 일기예보의 기틀이 마련했다는 측면에서 두 사람의 업적이 지대하다는 점은 분명하다. 불가능한 것으로 여겨졌던 일기예보는 불과 100여 년 만에 틀리면 비난을 받아 마땅한 것으로 바뀌었다. 이런 발전은 모두 이 두 사람과 수많은 다른 과학자들의 성공과 좌절 덕분이었다.

이 책의 이야기에서 다른 한 축인 글쓴이의 항해를 따라가는 재미도 쏠쏠하다. 초짜 선원인 글쓴이와 공동 선장이 약간의 소동을 겪으면서 43일간의 항해를 무사히 마치기까지의 여정을 따라가는 동안, 굳이 그런 생고생을 하는 이유가 조금 짐작이 될 듯도 하다. 바람의 힘으로 움직이는 거대한 요트의 우아한 자태를 상상해보는 것도 이 책의 또다른 묘미이다. 책에 아름다운 요트의 삽화가 많지 않은 것이 아쉬울 따름이다.

"나는 내 글을 통해서 세계가 아주 작다는 것을 드러내는 모든 것들의 상호연관성을 탐구하고, 개인적인 경험과 역사적으로 가장 위대한 연구자들의 크고 작은 생각들 사이의 접점을 살피면서, 과학을 특징짓는 활동과 아름다움을 나누고자 합니다."

저자인 빌 스트리버는 개인 블로그에 자신의 책들을 소개하면서 이런 글을 남겼다. 이 소개의 글대로, 그의 글에서는 개인적인 경험인 요트 항해와 일기예보의 역사에 발자취를 남긴 위대한 연구자들의 이야기가 씨실과 날실처럼 엮여서 아름다운 한 폭의 그림이 되었다. 이 글을 읽는 독자들에게도 그 아름다움이 잘 전달될 수 있기를 바란다.

역자 김정은

인명 색인

갈릴레이 Galilei, Galileo 109
고드 Goad, John 76
골드버그 Goldberg, Rube 235
골턴 Galton, Francis 78
글레이셔 Glaisher, James 78, 127-128

뉴턴 Newton, Isaac 85, 97

다 빈치 da Vinci, Leonardo 117
다윈 Darwin, Charles 47, 62, 64, 74-75, 78, 80, 197, 200, 233
더크워스 Duckworth, Joe 184
도일 Doyle, Arthur Conan 249
들라이예 Delahaye, Jacquotte 248
디킨스 Dickens, Charles 67
디포 Defoe, Daniel 30, 47, 314

(오빌)라이트 Wright, Orville 48, 149-152
(윌버)라이트 Wright, Wilbur 24, 148-152
라플라스 Laplace, Pierre-Simon 98, 268-269
란다 Landa, Friar Diego de 208-210, 231-232
래드너 Radner, Gilda 158
러스 Russ, G. L. 26
레드필드 Redfield, William C 92, 94-97, 103, 116, 131, 160, 309
레터맨 Letterman, David 158
로렌즈 Lorenz, Edward 260-264, 267-270, 279, 281-282, 287-288, 298-299, 304, 315
로멜 Rommel, Erwin 222
로빈슨 Robinson, John Thomas Romney 118
로스뷔 Rossby, Carl-Gustaf 225, 269
로저스 Rodgers, Calbraith Perry 150, 152
루스벨트 Roosevelt, Franklin D. 240
르 베리에 Le Verrier, Urbain 58-59, 61-62, 71, 80-81, 92, 107, 116, 126, 299
리드 Read, Mary 248
리처드슨 Richardson, Lewis Fry 18-23, 32, 47, 54, 68, 126, 133, 136, 141, 160, 164-174, 176-178, 188, 190-193, 209, 211, 213, 215-219, 221-224, 226-229, 245, 259-260, 269, 298-299, 301, 303-304, 311, 315
리치 Ricci, Michelangelo 111
리톈옌 李天岩 267
린치 Lynch, Peter 190-191
링컨 Lincoln, Abraham 243

매스터스 Masters, Jeff 308
멜빌 Melville, Herman 253
모리 Maury, Matthew Fontaine 98

모스 Morse, Samuel 59-61, 107

바크 Bach, Richard 148
베라 Bera, Yogi 272
베르트랑 Bertrand, Abbé 58
베르티 Berti, Gasparo 109
베일 Vail, Albert 59, 61
(나폴레옹)보나파르트 Bonaparte, Napoléon 59
(루이-나폴레옹)보나파르트 Bonaparte, Louis-Napoléon 59
보니 Bonny, Anne 248
보스 Voss, John 41-44, 205
보어 Bohr, Niels 271
보일 Boyle, Rober 111
보즈웰 Boswell, James 129
보퍼트 Beaufort, Sir Francis 38-40, 46-47, 60, 116, 128, 188, 206-207, 233, 290, 304
볼 Ball, John 55
부시 Bush, George W. 238
브라헤 Brahe, Tycho 40
브러시 Brush, Charles F. 235, 240
브런트 Brunt, David 185
비디 Vidi, Lucien 112
(빌헬름)비에르크네스 Bjerknes, Vilhelm 105, 133, 141-148, 150, 152-156, 160, 163-164, 166, 171, 174, 176-177, 185-186, 188, 192, 211, 217, 220-221, 228, 245, 269, 298-299, 311, 315
(야콥)비에르크네스 Bjerknes, Jacob 160

색스비 Saxby, Stephen Martin 76, 77, 143, 163
세이잭 Sajak, Pat 158
셀시우스 Celsius, Anders 40
소로 Thoreau, Henry David 242
소여 Sawyer, Daine 158
스미스 Smith, John 36, 47
스원 Swan, Lawrence W. 201-204
슬로컴 Slocum, Joshua 249, 301

아라고 Arago, François 61, 80
아르키메데스 Archimedes 84-87, 89, 97, 121, 126, 296
아이거 Iger, Bob 158
아이젠하워 Eisenhower, Dwight D. 219-221
아인슈타인 Einstein, Albert 143
알베르티 Alberti, Leon Battista 117, 119
애덤스 Adams, John Quincy 94
에번스 Evans, Lewis 53
에스피 Espy, James 92-97, 103, 116, 131, 160, 309
엘리슨 Ellison, Larry 46
오바마 Obama, Barack 306-307
오일러 Euler, Leonhard 85, 97
오즈번 Osborne, Michael 240-242
오헤어 O'Hair, Ralph 184
올컷 Alcott, Louisa May 27
요크 Yorke, James 267
웨브 Webb, Richard 18
웩슬러 Wexler, Harry 131
웰치 Welch, Raquel 158
윌버포스 Wilberforce, Samuel 74
윌호프트 Willhofft, F. O. 250

차니 Charney, Jule 222-223, 226-229, 260, 264, 269, 272, 311, 315
챈들러 Chandler, Raymond 34
처칠 Churchill, Winston 216

조피 Sophie, Duchess of Hohenberg 170

컨 Kern, Lawrence 13
케플러 Kepler, Johannes 76
켈빈 경 Kelvin, Lord 145
코르도바 Córdoba, Francisco Hernández de 208-209
코리올리 Coriolis, Gaspard-Gustave 89, 91, 95, 97, 102, 191
콕스 Cocks, David 188
콜드웰 Caldwell, John 285
콜럼버스 Columbus, Christopher 35-36
쿠스토 Cousteau, Jacques 249
크로퍼드 Crawford, William 217

테이트 Tate, William J. 148-149
테일러 Taylor, George 17
텔러 Teller, Edward 272
토리첼리 Torricelli, Evangelista 30, 85, 109-111, 113
토머스 Thomas, William 238

파커 Parker, Chris
(윌리엄)패럴 Farrel, William 97-103, 105, 107
(새디)패럴 Farrell, Sadie "the Goat" 248
페인 Pain, Derick Jr. 17
포스트 Post, Wiley 224
폰 노이만 von Neumann, John 272, 275, 311
프란츠 페르디난트 Franz Ferdinand, Archduke of Austria 170
프랭클린 Franklin, Benjamin 52-53, 55, 92, 94, 128
프톨레마이오스 Ptolemaeos 76
플레처 Fletcher, H. M. 239, 255
플레트너 Flettner, Anton 250
플리니우스 Plinius Secundus, Gaius 199
피츠로이 FitzRoy, Robert 47, 62, 64-65, 70-81, 84, 98, 105, 107, 113-116, 126, 132, 143, 153, 157, 163, 166, 198-199, 233, 247, 298-299, 302-303, 309
피컨스 Pickens, T. Boone 242

해들리 Hadley, George 87-89, 95, 97, 100-103, 225
핼리 Halley, Edmond 51-52
(윌리엄)허셜 Herschel, William 77
(존)허셜 Herschel, Sir John 77, 79
헉슬리 Huxley, Thomas 74
헤딘 Hedin, Sven Anders 186
헨리 Henry, Joseph 60, 96, 116
헬름홀츠 Helmholtz, Hermann von 143, 145
호라티우스 Horatius 199
훅 Hooke, Robert 40, 111, 113, 117